Andreas Herrmann und Walter Brenner

Die autonome Revolution

Andreas Herrmann und Walter Brenner

Die autonome Revolution

Wie selbstfahrende Autos unsere Straßen erobern

Bibliografische Information der Deutschen Nationalbibliothek
Die Deutsche Nationalbibliothek verzeichnet diese Publikation in der Deutschen
Nationalbibliografie; detaillierte bibliografische Daten sind im Internet über
http://dnb.d-nb.de abrufbar.

Frankfurter Allgemeine Buch

Copyright: FAZIT Communication GmbH
Frankfurter Allgemeine Buch, Frankenallee 71–81,
60327 Frankfurt am Main

Umschlaggestaltung: Christina Hucke, Frankfurt am Main
Coverillustration: © Macrovector/shutterstock.com
Satz: Wolfgang Barus, Frankfurt am Main
Druck: CPI books GmbH, Leck
Printed in Germany

1. Auflage, Frankfurt am Main 2018
ISBN 978-3-96251-004-6

Alle Rechte, auch die des auszugsweisen Nachdrucks, vorbehalten.

Inhalt

Vorwort	7
Geleitwort	9

Teil 1
Revolutionen in der Mobilität — 13
1. Autonomes Fahren ist Realität — 14
2. Fakten zum manuellen Fahren — 33
3. Megatrends — 37
4. Disruptionen — 42
5. Robo-Taxis — 47

Teil 2
Perspektiven des autonomen Fahrens — 53
6. Geschichte — 54
7. Levels — 59
8. Visionen — 68
9. Spielfelder — 74
10. Ökonomie — 87
11. Zeitplan — 93

Teil 3
Technologie des autonomen Fahrens — 107
12. Umgebungsmodell — 108
13. Digitalisiertes Fahrzeug — 123
14. Vernetztes Fahrzeug — 135
15. Datensicherheit — 142

Teil 4
Der Kunde und sein Mobilitätsverhalten — 147
16. Das Dilemma mit der Mobilität — 148
17. Mobilität als soziale Interaktion — 157
18. Erwartungen der Kunden — 161
19. Anwendungen und Beispiele — 166
20. Kann das autonome Fahren scheitern? — 173
21. Neue Typen, neue Segmente — 176

Teil 5
Rahmenbedingungen des autonomen Fahrens — 181
22 Recht und Haftung — 182
23 Normen und Standards — 190
24 Ethik und Moral — 195

Teil 6
Auswirkungen für die Fahrzeuge — 203
25 Das Fahrzeug als Ökosystem — 204
26 Design der Fahrzeuge — 208
27 Mensch-Maschine-Interaktion — 217
28 Zeit, Kosten und Sicherheit — 232

Teil 7
Auswirkungen für die Unternehmen — 243
29 Geschäftsmodelle — 244
30 Wertschöpfungsketten — 258
31 Ökonomie des Teilens — 268
32 Versicherungswirtschaft — 277

Teil 8
Auswirkungen für die Gesellschaft — 285
33 Arbeit und Wohlstand — 286
34 Wettbewerbsfähigkeit — 289
35 Aufstrebende Nationen — 297
36 Stadt- und Raumentwicklung — 300

Teil 9
Was muss getan werden? — 311
37 Agenda für die Automobilindustrie — 312
38 Zehn-Punkte-Plan für Regierungen — 317

Nachwort
Schöne neue Welt – Versuch einer Annäherung — 324

Literatur — 327

Index — 341

Die Autoren — 351

Vorwort

Ein Buch über autonomes Fahren zu schreiben, stellt eine besondere Herausforderung dar, da jeden Tag immer wieder neue, häufig auch widersprüchliche Erkenntnisse zu diesem Thema erscheinen. Überall auf der Welt entstehen permanent Ideen, Konzepte, Technologien und Projekte rund um selbstfahrende Autos. Sie alle zu überschauen und zu durchdringen, ist gar nicht mehr möglich. So liefert dieses Buch keinen in sich stimmigen und in allen Details ausgearbeiteten Entwurf, sondern entspricht eher den gesammelten „Tagebüchern" einer Reise, die noch nicht abgeschlossen ist und deren Ziel bestenfalls vage am Horizont erscheint. Gleichwohl ist es lohnenswert, diese Reise anzutreten, da kaum eine andere Technologie das wirtschaftliche und gesellschaftliche Leben so gravierend verändern dürfte. Jetzt ist der Zeitpunkt gekommen, um sich mit der autonomen Mobilität zu befassen, sie auf die Bühne des sozialen Diskurses zu befördern und damit einen Beitrag zu leisten, dass sie unser Leben zum Besseren verändert.

Die Auseinandersetzung mit dem Thema hat auch uns Autoren bewegt, vor allem deswegen, weil es nur auf den ersten Blick um Sensoren, Algorithmen und maschinelles Lernen geht. Viel spannender sind die Geschichten dahinter über die neuen Chancen, aber auch Risiken, die fahrerlose Autos den Menschen bieten.

Andreas Herrmann hat in den Slums von Sao Paulo erfahren, dass Mobilität eine wichtige Voraussetzung für Arbeit und Wohlstand ist. Wenn es uns gelingt, durch autonomes Fahren die Menschen schneller und weiter zu transportieren, dann erhöhen sich ihre Chancen, eine bessere Arbeit zu bekommen, dem Elend zu entgehen und ihr Leben zu meistern. Walter Brenner ist fasziniert von der Geschwindigkeit und Intensität, mit denen Fahrzeuge derzeit digitalisiert werden. Er hat bei Gesprächen auf der Consumer Electronics Show in Las Vegas, bei Unternehmen im Silicon Valley und mit Kollegen an der Stanford University erlebt, dass nicht mehr die Informationstechnologie (IT) um das Auto, sondern das Auto um die IT gebaut wird.

Dieses Buch basiert auf einer im April 2018 publizierten englischen Version, die gemeinsam mit Rupert Stadler entstanden ist. Viele seiner Gedanken sind auch in das vorliegende Werk eingeflossen, das jedoch etwas andere Schwerpunkte setzt. So wurde auf eine Beschreibung der Akteure und Anspruchsgruppen verzichtet, um stattdessen den Roboter-Taxis mehr Aufmerksamkeit widmen zu können. Wir sind der Überzeugung, dass sich das autonome Fahren auf der ersten und letzten Meile im

Zusammenspiel mit dem öffentlichen Verkehr durchsetzen könnte. Viele Mobilitätsprojekte, die etwa den Weg von zu Hause zum Bahnhof oder Arbeitsplatz und wieder zurück mit selbstfahrenden Fahrzeugen bewältigen, sind bereits in zahlreichen Städten überall auf der Welt auf den Weg gebracht worden.

Dieses Buch hätte nie geschrieben werden können ohne die inspirierenden und erhellenden Gespräche mit den Mitarbeitenden der Audi AG. Sie alle sind herausragende Experten, die in den nächsten Jahren die vielfältigen Facetten des autonomen Fahrens prägen werden. Mit ihren Erfahrungen und ihrem Wissen tragen sie maßgeblich dazu bei, dass selbstfahrende Autos ihren Weg auf die Straßen finden werden. Unser Dank gilt ihnen allen, dass sie sich Zeit genommen haben, um mit uns ihre Erkenntnisse und Überzeugungen zu teilen. Darüber hinaus sind wir auch dankbar für das wertvolle Bildmaterial, das uns zur Verfügung gestellt wurde.

Viele Mitarbeiter, Kollegen, Experten und herausragende Persönlichkeiten aus Politik, Wirtschaft und Gesellschaft haben uns Anregungen und Impulse vermittelt. Unser Dank gilt ihnen allen für die Bereitschaft, all ihr Wissen und alle ihre Erfahrungen einzubringen. Besonders wertvoll waren auch die Kommentare unseres Kollegen Professor Hubert Österle und die vielfältigen Recherchen zu Bildern und Texten von Nicola Schweitzer, Cynthia Sokoll, Barbara Rohner und Manuel Holler. Ganz besonders danken wir Bianca Labitzke vom Verlag Frankfurter Allgemeine Buch für Ihre Unterstützung. Sie konnte sich von Anfang an für dieses Projekt begeistern.

Wir hoffen, dass ein Buch entstanden ist, das dieses Thema aus vielfältigen Perspektiven beleuchtet und dazu beiträgt, eine offene, ehrliche, vielschichtige und differenzierte Diskussion über die Chancen und Risiken des autonomen Fahrens zu führen. Wir Autoren sind euphorisch und von den Möglichkeiten dieser Technologie überzeugt. Aber auch uns bewegen Zweifel und Sorgen, die in diesem Buch ebenso zum Ausdruck kommen.

Andreas Herrmann
Walter Brenner

Geleitwort
Zur Bedeutung von Software in der Automobilindustrie

Professor Dr. Manfred Broy
Technische Universität München

Die rasanten Fortschritte der digitalen Technologie resultieren sowohl aus einer stetigen Verbesserung der Leistung der Hardware als auch aus der neuen Rolle der Software — sie ist umfassend und vielfältig. Beide Entwicklungen führen zu dramatischen Veränderungen in der Automobilindustrie, die im Folgenden ausgeführt werden sollen: Bisher sind es die Innovationen im Fahrzeug, wie etwa durch eingebettete Software, neuartige Mensch-Maschine-Interaktionen bis hin zu Assistenzfunktionen. Hinzu kommen vielfältige softwaregestützte Funktionen sowie digitale Werkzeuge, Kommunikations- und Automatisierungstechnik in der Forschung, Entwicklung und Produktion. Aufgrund der rasant wachsenden Bedeutung des Internets und des Smartphones dominieren digitale Techniken inzwischen auch das Marketing und Customer-Relationship-Management. Eine weitere Welle der Veränderung ergibt sich aus der umfassenden Vernetzung der Fahrzeuge bis hin zum autonomen Fahren.

Die Digital Natives verkörpern einen neuen Kundentypus, der sich wie ein Fisch im Wasser in sozialen Netzwerken bewegt und für den die allgegenwärtige Verfügbarkeit digitaler Dienste über die Grenzen des Fahrzeugs hinaus selbstverständlich ist. Faszinierend ist dabei das Wechselspiel zwischen dem Fortschritt der Technik, neuen Geschäftsmodellen und veränderten Kundenanforderungen und -erwartungen.

Ein entscheidender Wettbewerbsvorsprung der US-Internet-Giganten besteht in ihrer einzigartigen Kundennähe, die es ihnen erlaubt, tagtäglich mit den Abnehmern zu interagieren, deren Verhalten zu beobachten und zu analysieren, in Echtzeit die erforderlichen Daten zu erfassen und blitzschnell neue Innovationen umzusetzen. Auch für die Fahrzeughersteller dürfte sich mit Blick auf diese Entwicklungen einiges verändern: Ein markantes Beispiel ist das automatisierte Fahren. Gelingt es, dass in zehn bis 15 Jahren Autos in vielfältiger Umgebung bedingt automatisiert oder sogar schon hoch- und vollautomatisiert fahren können? Damit würden Ride- und Carsharing-Projekte besonders attraktiv werden, da man auf den Kostentreiber „Fahrer", aber auch auf die Unbequemlichkeit, das Fahrzeug am Standort abzuholen — es kommt von alleine — verzichten könnte.

Dies erlaubt völlig neue Geschäftsmodelle und illustriert eindrucksvoll die intensive Wechselwirkung zwischen der Beherrschung der Technologie und der Entwicklung neuer Geschäftsmodelle sowie einer schnellen und nachhaltigen Veränderung des Marktes und der Kundenbedürfnisse.

Vor diesem Hintergrund muss in der Automobilindustrie die Zukunft völlig neu gedacht werden. Eine ganze Reihe von Kernkompetenzen sind zu entwickeln, die demnächst ausschlaggebend dafür sind, dass die heute führenden Hersteller auch weiterhin eine entscheidende Rolle spielen können. Dabei sind insbesondere die Fragen zu beantworten, welche Rolle Automobilunternehmen vor dem Hintergrund der digitalen Revolution spielen wollen und können und welche Maßnahmen erforderlich sind, damit sich Hersteller eine herausragende Rolle im Markt sichern.

Für die Bewältigung der Herausforderungen sind eine Reihe von Fähigkeiten zwingend erforderlich. Dazu gehören unter anderem:

- Human-Centric Engineering bedeutet, Produkte und Dienste auf die Bedürfnisse der Kunden auszurichten.
- Vernetzte Dienste zuverlässig zu gestalten und mit anderen Diensten zu kombinieren, erfordert Softwaretechniken, die ein rasches Time-to-Market sicherstellen.
- Die Beherrschung der Kosten, Qualität, Time-to-Market von Software dürfte der entscheidende Wettbewerbsfaktor werden.
- Die Marktdurchdringung verlangt Partnerschaften mit anderen Firmen, damit individuelle Stärken zu Synergien führen. Neue und schnelle Innovationen — auch unter Einbeziehung kleiner Unternehmen und Open-Innovation-Ansätzen — müssen mit traditionellen Fähigkeiten kombiniert werden. Kritisch ist dabei stets die Frage, wer letztlich diese Partnerschaften dominiert.
- Im Vordergrund muss eine konsequente Kundenorientierung stehen mit Angeboten, die ein Bündel von Kundenbedürfnissen adressieren. Dazu gehören internetbasierte Dienste im Auto, multimodale Mobilitätsdienste und die durchgängige Kombination von virtueller mit physischer Mobilität.
- Neue Geschäftsmodelle und die bessere Marktdurchdringung ergeben sich aus der Fülle von Nutzerdaten. Hieraus lassen sich innovative Dienste entwickeln. Gerade die Nähe und der Zugang zum Kunden durch eine tagtägliche und beständige Interaktion bieten beachtliche Chancen.
- Besondere Bedeutung besitzen die Techniken der Künstlichen Intelligenz, insbesondere das maschinelle Lernen. Diese betrifft insbesondere die Auswertung von Massendaten im Rahmen des autonomen Fahrens.

Neben den aus der digitalen Transformation resultierenden Veränderungen für das Auto selbst steht auch der gesamte Markt und Wettbewerb vor einem substanziellen Wandel. Ein Beispiel hierfür ist der Eintritt von Internetfirmen, die nicht notwendigerweise selbst Fahrzeuge herstellen, aber mit ihren Ride- und Carsharing-Angeboten die Regeln des Marktes verändern. Hinzu kommen alle möglichen Daten aus den Fahrzeugen, die völlig neue Geschäftsmöglichkeiten eröffnen.

Ein weiteres Schlüsselthema ist der durch Software ermöglichte Zugang zu den Kunden, die immerhin beträchtliche Zeit in den Fahrzeugen verbringen. Dazu braucht es Ideen, damit die Kundenansprache nicht nur einen lästigen Aspekt einer Public Relations-Aktivität darstellt. Nur jene Dienste können sich dauerhaft durchsetzen, die den Kunden einen echten Mehrwert bieten. Dies erfordert zwingend, Softwareexperten in die Führungsebene der Automobilunternehmen aufzunehmen. Diese Personen können aus einer Hand und umfassend sowohl die technischen als auch die betriebswirtschaftlichen Aspekte berücksichtigen.

Die Autohersteller benötigen eine konsequente Ausrichtung auf Softwarebefähigung und Softwaresouveränität. Nur so kann die Industrie im Wettbewerb mit den neuen Technologiefirmen bestehen. Hierzu müssen das Software-Know-how auf allen hierarchischen Ebenen verankert und die Softwareprozesse mit besonderer Kompetenz gestaltet werden. An der Fähigkeit, das Thema Software zu beherrschen, dürfte sich die Zukunft der traditionellen Automobilindustrie entscheiden.

Teil 1
Revolutionen in der Mobilität

Kapitel 1
Autonomes Fahren ist Realität

Faszination

Schon immer hat das Automobil die Menschen fasziniert. Seit seiner Erfindung im Jahr 1886 durch Carl Benz in Mannheim gilt es als Inbegriff des technisch Machbaren, aber auch des gesellschaftlich Wünschenswerten. An den Generationen von Fahrzeugen kann man nicht nur den technischen Fortschritt feststellen, sondern auch die ästhetischen, sozialen und kulturellen Veränderungen, die im Fahrzeugdesign und in den Materialien zum Ausdruck kommen. Am Auto, so scheint es, lassen sich über mehr als hundert Jahre hinweg die Errungenschaften aus der Elektronik, der Informatik, dem Maschinenbau, der Kunst, dem Design und vielen anderen Disziplinen besonders gut erkennen. Im Kern reflektiert ein Fahrzeug mit allen seinen Funktionen, seiner Anmut und Ästhetik die Vorstellung vieler Menschen davon, was eine Gesellschaft zu leisten im Stande ist. Die Faszination für das Automobil resultiert aber auch aus den Chancen, die es den Menschen bietet. Mobilität, Freiheit, Unabhängigkeit, aber auch sozialer Aufstieg und gesellschaftliche Anerkennung sind Empfindungen, die viele Fahrer mit ihren Fahrzeugen verbinden.

Die Erwartungen an das Auto sind dabei durchaus zwiespältig. Es verleiht den Menschen einerseits Kontrolle und Macht über eine Maschine und gibt ihnen dadurch ein Gefühl von Freiheit und Stolz. Andererseits kam auch immer wieder der Wunsch auf, ein Computer möge dem Menschen die Verantwortung für das Steuern der Maschine abnehmen: Hier kommt die Sehnsucht nach dem autonomen Fahren ins Spiel. Schon seit Jahrzehnten sind fahrerlose Autos zunächst in Science-Fiction-Romanen, später in wissenschaftlichen Veröffentlichungen umfassend beschrieben. Die Fantasien der Autoren reichen in einigen Filmen sogar so weit, dass selbstfahrende Autos ein Eigenleben führen und menschliche Züge annehmen. Das Auto legt selbstständig Routen fest und drückt eigene Stimmungen aus. Wie auch immer man Ideen zur modernen Mobilität konkretisiert: Autonome Fahrzeuge sind der logische Endpunkt einer Entwicklung, die mit der Motorkurbel im Patent-Motorenwagen von Carl Benz begonnen hat und inzwischen bei modernsten Fahrerassistenzsystemen angelangt ist, wie etwa Vorwärtskollisionswarnung, Toter-Winkel-Überwachung, Spurverlassenswarnung oder adaptive Geschwindigkeitsregelung. Die uralte Vision, dass alle Insassen eines Fahrzeugs nur noch Passagiere sind, hat inzwischen die Forschungs- und Entwicklungsabteilungen vieler Fahrzeughersteller, aber auch einiger Technologieunternehmen wie etwa Google, Nvidia, Qualcomm, Mobileye, Apple erreicht und dürfte in den nächsten Jahren umgesetzt werden. Dieser letzte Schritt, dass ein Fahrzeug ganz ohne Fahrer auskommt, ist inzwischen keine Fiktion mehr. Die zugrunde liegende Technologie ist auf dem besten Weg dazu, Wirtschaft und Gesellschaft von Grund auf zu verändern.

Große Ideen sind so alt wie die Menschheit. Was viele Menschen davon abhält, besondere Ideen umzusetzen, sind die vermeintlichen Gewissheiten darüber, was machbar ist und vor allem: was nicht geht. So verhielt es sich auch bei der Entwicklung des Solarflugzeugs Solar Impulse 2, das eine Flügelspannweite von 72 Metern bekommen sollte. Ingenieure und Experten aus der Luft- und Raumfahrttechnik erläuterten durchaus überzeugend, dass eine solche Flügelspannweite technisch nicht machbar sei. Selbst eine Boeing 747 besitze keine solche Flügelspannweite, hieß es. Wie sollte es bei einem Flugzeug mit dem Gewicht eines Mittelklassefahrzeugs funktionieren?

Um dieses Problem zu lösen, mussten alle bisherigen Gewissheiten und Gewohnheiten über Bord geworfen werden. Es blieb Bertrand Piccard und seinem Team nichts anderes übrig, als das Bollwerk des vermeintlich gesicherten Wissens zu verlassen und ganz neue Wege einzuschlagen. Diese neuen Wege führten zu neuen Materialien, neuen Verarbeitungstechniken und letztlich auch dazu, ganz neu über die Konstruktion eines Flügels nachzudenken. Wir erkennen: Wer eine große Idee umsetzen will, darf sich nicht in der Komfortzone etablierter Überzeugungen einrichten. Das gilt auch für das autonome Fahren: Nur jene Unternehmen werden sich durchsetzen, die es schaffen, ganz neu über die Technik des Fahrens und das Verhalten der Fahrer zu reflektieren. Die ganze Mobilität muss neu gedacht werden.

Umsetzung

Die autonomen Autos einiger Hersteller haben die Konzeptphase verlassen, umfassende Tests bestanden und befinden sich bereits auf den Straßen — zwar immer noch in kontrollierter Umgebung, aber unmittelbar vor dem Einsatz im Verkehr. Inzwischen sind autonome Fahrzeuge sogar in der Lage, den sogenannten Melbourne Hook Turn zu bewältigen. Hierbei handelt es sich um ein zweistufiges Abbiegemanöver, für das die australische Metropole Melbourne bekannt geworden ist. Ein Auto, das im Linksverkehr von Melbourne rechts über eine von Stadtbussen befahrene Straße

Abbildung 1.1. Fahrerloser Rennwagen von Audi
Quelle: Audi AG

Abbildung 1.2. Der selbstfahrende F015 von Mercedes
Quelle: Daimler AG

abbiegen will, muss sich zunächst links einordnen. Erst nachdem die auf der gleichen Fahrbahn geradeaus fahrenden Autos und die Stadtbusse vorbeifahren konnten, darf das Fahrzeug nach rechts abbiegen.

Es gibt mittlerweile viele Belege für den Fortschritt des autonomen Fahrens. So gelangte zum Beispiel ein Fahrzeug von Audi fahrerlos von San Francisco nach Las Vegas, ein anderes erreichte auf einer Rennstrecke eine maximale Geschwindigkeit von 240 km/h (Abbildung 1.1). Mercedes stellte den F015 vor, der vor allem durch sein futuristisches Design und die vielen innovativen Funktionen eine Vorstellung von der autonomen Mobilität der nächsten Jahre vermittelt (Abbildung 1.2). Google ist seit vielen Jahren dabei, in Kalifornien und anderen US-Bundesstaaten seine inzwischen weithin bekannten Fahrzeuge zu testen. Tesla hat bereits einige seiner Fahrzeuge mit Software, Kameras und Radar ausgerüstet, um in bestimmten Verkehrssituationen autonomes Fahren zu ermöglichen. Volvo nimmt auf einem Autobahnring rund um Göteburg Fahrzeuge in Betrieb, die autonom unterwegs sind. Viele andere Fahrzeughersteller wie Ford, BMW, Toyota, Kia, Nissan oder auch Volkswagen arbeiten an Prototypen von selbstfahrenden Autos oder haben solche Fahrzeuge bereits im Straßenverkehr eingesetzt.

General Motors will demnächst ein autonomes Fahrzeug im Verkehr testen, das weder ein Lenkrad noch Pedale oder andere manuelle Kontrollmöglichkeiten besitzt. Der Autokonzern hat das US-Verkehrsministerium bereits um eine Genehmigung gebeten, dieses Auto ohne einen Fahrer auf die Straßen bringen zu dürfen. Das elektrische Superauto NIO EP9 sorgte bereits für Aufsehen, als es auf der texanischen Rennstrecke Circuit of the Americas mit 2:11:30 Minuten einen neuen Rundenrekord für Serienfahrzeuge aufstellte. Kürzlich stellte dieses chinesische Fahrzeug einen weiteren Rekord auf, indem es im selbstfahrenden Modus die 5,5 Kilometer lange Formel-1-Rennstrecke in 2:40:33 Minuten absolvierte. Dabei betrug die Höchstgeschwindigkeit auf einzelnen Passagen dieser Rennstrecke rund 260 km/h.

Im Jahr 2011 entwickelte die National University for Defense Technology in einer Partnerschaft mit First Auto Works ein selbstfahrendes Auto auf Basis des Hongqi HQ3. Dieses Fahrzeug absolvierte die Strecke zwischen Changsha und Wuhan auf einer stark befahrenen Autobahn in drei Stunden und 20 Minuten. Bei einer Höchstgeschwindigkeit von 87 km/h überholte es 67 andere Fahrzeuge. Trotz widriger Wetterbedingungen mit Nebel und Gewittern sowie schwer zu erkennenden Straßenmarkierungen gelang eine unfallfreie Fahrt.

Wo liegen die größten Hindernisse für die Vision vom autonomen Auto? Die Ingenieure vieler Hersteller und Technologieunternehmen sind sich in einem einig: Es ist nicht besonders aufwendig, die ersten 90 Prozent des autonomen Fahrens zu beherrschen. Die größte Herausforderung sind die letzten 10 Prozent. Es geht darum, komplizierte Verkehrssituationen vor allem in den Innenstädten zu meistern. Daher müssen die Fahrzeuge in möglichst vielen Situationen im Straßenverkehr getestet werden, um Erfahrungen über das Fahrverhalten zu sammeln. Ähnlich argumentiert auch Jen-Hsun Huang, der Vorstandsvorsitzende von Nvidia, der bei der Entwicklung von autonomen Fahrzeugen eine Verlässlichkeit von 99,999999 Prozent fordert, wobei er genau weiß: Das letzte Prozent kann nur mit sehr viel Aufwand erreicht werden (Erläuterung 1.1, S. 18).

Diese Präzision ist schon deshalb erforderlich, weil Menschen die Fehler anderer Menschen eher verzeihen als die von Maschinen begangenen Fehler. Viele Verkehrsteilnehmer sind bereit, falsche oder ungeschickte Manöver anderer Fahrer zu übersehen, weil letztlich jeder um die eigene Unzulänglichkeit weiß. Begeht hingegen ein von der zentralen Steuerungseinheit manövriertes Fahrzeug einen Fahrfehler, kommen sofort grundsätzliche Zweifel über die Fahrtüchtigkeit des Gefährts und seine technischen Voraussetzungen auf. Daher bleibt bei der Entwicklung fahrerloser Autos gar nichts anderes übrig, als eine Fehlertoleranz einzufordern, die gegen Null geht.

Unter Programmierern gibt es die 90-90-Anekdote, derzufolge 90 Prozent der Codes etwa 90 Prozent der Entwicklungszeit benötigen. Für die verbleibenden 10 Prozent der Programmierzeilen sind nochmals 90 Prozent der Zeit erforderlich. In Anlehnung daran sprach Sacha Arnoud, Direktor beim Google-Unternehmen Waymo, vor Kurzem davon, dass die ersten 90 Prozent der Aufgaben für die Entwicklung eines autonomen Autos etwa 10 Prozent der gesamten Zeit in Anspruch nehmen. Die letzten 10 Prozent, um die Fahrzeugentwicklung abzuschließen, erfordert sogar das Zehnfache aller bis dahin geleisteten Arbeit.

Erläuterung 1.1. Programmiercodes und Datengenerierung im Fahrzeug

Autos sind rollende Computer
Bereits heute sind Fahrzeuge mit ihrer Umwelt (wie etwa mit dem Internet, dem Händler oder dem Hersteller) vernetzt. Autos lassen sich daher auch als rollende Computer bezeichnen, da sie ständig Daten (zum Beispiel Navigations- und Telemetriedaten) generieren. Hierzu zwei eindrückliche Zahlen:
Vernetzte Fahrzeuge weisen etwa 100 Millionen Zeilen Code auf – das ist eine enorme Menge. Man stelle sich hierfür eine ganz normale Din A4 Seite vor, die 30 Zeilen Code umfasst und 0,1 Millimeter dick ist. Sofern alle 100 Millionen Zeilen Code ausgedruckt und die Seiten aufeinandergelegt werden, entsteht ein Blätterturm, der den Eiffelturm in Paris überragt.
Jedes Auto kann abhängig von den eingebauten Sensoren und den verfügbaren Computern bis zu 300 Gigabyte (GB) Daten pro Stunde generieren. Ein durchschnittlicher Kunde einer Telekom-Firma nutzt etwa 20 GB pro Monat (Surfen im Internet, Streamen von Filmen und Serien, Kommunikation in sozialen Netzwerken).

Quelle: Eigene Darstellung

Die Fahrzeuge von Google (Waymo) haben inzwischen 8 Millionen Kilometer absolviert, was etwa 200 Umrundungen der Erde entspricht. Mit dieser Fahrleistung konnten die Autos bereits eine Vielzahl von Situationen im Straßenverkehr bewältigen. Gleichwohl ist Google weiterhin daran, nicht nur im tatsächlichen Verkehr zu testen, sondern auch Fahrten am Computer zu simulieren. Damit sollen die Steuerungssysteme ungewöhnlichen und seltenen Situationen auf den Straßen ausgesetzt werden. Dieses Simulationsprogramm entspricht den Fahrten von etwa 25.000 Autos, die pro Jahr circa vier Milliarden Kilometer meistern.

Im nächsten Schritt geht es darum, das Verhalten dieser Fahrzeuge in schwierigen Wettersituationen zu untersuchen. Regen, Nebel, Schnee – das sind die Herausforderungen, in denen sich die Autos zu bewähren haben. Hinzu kommen Verkehrssituationen, in denen die Fahrer miteinander kommunizieren müssen, um Zusammenstöße zu vermeiden. Ein Beispiel hierfür bildet der Place de l'Etoile mit dem Arc de Triomphe in Paris, auf den zwölf Straßen zuführen (Abbildung 1.3). Um diesen Platz

Abbildung 1.3. Verkehrssituation am Arc de Triomphe in Paris
Quelle: Alex MacLean

unfallfrei zu umrunden, braucht es nicht nur Fahrkönnen, sondern auch die Fähigkeit, mit anderen Verkehrsteilnehmern zu kommunizieren — mit Händen und Füßen, mit dem Gesichtsausdruck oder sogar mit Licht und Hupe. Hinzu kommt, dass man die vielen ungeschriebenen Regeln kennen muss, um die Straßen rund um diesen Platz zu meistern. Man kann sich vorstellen, was diese Verkehrssituation für ein autonomes Fahrzeug bedeutet.

Von Toyota und der Rand Corporation liegen Berechnungen über die Anzahl der Kilometer vor, die selbstfahrende Autos absolvieren müssen, bevor sie als für den Straßenverkehr tauglich eingestuft werden können (Erläuterung 1.2, S. 20). Die für die Steuerung von fahrerlosen Autos verantwortlichen Algorithmen müssen durch eine Vielzahl von Anwendungen im Straßenverkehr trainiert werden. Je mehr Verkehrssituationen diese Algorithmen bewältigt haben, desto besser sind sie vorbereitet, um eine neue Situation meistern zu können. Diesen Trainingsprozess zu gestalten und damit auf die von Jen-Hsun Huang geforderte Genauigkeit zu kommen, ist wohl die entscheidende Herausforderung bei der Entwicklung autonomer Fahrzeuge.

Das weltweit erste selbstfahrende Taxi ist seit August 2016 im Universitätsviertel von Singapur in Betrieb. Es lässt sich über eine Smartphone-App buchen und steuert ausgewählte Haltepunkte an. Schon heute berichtet NuTonomy, der Betreiber dieses Taxis, über begeisterte Passagiere. Allerdings kommt bereits Konkurrenz auf, da die Verkehrsbehörde in Singapur auch Delphi Automotive Systems und anderen Firmen ermöglicht, selbstfahrende Fahrzeuge zu testen. Der Stadtstaat gilt als ideales Testgelände für autonome Autos, allein schon weil das Wetter stets gut ist und weder Nebel oder Schnee die Orientierung beeinträchtigen. Zudem existiert eine herausragende Infrastruktur, und die Verkehrsteilnehmer halten sich im Unterschied zu anderen Ländern auch tatsächlich an die Verkehrsregeln. Singapur versteht sich als ein Testlabor für die Verbesserung autonomer Fahrzeuge und der dafür erforderlichen Infrastruktur. Die Regierung ist sich bewusst, dass diese Technologie die klassische Automobilindustrie bedroht, vielleicht sogar eine neue Industrie hervorbringt und damit auch einen Wettbewerb der Nationen initiiert: Man hat erkannt, dass es um die Arbeitsplätze und den Wohlstand von morgen geht.

Erläuterung 1.2. Bestimmung der notwendigen Testkilometer

Notwendige Testkilometer autonomer Fahrzeuge
Wie viele Kilometer müssen gefahren werden, damit man einen Vergleich zwischen maschinellem und manuellem Fahren durchführen kann, der mathematisch-statistischen Kriterien genügt? Ausgangspunkt sind die derzeitige Wahrscheinlichkeit für einen Unfall auf einem Kilometer Straße und die konservative Annahme, dass autonome Fahrzeuge eine um zwanzig Prozent geringere Unfallrate aufweisen.
Bei einer Irrtumswahrscheinlichkeit von fünf Prozent müssten etwa acht Milliarden Kilometer gefahren werden, um einen Unterschied nachweisen zu können. Diese Distanz entspricht etwa einer Reise zum Neptun und wieder zurück, was aber nicht heißt, dass man viele Jahre warten muss, bis ein entsprechender Nachweis erbracht ist. Eine Möglichkeit besteht darin, virtuelle Tests durchzuführen, Simulationen zu rechnen oder mathematisch-statistische Modelle zu entwickeln. Eine andere Option zielt darauf ab, durch Pilotstudien in kontrollierter Umgebung die Anfälligkeit von fahrerlosen Autos für Unfälle zu untersuchen. Genau diese beiden Ansätze werden derzeit vor allem vom US-Transportministerium und der National Highway Traffic Safety Administration verfolgt.

Quelle: Eigene Darstellung

Aber auch andere Unternehmen sind dabei, in verschiedenen Städten und Regionen der Welt fahrerlose Fahrzeuge auf die Straßen zu bringen. Google kooperiert mit Phoenix, um seine Autos für Taxidienste einzusetzen. Uber bebaut in Pittsburgh ein ganz neues Areal für den Einsatz von autonomen Autos. Nissan kündigte an, ganz in der Nähe des Hauptsitzes in Yokohama eine Flotte von fahrerlosen Fahrzeugen in Betrieb zu nehmen. Darüber hinaus gibt es Initiativen zum autonomen Fahren von General Motors in New York, von Bosch in Stuttgart, von Audi in Ingolstadt und von den zahlreichen chinesischen Autofirmen vor allem in und um Shanghai.

Offenbar bewegt die Vorstellung von selbstfahrenden Autos immer mehr Menschen. Dies zeigt auch eine Analyse von über 100.000 Posts auf zahlreichen sozialen Plattformen. Seitdem Google 2010 sein fahrerloses Auto präsentierte, hat sich die Anzahl der Posts zu diesem Thema von einem Jahr zum nächsten verdoppelt. Die Auswertung ergibt, dass die Menschen doppelt so viele positive wie negative Empfindungen, Meinungen und Stimmungen mit diesen Gefährten verbinden. Zu den positiven Assoziationen gehören: smart, intelligent, sicher, modern, fortschrittlich und fähig. Die negativen: gefährlich, teuer, disruptiv, langsam, komplex, unvermeidlich. Offenbar besteht auf der einen Seite Neugier, aber auch die Hoffnung, mit dieser Technologie bedeutsame Verkehrsprobleme wie Staus, Luftverschmutzung oder Unfälle lösen zu können. Auf der anderen Seite gibt es Zweifel, ob das alles wirklich so funktioniert, ob die autonomen Fahrzeuge tatsächlich sicher und bezahlbar sind und die Technologie beherrscht werden kann.

Neben Autos gibt es viele weitere Fahrzeuge, die inzwischen autonom verkehren, wobei vor allem die zahlreichen Anwendungen im militärischen Bereich zu nennen sind. Aber auch in der Landwirtschaft kommen selbstfahrende Traktoren, Mähdrescher und andere Fahrzeuge zum Einsatz, die alle miteinander kommunizieren und ihr Fahrverhalten aufeinander abstimmen. In den letzten Jahren wurden vor allem in Europa und Asien zahlreiche fahrerlose Citymobile und Stadtbusse auf die Straße gebracht, die zumeist auf definierten Routen den öffentlichen Verkehr unterstützen. Besondere Bedeutung kommt beim Transport von Fracht den autonomen Lastwagen zu, die sich zu einem Konvoi (Platoon) verknüpfen lassen. Dabei bildet ein Lastwagen, in dem sich derzeit noch ein Fahrer befindet, die Spitze, während die anderen Fahrzeuge elektronisch angekoppelt sind. In automatisierten Verladestationen kann die Fracht, ohne dass Personal involviert ist, von einem Lastwagen auf einen anderen umgeladen werden. Danach können die Fahrzeuge mittels einer elektronischen Deichsel zu neuen Platoons verknüpft werden.

Definition

Ein Blick auf die Kommunikation vieler Fahrzeughersteller, Zulieferer und Technologieunternehmen zeigt, dass zumeist vom automatisierten und nur selten vom autonomen Fahren die Rede ist. Automatisiertes Fahren, das ist der Überbegriff, der mehrere Phasen der Automation beginnend mit den Fahrerassistenzsystemen umfasst. Autonom beschreibt den Endzustand der Automation, also jene Situation, in der ein System alle Lenk-, Beschleunigungs- und Bremsmanöver übernimmt. Es benötigt dann keinen Fahrer mehr, und das Auto ist in der Lage, stets alle Fahrsituationen zu meistern. Daher sollen Fahrzeuge, die diesen Zustand erreicht haben, als autonom, fahrerlos oder selbstfahrend bezeichnet werden. Spricht man von Automation, so geht es darum, das eigenständige Agieren einer Maschine zum Ausdruck zu bringen. Autonomie geht darüber hinaus und meint das eigenständige Dirigieren eines ganzen Systems.

Bislang wurde hier nur von autonomen Autos gesprochen, also der höchsten und letzten Stufe der Fahrzeugautomation, wenn das System überall und zu jeder Zeit alle Fahraufgaben übernimmt. Bei dieser vollen Automation gibt es keinen Fahrer mehr, und alle im Fahrzeug befindlichen Personen sind Passagiere. Bis diese Fahrzeuge das Straßenbild prägen, dürfte es noch einige Jahre dauern, was aber nicht bedeutet, dass nicht heute schon Autos mit einem beachtlichen Grad an Automation ausgestattet sind.

Um die Begrifflichkeiten zu klären, hier ein Überblick über die verschiedenen Stufen der Automation:

- Ausgangspunkt ist der Zustand ohne jegliche Automation (Level 0), in dem der Fahrer das Fahrzeug ohne Unterstützung durch Systeme lenkt, beschleunigt und bremst.
- Hieran schließt sich die Fahrerunterstützung (Level 1) an, zu der etwa das Antiblockiersystem und das elektronische Stabilitätssystem zählen.
- Ab der Teilautomation (Level 2) übernimmt die Maschine immer mehr dieser Fahraufgaben, wie etwa die adaptive Geschwindigkeitsregelung. Allerdings ist der Fahrer immer noch verpflichtet, das System, den Verkehr und die Umgebung permanent zu beobachten und zu jedem Zeitpunkt das Fahrzeug steuern zu können.
- Ab der bedingten Automation (Level 3) muss der Fahrer das Auto und die Umwelt nicht mehr ständig überwachen, da ihm die Maschine ein Signal mit der Aufforderung erteilt, die Kontrolle zu übernehmen.
- Bei der Hochautomation (Level 4) bewältigt das System alle Fahraufgaben im Normalbetrieb und im definierten Umfeld, jedoch kann der Fahrer die von der Maschine getroffenen Entscheidungen überstimmen und eingeleitete Manöver abbrechen.
- Hieran schließt sich die Vollautomation (Level 5) an, die im Mittelpunkt der weiteren Ausführungen steht.

Im Sinne einer einheitlichen Sprachregelung sollen im Folgenden zwei zentrale Begriffe verwendet werden: Es ist von automatisierten Fahrzeugen die Rede, sofern die Levels 1 bis 4 gemeint sind. Geht es um Level 5, soll von autonomen, selbstfahrenden oder fahrerlosen Autos gesprochen werden.

Technologie

Die dem autonomen Fahren zugrunde liegenden Technologien lösen die Grenzen zwischen der Automobil-, der Roboter-, der Elektronik- und der Softwareindustrie auf. Die Software mit den Programmen und Algorithmen, aber auch die Kameras sowie Radar, Ultraschall und Lidar (Light Detection und Ranging) gewinnen an Bedeutung. Dagegen verliert die Hardware eines Fahrzeugs, also das Chassis, die Räder und Reifen sowie viele andere mechanische Bauteile an Wichtigkeit. Daher ist es nicht überraschend, dass sich Technologieunternehmen wie Apple, Google, Nvidia, Mobileye, NuTonomy, Qualcomm und Microsoft mit dem autonomen Fahren befassen und sogar schon eigene fahrerlose Fahrzeuge entwickelt haben. Selbst die klassischen Zulieferer wie Aisin, Delphi, Bosch, Denso, Mahle, Continental, TRW, Schaeffler oder Magna sind dabei, entweder eigene Prototypen selbstfahrender Autos zu erstellen oder zumindest an bedeutsamen Komponenten zu arbeiten. Zudem kann die Technologie des autonomen Fahrens einen wichtigen Beitrag leisten, um der Elektromobilität zum Durchbruch zu verhelfen: Mehr Automation bedeutet mehr Energieeffizienz und dadurch auch mehr Reichweite.

Grundlage des autonomen Fahrens ist die Entwicklung von Fahrzeugen zu cyberphysischen Systemen, die im Kern einen Verbund aus mechanischen und elektronischen Komponenten bilden. Dabei tauschen die Hard- und Software eines Fahrzeugs bestimmte Daten über eine Infrastruktur aus, wir sprechen hier vom Internet der Dinge. Der gesamte Verbund wird überwacht und kontrolliert von einer zentralen Steuerungseinheit (Processing Unit). Sie verkörpert das „Gehirn" des Fahrzeugs und erteilt den Antriebssystemen Anweisungen. Zudem kommuniziert zukünftig jedes Auto mit der Infrastruktur, zu der Parkhäuser, Parkplätze, Ampeln, Verkehrsschilder und die Verkehrsleitzentrale zählen (Fahrzeug-zu-Infrastruktur-Kommunikation, im Folgenden: V-to-I-Kommunikation). Hierbei geht es darum, alle Daten über den Verkehrsfluss, über verfügbare Parkplätze und Ampelphasen zu erfassen, damit die zentrale Steuerungseinheit im Auto die beste Route auswählen und die passende Geschwindigkeit bestimmen kann.

Bei der Fahrzeug-zu-Fahrzeug-Kommunikation (im Folgenden: V-to-V-Kommunikation) stehen die Autos im Kontakt untereinander und tauschen Daten aus. So können Autos ihr Fahrverhalten aufeinander abstimmen und sich wechselseitig zum Beispiel vor Regen, Eis, Nebel, Schlaglöchern oder Unfallstellen warnen. Es liegt auf der Hand, dass die Informations- und Kommunikationstechnologie im Fahrzeug an Bedeutung gewinnt, so dass sich ein Paradigmenwechsel in der Automobilindustrie ergeben dürfte. Der klassische Fahrzeugbau wandelt sich zu einer Industrie, die im Grunde digitalisierte Produkte erzeugt, was ganz neue Fähigkeiten erfordert. Die Fahrzeughersteller sind herausgefordert, sich in Kultur, Organisation und Prozessen den Technologieunternehmen anzunähern und den Geist dieser Industrie aufzunehmen. Es ist kein Zufall, dass in den USA die klassischen Automobilstandorte in Michigan, Ohio und Indiana in Schwierigkeiten stecken, während in Kalifornien eine ganz neue Mobilitätsindustrie entsteht.

System

Um sicher und zügig zum Fahrtziel zu gelangen, muss jeder Fahrer permanent das Verhalten der anderen Verkehrsteilnehmer einschätzen und entsprechende Entscheidungen über die Fahrmanöver treffen. Fährt das nachfolgende Fahrzeug zu dicht auf? Könnte sich hieraus ein Unfall ergeben? Reicht der Abstand zum vorausfahrenden Auto aus? Ist ausreichend freie Fahrbahn für ein Überholmanöver? Überquert das Kind die Straße oder bleibt es am Straßenrand stehen? Dabei stellt sich der Fahrer vor, wie sich die anderen Verkehrsteilnehmer verhalten werden und was abhängig von seinem eigenen Verhalten passieren könnte. Im Grunde entwickelt er aufgrund seiner Erfahrung und seiner Intuition eine beste Vorstellung über das Verkehrsgeschehen und entscheidet entsprechend.

Systeme gehen ähnlich vor, indem sie möglichst viele Daten aus dem Fahrzeugumfeld erfassen und aus diesen verschiedene Szenarien über die Verkehrssituation ableiten. Dabei erhält jedes Szenario eine Wahrscheinlichkeit zugewiesen, mit der es eintritt, und abhängig davon kann das beste Manöver eingeleitet werden. Dieser Prozess lässt sich wie folgt beschreiben: Die Sensoren und Kameras liefern eine Vielzahl von Daten über das Umfeld des Fahrzeugs, das Fahrverhalten der anderen Autos, die Beschaffenheit der Fahrbahn sowie das Wetter. Die zentrale Steuerungseinheit interpretiert diese Daten und gelangt beispielsweise zu der Einschätzung, dass das Fahrverhalten des nachfolgenden Fahrzeugs gefährlich ist oder es so heftig regnet, dass die Geschwindigkeit deutlich reduziert werden muss. Für diese Bewertung greift das System zurückliegende Ereignisse auf und vermag daraus eine Wahrscheinlichkeit abzuleiten, mit der ein bestimmtes Ereignis eintritt. So kann mit Blick auf das aggressive Fahrverhalten des nachfolgenden Autos eine Wahrscheinlichkeit für einen Unfall berechnet werden. Abhängig vom errechneten Wert können verschiedene Fahrmanöver eingeleitet werden.

Allerdings wird es mit zunehmender Daten- und Variablenmenge auch immer schwieriger, die optimale Entscheidung zu treffen. Daher muss sich die Künstliche Intelligenz im Fahrzeug entwickeln, um in Echtzeit möglichst gute Entscheidungen treffen zu können. Sofern zum Beispiel die Sensoren und Kameras auf die Fahrbahn fallende Steine nicht erfassen können, nützt der beste Algorithmus nichts, um Ausweichmanöver einzuleiten. Erkennt hingegen die Sensorik das Hindernis, aber der Algorithmus ist nicht in der Lage, die Vielzahl der Daten zu verarbeiten, kann den Steinen nicht ausgewichen werden.

Anwendung

Bei der Weiterentwicklung automatisierter Fahrzeuge kommt es entscheidend darauf an, dass sie in der Lage sind, die vielfältigen Verkehrssituationen zu beherrschen. Diese Autos sind im Grunde Roboter, weshalb die Software nur jene Situationen im Verkehr meistern kann, die zuvor programmiert oder durch Systeme (Machine-Learning-Algorithmen) erlernt wurden. Daher dürfte das autonome Fahren wohl zunächst dort zum Einsatz kommen, wo die Verkehrssituationen überschaubar sind. Ein typischer Fall hierfür ist die Stop-and-go-Situation: Fahrzeuge stehen im Stau und können immer wieder nur mehrere Meter mit sehr geringer Geschwindigkeit fahren. Dabei lässt sich der bereits heute verfügbare Stauassistent so entwickeln, dass immer höhere Geschwindigkeiten und immer schwierigere Verkehrssituationen bewältigt werden können. Ein anderes Beispiel bildet die Fahrt auf einer Autobahn, wo trotz hoher Geschwindigkeit die Verkehrssituationen meist nicht sonderlich komplex sind. In Innenstädten müsste es jedoch separate Spuren für autonome Fahrzeuge geben, da dort eine diffuse Verkehrssituation herrscht mit Fußgängern, Fahrradfahrern und vielen Richtungswechseln im Straßenverlauf.

Es ist jedoch zu erwarten, dass ausgehend von diesen einfachen Szenarien die Software im Laufe der Zeit so entwickelt werden kann, dass sich immer komplexere Situationen im Straßenverkehr erfassen und verarbeiten lassen. Schon jetzt können Algorithmen nicht nur ein Kind von einem Erwachsenen unterscheiden, sondern beispielsweise auch erkennen, dass zwei Jugendliche am Straßenrand miteinander sprechen. Dieser Befund alarmiert das System, da die beiden Personen möglicherweise abgelenkt sind und den herannahenden Verkehr nicht beachten. Je mehr solcher Situationen die zentrale Steuerungseinheit bewältigen muss, desto versierter kann sich das Fahrzeug im Straßenverkehr bewegen. Das beste Training für die Algorithmen bestünde darin, alle Sensordaten in eine gemeinsame Datenbank zu überführen, damit jedes Fahrzeug von den Lernfortschritten der anderen profitieren könnte.

Trotz dieser beachtlichen Entwicklungen beim maschinellen Lernen wird sich das autonome Fahren nicht auf einen Schlag durchsetzen, schon gar nicht in allen Ländern und Regionen gleichzeitig, sondern nur schrittweise. Ausgehend von den Fahrerassistenzsystemen, die heute schon im Einsatz sind (Park- und Stauassistent), erhält die zentrale Steuerungseinheit zukünftig immer mehr Fahraufgaben. Wie schnell die Entwicklung vorangeht, hängt von verschiedenen Faktoren ab: vor allem vom Fortschritt bei der Software inklusive der Erfassung und Identifikation von Objekten, von der Bereitschaft der Kunden zur Nutzung dieser Systeme und von den regulatorischen und gesetzlichen Rahmenbedingungen. Die Rechtsprechung muss in vielen Ländern aktualisiert werden, da sie im Kern auf dem Wiener Übereinkommen von 1968 über den Straßenverkehr basiert und zum Beispiel haftungsrechtliche Fragen beim Einsatz autonomer Autos gar nicht zu beantworten vermag. Damit sich das autonome Fahren durchsetzen kann, ist es zudem wichtig, dass in den nächsten Jahren nicht zu viele Unfälle mit selbstfahrenden Autos passieren. Meldungen über schwere Unfälle mit diesen Fahrzeugen, wie vor einiger Zeit immer wieder zu lesen war, könnten die Politik und die Öffentlichkeit verunsichern.

Fahrzeuge

Ein Blick in die Forschungs- und Entwicklungsabteilungen zeigt, dass die Technologie des autonomen Fahrens derzeit in vielerlei Richtungen weiterentwickelt wird. Da es nur noch Passagiere und keinen Fahrer mehr gibt, kommen neuartige Innenraumkonzepte in Betracht. Hierbei entstehen Konzeptfahrzeuge, die rollenden Wohn-, Schlaf- und Arbeitszimmern gleichen und mit der besten Informations-, Kommunikations- und Unterhaltungstechnologie ausgestattet sind. Bei anderen Fahrzeugkonzepten steht der innerstädtische Transport im Mittelpunkt, insbesondere die Anbindung autonomer Autos an den öffentlichen Schienenverkehr. Die autonome Mobilität bietet die Chance, die verschiedenen Transportmittel intelligent miteinander zu verknüpfen. Hierbei kommt den selbstfahrenden Fahrzeugen die Aufgabe zu, den Transport der Reisenden auf dem ersten und letzten Kilometer, also etwa von zu Hause zum Bahnhof und wieder zurück, zu übernehmen. Allerdings ist zu erwarten, dass in den nächsten Jahren nicht nur ein Typ, sondern vor allem drei Typen autonomer Fahrzeuge im Mittelpunkt stehen werden (Abbildung 1.4, S. 27).

Robo-Taxis (Roboter-Taxis) bedeuten eine technologische Revolution, da sie von vornherein als autonome Fahrzeuge konzipiert sind. Diese Autos verkehren in den Innenstädten mit geringer Geschwindigkeit in einem exakt definierten Einzugsbereich mit zuvor vermessenen Routen. Sie gehören zu einer Flotte, die zum Beispiel von einem Unternehmen, einer Bahngesellschaft oder einer Stadt betrieben wird, weshalb der Kunde ein solches Auto nicht besitzt, sondern abhängig von der Nutzung bezahlt oder eine Pauschale (flat rate) entrichtet. Diese Fahrzeuge lassen sich mit einer App reservieren und anfordern, wobei eine Verkehrsleitzentrale sie unter Berücksichtigung der Verkehrslage und der Fahrtziele navigiert. Hier könnten Google-Autos zum Einsatz kommen, die mit Blick auf ihr Design und ihre Funktionalität ideale Flottenfahrzeuge bilden. Sie sind klein und wen-

Abbildung 1.4. Beispiele für Robo-Taxis, Busse und Mehrzweckfahrzeuge
Quelle: Eigene Darstellung

dig und daher für den Stadtverkehr geeignet, zudem energieeffizient und können von einer Zentrale aus gesteuert werden. Auch wenn Google selbst keine fahrerlosen Fahrzeuge bauen möchte, ist dieser Begriff zur Beschreibung dieser Autos inzwischen verbreitet.

Auch ist davon auszugehen, dass in den nächsten Jahren immer mehr autonome Busse zum Einsatz kommen, jedoch keine großen Reisebusse, sondern kleine Stadtbusse mit Platz für acht bis zwanzig Passagiere. Schon jetzt nutzen einige Städte solche Busse, allerdings nur auf exakt definierten Routen und mit wenigen Haltestellen. Das bekannteste Beispiel hierfür ist das CityMobil2, das in San Sebastian, Trikala und in der Nähe von Antibes zum Einsatz kommt. Auch die Stadt Zürich hat angekündigt, den selbstfahrenden Bus Self-e auf einer 1,3 Kilometer langen Strecke mit fünf Haltstellen testen zu wollen. Solche Busse eignen sich dafür, verschiedene nicht allzu weit voneinander entfernt gelegene Standorte zum Beispiel eines Unternehmens, einer Verwaltung, eines Krankenhauses oder einer Universität miteinander zu verbinden.

Mehrzweckfahrzeuge sind das Ergebnis einer Evolution: Bereits bestehende Automodelle werden um immer mehr automatisierte Funktionen ergänzt. Diese Autos besitzen zunächst noch einen Fahrersitz und sind aus der Perspektive des Fahrers aufgebaut. Es sind vor allem die Premiumhersteller wie Audi, Mercedes, BMW oder Volvo, die dieses Fahrzeugkonzept verfolgen, allein schon deshalb, um möglichst viel Wissen über den Fahrzeugbau in das Zeitalter der neuen Mobilität zu übernehmen. Dabei könnten sich im Zeitverlauf unterschiedliche Typen herausbilden wie etwa das Geschäfts-, Familien- oder Reisefahrzeug. Diese Automobile ähneln den heutigen kaum noch, da sie weder ein Lenkrad noch eine Mittelkonsole besitzen. Exterieur und Interieur sind völlig neu gestaltet und auf die verschiedenen Verwendungszwecke dieser Fahrzeuge ausgerichtet.

Das Geschäftsfahrzeug ist mit der gesamten Informations- und Kommunikationstechnologie ausgerüstet und ermöglicht es, sämtliche Büroarbeiten während der Fahrt zu erledigen. Man denke beispielsweise an einen Rechtsanwalt, der jeden Tag mehrmals zwischen seiner Kanzlei und verschiedenen Gerichten pendeln muss und sich im Auto auf die Verhandlungen vorbereitet. Das Familienauto bietet sehr viel Platz, erlaubt eine besonders flexible Anordnung der Sitze und verfügt über neueste Audio- und Videosysteme. Befindet man sich beispielsweise auf dem Weg zu Freunden, kann die Zeit im Fahrzeug genutzt werden, um mit den Kindern zu spielen, sich zu unterhalten, Musik zu hören oder Videos zu schauen. Im Reisefahrzeug ist es möglich zu schlafen und daher über Nacht zum Beispiel in die Berge oder ans Meer zu fahren. Dort angekommen, steuert man die Lounge des Herstellers an, um zu duschen und zu frühstücken, bevor man zum Skifahren oder Segeln geht.

Industrie

Weil die Grenzen zwischen den Industrien sich auflösen, treten plötzlich Akteure wie Google, Tencent, Samsung, Alibaba, Baidu, Apple im Fahrzeugmarkt auf, die keinerlei Tradition im Automobilbau besitzen. Diese Unternehmen sind nicht daran interessiert, den evolutionären Weg von den Assistenzsystemen zum autonomen Fahren zu beschreiten. Vielmehr setzen sie auf die Revolution und interessieren sich gleich von Anfang an für selbstfahrende Autos. Ausgehend von ihren Kernkompetenzen zielen sie darauf ab, nicht die Software um die Fahrzeuge, sondern die Fahrzeuge um die Software zu bauen. Diese Disruption in der Automobilindustrie bringt die etablierten Fahrzeughersteller unter Druck. Sie lässt sie als langsam und unbeweglich erscheinen, obgleich sie letztlich nur der über hundert Jahre alten Logik ihrer Industrie folgen. Hier liegt der Sprengstoff, der die Kraft besitzt, eine ganze Industrie umzustürzen. Etablierten Markt- und

Industriestrukturen droht der Untergang, völlig neue Akteure könnten ein neues Zeitalter der Mobilität prägen.

Schon die Frage, was eigentlich der relevante Markt ist, zeigt gravierende Unterschiede zwischen den etablierten und den neuen Akteuren. Die Fahrzeughersteller gehen von einem Markt aus, auf dem sich weltweit betrachtet etwa 90 Millionen Fahrzeuge zu einem Durchschnittspreis von $ 23.000 absetzen lassen. Hieraus resultiert ein Umsatzerlös von circa $ 2,1 Billionen, der als Referenz für die Planung der Umsatzziele für die folgenden Jahre dient. Die Technologieunternehmen starten ihre Definition des Marktes mit der Beobachtung, dass mit allen Fahrzeugen weltweit etwa 16 Billionen Kilometer gefahren werden. Da sich die Kosten für einen gefahrenen Kilometer auf etwa $ 0,62 belaufen, beträgt das mögliche Umsatzvolumen für Mobilitätsdienste aller Art etwa $ 10 Billionen.

Die Notwendigkeit für einen Perspektivenwechsel lässt sich auch mit Blick auf den Gewinn pro gefahrenem Kilometer verdeutlichen. Ein Automobilhersteller verdient an einem durchschnittlichen Fahrzeug, das 250.000 Kilometer absolviert, etwa € 2.500. Dies entspricht ungefähr einem Cent pro gefahrenem Kilometer, was zwingend zu folgender Empfehlung führt: Ein auf dem Gewinn pro Fahrzeug beruhendes Geschäftsmodell muss durch ein Denken in Gewinn pro Fahrt ersetzt werden.

Mit der autonomen Mobilität ergeben sich zudem ganz neue Möglichkeiten für den bereits angesprochenen intermodalen Verkehr, insbesondere zwischen Auto und Bahn. Man stelle sich die erwähnten Google-Autos vor, die den Transport von Passagieren in den Innenstädten übernehmen. Per App kann der Passagier ein solches Fahrzeug aus dem Zug heraus anfordern, um sich sogleich am Bahnsteig abholen und nach Hause bringen zu lassen. Das Fahrzeug kennt den Fahrplan der Züge und das Ziel des Reisenden, deshalb kann es unter Berücksichtigung der Verkehrslage den schnellsten oder kürzesten Weg bestimmen. Vielleicht sind es zukünftig sogar die Bahngesellschaften selbst, die das Geschäft mit den autonomen Flottenfahrzeugen betreiben und damit ihre bisherige Wertschöpfung ergänzen.

Derzeit arbeiten weltweit etwa 50 Unternehmen an der Entwicklung von autonomen Fahrzeugen. Allein in der deutschen Automobilindustrie befassen sich gegenwärtig etwa 20.000 Entwickler mit dem vernetzten und automatisierten Fahren. Hersteller und Zulieferer dürften in den nächsten Jahren etwa € 16 bis 18 Milliarden in die dafür erforderlichen Technologien investieren. Allerdings ist allen Firmen bewusst: Keiner kann es alleine schaffen. Daher sind die meisten von ihnen inzwischen vielfältige Forschungskooperationen eingegangen. Universitäten, Technologieunternehmen und traditionelle Akteure bilden Netzwerke, gründen Spin-offs und Start-ups, um das Rennen um die besten Ideen zu gewinnen.

Ökosystem

Das autonome Fahren bringt nicht nur technologische Herausforderungen mit sich, sondern verändert auch das Wesen von Fahrzeugen, die seit ihrer Erfindung sogenannte Stand-alone-Produkte sind: Jedes einzelne steht für sich. Die Autos entwickeln sich nun zu Ökosystemen, was bedeutet: Sie kommunizieren mit anderen Autos, der Verkehrsleitzentrale und der Infrastruktur und sind eingebunden in ein Netz von Mobilitätsdiensten. Um diese Informations-, Kommunikations- und Mobilitätsleistungen bereitstellen zu können, braucht es Kooperationen mit Zulieferern, Kunden, Technologieunternehmen und sogar Wettbewerbern. Firmen- und branchenübergreifende Projekte gewinnen immer mehr an Bedeutung, um schnell und nachhaltig Produkte auf den Weg zu bringen. Diese Vernetzung erfolgt zumeist zeitlich begrenzt und projektbezogen, wobei die Akteure wechselnde Rollen einnehmen.

Ein Beispiel ist die Mobilitätsplattform Moovel, die für den Kunden die schnellste oder auch bequemste Verbindung von einem Ort zu einem anderen findet und dabei die verschiedenen Verkehrsmittel kombiniert. Diese und andere Plattformen siedeln sich zwischen Nachfragern und Anbietern von Mobilität an und sind nicht auf ein Fahrzeug oder einen Hersteller, sondern auf die Optimierung der Tür-zu-Tür-Verbindung ausgerichtet. Die Fahrzeuge selbst werden mit zahlreichen vernetzten Diensten ausgestattet, zu denen nicht nur alle möglichen Internetdienste zählen. Es gibt auch spezifische Verbindungen, zum Beispiel nach Hause, so dass sich die Rollläden verschließen, sofern sich das Fahrzeug entfernt. Dagegen geht das Licht im Büro an, sobald sich der Mitarbeitende im Auto nähert. In jedem Fall entwickelt sich das Gefährt zu einer Plattform, vielleicht sogar zur Schaltzentrale für jedwede Kommunikation der Menschen mit ihrem Umfeld.

Damit ist das autonome Fahren nicht nur ein technisches Phänomen, sondern wohl viel mehr noch ein kulturelles, soziales und ökonomisches. Es verändert den Tagesablauf und den Arbeitstag der Menschen, den Stil und Inhalt der Kommunikation, das gesamte Mobilitätsverhalten und damit auch viele Gewissheiten über das Leben als solches. Diese Revolution in der Mobilität führt zu einem neuen Lebensrhythmus der Pendler, Käufer und Konsumenten, bringt ohne Zweifel neue Risiken mit sich, eröffnet aber auch beachtliche Chancen. Aus einem über hundert Jahre alten Produkt namens Auto wird eine Dienstleistung namens Mobilität, die in ein Ökosystem eingebunden ist. Das hat erhebliche Auswirkungen für die Organisation, Kultur und Prozesse der Fahrzeughersteller. Viele Unternehmen müssen die alles entscheidende Frage neu beantworten: Was ist eigentlich unser Produkt?

Hält man sich noch einmal die Autos von Google vor Augen, die vor allem auf dem letzten Kilometer und in den Innenstädten zum Einsatz kommen könnten, so wird deutlich: Auch der öffentliche Verkehr mit den Bahngesellschaften und den Verkehrsbetrieben spielt eine wichtige Rolle für das Mobilitätserlebnis der Kunden. Erst das Flottenfahrzeug im Zusammenspiel mit dem Zugverkehr liefert die gewünschte Mobilität, was das Produkt, um das es eigentlich geht, nochmals komplexer macht. Daher sind Unternehmen und Kunden gleichermaßen herausgefordert, ihre bisherige Sicht von Mobilität und den dazugehörigen Produkten zu überdenken. Nur so können die neuen Möglichkeiten des autonomen Fahrens ausgeschöpft werden. Deshalb geht es im Folgenden darum, alle oder zumindest möglichst viele dieser Entwicklungen aufzugreifen.

Wie verändert das autonome Fahren das Leben der Menschen? Was ergibt sich hieraus für die Unternehmen in der Automobil- und Technologieindustrie? Kann der Schutz der Umwelt verbessert werden? Welche ökonomischen Konsequenzen resultieren aus dieser Technologie? Wie müssen die rechtlichen und regulatorischen Rahmenbedingungen verändert werden? Wie kann der Verkehr vor allem in den Megacities mit dieser Technologie gestaltet werden? Lassen sich durch autonomes Fahren der Wohlstand und die Wettbewerbsfähigkeit einer Nation verbessern? Diese und weitere Fragen sind zu beantworten, damit der Wandel zur autonomen Mobilität im Sinne der Menschen, der Unternehmen, der Staaten, der Städte und der Umwelt genutzt werden kann. Zuvor jedoch interessieren einige Fakten über das manuelle Fahren, damit der Stellenwert der autonomen Mobilität sowie ihre gesellschaftlichen und ökonomischen Konsequenzen eingeschätzt werden können.

Zusammenfassung

- Autonomes Fahren ist keine Fiktion mehr, sondern wird Realität. Zahlreiche selbstfahrende Autos befinden sich bereits auf den Straßen, jedoch noch in kontrolliertem Umfeld.
- Damit sich radikal neue Ideen durchsetzen, müssen alle bisherigen Ansichten, Gewissheiten und Gewohnheiten über Bord geworfen werden. Das Bollwerk des vermeintlich gesicherten Wissens ist zu verlassen, um ganz neue Wege einschlagen zu können.
- Den Kern eines fahrerlosen Autos bilden die zentrale Steuerungseinheit und die zur Erfassung der Umwelt erforderlichen Sensoren wie Kameras, Lidar, Radar, Ultraschall. Während der Fahrt steht das Fahrzeug mit der Infrastruktur (V-to-I-Kommunikation) und anderen Fahrzeuge (V-to-V-Kommunikation) in Kontakt.
- Die ersten autonomen Taxis sind seit August 2016 im Universitätsviertel von Singapur im Einsatz. In den nächsten Jahren sollen in mehreren Städten ganze Flotten dieser Fahrzeuge aufgebaut werden.
- In den nächsten Jahren könnten sich drei Typen von selbstfahrenden Autos herausbilden: Robo-Taxis, Busse und Mehrzweckfahrzeuge. Letztere dürften sich nochmals in Geschäfts-, Familien- und Reisefahrzeuge ausdifferenzieren.
- Die Fahrzeuge werden mit einer Vielfalt von vernetzten Diensten ausgestattet und sind zukünftig Teil von Mobilitätskonzepten, zu denen auch andere Transportmittel gehören. Damit entwickelt sich das bisherige Stand-alone-Produkt Auto zu einem Ökosystem.

Kapitel 2
Fakten zum manuellen Fahren

Autofahren hat für viele Menschen eine ganz besondere Bedeutung, was sich allein schon an den $ 2,1 Billionen zeigt, die weltweit jährlich für Fahrzeuge ausgegeben werden. In vielen Ländern dienen Autos nicht nur der Fortbewegung, sondern besitzen darüber hinaus einen besonderen immateriellen und emotionalen Stellenwert. Fahrzeuge sind dazu geeignet, Individualität auszudrücken und gesellschaftliche Anerkennung zu erfahren. Im Automobil, so scheint es, konkretisieren sich die Träume und Sehnsüchte vieler Menschen, was deren Bereitschaft, für Autos sehr viel Geld auszugeben, in den letzten Jahrzehnten gefördert hat. Die Hersteller und Händler befriedigen diese Wünsche, indem sie luxuriöse, sportliche, bullige, elegante, alltagstaugliche Autos oder auch reine Spaßfahrzeuge anbieten und deren Technologien, Materialien, Farben und Formen immer wieder den neuesten Trends anpassen. Die Kunden können aus einer kaum mehr überschaubaren Anzahl von Modellen, Typen, Varianten und Ausstattungen wählen, um ihr individuelles Fahrzeug zu konfigurieren. Es besteht eine enorme Vielfalt, weshalb es bei Mercedes, Audi, Volkswagen oder BMW mehrere Millionen produzierter Autos braucht, bis sich zwei in allen Details gleichen.

Autofahren kann aber auch mühsam und langweilig sein, denkt man an die vielen und langen Staus, die jeden Tag vor allem in den Metropolen dieser Welt zu beobachten sind. In den Megacities wie Sao Paulo, Kairo, Delhi, Peking oder Mumbai stehen die Menschen viele hundert Kilometer im Stau und müssen deshalb ihren Tagesablauf an der Verkehrssituation ausrichten. In Mexico City verbringt jeder Pendler durchschnittlich etwa 220 Stunden pro Jahr im Stau, und es ist keine Verbesserung in Sicht, ganz im Gegenteil. Das enorme Wachstum der Bevölkerung in diesen Metropolen paart sich mit einem immer größer werdenden Bedürfnis nach individueller Mobilität. Das führt zu noch mehr Staus, größerer Luftverschmutzung und einer vor allem in Asien und Afrika deutlich steigenden Anzahl von Unfällen.

Im November 2016 rief die Stadtregierung von Delhi den Notstand aus, weil die Luftverschmutzung einen neuen Höchststand erreicht hatte und die Sichtweite gerade noch 200 Meter betrug. Hinzu kommt die vor allem in Schwellenländern häufig ohne Augenmaß angekurbelte Überbauung von Grünflächen mit breiten Straßen und riesigen Parkhäusern. Die Lösung dieser und weiterer Verkehrsprobleme ist die zentrale Herausforderung bei der Entwicklung von Megacities. Ansonsten droht der Verkehrsinfarkt mit allen wirtschaftlichen und gesellschaftlichen Konsequenzen. Können autonome Fahrzeuge helfen? Zumindest einige der aufgeworfenen Schwierigkeiten lassen sich zwar nicht sofort, aber doch schrittweise bewältigen. Die weiteren Ausführungen zeigen, dass diese Technologie den Menschen die gewünschte Mobilität wesentlich effizienter und resourcenschonender als das manuelle Fahren bereitstellt.

Tabelle 1.1 (S. 35) liefert, weltweit betrachtet, einige Fakten über das manuelle Fahren, aus denen man ablesen kann, dass die automatisierte Mobilität kein Randthema berührt, sondern in den ökonomischen und ökologischen Kern einer Gesellschaft eingreift.

Diese Zahlen signalisieren dringenden Handlungsbedarf, da mit dem manuellen Fahren erhebliche soziale Kosten verbunden sind. Vor allem ist kein Ende dieser Entwicklung in Sicht, ganz im Gegenteil, der wirtschaftliche Aufbruch vieler Schwellenländer verschärft die Verkehrsprobleme in vielen Städten noch. Selbstfahrende Autos können mit ihrem besonderen Fahrverhalten dazu beitragen, einige dieser Zahlen entscheidend zu verbessern. Hierzu einige Beispiele:

(1) Der Kraftstoffverbrauch lässt sich durch eine besonders harmonische Fahrweise, vorausschauendes Beschleunigen und Bremsen, erheblich reduzieren. Hinzu kommt die Auswahl von Routen unter Berücksichtigung der Verkehrslage, so dass Stop-und-go-Situationen mit Staus vermieden werden können. Dies wirkt sich auch auf Emissionen aus. Die Luftverschmutzung ließe sich also erheblich vermindern.

(2) Die Fahrer müssen nicht mehr das Auto steuern, sondern können sich anderen Beschäftigungen zuwenden. Zumindest einige der 400 Milliarden Stunden, die die Fahrer pro Jahr am Steuer verbringen, können für die Arbeit genutzt werden oder dienen der Entspannung und Erholung. Diese Entlastung von einer Routinetätigkeit eröffnet den Menschen ganz neue Möglichkeiten, den Tag zu gestalten.

(3) Sofern autonome Autos als Flottenfahrzeuge auf den Markt kommen, dürfte die Intensität ihrer Nutzung deutlich steigen, so dass weniger Autos benötigt werden. Auch lassen sie sich so navigieren, dass sich der Durchsatz auf einer Straße erheblich erhöht. Aufkommende Ride- und Carsharing-Offerten könnten ebenso dazu beitragen, dass Straßen zurückgebaut werden und weniger Parkplätze erforderlich sind.

(4) Mit selbstfahrenden Autos sollte sich die Anzahl der Unfälle und damit auch die Menge der Todesopfer und Verletzten im Straßenverkehr deutlich senken lassen. Das könnte die wesentliche Errungenschaft des autonomen Fahrens sein: das Leid von Unfallopfern zu vermei-

den oder zu mindern. Daneben lassen sich auch die Kosten senken, die bislang für Abschleppdienste, Werkstätten, Unfallkrankenhäuser, Rehabilitationskliniken und Versicherungsprämien anfallen. Allein in den USA sind jedes Jahr Schätzungen zufolge etwa $ 500 Milliarden aufzubringen, um die Leistungen dieser Crash Industry zu finanzieren.

Tabelle 1.1. Fakten über das manuelle Fahren

Kennzahlen über das weltweite Fahren (Autos)	
Anzahl Autos	1,2 Milliarden
Fahrleistung pro Jahr	16,093 Billionen Kilometer entspricht etwa: • 108-mal der Distanz zwischen Erde und Sonne • 41.857-mal der Distanz zwischen Erde und Mond
Benzinverbrauch pro Jahr	1,893 Billionen Liter = 16 Milliarden Kilometer bei 11,76 Liter pro 100 Kilometer
Kosten des Fahrens (nur Kraftstoff)	$ 1,5 Billionen = 1,893 Billionen Liter. $ 0,79 pro Liter
Zeit, die pro Jahr im Auto verbracht wird	400 Milliarden Stunden (nur Fahrer) = 16 Billionen Kilometer: 40 Kilometer pro Stunde (Durchschnitt) = 1,2 Milliarden Autos, die 55 Minuten pro 24 Stunden an 365 Tagen fahren 600 Milliarden Stunden (Fahrer und andere Insassen) = 400 Milliarden Stunden. 1.5 (Sitzauslastung)
Ausnutzung der Sitzplätze im Auto	Etwa 1,1 Prozent aller in den Autos verfügbaren Sitze sind über einen Tag betrachtet (24 Stunden) besetzt. = Jedes Auto ist durchschnittlich nur 55 Minuten von 24 Stunden im Einsatz, und nur 1,5 von 5 möglichen Sitzen sind im Durchschnitt besetzt.
Landverbrauch	111,369 Quadratkilometer für Parkplätze entspricht etwa : • 141-mal der Fläche von New York • 1,886-mal der Fläche von Manhattan • mehr als 22 Millionen Fußballfelder
Anzahl Verkehrstote pro Jahr	1,25 Millionen
Anzahl Verletzte im Verkehr pro Jahr	50 Millionen

Quelle: Eigene Darstellung

Zusammenfassung

- Autos besitzen für viele Menschen einen besonderen Stellenwert, da sie auch den sozialen Aufstieg und die gesellschaftliche Anerkennung verkörpern. Gleichwohl kann das Fahren vor allem in den Megacities dieser Welt mühsam und anstrengend sein.
- Die sozialen Kosten der Mobilität (Unfälle, Kraftstoffverbrauch, Emissionen, Landverbrauch) sind enorm. Jedes Jahr sind weltweit etwa 1,25 Millionen Verkehrstote und 50 Millionen Verletzte zu beklagen. Die Auslastung der Sitzplätze im Auto ist erschreckend gering – eine Verschwendung von Ressourcen.
- Autonomes Fahren kann die sozialen Kosten der Mobilität reduzieren, vor allem auch die Kosten der Crash Industry (Reparatur der Fahrzeuge, Unfallkliniken, Rehabilitationszentren, Versicherungsprämien), die sich allein in den USA auf etwa $ 500 Milliarden pro Jahr belaufen.

Kapitel 3
Megatrends

Die Entwicklung der Fahrzeuge über die verschiedenen Levels der Automation bis hin zum autonomen Fahren ist geprägt von weiteren Megatrends, die sich rund um die Mobilität entwickeln. Die Schlagworte: Vernetzung, Urbanisierung, Elektrifizierung, Nachhaltigkeit, Teilen (Sharing). All diese Megatrends stehen im Zusammenhang mit dem autonomen Fahren.

Vernetzung

Die Verbindung des Fahrzeugs mit seiner Umwelt hängt unmittelbar mit dem autonomen Fahren zusammen. Selbstfahrende Autos benötigen wie bereits angedeutet die gesamte V-to-X (Fahrzeug-zu-Umwelt)-Kommunikation, um überhaupt einsatzfähig zu sein. Zunächst ist die V-to-I-Kommunikation zu nennen, bei der Autos mit der Infrastruktur bestimmte Daten austauschen. Hierzu zählt die Kommunikation mit Ampeln und Verkehrsschildern ebenso wie das Reservieren und Bezahlen von Parkplätzen und die Navigation der Fahrzeuge im Parkhaus. Bei der V-to-V-Kommunikation treten Fahrzeuge miteinander in Verbindung, um sich vor Hindernissen zu warnen und das Fahrverhalten aufeinander abzustimmen. Dies steigert nicht nur die Verkehrssicherheit, sondern verbessert auch den Verkehrsfluss, da die Brems- und Beschleunigungsmanöver nicht mehr so abrupt erfolgen.

Ferner spielt die zentrale Steuerungseinheit eine Rolle, die jedes Fahrzeug unter Berücksichtigung der Verkehrslage zum Fahrtziel navigiert. In den Ballungsräumen ist zudem eine Verkehrsleitzentrale vorstellbar, die mit allen Fahrzeugen in Kontakt steht und Anweisungen für die Routenwahl erteilt. Auch sind die Insassen über V-to-Home- und V-to-Life-Anwendungen aus dem Auto heraus mit zu Hause verbunden oder kommunizieren mit dem Arzt, dem Restaurant oder dem Theater. Schließlich spielen auch die V-to-Händler- und V-to-Hersteller-Kommunikation eine wichtige Rolle, um etwa Software-Updates drahtlos (over the air) vornehmen zu können. Daneben ermöglicht das vernetzte Auto auch den nahezu grenzenlosen Zugang zur Welt des Infotainments. Hierzu zählen alle möglichen Internetdienste, soziale Medien wie Facebook und Twitter sowie Streaming-, Video- und Musikangebote.

Urbanisierung

Seit 2007 leben weltweit erstmals mehr Menschen in Städten als auf dem Land – ein Trend, der in den nächsten Jahren vor allem in Asien unvermindert anhalten dürfte. Bereits heute zählen die Agglomerationen von Osaka, Karachi, Jakarta, Mumbai, Shanghai, Manila, Seoul und Peking jeweils mehr als 20 Millionen Einwohner. Delhi und Tokio werden Prognosen zufolge bis zum Jahr 2025 jeweils über 40 Millionen Menschen beheimaten. Außerhalb Asiens zählen Mexico City, Sao Paulo, New York, Lagos, Los Angeles und Kairo zu den Städten, die schon bald über 20 Millionen Einwohner aufweisen. Damit bestehen weltweit etwa 600 urbane Zentren mit einem Fünftel der Weltbevölkerung, wo etwa 60 Prozent des globalen Sozialprodukts erwirtschaftet wird. Bis 2025 kommen allen Prognosen zufolge 136 neue Städte dazu, allein 100 davon in China und 13 in Indien.

Die Urbanisierung ist das Ergebnis eines enormen Bevölkerungswachstums verbunden mit einer Migration in jene Metropolen, in denen die Menschen Arbeit und Einkommen erwarten. Es bedarf einer funktionierenden Mobilität, damit die Bevölkerung in Sicherheit und Wohlstand wachsen kann. Die Menschen müssen zwischen Wohnort und Arbeitsplatz pendeln können, damit sich Wirtschaft und Gesellschaft entwickeln. Ohne entsprechende Mobilität enden Bevölkerungswachstum und Migration im Chaos, verbunden mit Armut und Gewalt. Die Platznot führt zu immer mehr und zu immer längeren Staus, und die Umweltbelastung nimmt enorm zu. Um die Urbanisierung zu bewältigen, braucht es neue Verkehrskonzepte. Das autonome Fahren mit der Chance, mehr Menschen in der gleichen Zeit zu transportieren, könnte darin eine wichtige Rolle spielen. Selbstfahrende Autos bieten zudem die Möglichkeit, dass die Passagiere die vielen Stunden im Verkehr entweder zur Erholung oder für die Arbeit nutzen.

Elektrifizierung

Schon bevor Carl Benz seinen Motorwagen präsentierte, rollten batteriebetriebene Elektrofahrzeuge auf den Straßen in Europa und vor allem in den USA. Über viele Jahre hinweg wurden Verbrennungsmotor und Elektroantrieb parallel entwickelt, bis Charles Kettering den elektrischen Anlasser für die Serienproduktion entwarf. Damit mussten die Motoren nicht mehr mühsam von Hand angekurbelt werden, so dass das Autofahren plötzlich für jedermann möglich war. Tesla begann im Jahr 2004 mit der Entwicklung von Elektromotoren für den Roadster, der 2008 auf den Markt kam. Neben Tesla gehören BMW, Renault, Volkswagen, Toyota, Kia, Nissan, aber auch die chinesischen Autohersteller BYD und BAIC zu den besonders erfolgreichen Anbietern von Elektroautos.

2015 wurden weltweit etwa 500.000 Elektrofahrzeuge abgesetzt, was zu einem derzeitigen Bestand von über zwei Millionen Fahrzeuge weltweit führt. Prognosen zufolge könnte der Absatz bis 2020 auf etwa zehn Millionen pro Jahr ansteigen, allerdings hängt vieles von der technischen Entwicklung und dem Preis-Leistungs-Verhältnis ab. Viele Kunden sind noch immer skeptisch, weil die Reichweite der E-Modelle vergleichsweise gering ist und das Laden der Batterien lange dauert. Die Technologie des autonomen Fahrens ermöglicht eine vorausschauende und harmonische Fahrweise mit sehr dosierten Brems- und Beschleunigungsmanövern, was die Reichweite deutlich vergrößert. Zudem lässt sich die Route zu einem bestimmten Fahrtziel so bestimmen, dass die Anzahl der Ladevorgänge minimiert werden kann. Aber auch im Stadtverkehr und auf dem letzten Kilometer, etwa vom Bahnhof nach Hause, könnten selbstfahrende Elektrofahrzeuge eingesetzt werden. Man kann sie per App anfordern, die Distanzen sind überschaubar, es gibt kaum Leerfahrten, und die Fahrzeuge können selbstständig zu den Landestationen gelangen.

Nachhaltigkeit

Vor allem in den Megacities Asiens und Lateinamerikas hat die Luftverschmutzung durch den Straßenverkehr in den letzten Jahren enorm zugenommen. An vielen Tagen im Jahr ist die Feinstaubbelastung so hoch, dass Straßen zeitweise geschlossen und die Anzahl der Fahrzeuge, die sich gleichzeitig im Verkehr befinden, limitiert werden muss. Auch in vielen deutschen Städten ist die Belastung mit Feinstaub, Kohlendioxid und Stickoxiden so hoch, dass Fahrverbote drohen. Der enorme Ausstoß von Abgasen beschleunigt zudem den Klimawandel mit allen daraus folgenden Gefahren. Zurecht weisen Organisationen auch auf die sozialen Kosten hin, die ein ungezügelter Verbrauch von natürlichen Ressourcen mit sich bringt. Deshalb sind die Unternehmen aufgefordert, möglichst viele Ressourcen zu nutzen, die natürlich regenerierbar sind (Sonnen-, Windenergie). Inzwischen haben einige Fahrzeughersteller das Versprechen abgegeben, die Nachhaltigkeit zu einem Handlungsprinzip zu erheben. Dies betrifft nicht nur den Kampf gegen die Umweltverschmutzung, sondern auch die Auswahl von Materialien bei der Fahrzeugherstellung und die Gestaltung der Produktionsprozesse.

Autonomes Fahren trägt unabhängig von der Motorisierung (Verbrennungs- oder Elektromotor) in vielerlei Hinsicht dazu bei, den Ausstoß von

Abgasen zu reduzieren. Wie schon mehrmals angedeutet, weisen fahrerlose Autos einen besonders effizienten Fahrstil auf, da sie dosiert bremsen und beschleunigen können. Darüber hinaus kann die Routenwahl mit Blick auf einen minimalen Verbrauch gewählt werden. Mit autonomen Flottenfahrzeugen für den Stadtverkehr oder den letzten Kilometer lassen sich unterstützt durch eine App auch Fahrgemeinschaften bilden. So kommen weniger neue Autos auf die Straßen und alte können aus dem Verkehr gezogen werden.

Sharing (Teilen)

My Car is my Castle, das war einmal: Produkte werden heutzutage nicht mehr nur von Einzelnen gekauft und genutzt, sondern im Verbund mit anderen. Statt Besitz wünschen sich vor allem die ab 1980 Geborenen, die sogenannte Generation Y also, mehr Zeit und mehr Erlebnisse für sich selbst. Möglichst viel zu besitzen gilt nicht mehr nur als Status, sondern ist auch Last. Zudem behindert jeder Besitz die Mobilität und schränkt die Freiheit ein. Trotzdem will diese Generation auch nicht verzichten, so dass jene, die sich nicht alles leisten können oder wollen, Produkte tauschen. Angesichts der kurzen Zeit, in der man die gekauften Produkte auch tatsächlich nutzt, erscheint der von der Generation Y angestoßene Gesinnungswandel auch naheliegend. So kommt eine Bohrmaschine im Schnitt nur elf Minuten pro Jahr zum Einsatz, und Rasenmäher sind in vielen Regionen der Welt nur wenige Stunden im Sommer in Betrieb. Noch wird in der neuen Sharing Economy mit Geld bezahlt, aber es ist absehbar, dass sich das gegenseitige Vertrauen zur neuen Währung entwickelt.

Wie eingangs bereits erläutert, könnten Unternehmen oder auch einzelne Personen ganze Flotten von selbstfahrenden Autos betreiben, die vor allem in den Innenstädten verkehren. Der Kunde fordert ein solches Fahrzeug mit einer App an, nutzt es für eine bestimmte Fahrt und bezahlt abhängig von den gefahrenen Kilometern oder der Nutzungszeit, oder man vereinbart eine Pauschale. Diese Fahrzeuge stehen rund um die Uhr bereit, sind immer auf dem neuesten technischen Stand, besitzen modernste Kommunikationstechnologie und lernen die Fahrtziele und Eigenheiten des jeweiligen Kunden. Dies ist zwar nicht der klassische Fall des Sharing, gleichwohl wird deutlich, dass es nicht mehr darum geht, ein Fahrzeug zu besitzen, sondern auf die vielfältigen Mobilitätsdienste auszuweichen.

Zusammenfassung

- Die Entwicklung zum autonomen Fahrzeug ist eingebettet in gesellschaftliche und technische Megatrends, zu denen vor allem Vernetzung, Urbanisierung, Elektrifizierung, Nachhaltigkeit und Sharing (Teilen) gehören.
- Alle diese Trends befördern die autonome Mobilität, und umgekehrt trägt die autonome Mobilität dazu bei, diese Trends zu verstärken und zu beschleunigen.
- Mit der Technologie des autonomen Fahrens lässt sich die Reichweite von Elektrofahrzeugen deutlich erweitern, was deren Attraktivität steigert und damit den Trend der nachhaltigen Mobilität unterstützt.
- Da die autonomen Fahrzeuge mit der Infrastruktur, dem Internet, mit zu Hause und dem Arbeitsplatz verbunden sind, können vielfältige Informations- und Kommunikationsdienste entwickelt werden.
- Viele Megacities stehen vor einem Verkehrsinfarkt, weshalb neue Verkehrskonzepte erforderlich sind, wie etwa das autonome Fahren, um den Durchsatz an Autos deutlich zu erhöhen.
- Autonome Fahrzeuge für den letzten Kilometer (etwa vom Bahnhof nach Hause) können ideal als Sharing-Flotte betrieben werden.
- Selbstfahrende Autos tragen unabhängig von der Motorisierung (Elektroantrieb oder Verbrennungsmotor) durch ihr Fahrverhalten dazu bei, den Ausstoß von Abgasen zu reduzieren.

Kapitel 4
Disruptionen

Immer häufiger ist zu beobachten, dass Unternehmen ihre führende Stellung einbüßen, sobald sich Technologien grundlegend verändern. IBM zum Beispiel dominierte den Markt für Großrechner, verpasste aber die Entwicklung von Mikrocomputern. Der Wandel von analogen zu digitalen Kameras führte zum Niedergang von Polaroid. Man spricht hier von Disruption und meint, dass alte Technologien fast über Nacht von neuen verdrängt werden. Hierbei gehen ganze Industriezweige zugrunde, wenn sie nicht die Fähigkeit haben, sich schnell neu zu erfinden. Was ist der Grund dafür, dass Firmen in bestehende Technologien investieren, um ihre Kunden zu halten, jedoch daran scheitern, jene Technologien zu befördern, die von zukünftigen Kunden erwartet werden? Wie viele Autoren immer wieder eindrücklich ausführen, unterliegen viele Unternehmen einem weithin verbreiteten Management-Dogma: Bleib nah bei deinen Kunden.

Jede neue Technologie ist anfangs weniger leistungsfähig als die etablierte Technologie. Womöglich weist sie bestimmte Funktionen auf, die für die Kunden unverständlich sind und in denen sie keinen Nutzen erkennen. Hinzu kommt, dass die Verwendung der neuen Funktionen von den Kunden häufig erhebliche Verhaltensänderungen verlangt, was mühsam und anstrengend ist. Sie müssen liebgewonnene Gewohnheiten aufgeben, neues Verhalten im Umgang mit der Technologie erlernen und nach neuen Anwendungen Ausschau halten.

Aber was wird passieren, wenn die neue Technologie mehr leistet als die alte? Dann wagen viele Kunden entgegen allen ihren Beteuerungen doch den Wechsel. Die Forderung, der Hersteller solle lieber die alte Technologie weiterentwickeln statt auf die neue zu setzen, gilt plötzlich nicht mehr. Die etablierten Unternehmen geraten in Bedrängnis, und häufig reicht ihnen die Zeit nicht mehr, jetzt doch noch umzuschwenken. So geraten Firmen in existenzielle Krisen.

Geschichte

Auch die Entwicklung der Mobilität ist im Kern eine Geschichte der immer wieder auftretenden Disruptionen. So war der Aufbau der Eisenbahn heftig umstritten, nicht nur wegen der Kosten, der neuen Ungetüme namens Lokomotiven und der Eingriffe in die Natur. Vielmehr kam der Widerstand von den Reisenden selbst, die sich über den Lärm, die vielen anderen Passagiere, den weiten Weg zum Bahnhof und vieles mehr beklagten und sich nicht an das neue Gefährt gewöhnen wollten. Hinzu kam das Gefühl, im Abteil eingeschlossen zu sein und keine Möglichkeit zu besitzen, auf die Fahrt einzuwirken. Deshalb wurden Mitte des 19. Jahrhunderts Bahnhofsbuchhandlungen gegründet, in denen die Reisenden nicht nur Bücher kaufen, sondern auch ausleihen konnten. Man suchte sich am Abfahrtsort ein Buch aus und gab es am Zielort wieder zurück, um sich durch die Lektüre von der Anspannung des Zugfahrens abzulenken. Die Bahngesellschaften hofften, dass Reisende, die während der Fahrt lasen, nicht dauernd daran dachten, der Zug könnte entgleisen oder mit einem anderen Zug zusammenstoßen. Die Sorge der Passagiere, diesen Ungetümen ausgeliefert zu sein, wurde vor allem von den Kutschern und Schiffern geschürt. Sie unternahmen alles, um den Ausbau der Eisenbahn zu verhindern, da sie um ihre Passagiere fürchteten und ihr gesamtes Geschäft gefährdet sahen.

Einen ähnlichen Verlauf nahm die Lastzugtechnologie, die sich erst im 20. Jahrhundert durchsetzte, obgleich sie bereits 50 Jahre zuvor entwickelt worden war. Im 19. Jahrhundert verging kaum ein Tag, an dem nicht über einen Seilbruch vor allem im Bergbau berichtet wurde. Dieses Seiltrauma veranlasste Otis dazu, eine neue Sicherungsvorrichtung zu entwickeln, die mit den berühmten Worten „all safe, gentlemen, all safe" präsentiert wurde. Die Technik wurde im New Yorker Fifth Avenue Hotel installiert, doch fand sie keine Akzeptanz. Der Fahrstuhl setzte sich letztlich erst mit der Hydrauliktechnik durch, bei der auf das Seil als Aufhängetechnologie verzichtet wurde. Viele Nutzer beschrieben das Gefühl, nicht mehr an Seilen schweben zu müssen, sondern auf einer Säule stehen zu können, als sehr beruhigend.

Wir erkennen: Befürchtungen, die jeder objektiv-technischen Grundlage entbehren, prägen häufig das Verhalten der Menschen. Oft kommt es nur darauf an, welche Begriffe für neue Technologien verwendet werden. Allein die Mitte des 19. Jahrhunderts übliche Umschreibung eines Zugs als „Geschoss" löste bei vielen Reisenden erhebliche Sorgen aus. Folglich geht es beim Umgang mit Disruptionen immer auch darum, Bilder zu entwerfen, die keinen Spielraum für Ängste zulassen. So ist bei der Beschreibung von autonomen Fahrzeugen und insbesondere von Google-Autos häufig die Rede von einer „Kapsel", einem in diesem Zusammenhang kritischen Begriff. Eine Kapsel ist ein Ort, in dem die Passagiere eingeschlossen sind, sich womöglich eingesperrt fühlen, keine aktive Rolle besitzen. Hinzu kommt: Man ist abhängig von der zentralen Steuerungseinheit des Fahrzeugs, von den Manövern der anderen Autos und den Anweisungen aus der Verkehrsleitzentrale.

Was steht auf dem Spiel?

Es ist unbestritten, dass sich eine Revolution in der Mobilität, ausgelöst durch das autonome Fahren, ganz erheblich auf Wirtschaft und Gesellschaft auswirken wird. Fahrerlose Fahrzeuge dürften nicht nur den Transport von Menschen und Gütern, das Straßenbild und die Verkehrsinfrastruktur verändern, sondern in alle Verästelungen des Lebens eingreifen. Das Arbeits- und Freizeitleben könnte neu gestaltet werden, immobile Menschen werden mobil, Städte lassen sich neu planen, und Mobilitätszentren ermöglichen den nahtlosen Übergang zwischen den verschiedenen Verkehrsträgern. Zudem werden sich Fahrzeughersteller, Zulieferer und Werkstätten neu erfinden müssen. Technologieunternehmen dürften im Mobilitätsmarkt erscheinen und der öffentliche Nahverkehr wird neu organisiert. Versicherungen, Notfall- und Rehabilitationskliniken werden erheblich Geschäft einbüßen, und der Frachttransport durch Lastwagen und Eisenbahnen dürfte sich neu formieren. Hat die dem autonomen Fahren zugrunde liegende Technologie tatsächlich die Kraft, eine Disruption in der Mobilität zu bewirken und alle diese Veränderungen anzustoßen? Sofern man diese Frage bejaht, muss man deutlich machen, was auf dem Spiel steht.

Eine mögliche Disruption in der Mobilität trifft nicht nur eine von vielen Industrien, sondern den Kern der Weltwirtschaft. In den letzten Jahren war die Automobilindustrie der bedeutendste Treiber für das wirtschaftliche Wachstum. Wie bereits erläutert, werden weltweit jährlich etwa neunzig Millionen Fahrzeuge abgesetzt, woraus sich ein Umsatz von $ 2,1 Billionen ergibt (etwa 2,8 Prozent des globalen Bruttosozialprodukts von $ 73,5 Billionen). Über neun Millionen Menschen sind bei den Automobilherstellern angestellt, was mehr als sechs Prozent der Beschäftigung im produzierenden Gewerbe entspricht. Da zudem auf jeden direkten Arbeitsplatz noch fünf weitere indirekte Jobs hinzukommen, gehören etwa 60 Millionen Menschen zu dieser Industrie. Um die Entwicklung, Produktion und Vermarktung von Fahrzeugen in Gang zu halten, investierten alle Fahrzeugproduzenten etwa $ 94 Milliarden. Trotz der innovativen Kraft dieser Industrie, deuten zahlreiche Anzeichen darauf hin, dass es in den nächsten Jahren keine kontinuierliche Entwicklung gibt, sondern dass eine Disruption bevorsteht. Sie wird die Autoindustrie so grundsätzlich und so nachhaltig verändern, dass derzeit noch gar nicht absehbar ist, welche Rolle die derzeitigen Fahrzeughersteller noch spielen. Hierzu einige Argumente:

(1) Etablierte Autoproduzenten sind im Umgang mit der Technologie des autonomen Fahrens immer noch zögerlich, vor allem deshalb, weil ihre bisherige Expertise über den Fahrzeugbau teilweise zerstört

wird und neue Fähigkeiten benötigt werden. Gleichwohl muss sich in Anbetracht der neuen Herausforderungen das Hierarchie- und Machtgefüge in diesen Organisationen wandeln. Dabei dürfte es viele Verlierer und nur wenige Gewinner geben.

(2) Die neue Technologie wird trotz hoher Investitionen der etablierten Hersteller dazu führen, dass nicht alle von ihnen die Transformation zur autonomen Mobilität überstehen. Möglicherweise bildet sich im Laufe der Zeit eine Ausdifferenzierung der Wertschöpfungskette heraus, zum Beispiel mit Unternehmen, die nur noch Hardware produzieren und diese an andere verkaufen.

(3) Es bestehen beste Chancen, dass sich die Kosten für jene Komponenten, die für das autonome Fahren erforderlich sind, in den nächsten Jahren erheblich reduzieren. Dies betrifft vor allem die Software, die Algorithmen, aber auch die Kameras und Sensoren. In diese Technologien fließen derzeit gewaltige Investitionen, und es wird so intensiv geforscht und entwickelt, dass in den nächsten Jahren gravierende Fortschritte zu erwarten sind.

(4) Hinzu kommen die bereits beschriebenen Entwicklungen: Der Stellenwert der Hardware wird sinken, die Bedeutung der Software wird steigen, es kommen neue Akteure in den Markt, die auf eine Revolution setzen und keine evolutionäre Entwicklung der Fahrzeuge anstreben.

So entsteht eine brisante Gemengelage, deren Entwicklung noch nicht vollständig absehbar ist. Was würde mit der Automobilindustrie geschehen, wenn Mobilitäts- und Technologieunternehmen (Uber, Lyft, Google, Apple) den Kontakt zu den Endkunden übernehmen? Für einige Fahrzeughersteller bliebe dann nur noch die Rolle des Zulieferers, vergleichbar jener von Foxconn in der Elektronik- und Computerindustrie. Als Hersteller produziert dieses Unternehmen Bauteile unter anderem für Hewlett-Packard, Intel, Dell, Apple, Nintendo, Microsoft und Sony. Die Unsicherheit ist groß, Politik, Hersteller, Zulieferer, Technologieunternehmen, Städte und andere Betroffene beobachten sich wechselseitig. Wer investiert wo? Welche Projekte zur autonomen Mobilität werden von wem initiiert? Welche Kooperationen werden auf den Weg gebracht? Wie verändert sich die Wertschöpfungskette? Welche Fähigkeit braucht es im Unternehmen? Es gibt keine einfachen Antworten, deshalb bleibt nur der Weg, das Thema aus unterschiedlichen Blickwinkeln zu diskutieren, um schrittweise ein Gesamtbild zu entwickeln.

Zusammenfassung

- Viele disruptive Technologien waren anfänglich schwächer als die etablierten, konnten diese aber nach einer gewissen Zeit in der Leistungsfähigkeit überholen.
- Auch die Betreiber von Eisenbahnen taten sich zunächst sehr schwer, die Reisenden von der Leistungsfähigkeit des Zugverkehrs zu überzeugen.
- Die Autoindustrie mit neun Millionen Beschäftigten, 90 Millionen produzierten Fahrzeuge und einem Umsatz von $ 2,1 Billionen pro Jahr gehört zu den Schlüsselindustrien der Weltwirtschaft.
- Die technologische Disruption und das Aufkommen der neuen Wettbewerber werden die Automobilindustrie substanziell verändern. In ihrer über hundertjährigen Geschichte stand diese Industrie noch nie vor einem so gravierenden Wandel.

Kapitel 5
Robo-Taxis

Idee

Seit über 130 Jahren funktioniert der Automobilmarkt nach der immer gleichen Logik: Der Mensch besitzt das Fahrzeug und fährt es (Abbildung 1.5). Was würden wohl Henry Ford und Carl Benz dazu sagen? Als begeisterte Techniker wären sie fasziniert vom iPhone, von der Magnetresonanztomographie, von der Mondlandung und vom Airbus A380 – alles Wunderwerke der Technik. Aber das Auto? Zweifellos sind Fahrzeuge inzwischen mehr als Fortbewegungsmittel. Sie sind rollende Computer, sogar Roboter, ausgestattet mit modernster Elektronik und vollendet nach allen Erkenntnissen aus der Ästhetik und dem Design. Was die beiden Pioniere jedoch

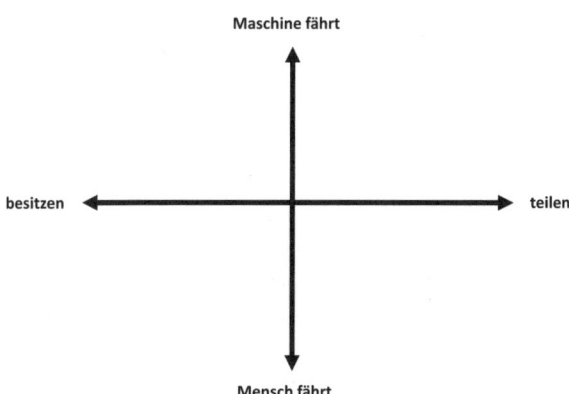

Abbildung 1.5. Robo-Taxis als Revolution
Quelle: angelehnt an eine Präsentation von Adam Jonas, Driving the Nation

enttäuschen dürfte, ist die zuvor aufgeworfene Beobachtung, dass sich die Nutzung des Autos in all diesen Jahren im Grunde nicht verändert hat. Andere Branchen, wie etwa der Kommunikations-, Pharma-, Sportartikel- oder Lebensmittelsektor, durchlebten immer wieder einen substanziellen Wandel, der auch zu einer völlig anderen Nutzung der Produkte und Services führte. Doch jetzt sind es zumindest zwei Entwicklungen, die den Automobilmarkt verwerfen und damit die seit ewiger Zeit gültige Logik möglicherweise auf den Kopf stellen.

Einerseits zeichnet sich ab, dass Car- und Ride-sharing das Mobilitätsverhalten der Menschen grundsätzlich verändert (also das Teilen von Fahrzeugen oder Fahrten). Man muss ein Fahrzeug nicht mehr unbedingt besitzen, um trotzdem mobil zu sein. Andererseits dringen Technologiefirmen in den Automobilmarkt ein und liefern Software, Algorithmen und Sensoren, um autonomes Fahren zu ermöglichen. Mit diesen Technologien kann der Fahrer immer mehr Fahraufgaben an die Maschine abgeben. Die Kombination dieser beiden Trends führt zu Uber 2.0, also zu einem Robo-Taxi, das rund um die Uhr von den Menschen gemeinsam genutzte Mobilitätsdienste anbietet. Es besitzt weder ein Lenkrad noch Pedale, ist elektrisch angetrieben und lässt sich per App bestellen. Zahlreiche Städte, wie etwa Phoenix in den USA, sind bereits daran, ganze Flotten solcher Fahrzeuge aufzubauen. Eine Verkehrsleitzentrale optimiert den Einsatz dieser Autos mit Blick auf die Ziele der Reisenden und die Verkehrslage. Um dieses Mobilitätskonzept zügig umzusetzen, könnten für die Robo-Taxis zunächst separate Spuren bereitstehen, bevor man sie in den Straßenverkehr integriert.

Robo-Taxis lassen sich in ein umfassendes Verkehrskonzept einbinden, das auf ein Zusammenspiel von öffentlichen und privaten Verkehrsmitteln abzielt. Mit diesen Fahrzeugen kann insbesondere die erste und letzte Meile zum Beispiel zwischen dem Wohnhaus und dem Bahnhof bewältigt werden. Zahlreiche Studien, die die Nutzung solcher Autos simulieren, gelangen zu der Erkenntnis, dass sich mit jedem Robo-Taxi eine beachtliche Anzahl von traditionellen Fahrzeugen ersetzen lassen. Dies gilt nicht nur für die Megacities (New York, Delhi, Shanghai), sondern auch für Agglomerationen, in denen sich die Verkehrsmittel sehr gut koordinieren lassen.

Kosten

Robo-Taxis und nicht Mehrzweckautos bilden die eigentliche Mobilitätsrevolution, weil sie nicht nur die Technologie des Fahrens, sondern auch die Kosten des Transports von Menschen und Fracht radikal verändern. Da diese Fahrzeuge 24 Stunden im Einsatz sind, keine Leerfahrten durchführen und vorausschauend gewartet werden können, bestehen gute Chancen, dass sich die Kosten pro gefahrenem Kilometer deutlich reduzieren lassen. Derzeit bestehen die Kosten einer Fahrt mit einem Taxi zu etwa 60 bis 80 Prozent aus Personalkosten, die durch den Einsatz solcher Fahrzeuge komplett wegfallen. Eine Nutzung dieser Autos über den gesamten Tag hinweg führt zudem zu deutlich verminderten Kosten für die Wartung und Instandhaltung, die Finanzierung und Abschreibung sowie den Versicherungsschutz. Schätzungen gehen davon aus, dass sich die Transportkosten von Robo-Taxis gegenüber den bisherigen Fahrzeugkosten um das Zehnfache senken lassen.

Eine durchschnittliche amerikanische Familie, die im Randbezirk einer Stadt lebt, muss pro Jahr etwa $ 9.000 für die Mobilität aufwenden (für Autos, Busse, Bahnen). Der Betrieb von Robo-Taxis in diesem städtischen Umfeld könnte zu einer jährlichen Ersparnis von $ 3.400 führen, was einer Lohnerhöhung von etwa zehn Prozent entspricht.

In Anbetracht dieser Perspektiven ist zu erwarten, dass sich zukünftig ganz neue Kooperationen zwischen öffentlichem und privatem Verkehr herausbilden. Vielleicht erweist sich diese Unterscheidung sogar als hinfällig, da immer mehr Mischformen den Markt dominieren werden. Auch dürften sich die Robo-Taxis im Hinblick auf Größe und Reichweite voneinander unterscheiden: Zwei-, Vier- oder Achtsitzer sowie Busse für 20 oder 40 Passagiere könnten schon bald die Flotte bilden. In jedem Fall ist mit ganz neuen Bezahlmodellen zu rechnen, da der Preis pro gefahrenem Kilometer aus heutiger Sicht deutlich unter sieben Cents liegen dürfte. Städte und Gemeinden könnten die Transportkosten übernehmen, um auf diesem Wege die durch Staus und Emissionen verursachten Verkehrsprobleme zu lösen. Oder aber Unternehmen springen als Sponsoren ein, um auf den Bildschirmen in den Fahrzeugen ihre Produkte und Services präsentieren zu dürfen. Daher scheint die Vision vom kostenlosen Transport durch Robo-Taxis zumindest in einigen Regionen umsetzbar zu sein. Kostenfreier Transport zahlt aber auch zurück, da er den Menschen Zugang zu Arbeitsplätzen, Bildung, medizinischer Versorgung, Unterhaltung und vieles mehr ermöglicht. So gesehen könnte die kostenlose Nutzung von Robo-Taxis nicht nur die Attraktivität, sondern auch die Wirtschaftskraft einer Region erheblich verbessern.

Diffusion

Die Verbreitung einer Flotte von Robo-Taxis kann jedoch nur dann gelingen, wenn das Geschäftsmodell als ein viele Akteure umfassendes System angelegt ist. Die Betreiber müssen mit Städten und Gemeinden kooperieren, Verkehrsregeln definieren, die Fahrzeuge in den Verkehr integrieren, Ladestationen und Leitzentralen aufbauen. Darüber hinaus sind Abrechnungsmodalitäten zu klären, eine intuitiv zugängliche App ist zu entwickeln, und man muss die Routen der Fahrzeuge mit den Laufwegen der anderen Verkehrsträger (vor allem Busse und Bahnen) koordinieren.

Von daher lässt sich dieses Mobilitätssystem als ein Prozess beschreiben, der mehrere Ausbaustufen durchschreitet: In einer ersten Phase verkehren Robo-Taxis auf definierten Routen und erhalten dafür möglicherweise sogar separate Spuren. Es ist zudem vorstellbar, dass dieser Service nur bei gutem Wetter und während des Tages offeriert wird. In Phase zwei sind diese Autos auf den wichtigsten Straßen innerhalb einer Stadt oder einer Region unterwegs. Sie bieten ihren Service rund um die Uhr in Abstimmung mit allen anderen Transportmitteln (vor allem Busse und Bahnen) an. In der dritten Phase sind die Fahrzeuge in der Lage, auf allen Straßen bei jedem Wetter zu fahren. Da eine Verkehrsleitzentrale den Einsatz und die Wege optimiert, sind die Kosten so gravierend gesunken, damit immer mehr manuell gesteuerte Fahrzeuge ersetzt werden können. Zudem dürften sich Fahr- und Zeitplan für Busse, Bahnen und Robo-Taxis so aufeinander eingeschwungen haben, dass ein schneller und einfacher Übergang von einem Verkehrsmittel zu einem anderen möglich ist.

Neben der Kontrolle des Verkehrsflusses könnte die Verkehrsleitzentrale auch eingreifen, sofern das Steuerungssystem eines autonomen Fahrzeugs an seine Grenzen gelangt. Man stelle sich hierfür vor, ein autonomes Auto fährt auf ein anderes Fahrzeug auf, das defekt ist und daher die Fahrbahn blockiert. Die durchgezogene Mittellinie signalisiert dem Steuerungssystem, dass das defekte Fahrzeug nicht überholt werden kann. Offenbar steht das Auto vor einem Verkehrsproblem, das vom System nicht gelöst werden kann. Hier könnte die Verkehrsleitzentrale intervenieren, indem sie dem Fahrzeug trotz durchgezogener Mittellinie den Weg um das defekte Auto weißt. Das Auto fährt immer noch autonom. Alles, was die Zentrale macht, ist einen Ausweg aufzuzeigen, damit die Fahrt fortgesetzt werden kann.

Projekte

Gemeinsam gegen Google! So könnte man die Idee von Daimler beschreiben, in Zusammenarbeit mit Bosch zügig Robo-Taxis auf den Markt bringen zu wollen. Bereits in den nächsten Jahren soll ein Mobilitätsservice mit eigenen Fahrzeugen angeboten werden. Die technische Basis dazu bietet die V-Klasse, und Via, Mytaxi und Moovel bilden die geeigneten Plattformen. Ford ist derzeit daran, ein autonomes Polizeifahrzeug, den Robo-Cop, zu entwickeln. Das Auto soll mit Künstlicher Intelligenz und Algorithmen für das maschinelle Lernen ausgestattet werden. Sensoren und Kameras liefern permanent Informationen über die Geschwindigkeiten der anderen

Abbildung 1.6. Der Smart Vision EQ
Quelle: Smart Vision EQ, Daimler AG

Autos. Kommt es zu einer Verfolgung, kann der Robo-Cop mit den Ampeln und Verkehrszeichen kommunizieren, um den Raser zu stellen. Zudem achtet das Polizeiauto auf die Einhaltung der Verkehrsregeln, ahndet regelwidriges Fahrverhalten und meldet Informationen über Staus und Unfälle an eine Leitzentrale. Im Grunde agiert der Robo-Cop wie ein Verkehrspolizist, lediglich die Frage, ob er auch eine Dienstwaffe mit sich führt, bleibt bislang unbeantwortet.

Ein Beispiel für ein Robo-Taxi ohne Lenkrad und Pedale bildet der Smart Vision EQ Fortwo, ein Elektrofahrzeug, das in den nächsten zehn Jahren auf den Markt kommen könnte (Abbildung 1.6). Auffallend ist neben dem vielen Glas vor allem die transparente Tür, die sich flügelartig über die Hinterachse wegdreht, um den Passagieren genug Platz beim Ein- und Ausstieg zu geben. Das Auto kommuniziert mit seiner Umwelt über einen Panel-Grill und LED-Displays, die die Front- und Heckleuchten ersetzen. Im Innenraum befindet sich eine Spezialfolie an den Fenstern, auf die sich Bilder und Filme projizieren lassen. Zudem sorgt ein Display dafür, dass zwischen den Insassen und dem Auto alle möglichen Informationen ausgetauscht werden können.

Dieses Beispiel zeigt: Es wird ernst! Daher überrascht es nicht, dass Mercedes derzeit in Sindelfingen eine Fabrik errichtet, die Factory 56, um zukünftig den EQ herzustellen. Dort, wo bisher die S-Klasse montiert wurde, entstehen Anlagen, die eine Zeitenwende in der Produktion von Fahrzeugen einläuten. Eine digitale Abbildung des Fertigungsprozesses erlaubt eine maximale Flexibilität bei der Herstellung dieser innovativen Robo-Taxis. Auf den gleichen Anlagen können auch herkömmliche Mercedes-Autos produziert werden.

Inzwischen hat Waymo, die für das autonome Fahren zuständige Google-Tochter, die Genehmigung erhalten, seinen fahrerlosen Service in den USA betreiben zu dürfen. Der Test findet in Phoenix statt, wo sich die Einwohner per App einen selbstfahrenden Minivan Pacifica von Chrysler bestellen können. Waymo hat bereits angekündigt, Tausende weitere Minivans erwerben zu wollen, um die bereits bestehende Flotte von 600 Fahrzeugen zu ergänzen. Darüber hinaus hat das Start-up Voyage in Florida seine autonomen Autos in der Seniorensiedlung The Villages im Einsatz. Dort werden die Anwohner zum Golfen, ins Theater, zum Arzt oder ins Restaurant chauffiert. Bislang ist noch ein Techniker an Bord, der zur Not eingreifen kann. Allerdings soll bereits in Kürze auf ihn verzichtet werden. Die gut ausgebauten Straßen und die überschaubare Größe machen dieses Viertel zu einem idealen Testgelände. Einige Autoren bemerken (mit einem Augenzwinkern), dass auch die Langsamkeit der Bewohner dazu beiträgt, dass autonome Autos im Verkehr nicht so schnell an ihre Grenzen gelangen.

Wer hat eigentlich die Nase vorn im Rennen um das beste Robo-Auto? Fahren, ohne dass ein Mensch eingreifen muss, das bekommen die Techniker und Ingenieure von Waymo derzeit am besten hin. Laut einer Statistik der kalifornischen Verkehrsbehörde waren die Google-Fahrzeuge in 2017 etwa 567.000 Kilometer auf öffentlichen Straßen unterwegs und nur 63 Mal musste ein Sicherheitsfahrer eingreifen — also alle 9.000 Kilometer. Die selbstfahrenden Autos von Nissan und Mercedes legten in dieser Zeit circa 8.000 und 1.750 Kilometer zurück mit 24 beziehungsweise 602 Eingriffen durch die Sicherheitsfahrer. Die Autos des General Motors Unternehmen Cruise schnitten deutlich besser ab: Hier mussten die Fahrer nur alle 2.000 Kilometer intervenieren bei insgesamt etwa 190.000 gefahrenen Kilometern.

Zusammenfassung

- Seit 130 Jahren gilt im Automobilmarkt die immer gleiche Logik: Der Mensch besitzt das Fahrzeug und fährt es.
- Das Car- und Ride-sharing in Kombination mit der Technologie des autonomen Fahrens besitzt die Kraft, das Mobilitätsverhalten grundlegend zu verändern. Hieraus entstehen autonome Robo-Taxis, die als Flotte (das heißt im Sharing-Betrieb) eingesetzt werden können.
- Dadurch lassen sich die Transportkosten so reduzieren, dass die verbleibenden Kosten durch Unternehmen und Städte finanziert werden können.
- Die Vision vom kostenlosen Transport zumindest im städtischen Umfeld dürfte die Attraktivität der Region und auch ihre Wirtschaftskraft deutlich steigern.

Teil 2
Perspektiven des autonomen Fahrens

Kapitel 6
Geschichte

Die Geschichte des autonomen Fahrens ist nicht erst in den letzten Jahren entstanden, sondern begann bereits Anfang des 20. Jahrhunderts in den USA. Dort setzte im Unterschied zu Europa und Asien die Motorisierung der Massen schon in den 1920er Jahren ein. In diesem Jahrzehnt kamen etwa 200.000 US-Bürger im Straßenverkehr zu Tode, vor allem aufgrund von Fehlern, die die Fahrer begingen. Damals wurden bereits Kontrollsysteme entwickelt, um Flugzeuge automatisch zu balancieren, und man stellte Autos her, die per Funk gesteuert werden konnten. Diese technischen Erfolge nährten die Hoffnung, schon bald autonome Fahrzeuge entwickeln zu können. Von Beginn an war das Militär in alle Überlegungen zur autonomen Mobilität eingebunden und setzte immer wieder Impulse, um die Technologie dafür voranzubringen.

Science-Fiction

In den Science-Fiction-Romanen der 1950er und 1960er Jahren, zum Beispiel in The Living Machine, konnten selbstfahrende Autos sogar mit Sprachbefehlen navigiert werden. Die Autoren suggerierten, die dramatisch hohe Zahl von Unfällen lasse sich reduzieren, und entwickelten Szenarien für den Einsatz autonomer Fahrzeuge. Allerdings gerieten diese Autos auch immer wieder außer Kontrolle, jagten Fußgänger und überfuhren Mülltonnen und Gartenzäune. Diese Geschichten prägten im 20. Jahrhundert das Bild von der autonomen Mobilität und beflügelten die Hoffnung, dass bislang unvorstellbare technologische Sprünge machbar sein könnten. Begriffe wie „magic car, robot car or phantom car" suggerierten das Wunderbare dieser Technologie, aber auch das Unheimliche: Die beschriebenen Fahrzeuge gerieten manchmal außer Kontrolle, in einigen Romanen entwickelten sie sogar ein Eigenleben.

In den 1940er Jahren wurde die Idee geboren, dass alle Fahrzeuge einem in der Fahrbahn versenkten elektromagnetischen Kabel folgen sollten. Dessen Impulse könnten die Geschwindigkeit der Autos regulieren und sogar ihre Steuerung übernehmen, um Unfälle durch menschliches Versagen zu vermeiden. Hieraus entstand die Vision des „magic highway", der im Grunde einem Zauberteppich glich und Fahrzeuge sicher und zügig von einem Ort zu einem anderen steuern konnte. In jener Zeit erschien im

Abbildung 2.1. Vorstellung vom autonomen Fahren
Quelle: Daimler AG, Futuristic ad from 1957, H. Miller

Life Magazine eine Anzeige, die zu den besonders detaillierten und ästhetischen Darstellungen des autonomen Fahrens zählt (Abbildung 2.1). Schon damals wurde das bis heute gültige Versprechen visualisiert, selbstfahrende Autos könnten den Menschen Zeit schenken. Audi greift dieses Thema derzeit wieder auf und spricht von der 25. Stunde, die das autonome Fahren den Menschen bietet.

Zehn Jahre später setzte vor allem General Motors auf die Leitdrahttechnologie und ließ Prototypen (Firebird II und III) über eine automatische Fahrspur rollen. Wenige Jahre später rüstete man einen Chevrolet mit zwei elektronischen Fühlern aus, so dass das Fahrzeug einem in der Straße verlegten Kabel folgen konnte. Allerdings verließen diese Prototypen nie die Teststrecken, da sie alle eine Infrastruktur benötigten, die im Straßenverkehr nicht zur Verfügung stand. Es wurde deutlich, dass die Autos mehr eigene Intelligenz benötigten, da die Aufrüstung der Straßen mit Kabeln und Drähten viel zu aufwendig war. Gleichwohl wurden diese Entwicklungen von Science-Fiction-Romanen begleitet, in denen man die Vorstellung einer unfallfreien Welt beschrieb. Bereits damals wurden alle Vorzüge des autonomen Fahrens formuliert, die in der derzeitigen Diskussion wieder neu aufgeworfen werden.

In der Fantasie der Filmemacher entstand in den 1960er Jahren der mit menschlichen Eigenschaften versehene Rennkäfer Herbie. Er bewegte sich selbstständig, verliebte sich in andere Autos und zeigte Freude, Wut, Enttäuschung und Begeisterung. Herbie war ein maschinelles Ebenbild des Menschen und deutete damit bereits an, wie Mensch und Maschine zukünftig miteinander interagieren könnten. Der Dialog zwischen dem Auto und dem Menschen stand auch im Mittelpunkt der Fernsehserie Knight Rider. Das Fahrzeug unterstützte einen Polizisten bei der Verbrecherjagd, konnte mit einer Armbanduhr gesteuert werden und entwickelte sich über mehrere Folgen zu einem Partner des Menschen.

Projekte

Robot ist bis heute der letzte Film, der autonomes Fahren zeigt. Er steht in Zusammenhang mit einer Ausschreibung der beim US-Verteidigungsministerium angesiedelten Defense Advanced Research Project Agency (DARPA). Dieser Wettbewerb brachte Technologiefirmen, Universitäten, Hersteller und Zulieferer mit dem Ziel zusammen, das autonome Fahrzeug der Zukunft zu bauen. Ursprünglich hatte man vor allem Anwendungen für das Militär im Blick, im Verlauf des über mehrere Jahre andauernden Wettbewerbs stachen aber die zivilen Anwendungen immer mehr hervor. Der DARPA-Wettbewerb wurde 2004, 2005 und 2007 zunächst auf einem Wüsten-, danach auf einem Stadtkurs ausgetragen. In den ersten Jahren erreichte keines der teilnehmenden Fahrzeuge das Ziel, erst 2007 gab es einen Sieger, einen von der Stanford University modifizierten Volkswagen Touareg. Dieser Wettbewerb trug maßgeblich dazu bei, dass sich Hersteller und Zulieferer, aber auch branchenfremde Firmen wie Navya, Nauto oder Cisco ernsthaft mit autonomem Fahren befassten. Mit diesem Projekt gelang der Durchbruch. Die selbstfahrenden Autos kamen in der Realität an, die Science-Fiction-Romane und -Filme hatten ihren Zweck erfüllt. Ab diesem Zeitpunkt übernahmen die Automobilhersteller und ihre Zulieferer, aber auch Technologieunternehmen die Entwicklung des autonomen Fahrens. Aufschlussreich sind insbesondere die Beispiele von Audi, Volvo und Mercedes.

Audis Geschichte der Entwicklung selbstfahrender Autos begann 2009 auf einer Serpentinenstraße hinauf zum Pikes Peak in den Rocky Mountains. Diese 20 Kilometer lange Strecke besteht sowohl aus asphaltierten als auch aus unbefestigten Abschnitten und weist eine Höhendifferenz von 1.439 Metern bei einer mittleren Steigung von sieben Prozent auf. Der Audi TTS erreichte den 4.297 Meter hohen Gipfel nach 27 Minuten, womit bewiesen war: Die im Fahrzeug eingesetzte Technologie konnte auch schwierige Straßenbedingungen meistern. Drei Jahre durfte Audi als erster Hersteller selbstfahrende Autos auf öffentlichen Straßen in Nevada testen. Der nächste Meilenstein wurde 2014 gesetzt, als Audi in Kalifornien die Genehmigung erhielt, Fahrten mit fahrerlosen Fahrzeugen durchzuführen. Im gleichen Jahr brachte Audi das autonome Fahren auf die Rennstrecke: Auf dem Hockenheimring erreichte ein selbstfahrender RS7 mit 560 PS eine Spitzengeschwindigkeit von 240 km/h.

Wie bereits erwähnt, bewältigte ein selbstfahrender Audi A7 im Jahr 2015 die 885 Kilometer vom Silicon Valley nach Las Vegas. Das Fahrzeug erreichte eine maximale Geschwindigkeit von 113 km/h und befolgte alle Verkehrsregeln. Es fuhr auf der Autobahn autonom, war auch in der Lage zu überholen, musste jedoch in den Städten manuell gesteuert werden. Im selben Jahr wurde ein modifizierter selbstfahrender RS7 präsentiert, mit dem man auf der Sonoma-Rennstrecke in Kalifornien ein Rennen zwischen Mensch und Maschine austrug. Das Ziel bestand darin, den RS7 Runde um

Abbildung 2.2. Lebensraum im autonomen Mercedes F015
Quelle: Daimler AG

Runde mit verlässlichem und präzisem Fahren an seine Grenzen zu führen. Tatsächlich erreichte das autonome Auto Rundenzeiten, die besser waren als jene von professionellen Rennfahrern.

Vom Transportmittel zum mobilen Lebensraum: Diesen Wandel will Mercedes mit dem F015 demonstrieren (Abbildung 2.2). Der Lounge-Charakter des Innenraums soll signalisieren, dass Fahrzeuge zukünftig luxuriös wie ein Wohnzimmer, komfortabel wie ein Schlafzimmer und bequem wie ein Arbeitsplatz sein können. In den Rück- und Seitenwänden sowie in der Armaturentafel befinden sich Anzeigen, die den Informationsaustausch zwischen dem Auto, den Passagieren und der Umwelt ermöglichen. Die Insassen können über Gesten oder durch Berührung der Bildschirme mit dem Fahrzeug interagieren. Zur Kommunikation mit der Außenwelt dienen LED-Displays in der Front und im Heck sowie ein nach vorn gerichtetes Projektionssystem, das zum Beispiel einen Zebrastreifen auf die Straße projiziert. Darüber hinaus vermag der F015 durch spezifische Alarmtöne und Sprachhinweise mit den Passagieren zu kommunizieren.

Auch Volvo zählt zu jenen Automobilherstellern, die die Technologie des autonomen Fahrens mit zahlreichen Projekten vorantreiben. Inzwischen befinden sich etwa 100 automatisierte XC90 in einem Feldversuch auf einem Autobahnring (öffentliche Straße) rund um Göteborg. Wir erkennen: Der uralte Traum der Menschen vom autonomen Fahren, der immer wieder in Romanen, Filmen und Konzeptfahrzeugen zum Ausdruck kam, könnte bald Wirklichkeit werden. Wie der F015 andeutet, verändert sich dadurch nicht nur das Automobil mit allen seinen Funktionen. Vielmehr entstehen in selbstfahrenden Autos ganz neue Lebensräume. Viele Details sind noch unscharf, viele Facetten sind noch vage, aber eines lässt sich bereits heute feststellen: Das autonome Fahren ist mehr als der Übergang von einer Technologie zu einer anderen – dieser Wandel der Mobilität wird alle Lebenssphären der Menschen betreffen und ihr Mobilitätsverhalten ändern. So verstanden ist das autonome Fahren eben nicht nur eine technische, sondern auch eine gesellschaftliche und kulturelle Herausforderung.

Zusammenfassung

- Die Motorisierung der Massen in den 1920er Jahren führte in den USA zu sehr vielen Todesopfern, so dass bereits damals die Idee aufkam, die Fahrer zu ersetzen.
- Die Idee der autonomen Mobilität inspirierte viele Autoren, selbstfahrende Autos in ihren Romanen zu schaffen, wie etwa den Herbie.
- Der DARPA-Wettbewerb des US-Verteidigungsministeriums sorgte dafür, dass die Idee des autonomen Fahrens ihren Weg in die Forschungs- und Entwicklungsabteilungen der Hersteller, Zulieferer und Technologiefirmen fand.
- Das autonome Fahren ist mehr als nur eine neue Technologie, die die Mobilität verändert. Es ist vielmehr eine soziale, ökonomische und kulturelle Herausforderung.
- Audi, Mercedes, aber auch andere Hersteller wie Volvo sind Vorreiter für das autonome Fahren. Sie bringen immer mehr Testfahrzeuge auf die Straßen und stellen Konzeptfahrzeuge vor.

Kapitel 7
Levels

In den letzten Jahren sind unterschiedliche Definitionen für das automatisierte Fahren entstanden, in deren Kern es um die Verlagerung der Aufgaben vom Fahrer auf die Maschine geht. Eine besonders oft zitierte Begriffsbestimmung stammt von der Society of Automotive Engineers (SAE), in der verschiedene Stufen der Automatisierung von Fahrzeugen unterschieden werden. Abbildung 2.3 zeigt die unterschiedlichen Levels der Automation und die damit verbundene Arbeitsteilung zwischen Mensch und Maschine.

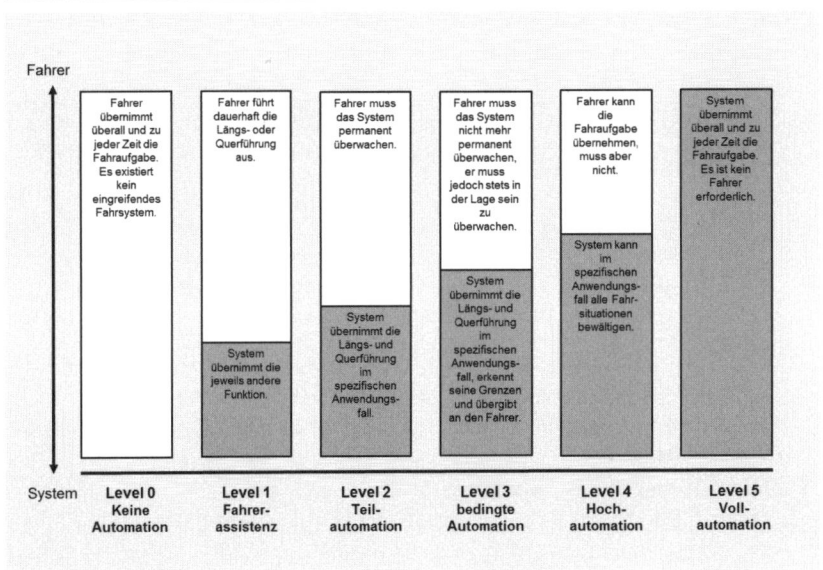

Abbildung 2.3. Arbeitsteilung zwischen Mensch und Maschine
Quelle: Society of American Engineers

Definition

(1) Befindet sich ein Fahrzeug auf Level 0 (keine Automation), gibt es keine automatisierten Fahrfunktionen. Der Fahrer beschleunigt, hält die Geschwindigkeit, bremst und lenkt, da es keinerlei eingreifende, sondern allenfalls warnende Systeme gibt.

(2) Auf Level 1 (Fahrerunterstützung) übernimmt der Fahrer entweder die Längsführung (bremsen, beschleunigen) oder die Querführung

(lenken), wobei das System die jeweils andere Funktion ausführt. Allerdings muss der Fahrer das System ständig überwachen und zu jedem Zeitpunkt und in jeder Fahrsituation in der Lage sein, die vollständige Kontrolle über das Fahrzeug zu übernehmen. Beispiele für die Fahrerunterstützung sind das Antiblockiersystem und das elektronische Stabilitätssystem.

(3) In Level 2 (Teilautomation) kann der Fahrer die Längsführung und die Querführung für eine bestimmte Zeit und für bestimmte Verkehrssituationen an das System abgeben. Jedoch muss der Fahrer den Verkehr und auch das System fortlaufend überwachen und jederzeit und in jeder Fahrsituation bereit sein, die Steuerung zu übernehmen. Hierzu zählt der Abstandsregeltempomat, der bis zu einer definierten Höchstgeschwindigkeit das Fahrzeug automatisiert beschleunigt und abbremst, so dass der Abstand zum vorausfahrenden Fahrzeug konstant bleibt. Ein weiteres Beispiel für diesen Level der Automation bildet das automatisierte Einlenken des Autos in eine Parklücke.

(4) In Level 3 (bedingte Automation) übernimmt das System die Längsführung und die Querführung des Fahrzeugs für eine gewisse Zeit und ist in der Lage, seine Grenzen selbstständig zu erkennen. Daher muss der Fahrer das System nicht permanent überwachen, sollte jedoch bereit sein, nach einer Aufforderung die Kontrolle zu übernehmen. Sofern die Situation eine automatisierte Fahrt nicht mehr zulässt, erteilt das System dem Fahrer das Signal, nach einer bestimmten Zeit alle Aufgaben zu übernehmen. Auch ist es dem Fahrer möglich, das System zu überstimmen oder es komplett auszuschalten. Ein Beispiel hierfür ist der Autobahnassistent, der bis zu einer bestimmten Höchstgeschwindigkeit die Steuerung des Fahrzeugs inklusive aller Überholvorgänge übernimmt.

(5) Ab dem Level 4 (Hochautomation) kann der Fahrer alle Aufgaben an das System übertragen und muss sich nicht mehr um dessen Überwachung kümmern. Allerdings ist es ihm noch möglich, das System zu übersteuern und es auszuschalten. Vom System gibt es keine Aufforderung mehr an den Fahrer, die Kontrolle zu übernehmen, so lange es sich im Normalbetrieb in seinem definierten Fahrumfeld befindet. Abhängig vom Stand der V-to-V-Kommunikation können bei diesem Level auch Ad-hoc-Konvois (Platoons) gebildet werden. Hierzu führt das Fahrzeug die Längs- und Querführung aus, ohne dass der Fahrer das System überwachen muss. Sofern der Fahrer nicht auf das Signal zur Übernahme der Steuerung reagiert, bremst das Fahrzeug ab und parkt eigenständig an einer geeigneten Stelle.

(6) In Level 5 (Vollautomation/autonomes Fahren) kann das Fahrzeug auf allen Straßenarten und in allen Geschwindigkeitsbereichen sich selbst steuern. Zu keinem Zeitpunkt und in keiner Verkehrssituation muss der Mensch eingreifen.

Die entscheidende Veränderung in der Aufgabenteilung zwischen Mensch und Maschine findet von Level 2 zu Level 3 statt (Abbildung 2.4, S. 62). Bis Level 2 überwacht der Fahrer die Umgebung und gibt einzelne Aufgaben an das System ab. Ab Level 3 übernimmt die Maschine die Fahraufgabe; der Mensch hält sich sozusagen als Reserve bereit oder führt nach Wunsch noch einzelne Manöver aus. Auf dem Weg von Level 3 zu Level 4 verändert sich die Rolle des Fahrers noch einmal, da er immer mehr Aufgaben an das System abgibt und nur noch in einer Notsituation eingreift (Level 4). Ab Level 4 ist er im Grunde nur noch Passagier, kann jedoch auf Wunsch die Steuerung des Fahrzeugs übernehmen. Ist Level 5 erreicht, gibt es nur noch Passagiere im Fahrzeug, die Insassen haben keine Möglichkeit mehr, das Fahrzeug zu kontrollieren.

Ab der Zwischenstufe der bedingten Automation (Level 3) darf der Mensch sich vom Fahrgeschehen abwenden. Allerdings muss er nach einer Aufforderung durch das System stets in der Lage sein, die Kontrolle zu übernehmen. Denn er ist die alleinige Rückfallebene und damit auch der alleinige Verantwortliche, sollte ein Unfall geschehen. Damit könnten sich bei diesem Level der Automation die „ironies of automation" auswirken, die im Kern die Schwierigkeit des Zusammenspiels zwischen Mensch und automatisiertem System ausdrücken. Eine Ironie der Automation: Je besser ein System arbeitet, desto seltener muss der Mensch eingreifen – aber je seltener er eingreifen muss, desto schlechter kann er diese Rückfallfunktion ausüben.

Vollautomation (Level 5) beschreibt allen Definitionsansätzen zufolge die letzte und höchste Stufe der Automation. Fahrzeuge, die diese Stufe der Automation erreicht haben, sollen im Folgenden als autonom, fahrerlos oder selbstfahrend bezeichnet werden. Bis solche selbstfahrende Fahrzeuge jedoch das Straßenbild prägen, mögen durchaus noch einige Jahre vergehen.

Beispiele

Auf der Basis dieser Kategorisierung (Level 0 bis Level 5) lässt sich die Entwicklung des automatisierten Fahrens als eine sich verändernde Mobilitätserfahrung darstellen. Die Levels 0 und 1 können als I-drive-Phase beschrieben werden, da der Fahrer in vollem Umfang alle Fahraufgaben ausführt, während das System bestenfalls in einzelnen Fahrsituationen unterstützt. Die Levels 2 und 3 stehen für die We-drive-Phase; das System übernimmt in bestimmten Situationen und für eine begrenzte Zeit die Fahraufgaben, das heißt: Mensch und System wechseln sich in der Fahrzeugsteuerung ab. Ab Level 4 kommt es zum Übergang in die You-drive-Phase, weil grundsätzlich das System steuert, der Fahrer aber stets die Kontrolle übernehmen kann. Level 5 lässt sich als It-drive-Phase kennzeichnen. Das System fährt eigenständig, es gibt keinen Fahrer mehr, und alle Insassen sind Passagiere.

Level	Steuern, Bremsen, Beschleunigen	Überwachung der Umwelt	Rückfall- ebene	Fähigkeiten des Systems
Fahrer überwacht die Umgebung				
0 (keine Automation)	Fahrer	Fahrer	Fahrer	nicht verfügbar
1 (Fahrerassistenz)	Fahrer/ System	Fahrer	Fahrer	wenige Fahraufgaben
2 (Teilautomation)	System	Fahrer	Fahrer	einige Fahraufgaben
System überwacht die Umgebung				
3 (bedingte Automation)	System	System	Fahrer	einige Fahraufgaben
4 (Hochautomation)	System	System	System	einige Fahraufgaben
5 (Vollautomation)	System	System	System	alle Fahraufgaben

Abbildung 2.4. Die verschiedenen Levels der Automation
Quelle: Eigene Darstellung

Aus dieser Übertragung von Aufgaben an die Maschine ergeben sich ganz neue Möglichkeiten für den Fahrer, die Zeit im Auto zu nutzen. Telefonieren aus dem Auto heraus ist heute schon üblich; zukünftig könnte das Fahrzeug noch Lebens-, Arbeits- und Wohnraum sein, ausgestattet mit allen verfügbaren technischen Optionen. Hierzu drei Beispiele (Abbildung 2.5):

Feet off (Fuß weg, Level 1): Frau Heute befindet sich in ihrem mit Spurhalteassistenten sowie mit Abstands- und Geschwindigkeitsregelung ausgestatten Fahrzeug auf dem Weg zur Arbeit. Ihr Frühstück, einen Becher Kaffee und ein Croissant, hat sie sich in einem Schnellrestaurant geholt. Becher und Gebäck sind auf der Mittelkonsole abgelegt, sie greift je nach

Abbildung 2.5. Szenarien zur Nutzung der Reisezeit
Quelle: Eigene Darstellung

Fahrsituation darauf zu. Um die Zeit im Auto zu nutzen, führt sie private und geschäftliche Telefonate oder bereitet sich durch das Erlernen von Vokabeln auf einen Auslandsaufenthalt vor. Obgleich verboten, hat sich Frau Heute angewöhnt, an der roten Ampel oder im Stop-and-go-Verkehr die E-Mails auf ihrem Smartphone zu lesen und einige davon zu beantworten.

Feet off, hands off (Füße weg, Hände weg, Level 3): Herr Morgen sitzt in seinem automatisierten Fahrzeug auf dem Weg zur Arbeit und bearbeitet seine E-Mails. Danach isst er ein Müsli, das er zu Hause gemixt hat, und wirft einen Blick in die Zeitung. Immer wieder werden auf dem Display vor ihm Vokabeln angezeigt, die er im Rahmen eines Sprachtrainings für einen Auslandseinsatz lernen muss. Falls erforderlich, kann er vor der Ankunft im Büro noch Unterlagen und Präsentationen anschauen. Nur auf wenigen Kilometern ist wegen einer Baustelle keine automatisierte Fahrt möglich, so dass Herr Morgen die Steuerung des Fahrzeugs übernehmen muss.

Feet off, hands off, brain off (Füße weg, Hände weg, Hirn aus, Level 5): Frau Zukunft legt sich erst einmal schlafen, nachdem sie in ihr autonomes Fahrzeug gestiegen ist, das sie zur Arbeit chauffiert. Kurz vor dem Ziel bringt sie sich auf dem Liegefahrrad in Schwung, brüht sich einen Kaffee auf und richtet sich ein Frühstück in der Küchenzeile des Fahrzeugs. Hin und wieder schaut sie sich während des Frühstücks mögliche Urlaubsziele an, wobei die Scheiben des Autos ein Surround-System bilden, das ein völliges Eintauchen in eine virtuelle Welt erlaubt. Da ein anstrengender Arbeitstag bevorsteht, klappt Frau Zukunft den Schreibtisch aus, schließt den Laptop an und beginnt E-Mails zu bearbeiten und eine Präsentation zu erstellen.

Strategien

Die Vielfalt der Zugänge zum autonomen Fahren lässt sich anhand von drei Beispielen verdeutlichen: Klassische Automobilunternehmen sind dabei, die den Spurhalte-, Autobahn- und Stauassistenten zugrunde liegende Technologie soweit zu entwickeln, dass autonomes Fahren schrittweise bei immer höherer Geschwindigkeit und in immer komplexerer Umgebung möglich ist. Die heute schon bestehenden Fahrerassistenzsysteme bilden den Kern, aus dem heraus sich in Etappen die selbstfahrenden Fahrzeuge entwickeln lassen. Parallel dazu wird die erforderliche Infrastruktur aufgebaut, werden die Kundenwünsche regelmäßig erfasst und die haftungsrechtlichen Fragen diskutiert. Auch befassen sich die Hersteller mit neuen Mobilitätsdiensten. Sie definieren die Wertschöpfungskette neu und bereiten sich darauf vor, dass die Grenzen zwischen der Automobilbranche und anderen Sektoren (Information, Elektronik, Kommunikation) sich immer mehr auflösen.

Tesla hat im Sommer 2015 quasi über Nacht in alle S-Modelle neue Software eingespielt, die in einem gewissen Umfang autonomes Fahren erlaubt. Nimmt man die Anzahl der entstandenen Youtube-Videos als Orientierung, so scheint diese neue Option ein Kundenbedürfnis getroffen zu haben. In einem Video ist sogar zu sehen, dass ein Fahrer unterwegs seinen Sitz verlässt und auf die Rückbank klettert. Dies hat einen Streit darüber entfacht, ob die geltenden rechtlichen Rahmenbedingungen überhaupt ein solches Verhalten zulassen. Zudem war strittig, ob die mit der neuen Software ausgerüsteten Fahrzeuge eine neue Zulassung benötigen. Wie auch immer diese Diskussionen verlaufen, eines zeigen sie deutlich: Es gibt neue Akteure in der Industrie, die die Technologie nicht evolutionär, sondern radikal einsetzen. Sie wollen Konkurrenten aufschrecken und Kunden begeistern und setzen darauf, dass alle regulatorischen und rechtlichen Fragen im Nachhinein beantwortet werden.

Google ist an der Entwicklung von autonomen Flottenfahrzeugen beteiligt, die vor allem für den innerstädtischen Verkehr gedacht sind. Diese Robo-Taxis können zukünftig per Smartphone reserviert und an bestimmte

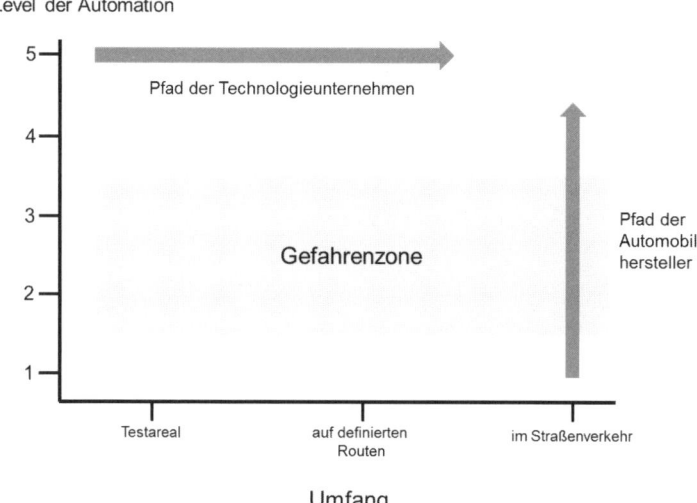

Abbildung 2.6. Strategien der Autohersteller und Technologieunternehmen
Quelle: Emilio Frazzoli, Antrittsvorlesung an der ETH Zürich, 2016

Orte in der Innenstadt geordert werden. Wer diese Flotten betreibt, ist bis heute offen, in jedem Fall werden sie dem öffentlichen Nahverkehr Konkurrenz machen. Deshalb interessieren sich bereits Bahngesellschaften und Stadtwerke für diese selbstfahrenden Fahrzeugflotten. Ob Google damit zum Automobilunternehmen wird? Eher nicht, aber zumindest zu einem Lieferanten von Software zur Steuerung autonomer Fahrzeuge, die grundsätzlich allen Herstellern von Automobilen angeboten werden kann. Es ist absehbar, dass diese Software zukünftig den eigentlichen Wert der Fahrzeugtechnologie darstellt, während die Hardware immer mehr an Bedeutung einbüßt. Hinzu kommt, dass die Softwarehersteller Zugang zu allen Telematik- und Navigationsdaten der Fahrzeuge besitzen.

Wie Abbildung 2.6 verdeutlicht, durchschreiten die etablierten Automobilhersteller alle Stufen der Automation, bis schließlich das autonome Fahren erreicht ist. Auf dem Weg zu den selbstfahrenden Autos bieten sie bereits heute Fahrzeuge an, die mit der Automation von Level 2 und 3 ausgestattet sind. Diese beiden Stufen stellen jedoch eine besondere Herausforderung für die Mensch-Maschine-Interaktion dar, also für die Kommunikation zwischen dem Fahrer und dem System. Obgleich die Fahrer auch bei Level 2 und 3 verpflichtet sind, stets die Kontrolle über das Fahrzeug zu behalten, richten viele ihre Aufmerksamkeit auf andere Tätigkeiten. Einige bearbeiten ihre E-Mails, andere telefonieren, wieder andere lesen Zeitung,

Abbildung 2.7. Beispiel von Google- Autos
Quelle: Googles selbstfahrendes Auto-Projekt

befassen sich mit dem Navigations- oder Unterhaltungssystem oder wenden sich den Insassen auf der Rückbank zu. Tests zeigen, dass sie alle die Zeit unterschätzen, die erforderlich ist, um die Kontrolle über das Fahrzeug wieder zu erlangen. Daher überrascht es nicht, dass der National Highway Traffic Safety Administration zufolge die Ablenkung der Fahrer zu den zentralen Ursachen von Verkehrsunfällen gehört. Umso wichtiger ist es, die Interaktion zwischen dem Fahrer und der Maschine (insbesondere für die Autos mit Level 2 und 3 Automation) so zu gestalten, dass die Kontrolle schnell und eindeutig übergeben wird.

Die Technologieunternehmen befassen sich seit jeher nur mit dem autonomen Fahren (Level 5, Abbildung 2.7). Sie vermeiden damit die Übergabe der Kontrolle zwischen Mensch und Maschine, verzichten jedoch auch auf die Erfahrungen der Fahrer. Im Kern übergeben sie die gesamte Steuerung des Fahrzeugs inklusive der Erfassung und Bewertung der Verkehrslage an die Maschine. Dies stellt eine besondere Herausforderung für die Sensoren, Algorithmen und die zentrale Steuerungseinheit dar. Wer auf die Expertise des Fahrers verzichtet, braucht eine besonders leistungsfähige Software und vor allem eine ausgereifte Objekterkennung, was nur durch selbstlernende Systeme möglich ist. Diese Unternehmen umgehen die Levels 2 und 3, stehen jedoch vor der Schwierigkeit, dass die Vielzahl und Vielfalt der Situationen im Straßenverkehr ausschließlich von der Maschine erfasst und beurteilt werden müssen.

Zusammenfassung

- Automatisiertes Fahren vollzieht sich in fünf Levels bis zum autonomen Fahren als Endpunkt dieser Entwicklung. Dabei verlagern sich immer mehr Aufgaben der Steuerung vom Menschen auf die zentrale Steuerungseinheit.
- Im Zuge der Entwicklung von Fahrzeugen von Level 1 zu Level 5 erhält der Fahrer immer mehr Freiraum, um sich anderen Tätigkeiten zuzuwenden.
- Bei Level 3 dürften die „ironies of automation" eine Rolle spielen. Je besser das System arbeitet, desto seltener muss der Mensch eingreifen. Je seltener der Mensch eingreifen muss, desto schlechter kann er diese Rückfallebene wahrnehmen.
- Während klassische Autohersteller ihre Fahrzeuge evolutionär von einem Level der Automation zum nächsten entwickeln, befassen sich die Technologieunternehmen von Anfang an nur mit dem autonomen Fahren (Level 5).

Kapitel 8
Visionen

Die Frage, was automatisiertes Fahren den Menschen eigentlich bringt, lässt sich plakativ beantworten: Es verbindet Menschen. Es rettet Leben. Es spart Zeit, Energie und Geld und verringert die für den Verkehr benötigten Flächen. Je stärker ein Fahrzeug automatisiert ist, desto größer dürfte der Nutzen für den einzelnen Menschen, für Wirtschaft und Gesellschaft sein. Zwar sind die Sorgen und Ängste vieler Menschen berechtigt, allerdings stehen die Chancen gut, dass diese Technologie in der Summe betrachtet das Leben der Menschen deutlich verbessert.

Leben

Immer wieder bezeichnen Experten die verbesserte Sicherheit auf den Straßen als den entscheidenden Nutzen von hoch- und vollautomatisierten Fahrzeugen. Dieses Argument spielt bei vielen Regierungen die zentrale Rolle, um den rechtlichen Rahmen so anzupassen, dass diese Autos im Straßenverkehr eingesetzt werden können. In der Europäischen Union kamen 2016 etwa 25.500 Menschen im Straßenverkehr ums Leben, was auf die Woche gerechnet etwa der Anzahl Passagiere einer Boeing 777 entspricht. Man kann sich vorstellen, dass bei solchen Zahlen der Flugverkehr keine Akzeptanz mehr fände und der Druck auf Hersteller und Fluggesellschaften enorm wäre, die Sicherheit der Maschinen grundsätzlich zu verbessern.

Studien der National Highway Traffic Safety Administration zeigen, dass 94 Prozent der Unfälle im Straßenverkehr auf menschliches Versagen zurückzuführen sind. Funktionen wie der automatische Bremsassistent und die elektronische Traktionskontrolle verbessern zwar seit Jahrzehnten die Sicherheit. Gleichwohl bleibt der Mensch mit allen seinen Beschränkungen, seiner Unaufmerksamkeit und seiner Erschöpfung das entscheidende Risiko. Bei etwa 30 Prozent der Unfälle sind auch Alkohol und Drogen oder ein Missbrauch von Medikamenten im Spiel. In jedem Fall ist eine erschreckende Anzahl von Fahrern im Grunde fahruntüchtig. Roboter machen, solange sie zweckgerecht eingesetzt und gut programmiert sind, viel weniger Fehler als Menschen.

Zeit

Autonomes Fahren erlaubt es den Menschen, Zeit zu sparen oder zumindest die Zeit im Fahrzeug besser zu nutzen. Vor allem in den Megacities braucht es sehr viel Geduld, um etwa von zu Hause zum Arbeitsplatz und wieder zurückzugelangen. In Städten wie Sao Paulo, Mexico-City, Peking oder Kairo müssen die Menschen ihren Tagesablauf abhängig von der Verkehrslage planen. In den USA verbringen die Pendler aufgrund von Staus etwa 6,9 Milliarden Stunden pro Jahr in ihren Fahrzeugen. Selbst im Stop-and-go-Verkehr können die Pendler die Zeit nicht anderweitig nutzen, sondern müssen allein schon aus rechtlichen Gründen ihre Aufmerksamkeit auf die Straße richten. Sofern es gelingt, die Menschen in solchen Situationen zu entlasten, entsteht freie Zeit, die für Ruhe, Erholung, Unterhaltung oder auch für die Arbeit verwendet werden kann.

Sind die Fahrzeuge untereinander und mit der Infrastruktur vernetzt, fließt der Verkehr besser, da die verschiedenen Geschwindigkeiten der Fahrzeuge einander angepasst und die Routen zielabhängig bestimmt werden können. Dank dieser abgestimmten Steuerung lassen sich deutlich mehr Autos auf die Straße bringen, ohne dass ein Stau entsteht. Untersuchungen zufolge kann die Kapazität einer Straße durch das autonome Fahren um bis zu 500 Prozent erhöht werden. Zudem empfinden viele Menschen das Autofahren trotz zahlreicher neuer Annehmlichkeiten vor allem im Stop-and-go-Verkehr als stressig. Wenn das System quasi als Kopilot zumindest zeitweise und routenabhängig das Steuer übernimmt, wird die Reise komfortabler. Der Fahrer muss nicht mehr auf jedes Abbremsen und Beschleunigen des vorausfahrenden Fahrzeugs reagieren.

Fläche

Nur aus der Vogelperspektive ist das Ausmaß der Fläche zu erkennen, die in einer Stadt für Straßen und andere Verkehrsinfrastruktur benötigt wird. Diese Fläche kann, abhängig von der geografischen, topologischen und verkehrstechnischen Situation, bis zu 40 Prozent der Gesamtfläche der Stadt ausmachen. In den USA gibt es je nach Berechnung bis zu zwei Milliarden Parkplätze, die insgesamt 13.000 Quadratkilometer umfassen, was etwa der Fläche des Bundeslandes Schleswig-Holstein entspricht. Da sich der Verkehrsfluss durch selbstfahrende Fahrzeuge verbessern lässt, kann auch auf Straßen verzichtet werden, es ist sogar ein Rückbau der Infrastruktur denkbar. Hinzu kommt, dass sich auch die Parkflächen um bis zu 30 Prozent reduzieren lassen, da die Fahrzeuge selbstständig in Parkhäuser fahren und keine Flächen mehr für Zugänge notwendig sind. Und so könnte dank des autonomen Fahrens eine beachtliche Zahl von neu zu gestaltenden Flächen entstehen, die einer Innenstadt ein völlig anderes Bild geben: Park-, Sport- und Freizeitanlangen etwa. Auch für Schulen, Wohn- und Bürogebäude könnten Räume freiwerden. In Somerville, einem Stadtteil von Boston, lassen sich bereits heute die Konturen eines Quartiers erkennen, deren Architektur auf das Zeitalter des autonomen Verkehrs ausgerichtet ist. Die Fläche in den Parkhäusern schrumpft um über zwei Quadratmeter pro Auto, die Fahrspuren werden viel schmaler, Treppenhäuser und Aufzüge entfallen, die Fahrzeuge können auch in mehreren Reihen hinter- und nebeneinander geparkt werden. Dadurch vermag ein Parkhaus etwa 60 Prozent mehr Fahrzeuge aufzunehmen. Parkhäuser könnten, da die Autos selbstständig einparken, sogar an den Stadtrand verlegt werden.

Energie

Eine gute Nachricht aus ökologischer Sicht: Fahrerlose Autos vermindern die Belastung der Umwelt unabhängig von der Motorisierung (Verbrennungsmotor oder Elektroantrieb). In den USA liegt der Kraftstoffverbrauch für Autos derzeit bei 7,8 Liter pro 100 Kilometer, wobei jede zusätzliche Stufe der Fahrzeugautomation zu einer erheblichen Verbesserung führen wird. Bereits der Sprung von Level 1 auf Level 3 der Automation dürfte den Verbrauch von 7,8 auf unter vier Liter pro 100 Kilometer vermindern. Eine nochmalige Senkung auf unter zwei Liter pro 100 Kilometer sollte möglich sein, sofern die Fahrzeuge mit Hoch- und Vollautomation (Levels 4 und 5) ausgerüstet sind. Ein selbstfahrendes Fahrzeug lässt sich auf einen energiesparenden Betrieb programmieren, und durch die Kommunikation der Autos untereinander und mit der Infrastruktur, etwa Ampeln, kann ein abruptes Abbremsen und Beschleunigen vermieden werden. Ferner sollte es möglich sein, die Routen so zu wählen und den gesamten Verkehr so zu steuern, dass dabei möglichst wenig Energie verbraucht wird.

Allerdings ist im Zeitalter autonomer Fahrzeuge auch mit mehr Verkehr zu rechnen. Es werden zusätzlich Flottenfahrzeuge in den Innenstädten und auf dem letzten Kilometer eingesetzt. Hinzu kommen neue Verkehrsteilnehmer, zum Beispiel Kinder oder alte und kranke Menschen. In den USA wächst die Gruppe der Alten enorm: Jeden Tag erreichen etwa 8.000 Babyboomer das Rentenalter von 65 Jahren. Autonome Fahrzeuge lassen sich zu Wohn-, Schlaf- und Arbeitsstätten entwickeln, so dass die Menschen dadurch möglicherweise mehr Zeit auf der Straße verbringen wollen. Welcher dieser Effekte dominiert, ist bislang umstritten. Allerdings deuten viele Studien darauf hin, dass die negativen Effekte durch den Mehrverkehr von den positiven Effekten bei Weitem übertroffen werden.

Menschen

Viele Menschen, ja ganze Personengruppen sind nicht nur aus finanziellen Gründen aus dem Kreis der Autofahrer ausgeschlossen. Alte, behinderte und kranke Menschen können oder sollen nicht selbst fahren. Fahrerlose Autos leisten daher einen wichtigen Beitrag, diese Personen mobil zu machen, was deren Lebensqualität deutlich verbessert. Google nutzt diese Argumente bereits heute in vielen Videos, die die Vorzüge des autonomen Fahrens preisen. Der Zugang zu Mobilität reduziert zudem das Risiko, arbeitslos zu werden und damit den gesellschaftlichen Anschluss zu verlieren. Wer mobil ist, kann den Arbeitsplatz wechseln, möglicherweise von gering auf besser bezahlte Jobs wechseln und berufliche Chancen nutzen. So gesehen ist die Bereitstellung von Mobilität eine bedeutsame sozialpolitische Aufgabe.

Voraussetzungen

Die verkehrstechnischen, ökologischen, ökonomischen, städteplanerischen Potenziale, die das autonome Fahren mit sich bringt, lassen sich nur dann nutzen, wenn die Gesellschaft diesen Quantensprung in der Mobilität wünscht. Deshalb müssen die Automobilhersteller, die Zulieferer und die Technologieunternehmen ihre Mobilitätskonzepte an den Vorstellungen der verschiedenen Interessensgruppen ausrichten. Zumindest sollten deren Sorgen und Ängste ernstgenommen werden. Es wäre ein Fehler, Skeptiker sofort als Ewiggestrige zu bezeichnen. Viele Beispiele aus der Innovationsforschung zeigen, dass selbst die technisch besten Produkte immer wieder scheitern, weil sie nicht an die Lebenswirklichkeit der Kunden angepasst sind.

Es braucht einen offenen Umgang mit den Risiken von selbstfahrenden Fahrzeugen. Jede Technologie birgt Gefahren, sie müssen in einer breiten gesellschaftlichen Debatte diskutiert werden. Was die Risiken des autonomen Fahrens betrifft, gibt es immer noch sehr viele unterschiedliche und auch unrealistische Vorstellungen. Die Presse greift jeden noch so geringfügigen Unfall eines fahrerlosen Fahrzeugs von Google oder anderen Herstellern auf, und zwar auch dann, wenn die Mechanik (und nicht die Software) fehlerhaft war. Hieraus werden Dilemmasituationen konstruiert, die den wissenschaftlichen Diskurs längst verlassen und die Massenmedien sowie selbsternannte Experten erreicht haben. Absolute Sicherheit oder den optimalen Verkehrsfluss wird es nie geben. Die Chancen stehen jedoch gut, dass beim autonomen Fahren die Vorteile die Nachteile und die Chancen die Risiken überwiegen.

Der erste tödliche Unfall mit einem fahrerlosen Auto, der sich Mitte 2016 in den USA ereignete, war Anlass für viele Zeitungen, die Frage aufzuwerfen, wie sicher und ausgereift solche Fahrzeuge sein müssen, bevor man sie in den Straßenverkehr bringt. Einige Autoren sahen bereits das Ende des autonomen Fahrens gekommen, da aus ihrer Sicht diese Technologie massiv Vertrauen verloren habe. Ohne Zweifel ist jeder Unfall mit einem autonomen Auto hinderlich für die Verbreitung dieser Technologie. Es gibt zurecht Zweifel und Sorgen, und jedes Unfallopfer ist tragisch. Gleichwohl muss auch die Frage gestellt werden, welche Opfer zu beklagen wären, wenn es automatisierte Funktionen in den Fahrzeugen nicht gäbe. Schätzungen der National Highway Traffic Safety Administration zufolge konnten in den USA während der letzten zehn Jahren im Straßenverkehr etwa 400.000 Leben durch Fahrerassistenzsysteme gerettet werden.

Einspruch

Bei aller Euphorie für das autonome Fahren bleibt der Übergang vom Selbstfahren zum Sich-Fahren-Lassen eine erhebliche Herausforderung sowohl für die Kunden als auch für die Autohersteller. Lässt sich die Freude am Fahren in eine Freude am Gefahrenwerden umwandeln? Diese schrittweise Automatisierung des Fahrens kann man nicht mit der Automatisierung anderer Produkte und Dienste vergleichen. Beim Waschen (Waschmaschine) oder Treppensteigen (Fahrstuhl) bedeutete die Automatisierung immer mehr Lebensqualität. Maschinen nehmen den Menschen Arbeit ab, erleichtern oder beschleunigen ihr Leben und finden deshalb schnelle und weite Verbreitung. Das Fahren eines Autos ist hingegen nicht nur mühevoll, anstrengend, langweilig und gefährlich — nein, es macht auch Spaß. Vielleicht sind es gerade die Risiken und Gefahren, die für manche Autofahrer einen besonderen Reiz darstellen. So gesehen mag die Begeisterung der Autoren für das autonome Fahren nicht von jedermann geteilt werden.

Aus der Sicht von Menschen, die regelmäßig Hobbyrennen bestreiten, sollten autonome Autos nur auf der Straße, nicht jedoch auf der Rennstrecke zum Einsatz kommen. Die Befragten attestieren diesen Fahrzeugen einen wichtigen Beitrag, um den Verkehr flüssiger, sicherer und effizienter zu gestalten. Der Rennfahrer liebt hingegen die Auseinandersetzung mit dem Fahrzeug und lehnt zu viel technische Unterstützung ab. Deshalb sollte es auch in Zukunft Rennautos geben, die dem Fahrer sein ganzes Können abverlangen. Zum Rennsport gehört, dass sich Fahrer mit ihren Fähigkeiten, ein Fahrzeug im Grenzbereich zu beherrschen, messen. Wenn zu viel Technik in die Rennautos gelangt, kommt es nicht mehr auf den Fahrer, sondern auf den Ingenieur an. Damit würde der Rennsport seinen Reiz verlieren und wäre im Grunde ein Wettbewerb zwischen den Automobilunternehmen um die beste Technik.

Selbst wenn man zustimmt, dass die Zeit, die für das gewöhnliche Fahren im alltäglichen Straßenverkehr anfällt, verschwendet ist, könnte sie doch noch einen bedeutsamen verborgenen Wert besitzen. Eine Studie aus den USA berichtet, dass Eltern über sechs Stunden pro Woche damit verbringen, ihre Kinder zur Schule sowie zum Musik- oder Sportunterricht zu chauffieren. Diese erzwungene gemeinsame Zeit im Fahrzeug führt zu Gesprächen, die anderweitig in den Familien nicht mehr stattfinden. So gesehen könnten selbstfahrende Fahrzeuge dazu führen, dass die Kommunikation zwischen Familienmitgliedern leidet, weil jeder allein im Auto sitzt.

Zusammenfassung

- Bei allen berechtigten Bedenken, Sorgen und Ängsten, die immer wieder aufgeworfen werden, trägt das autonome Fahren dazu bei, dass Leben gerettet sowie Zeit, Energie und damit auch Geld gespart werden können. Zudem lässt sich die für den Verkehr benötigte Fläche reduzieren.
- Die enormen verkehrstechnischen, ökologischen, ökonomischen und städteplanerischen Potenziale, die das autonome Fahren mit sich bringt, können nur dann ausgeschöpft werden, wenn die Gesellschaft als Ganzes diesen Quantensprung in der Mobilität wünscht.
- Es braucht einen offenen und ehrlichen Umgang mit den Gefahren von autonomen Fahrzeugen. Jede Technologie birgt Risiken, die benannt, bewertet und auch akzeptiert werden müssen.
- Selbstfahrende Autos und fahrerlose Busse ermöglichen, dass Kinder, alte, kranke und behinderte Menschen mobil sein können.
- Es ist zu diskutieren, ob sich die Freude am Selbstfahren in eine Freude am Gefahrenwerden umwandeln lässt.

Kapitel 9
Spielfelder

Inzwischen kommen selbstfahrende Fahrzeuge für zahlreiche Anwendungen in unterschiedlichen Gebieten zum Einsatz. Die folgenden Beispiele verdeutlichen die Vielfalt und Vielzahl der Möglichkeiten, die autonomes Fahren inzwischen bietet.

Militärtechnik und Luftfahrt

Überall auf der Welt sind seit vielen Jahren autonome Gefährte im Einsatz, um Minen zu beseitigen. Das ist eines der ersten Anwendungsgebiete überhaupt, wobei vor allem das US-Militär immer wieder neue Einsatzfelder für solche Fahrzeuge sucht. Lockheed Martin hat Lastwagen entwickelt, die selbst in unebenem und schwierigem Gelände einen Konvoi bilden können. Ausgerüstet mit GPS und Lasersensoren sind sie in der Lage, die Topologie des Terrains zu erfassen und im Verbund zusammenzubleiben. Eine weitere sehr frühe Anwendung für autonomes Fahren kommt aus der Luftfahrtindustrie. Der Rover Curiosity ist ein von der NASA entwickeltes Fahrzeug, gebaut, um den Mars zu erkunden. Es ist ausgerüstet mit Kameras, die Bilder über das wenige Meter vorausliegende Gelände liefern. Daraus entwickelt der Computer eine Landkarte, die alle hinderlichen und gefährlichen Objekte ausweist. Ein autonomes System sucht daraufhin nach Wegen, um zu einem bestimmten Ziel zu gelangen. Ist der beste Weg gefunden, setzt sich das Mars-Fahrzeug in Bewegung und wiederholt diesen Prozess, sobald das erste Ziel erreicht und ein weiteres definiert ist.

Landwirtschaft

Viele Menschen, die sich mit fahrerlosen Autos befassen, sind der Auffassung, Google habe diese Revolution angestoßen – das stimmt jedoch nicht. Es war John Deere. Schon seit Jahren bietet dieses Unternehmen selbstfahrende Traktoren an, die ohne den Landwirt auf den Feldern arbeiten. Das ist nicht überraschend, denn auf Feldern gibt es kaum andere Fahrzeuge, keinen Gegenverkehr, keine Fußgänger, keine Ampeln oder Verkehrsschilder und auch kaum rechtliche Vorschriften. Gleichwohl gleicht kein Feld dem anderen. Die Bodenbeschaffenheit, die Topologie und die natürlichen

Begrenzungen wie Hecken oder Gräben sind niemals gleich. Trotzdem ist die Landwirtschaft ein ideales Terrain für den Einsatz von selbstfahrenden Fahrzeugen, allerdings mit anderen Anforderungen als im Straßenverkehr. Da sich das Lenksystem des Traktors an der GPS-Navigation orientiert, lässt sich jedes Feld in eine bestimmte Anzahl exakt definierter Fahrbahnen unterteilen. Somit kann der fahrerlose Traktor sehr viel genauer säen, mähen und ernten, als es selbst ein sehr erfahrener Landwirt vermag. Studien zufolge beträgt die Überlappung der Fahrbahnen bei einem fahrerlosen Traktor etwa ein Prozent, bei einem vom Landwirt gesteuerten Traktor sind es etwa fünf bis zehn Prozent. Die Folgen liegen auf der Hand: Der selbstfahrende Landwirt braucht mehr Zeit, fährt mehr Kilometer, verbraucht mehr Treibstoff und mehr Saatgut. Auch lässt sich mit der GPS-Navigation ein möglichst kurzer und schneller Weg entlang der vorab definierten Fahrbahnen finden. Bereits neunzig Prozent der Großmaschinen sind mit dieser Technik ausgerüstet, und aufgrund sinkender Preise lohnt es sich, die selbstfahrenden Fahrzeuge auf immer kleineren Feldern einzusetzen (Abbildung 2.8, S. 76).

Fendt bietet das GuideConnect-System an, mit dem zwei Traktoren via Satellitennavigation und Radiokommunikation (WLAN und Bluetooth) zu einem Konvoi verbunden werden können. Einer der beiden Traktoren ist fahrerlos, führt aber die genau gleichen Manöver aus wie das manuell gesteuerte Fahrzeug. Die Traktoren von Kinze können einen Konvoi bilden, indem mehrere selbstfahrende Ladewagen mit einem Mähdrescher gekoppelt sind. Ist letzterer voll, wird automatisch ein Ladewagen angefordert, um nach dessen Eintreffen den automatischen Ladevorgang zu beginnen. Anschließend geht es autonom weiter bis zum Feldrand, wo die Fracht auf bereitstehende Lastwagen umgeladen wird. Sofern diese LKW auch noch selbstfahrend sind, kann der Landwirt den Erntevorgang zu Hause am Laptop verfolgen und muss nur dann eingreifen, wenn ein Problem auftritt.

Auch Claas bietet ein System zum autonomen Verladen des Ernteguts vom Mähdrescher auf Lastwagen an. Dieses System besteht aus selbstfahrenden Ladewagen und einer Automatisierung der Verladevorgänge. Unter Berücksichtigung des Füllstands im Korntank des Mähdreschers lässt sich der Ladezeitpunkt und -ort bestimmen. Hierbei dirigiert die zentrale Steuerungseinheit den Ladewagen so, dass die Wegstrecke und die Bodenverdichtung minimiert werden. Da der Prozess selbstorganisiert ist, passt sich die Steuerung der Ladewagen an das Erntevolumen im Mähdrescher an. Vor dem Erntevorgang nimmt das System eine Wegeplanung vor, um die Arbeitszeit der Mitarbeiter und die Fahrwege der Maschinen zu minimieren. Eine reibungslose Logistik lohnt sich, da ein Mähdrescher den Landwirt bis zu $ 1.000 pro Stunde kostet.

Abbildung 2.8. Autonomer Traktor im Ernteeinsatz
Quelle: Case HI, photo credit to CNH Industrial

Schon jetzt ist absehbar, dass sich in der nächsten Traktorengeneration noch mehr Sensoren und Kameras und noch leistungsfähigere Rechner für die Überwachung und Steuerung der Fahrzeuge befinden. Zudem dürfte die Kommunikation zwischen den Maschinen untereinander und mit einem Zentralrechner verbessert werden, damit sich die Fahrzeugdaten in Echtzeit verarbeiten lassen. Damit erhalten die Traktoren, Mähdrescher und Ladewagen noch mehr Informationen, um ihre Geschwindigkeiten und Fahrtrichtungen permanent an die anderen Fahrzeuge anpassen zu können. Auf diesem Wege wird der Traktor zu einem sich selbst organisierenden, flexiblen System. Die Folge: Die Felder können kostengünstiger und mit mehr Ertrag bearbeitet werden.

Im Weinbau sind die zu bearbeitenden Flächen häufig sehr begrenzt, extreme Steillagen sind nicht unüblich. Das führt zu schwankenden Traktionsbedingungen. Die Bewirtschaftung ist zudem gefährlich, körperlich anstrengend, und die etablierten Seilzugsysteme sind teuer und daher für kleinere und mittlere Betriebe nicht zu finanzieren. Deswegen kommen fahrerlose Traktoren zum Einsatz. Sie haben einen tiefen Schwerpunkt, eine hohe Wendigkeit und ein geringes Gewicht. Die Produktivität lässt sich steigern, sofern größere Maschinen durch mehrere kleinere, die autonom fahren, ersetzt werden. Ein Beispiel dafür ist der Geisi, ein Weinbauroboter, der mit einer GPS-Navigation und einem elektrischen Antrieb zur Optimierung der Lenkprozesse ausgestattet und in Lagen bis 70 Prozent Hangneigung einsetzbar ist.

Öffentlicher Transport

Eine ganze Reihe von Anwendungen des autonomen Fahrens gibt es mittlerweile im öffentlichen Transportsektor. Die RDM Group hat gemeinsam mit der Mobile Robotics Group der Oxford University und dem UK Automotive Councel den LUTZ pathfinder pod entwickelt. Diese fahrerlosen Transportfahrzeuge können zwei Passagiere aufnehmen und sind mit einer Geschwindigkeit von bis zu 24 km/h bei einer Reichweite von 64 Kilometern unterwegs. Sie sind rund um Milton Keynes im Einsatz, lassen sich per Smartphone bestellen und bringen die Passagiere zu festgelegten Zielen. Demnächst sollen etwa hundert solcher pods verfügbar sein, es wurden für sie spezielle Fahrspuren angelegt.

Inzwischen verkehrt das in Frankreich entwickelte fahrerlose CityMobil2 im Straßenverkehr von Trikala, einer Kleinstadt in Griechenland (Abbildung 2.9). Zuvor wurde dieses Fahrzeug in Lausanne und Helsinki unter kontrollierten Bedingungen umfassend getestet. Allerdings stellen die engen, kurvigen und steilen Straßen und die ungeduldigen Fahrer das CityMobil2 vor besondere Herausforderungen. Die griechische Regierung hat für diesen Versuch extra das Verkehrsrecht geändert, in der Innenstadt wurden spezielle Busspuren angelegt. Diese Busse können bis zu zehn Passagiere aufnehmen und erreichen eine maximale Geschwindigkeit von 20 km/h. Die Steuerung erfolgt durch GPS und Sensoren, die in Echtzeit die erfassten Daten an ein Kontrollzentrum übermitteln. Derzeit besteht eine 2,4 Kilometer lange Route, die auch von anderen Autos sowie von Fußgängern und Fahrradfahrern genutzt wird.

Abbildung 2.9. Das CityMobil2
Quelle: CityMobil2, La Rochelle demonstration, Frédéric Le Lan

Der Navya ist ein weiterer erfolgreich im Markt etablierter Bus, der zehn Passagiere aufnehmen kann und von Induct Technology entwickelt und gebaut wurde. Das mit vier Lidar-Systemen und Kameras ausgerüstete Gefährt erreicht eine Höchstgeschwindigkeit von 20 km/h. Es lässt sich mit dem Smartphone anfordern, und die Passagiere geben ihre Ziele auf einem Display im Innenraum ein. Nach umfassenden Tests in der Schweiz und England gibt es Pläne, den Navia für den Transport von Passagieren zwischen der Technical University von Nanyang (Singapur) und dem CleanTech Park der JCT Corporation einzusetzen.

Die Joint Venture-Partner United Technical Services und 2getthere haben in den letzten Jahren verschiedene Varianten des Automated People Mover entwickelt. Jede Spielart ist als Transportsystem konstruiert, in dem Fahrzeuge on-demand und non-stop zwischen zwei Zielen in einem Netzwerk verkehren. Diese Gefährte weisen eine maximale Geschwindigkeit von 40 km/h auf und besitzen eine Reichweite von 60 Kilometern. Das kleinere Fahrzeug transportiert bis zu sechs Passagiere, das größere bis zu zwanzig, und der Transporter kann Fracht bis zu 1.600 kg aufnehmen. Solche Fahrzeuge sind bereits im Einsatz auf den Flughäfen in Amsterdam und in Masdar City sowie in abgewandelter Form auf zahlreichen anderen Flughäfen.

Überall auf der Welt werden derzeit autonome Busse getestet, etwa in Berlin, wo die Deutsche Post ein Pilotprojekt auf dem EUREF Campus betreibt. Auf diesem Forschungscampus der Bundesregierung haben sich vor allem Unternehmen aus dem Energie-, Nachhaltigkeits- und Mobilitätssektor angesiedelt. Hierfür hat das US Start-up Local Motors einen Kleinbus mit acht Sitzplätzen entwickelt, der auf einer definierten Route mit mehreren Haltestellen pendelt. Weitere solcher Projekte enstehen derzeit in Hamburg und Leipzig, allesamt mit dem Ziel, Erfahrungen im Einsatz von autonomen Bussen im öffentlichen Nahverkehr zu sammeln.

Warenumschlag

Eine weitere Anwendung findet sich beim Warenumschlag. Selbstfahrende Fahrzeuge, die auf definierten Routen unterwegs sind, nehmen Produkte aller Größen und Formen auf, um sie an bestimmte Orte zu bringen. Erste Gefährte dieser Art waren mit Radiosensoren ausgestattet, die Radiowellen empfangen konnten, gesendet von einem Draht, der im Boden des Logistikzentrums eingelassen war. Später wurde die Tape-guide-Technologie eingeführt, bei der man farbige Markierungen am Boden anbrachte, die von der Kamera des Fahrzeugs erkannt und für die Navigation verwendet werden konnten. Inzwischen kommen Laser und Kameras zum Einsatz, die permanent die Umgebung scannen, um die Position des Fahrzeugs zu bestimmen und Hindernisse zu identifizieren. Daraus entstehen 360-Grad-Scans der Umgebung, um eine dreidimensionale Karte zu konstruieren, die vom Fahrzeug für die Navigation verwendet werden kann.

Logistikzentren

Selbstfahrende Fahrzeuge findet man nicht nur in Werkshallen, sondern auch auf Werkhöfen sowie in See- und Flughäfen. Meist befinden sich Sensoren in den Fahrbahnen, damit die Gefährte stets ihre Positionen bestimmen und Hindernisse erkennen können. So lassen sich auf dem Gelände gleichzeitig verschiedene Transporter sowie Gabelstapler und Lastwagen bewegen, ohne dass Zusammenstöße passieren. Ein Beispiel ist das Container Terminal in Hamburg, das zu den modernsten Umschlagsplätzen der Welt zählt. Das Verladen der Container von Zügen und Lastwagen auf Schiffe und umgekehrt erfolgt nahezu automatisch. Neben 52 Kränen sind 86 fahrerlose Transportfahrzeuge in Betrieb, die die Container zwischen dem Kai und der Verladestation hin und her transportieren. Zur Navigation dienen 19.000 Transponder, die im Boden des Areals eingebaut sind. So verfügt jedes Fahrzeug zu jedem Zeitpunkt über die Information, wo es sich befindet und auf welchem Weg es zum vorgegebenen Ziel gelangen kann. Diese Technologie findet sich in ähnlicher Form auch an einigen Flughäfen, wo selbstfahrende sogenannte Dollies die Fracht vom Terminal zum Flugzeug und vom Flugzeug zum Terminal transportieren.

Speditionsgeschäft

Von besonderer Bedeutung für das autonome Fahren ist der Transport von Waren zwischen Städten und Ländern, wofür üblicherweise Lastwagen eingesetzt werden. Mit dem Einsatz von selbstfahrenden Fahrzeugen lässt sich die Sicherheit verbessern und die Wirtschaftlichkeit steigern. Lastwagen sind sehr häufig in Unfälle verwickelt, was nicht zuletzt an der enormen Belastung der Fahrer liegt. Nicht selten sitzen sie trotz gesetzlicher Beschränkungen viele Stunden ununterbrochen am Steuer, um die Vorgaben der Spediteure zu erfüllen. Zudem sind Lastwagen besonders anfällig für Unfälle bei schlechtem Wetter und sind kaum zu kontrollieren, wenn die Verkehrssituation schnelle Manöver erfordert. Aufgrund des enormen Gewichts der Lastwagen enden viele Unfälle mit verheerenden Folgen.

Die Technologie des automatisierten Fahrens kann einem Lastwagenfahrer helfen, bei Gefahr früher und schneller zu reagieren und in kürzester Zeit Ausweichszenarien durchzuspielen. Bei diesen Berechnungen in Echtzeit wird nicht nur die Position des Lastwagens berücksichtigt, sondern auch das mögliche Verhalten der anderen Verkehrsteilnehmer. Sofern das System in solchen kritischen Situationen die Kontrolle übernimmt, könnten sich die Fehler des Fahrers und damit auch die Anzahl der Unfälle deutlich reduzieren lassen.

Einen ersten Zugang zu dieser Technologie bieten Fahrerassistenzsysteme, die es nicht nur für Autos, sondern auch für Lastwagen gibt. Einige Funktionen solcher Systeme informieren und alarmieren den Fahrer, wenn der Abstand zum vorausfahrenden Fahrzeug zu gering wird. Andere achten darauf, dass eine zeit- oder verbrauchsoptimale Geschwindigkeit eingehalten wird, während wieder andere in einer Notsituation den Bremsvorgang unterstützen. Ein weiterer Schritt zu noch mehr Sicherheit besteht darin, den Lastwagen mit einem Autobahnsystem (assisted trucking highway system) auszurüsten. Es sorgt dafür, dass der Lastwagen in seiner Fahrbahn bleibt, eine sichere Distanz zum vorausfahrenden Fahrzeug hält und auf Geschwindigkeitsbegrenzungen achtet. Den Fahrer braucht es noch für die Fahrt von und zur Autobahn und um andere Fahrzeuge zu überholen, wobei auch diese Aufgaben zukünftig vom System übernommen werden kann. In jedem Fall muss der Fahrer noch verfügbar und bereit sein, um die Kontrolle zu jedem Zeitpunkt nach einem vorausgehenden Signal durch das System zu übernehmen.

Ein Autobahnsystem verbessert nicht nur die Sicherheit, sondern auch die Wirtschaftlichkeit. Der Beruf des Fernfahrers ist aufgrund der langen Abwesenheit von zu Hause, der vielen Stunden im Führerstand, der geringen Bezahlung und der vielen Gefahren nicht besonders erstrebenswert. Autonomes Fahren macht es möglich, dass sich der Fahrer zurücklehnt, sobald der Lastwagen die Autobahn erreicht hat. Hierzu übergibt der Fahrer die Kontrolle an das System, befindet sich zwar nach wie vor im Führerstand, kann jedoch anderen Beschäftigungen nachgehen. Erst auf den letzten Kilometern von der Autobahn zum Zielort übernimmt der Fahrer wieder die Kontrolle. Umfangreiche Tests zeigen, dass die Anzahl der Unfälle durch diesen Mixed-Driving-Modus deutlich reduziert werden kann. Außerdem wird der Lastwagen dank des Systems schonend gefahren, das heißt die Reparaturanfälligkeit sinkt und der Treibstoffverbrauch lässt sich um fünf bis zehn Prozent reduzieren. Da die bislang gesetzlich vorgeschriebenen Pausen nicht mehr notwendig sein werden, kann der Lastwagen viele Stunden und viele Kilometer ohne Unterbrechung fahren, was die Wirtschaftlichkeit des Transports erheblich verbessert. Man kann sich sogar vorstellen, dass der Fahrer den Lastwagen nur noch bis zur Auffahrt auf die Autobahn fährt. Danach übernimmt das System und steuert autonom gegebenenfalls über mehrere Tage bis zur gewünschten Ausfahrt von der Autobahn. Dort übernimmt ein anderer Fahrer den Lastwagen und fährt ihn zum endgültigen Zielort.

In Deutschland rollt bereits ein mit Radar, Sensoren und Kameras ausgestatteter selbstfahrender Lastwagen von Daimler über die Straßen, auf der Autobahn darf er maximal 80 km/h fahren (Abbildung 2.10). Bei Störungen, etwa sehr starkem Regen oder fehlenden Straßenmarkierungen, fordert das System den Fahrer auf, das Steuer zu übernehmen. Sollte der Fahrer auf die akustischen und optischen Warnungen nicht reagieren, bringt sich der Lastwagen selbstständig zum Stillstand. Zuvor wurden in den USA bereits umfassende Testfahrten mit fahrerlosen Lastwagen durchgeführt. Der Bundesstaat Nevada ließ inzwischen zwei Lastwagen der zum Daimler-Konzern gehörenden Marke Freightliner für den Straßenverkehr zu.

Abbildung 2.10. Autonomer Lastwagen von Daimler
Quelle: Daimler AG

Aus den Sensordaten ergeben sich Hinweise für ein sicheres, motorschonendes und spritsparendes Fahrverhalten. Zudem lassen sich der Fahrzeugeinsatz und die Wartungsintervalle optimieren. Die Hersteller sind inzwischen dabei, ganz neue fahrzeugbezogene Dienste zu entwickeln, die die Sicherheit und Wirtschaftlichkeit des Einsatzes der Lastwagen verbessern. Dies erfordert jedoch einen Ausbau der Infrastruktur, zum Beispiel stabile 3G (besser 4G und 5G) Netze entlang von Autobahnen und digitalisierte Informationen über Ampeln und Verkehrszeichen.

Im Oktober 2016 wurde ein selbstfahrender Lastwagen von Otto, einem zu Uber gehörenden Unternehmen, mit 2.000 Kisten Budweiser beladen. Das Fahrzeug fuhr entlang der Rocky Mountains etwa 200 Kilometer von

Abbildung 2.11. Autonomer Lastwagen von Uber
Quelle: Uber ATG

Ford Collins nach Colorado Springs (Abbildung 2.11). Der einzige Mensch an Bord war Walter, der sich während der gesamten Fahrt in der Schlafkabine aufhielt.

Auch der chinesische Hersteller von Lastwagen TuSimple ist derzeit daran, autonome Fahrzeuge zu testen. Hierzu dient in den USA ein etwa 200 Kilometer langer Autobahnabschnitt zwischen Tucson und Phoenix. In China finden die Tests auf einer 40 Kilometer lange Strecke zwischen dem Hafen von Shanghai und einem Verteilzentrum statt. Diese mit Kameras und Radar ausgerüsteten Lastwagen sollen etwa 4,8 Millionen Testkilometer absolvieren.

Eine weitere Möglichkeit, den Verkehr durch autonomes Fahren sicherer und wirtschaftlicher zu machen, besteht darin, mehrere Lastwagen zu einem Konvoi zu verbinden (Abbildung 2.12, S. 83). Dieses als Platooning bezeichnete Steuerungssystem macht es möglich, dass viele Fahrzeuge in sehr geringem Abstand hintereinanderfahren können, ohne dass die Verkehrssicherheit leidet. Der Fahrer im ersten Lastwagen hat die Kontrolle, er steuert, beschleunigt und bremst, wohingegen die Kollegen in den folgenden Gefährten keine Manöver durchführen müssen. Sobald sich der Konvoi in Bewegung gesetzt hat, können sie sich zur Ruhe legen oder anderen Beschäftigungen nachgehen. Gerade in Flächenstaaten wie USA, Kanada, Russland oder Australien dürfte das Platooning künftig eine wichtige Rolle im Frachtverkehr spielen.

Der Konvoi bewegt sich von einer Servicestation zur nächsten, entkoppelt einzelne Fahrzeuge und nimmt andere auf. Tests haben gezeigt, dass dieses System die Anzahl der Unfälle deutlich vermindern und den Spritverbrauch um etwa 15 Prozent senken kann. Es trägt außerdem dazu bei, dass die Fahrer trotz gleicher Fahrleistung viel mehr Zeit zur Erholung haben, was sowohl den Beruf attraktiver macht als auch die Wirtschaftlichkeit erhöht. Die Gefahr von Staus wird durch Platooning deutlich verringert, und der Durchsatz an Fahrzeugen auf der Autobahn lässt sich massiv steigern. Das Platooning könnte also dazu beitragen, dass der teure und umweltschädliche Ausbau von Autobahnen dank einer besseren Auslastung vorhandener Straßen vermieden werden kann.

Abbildung 2.12. Beispiele von zwei Platoons
Quelle: Scania AG (links), Daimler AG (rechts)

Selbstfahrende Lastwagen kommen schon seit vielen Jahren in der Ölindustrie und im Bergbau zum Einsatz, wo ein Transport von Material in harter und gefährlicher Umgebung erforderlich ist. Caterpillar und andere Hersteller bieten fahrerlose Lastwagen für den Bergbau etwa in Australien oder in den USA an. Inzwischen können diese auch miteinander kommunizieren, so dass ein Verbund von koordiniert fahrenden Lastwagen entsteht. Damit braucht es für viele Arbeitsschritte gar keine Fahrer mehr, und selbst in schwierigem Gelände kann Material sehr effizient abgebaut und transportiert werden.

Um die Anstrengungen der Hersteller zur Entwicklung von autonomen Lastwagen zu unterstützen, rief die Europäische Union einen Lastwagen-Platooning-Wettbewerb aus. Dessen Ziel war es, behördliche Genehmigungen für umfangreiche europaweite Kolonnentestfahrten mit elektronisch gekoppelten Lastwagen zu erhalten. Zudem sollen sich durch diesen Wettbewerb Standards bezüglich der in Europa eingesetzten Platooning-Technologie herausbilden. Bislang nutzt jeder Hersteller seine eigene V-to-V-Technologie, damit die Lastwagen miteinander kommunizieren können. DAF, Daimler, MAN, Scania und Volvo nahmen am Wettbewerb teil und schickten von verschiedenen Ort aus mehrere Platoons auf die Reise nach Rotterdam. Durch den Einsatz modernster Kommunikations- und Navigationstechnologie betrug der Abstand zwischen zwei Fahrzeugen 0,5 Sekunden, was bei einer Geschwindigkeit von 80 km/h etwa zehn Meter ausmacht. Fast alle Hersteller hatten ihre Fahrzeuge mit Radar und Kameras ausgerüstet, so dass bereits abgebremst werden konnte, bevor das menschliche Auge überhaupt in der Lage war zu erkennen, dass das vorausfahrende Fahrzeug die Geschwindigkeit drosselte. Auch wurde das Bild, das der Fahrer im ersten Lastwagen eines Platoons vor sich sieht, auf die Bildschirme in den Führerständen der nachfolgenden Lastwagen projiziert. Zwei Beispiele verdeutlichen Einsatzmöglichkeiten für das Platooning:

(1) Appel Logistics transportiert jeden Tag etwa 100 Lastwagenladungen Fracht vom zentralen Verteilzentrum in vier regionale Distributionszentren. Auf etwa 86 der insgesamt 123 Kilometer langen Strecke können die Lastwagen aufgrund der Straßenverhältnisse ohne Probleme einen Platoon bilden. Gemeinsam mit den Logistikpartnern arbeitet Appel Logistics bereits an einem Kontrollzentrum, um über den Tag verteilt in regelmäßigen zeitlichen Abständen Konvois auf den Weg zu schicken.

(2) Die Lastwagen von de Winter Logistics transportieren mehrmals am Tag Blumen und Pflanzen über eine Strecke von etwa 200 Kilometern. Statt Lastwagen einzeln loszuschicken, könnte man sie zu einem Platoon verknüpfen und damit erheblich Arbeits- und Spritkosten sparen. Zudem lassen sich die Traktoren und Anhänger der Landwirte in das Logistiksystem einbinden, so dass die Verladezeit optimiert werden kann.

Welche Folgen hat der Einsatz autonomer Lastwagen für die Branche? Ein Szenario besagt, die Wertschöpfung der Speditionen schrumpfe, sobald keine Fahrer mehr an Bord sein müssen. Die kleinen und mittleren Unternehmen könnten vom Markt verschwinden. Es werde immer weniger zu verteilen geben, da die Kunden der Speditionen möglicherweise eigene Lastwagenflotten betreiben. Ein anderes Szenario beschreibt die Vorwärtsintegration der Lastwagenhersteller entlang ihrer Wertschöpfungskette. Schon heute betreibt zum Beispiel Scania ein Kontrollzentrum, von dem aus 15.000 Lastwagen in Europa betreut und Logistikservices bereitgestellt werden können. Eine Verknüpfung aller Informationen über die Lastwagen und deren Routen könnte den Transport von Waren erheblich beschleunigen, vereinfachen und die Kosten reduzieren. Jeder Scania-Lastwagen ist zudem mit 70 Sensoren ausgerüstet, die im Sekundentakt Positionsdaten liefern über mehr als 1,7 Milliarden Kilometer pro Monat. Mit diesen Daten lassen sich der Einsatz der Fahrzeuge optimieren sowie deren Wartungsintervalle und Standzeiten minimieren.

Die Transporte müssen schon deshalb besser koordiniert werden, weil sich immer mehr Städte gegen den Lastwagenverkehr wehren. Heutzutage wird ein mittelgroßes Warenhaus täglich von bis zu 20 Lastwagen angefahren, die alle unkoordiniert einen Teil ihrer Ladung abliefern. Aufgrund steigender Umweltbelastung und wachsendem Verkehrsaufkommen könnten Lastwagen sehr bald schon aus den Innenstädten verbannt werden. Es ist durchaus denkbar, dass Städte zukünftig bestimmte Zeiten vorgeben, in denen die Geschäfte beliefert werden dürfen. Deshalb braucht es intelligente Logistiksysteme, die die Beladung und die Routen der Lastwagen koordinieren und damit einen effizienten Transport ermöglichen.

Obgleich in Europa lediglich acht Prozent, in den USA neun Prozent des Sozialprodukts für Logistikleistungen anfallen, ist ein Lastwagen im Durchschnitt nur zu 60 Prozent beladen. Sofern sich die verbleibenden 40 Prozent durch bessere Koordination füllen lassen, könnte auf einige der derzeit zwei Millionen Fahrzeuge verzichtet werden. Auch ließe sich die Anzahl der Fahrten deutlich reduzieren, was die Umwelt schonen und zu weniger Staus führen würde. Die besonders großen Effizienzgewinne könnten jedoch in China und Indien realisiert werden, da in diesen Ländern 17 beziehungsweise 15 Prozent des Sozialprodukts allein für die Bereitstellung von Logistikleistungen aufgebracht werden müssen. So gesehen gibt es weltweit erhebliche Möglichkeiten, durch vernetzte und autonome Lastwagen die Umwelt zu schützen, den Verkehrsfluss vor allem in den Megacities zu verbessern und die Transportkosten zu senken.

Auch der neue autonome Lastwagen des chinesischen Herstellers FAW Jiefang Automotive hat mittlerweile den Testlauf bestanden. Dieses Fahrzeug reagiert selbstständig auf Ampeln und Verkehrsschilder, lässt sich aus einer Leitzentrale steuern und kann andere Fahrzeuge überholen. Die dafür nötige Technologie hat FAW Jiefang (nach eigenen Angaben) selbst entwickelt und verfügt inzwischen über eine komplette Produktionskette, die bis zum Verkauf und Vertrieb der Lastwagen reicht. Wie weit auch immer China bei dem Projekt vorangekommen ist: Es bleibt zu hoffen, dass sich damit die Sicherheit auf chinesischen Straßen verbessern lässt. Besonders in den Metropolen mit den vielen schlechten Fahrern und der unzureichenden Beschilderung ist die Unfallgefahr vor allem mit LKW enorm.

Um auch den Transport von Fracht im Nahverkehr autonom zu organisieren, testet Mercedes seit einiger Zeit einen selbstfahrenden Lieferwagen der V-Klasse im Straßenverkehr. Es geht vor allem darum, die Software inklusive der Algorithmen, Sensoren und der zentralen Steuerungseinheit zu erproben. Es kommen offenbar Machine-Learning-Ansätze und Grafikprozessoren zum Einsatz, die bislang im Fahrzeugbau noch nicht verwendet wurden.

Versand auf der letzten Meile

Die Verteilung von Waren auf der letzten Meile erscheint als ideale Anwendung für das autonome Fahren. Die Fahrzeuge sind jedoch im Vergleich zum Speditionsgeschäft Verkehrssituationen ausgesetzt, die kaum kontrolliert werden können Die Lage ist im Umfeld von Städten oft komplex, da sich Lastwagen, Autos, Fahrradfahrer und Fußgänger mit unterschiedlichen Geschwindigkeiten in verschiedene Richtungen bewegen. Allerdings bietet die geringe Geschwindigkeit des Stadtverkehrs den selbstfahrenden Fahrzeugen die Möglichkeit, die Umgebung sorgfältig und umfassend zu erfassen und damit Unfälle zu vermeiden.

Für die Verteilung auf der letzten Meile gibt es weltweit zahlreiche Anwendungen, von denen die meisten den Transport von Paketen und Briefen betreffen. In Innenstädten muss der Bote sein Fahrzeug aufgrund mangelnder Parkplätze häufig sehr weit vom Ort des Empfängers abstellen. Fahrerlose Fahrzeuge könnten den Boten begleiten, sehr nahe an die Häuser und Wohnungen der Empfänger gelangen und immer wieder selbstständig zur Paketstation fahren. Auch ist vorstellbar, dass solche Fahrzeuge bestimmte lokale Verteilstationen anfahren, wo die Empfänger ihre Pakete abholen können, ohne dass ein Bote erforderlich ist.

Zusammenfassung

- Neben dem Transport von Personen kommen automatisierte Fahrzeuge auch für viele andere Anwendungen im Frachtverkehr in Betracht.
- In der Landwirtschaft sind inzwischen autonome Fahrzeuge im Einsatz, die miteinander kommunizieren, sich selbst organisieren und damit eine kostengünstige und ertragreiche Bearbeitung der Felder ermöglichen.
- Auch im öffentlichen Verkehr finden sich immer mehr Citymobiles, die zumeist auf definierten Routen oder in Einzelfällen sogar im realen Verkehr unterwegs sind.
- Mehrere Lastwagen können zu Platoons verknüpft werden, wobei sich nur noch auf dem Führungsfahrzeug ein Fahrer befindet. Diese Formation ermöglicht es, den Spritverbrauch und die Anzahl von Unfällen zu reduzieren, die Fahrer erheblich zu entlasten und die Wirtschaftlichkeit des Transports zu erhöhen.
- Mit dem Lastwagen-Platooning-Wettbewerb sollen in Europa Standards für die Platooning-Technologie definiert werden, so dass zukünftig Fahrzeuge verschiedener Hersteller einen Konvoi bilden können.
- Aus den Daten, die von den Sensoren der Lastwagen erfasst werden, lassen sich Hinweise auf ein effizientes Fahren und auf Wartungsintervalle ableiten.
- Die Fahrten der Lastwagen insbesondere in die Innenstädte können koordiniert werden, wodurch sich eine deutlich bessere Auslastung ergibt.

Kapitel 10
Ökonomie

Es ist ein häufig gehörter Einwand: Die für das autonome Fahren erforderlichen Investitionen in die Infrastruktur übersteigen die finanziellen Spielräume eines Staates oder auch privater Investoren. Es fehle das Geld für intelligente Ampeln und Verkehrszeichen, Fahrbahnmarkierungen, 4G- und 5G-Netze sowie Parkhäuser, die mit den Autos kommunizieren. Dabei wird jedoch vergessen, dass selbstfahrende Fahrzeuge die sozialen Kosten in vielen Bereichen erheblich senken und damit zahlreiche Chancen bieten, den Wohlstand zu erhöhen.

Autos

Einer Studie von Morgan Stanley Research von 2013 zufolge lassen sich in den USA etwa $ 1,3 Billionen pro Jahr durch autonomes Fahren einsparen (Tabelle 2.1, S. 88). Diese Zahl entspricht im Jahr 2017 etwa sieben Prozent des Sozialprodukts der USA. Solche Berechnungen beruhen zweifellos auf Annahmen und Zahlen, die einige Jahre alt sind. Die Einsparungen resultieren daraus, dass weniger Kraftstoff verbraucht wird, dass die Fahrzeuginsassen mehr Produktivität entfalten und dass weniger Unfälle samt all ihren Folgekosten passieren. Würde man auf Basis des Sozialprodukts der USA eine Hochrechnung für die gesamte Welt vornehmen, könnten sich Einsparungen von bis zu $ 5,6 Billionen pro Jahr ergeben.

Ohne Zweifel sind dies Berechnungen, die bestenfalls die Größenordnung verdeutlichen, um die es beim autonomen Fahren geht. Auch ist zu beachten, dass alle Analysen eine Verkehrssituation beschreiben, in der es nur noch selbstfahrende Autos gibt. Aber selbst wenn man bei den im Folgenden präsentierten Zahlen erhebliche Abstriche macht, bleibt ein beachtliches ökonomisches Potenzial, das sich durch fahrerlose Autos ausschöpfen lässt.

Derzeit befinden sich in den USA etwa 260 Millionen Fahrzeuge auf den Straßen, die zusammen etwa 4,8 Billionen Kilometer pro Jahr fahren. Hierfür werden insgesamt 655 Milliarden Liter Kraftstoff verbraucht, was durchschnittlich 13,4 Liter auf 100 Kilometer entspricht. Es ist zu beachten, dass der ausgewiesene Verbrauch pro 100 Kilometer immer von den Fahrzeugmodellen abhängt, die in die Berechnung eingehen. Daher ist an anderer Stelle von 7,8 Liter pro Kilometer die Rede, weil in diese Kalkulation keine Pick-ups und Minivans eingehen. Schon heute führt die Geschwindigkeitsregelung dazu, dass ein harmonisches Fahren ohne ständiges Bremsen und Beschleunigen möglich ist, was den Verbrauch um 20 bis 30 Prozent reduziert. Fahrerlose Autos sind permanent mit der adaptiven Geschwindigkeitsregelung unterwegs und dürften aufgrund niedrigerer Sicherheitsanforderungen (wegen geringerer Unfallhäufigkeit) leichter sein als derzeitige Fahrzeuge.

Tabelle 2.1. Mögliche Einsparungen durch autonome Autos und Lastwagen

Erwartete Einsparungen durch den Einsatz von autonomen Autos und Lastwagen in den USA		
Einsparung	Autos	Lastwagen
Weniger Treibstoff	$ 158 Milliarden	$ 35 Milliarden
Weniger Arbeitskosten		$ 70 Milliarden
Weniger Verletzte und Tote	$ 542 Milliarden	$ 36 Milliarden
Höhere Produktivität	$ 507 Milliarden	
Weniger Staus	$ 149 Milliarden	$ 27 Milliarden
Gesamt	$ 1,3 Billionen	$ 168 Milliarden

Quelle: Morgan Stanley Research

Selbst wenn selbstfahrende Autos nur 30 Prozent effizienter im Verbrauch sind als gleichwertige manuell gesteuerte Fahrzeuge, können allein in den USA etwa 170 Milliarden Liter Kraftstoff pro Jahr eingespart werden. Das bedeutet: Es würden $ 158 Milliarden gespart, wobei weitere Ersparnisse hinzukommen, da die Motoren und Antriebe sowie die Getriebe immer besser werden. Man kann entgegenhalten, dass selbstfahrende Autos komfortabel sind und daher mehr genutzt werden als herkömmliche Autos. Hinzu kommen die bereits beschriebenen neuen Nutzergruppen, was die gefahrenen Kilometer nochmals erhöhen dürfte. Wie die Rechnung am Ende aussieht, ist also noch offen.

Die mit dem Fahren verbundenen sozialen Kosten sind enorm. Viele Milliarden Dollar werden gebraucht, um Verletzte zu versorgen und Todesfälle zu kompensieren. Der Federal Highway Administration zufolge betragen die Kosten bei einem Unfall etwa $ 126.000 für jeden Verletzten und $ 6 Millionen für jeden Toten. Dazu zählen die medizinische Versorgung an den Unfallstellen, in den Krankenhäusern und Rehabilitationskliniken, die Gerichtskosten, die entgangenen Einkommen oder auch der administrative

Aufwand für die Schadensregelung. Hieraus resultieren Kosten für Verletzungen in Höhe von $ 282 Milliarden und Kosten durch Todesfälle in Höhe von $ 260 Milliarden, so dass sich eine Summe von $ 542 Milliarden pro Jahr allein für die USA ergibt.

Dies entspricht etwa drei Prozent des Sozialprodukts der USA und bedeutet, dass jeder Amerikaner zwischen $ 700 und $ 900 pro Jahr tragen muss. Da bei selbstfahrenden Autos kein menschliches Fehlverhalten möglich ist, könnte sich diese Summe vielleicht um 90 Prozent reduzieren lassen, woraus sich eine Ersparnis von $ 488 Milliarden ergibt. Auch bei autonomen Fahrzeugen ist mit Unfällen zu rechnen, allein schon wegen mechanischer Defekte, doch kann die V-to-X-Kommunikation sehr viele Unfälle vermeiden. Allerdings dürfte es noch einige Zeit dauern, bis sich nur noch autonome Fahrzeuge im Verkehr befinden. Über viele Jahrzehnte hinweg wird es einen Mischverkehr geben, der wohl noch weitere Investitionen vor allem in die Infrastruktur erfordert, um die Sicherheit im Straßenverkehr zu gewährleisten.

Ein wesentlicher Vorzug des autonomen Fahrens besteht darin, dass sich die Insassen anderen Tätigkeiten zuwenden können. Für Pendler kann der Arbeitstag bereits beim Einstieg in das Fahrzeug beginnen. Amerikanische Autofahrer bewältigen die 4,8 Billionen Kilometer mit einer durchschnittlichen Geschwindigkeit von 64 km/h. Dies führt zu 75 Milliarden Stunden, die sie pro Jahr in ihren Autos verbringen. Sofern nur 30 Prozent davon für Arbeit genutzt werden könnten, ergäbe sich bei einem mittleren Stundenlohn von etwa $ 25 und einer Produktivität von 90 Prozent im Vergleich zur Arbeit am Schreibtisch (also $ 22,5 pro Stunde) ein Produktivitätszuwachs von $ 507 Milliarden.

Untersuchungen des Texas Institute for Urban Mobility verdeutlichen, dass der durchschnittliche amerikanische Fahrer etwa 42 Stunden pro Jahr im Stau steht. In den Ballungsräumen und Metropolen sind es sogar bis zu 63 Stunden. Durch die Vernetzung autonomer Fahrzeuge untereinander und mit der Infrastruktur sollten sich die Anzahl und die Länge von Staus deutlich reduzieren lassen. Die Abstimmung der Routen und Geschwindigkeiten der Fahrzeuge untereinander, aber auch die Steuerung des Verkehrs durch eine Verkehrsleitzentrale dürften die Reisezeiten deutlich verkürzen. Dies würde sich auch auf den Kraftstoffverbrauch auswirken, da in den USA etwa 12 Milliarden Liter durch Staus verschwendet werden. Fasst man beide Effekte zusammen, so ergeben sich den Schätzungen von Morgan Stanley Research zufolge weitere Einsparungen in Höhe von etwa $ 149 Milliarden.

Niemand behauptet, dass diese Vorhersagen exakt eintreffen werden, und man mag diesen Berechnungen durchaus kritisch gegenüberstehen.

Allerdings braucht es eine Diskussion über die Anstrengungen, die Staaten, Städte, Autohersteller, Technologieunternehmen, Zulieferer und viele andere Akteure unternehmen sollten, um das autonome Fahren auf den Weg zu bringen. Schon heute gibt es auf den verschiedenen politischen Ebenen schwierige Debatten, ob zum Beispiel eine Autobahn mit der für das autonome Fahren notwendigen Infrastruktur ausgerüstet werden soll. Dieser Disput wird sich noch verschärfen, sofern es um die Anpassung des Verkehrsrechts, um ganz neue Arbeitsmodelle, um die Gestaltung von Innenstädten und um die Schaffung neuer Berufsbilder geht. Die volle Wucht dieser technologischen Disruption hat die politischen Instanzen noch gar nicht getroffen. Sobald sie aber kommt, können Zahlen wie die oben genannten helfen, die Stimmung zu beruhigen.

Lastwagen

Schätzungen von Morgan Stanley Research zufolge lassen sich auch die Kosten für den Betrieb von Lastwagen durch autonomes Fahren vermindern, konkret um $ 168 Milliarden (in den USA). Diese Einsparungen resultieren insbesondere aus einer Reduktion der Arbeitskosten, einer verbesserten Produktivität, einem geringeren Kraftstoffverbrauch sowie weniger Unfällen und einer Senkung der damit verbundenen Folgekosten.

Gemäß der American Trucking Association sind in den USA etwa 3,5 Millionen professionelle Lastwagenfahrer beschäftigt. Bei einem durchschnittlichen Einkommen inklusive aller Nebenleistungen von $ 40.000 ergeben sich Arbeitskosten von etwa $ 140 Milliarden. Allerdings kann man nicht ohne Weiteres alle Fahrer durch den Einsatz von selbstfahrenden Lastwagen ersetzen. Die Fahrzeuge müssen aufgetankt und gewartet werden, und es gibt immer wieder mechanische Defekte, etwa Reifen- und Motorenschäden, die einen Fahrer erfordern. Zudem müssen Lastwagen von einer Verlade- oder Servicestation auf die Autobahn gefahren und in einen Konvoi integriert werden. Auch besteht die Gefahr, dass fahrerlose Lastwagen mit wertvoller Ladung gestohlen oder zumindest beschädigt werden. Man braucht also Fahrer, jedoch nicht zwingend um zu fahren, sondern um die Tätigkeiten rund um den Transport der Fracht zu übernehmen. Dies mag zu einem neuen Berufsbild führen, das stärker auf Service ausgerichtet ist und sich weniger um den eigentlichen Transport dreht. Gleichwohl sollte es durch das autonome Fahren möglich sein, zumindest 50 Prozent, also etwa $ 70 Milliarden, an Arbeitskosten einzusparen.

Die mehr als 26 Millionen Lastwagen in den USA legen zusammen etwa 640 Milliarden Kilometer zurück und benötigen dafür circa 197 Milliarden

Liter Diesel, was die Spediteure $ 143 Milliarden kostet. Diese Lastwagen variieren sehr stark im Hinblick auf Größe und Leistung, da sie für völlig unterschiedliche Zwecke gebaut sind. Gleichwohl soll für die folgenden Berechnungen ein mittlerer Verbrauch von 34 Liter Diesel pro 100 Kilometer angenommen werden. Selbstfahrende Lastwagen könnten mit Geschwindigkeitsregelung fahren, was bereits mit der derzeit verfügbaren Technologie zu einer erheblichen Reduktion des Verbrauchs von Diesel führt. Bilden die Lastwagen zudem einen Konvoi (Platoon), ergibt sich nochmals eine Verminderung um 15 bis 20 Prozent. Das US-Energieministerium geht davon aus, dass Platoons, wie sie bereits in Australien üblich sind, den Verbrauch um 35 Prozent senken können. Geht man von einer 25-prozentigen Verbesserung aus, weil nicht nur Lastwagen, sondern auch Transporter und Pick-up-Fahrzeuge unterwegs sind, ergibt sich trotzdem noch eine Einsparung von $ 35 Milliarden.

Das US-Transportministerium berichtet, dass bei Unfällen mit Lastwagen etwa 3.900 Menschen umkommen und 111.000 verletzt werden. Da die durchschnittlichen Kosten pro Unfall etwa $ 91.000 betragen, ergibt sich ein Schadensvolumen von $ 40 Milliarden. Wie schon bei den Berechnungen für Autos sind auch hier alle Kosten für die medizinische Versorgung und die Schadensregelung eingerechnet. Auch bei Lastwagen sind es vor allem Fehler der Fahrer, die Unfälle verursachen. Bei 90 Prozent weniger Unfällen dank selbstfahrender Lastwagen ließen sich also etwa $ 36 Milliarden einsparen.

Eine Studie der Texas A & M University zeigt, dass Spediteure allein für die aus Staus resultierenden Folgekosten (Arbeitskosten, Kompensationen für Verzögerungen) etwa $ 27 Milliarden aufwenden müssen. Allerdings sind bei der Berechnung der Produktivität von selbstfahrenden Lastwagen noch weitere Aspekte zu berücksichtigen. Lastwagen können nahezu 24 Stunden pro Tag im Einsatz sein, abgesehen von Tankstopps und Wartungsarbeiten. Weil die Fahrzeuge länger eingesetzt werden können, dürfte sich die Transportkapazität um bis zu 30 Prozent erhöhen lassen. Dies führt dazu, dass man weniger Lastwagen benötigt, wobei jeder einzelne aufgrund der Technologie des autonomen Fahrens für den Spediteur teurer werden könnte. Wie sich diese wechselseitigen Effekte letztlich auf den Bestand an Lastwagen und deren Kaufpreis auswirken, ist derzeit noch nicht absehbar.

Zusammenfassung

- Studien zeigen, dass der Einsatz autonomer Fahrzeuge zu einer erheblichen Reduktion der Mobilitätskosten führt.
- Die Einsparungen ergeben sich vor allem aus einem reduzierten Kraftstoffverbrauch, einer verbesserten Produktivität (Arbeiten im Fahrzeug ist möglich), einer Verminderung der Anzahl von Unfällen und einer Senkung der Arbeitskosten.
- In den USA könnten sich durch fahrerlose Autos etwa $ 1,3 Billionen pro Jahr einsparen lassen. Die wesentliche Einsparung von etwa $ 480 Milliarden wird möglich, weil weniger Unfälle geschehen.
- Durch selbstfahrende Lastwagen könnten in den USA etwa $ 168 Milliarden pro Jahr eingespart werden. Die zentrale Einsparung von etwa $ 70 Milliarden ergibt sich daraus, dass weniger Arbeitskosten anfallen.
- Alle diese Berechnungen gehen von der Prämisse aus, dass sich nur noch autonome Fahrzeuge im Straßenverkehr befinden. Bis dahin braucht es noch Zeit, und es sind noch erhebliche Investitionen in die Infrastruktur erforderlich.

Kapitel 11
Zeitplan

Immer wieder diskutieren die Vertreter der Automobilhersteller, der Zulieferer und der Technologieunternehmen, aber auch Politiker, Architekten, Städteplaner und Kunden über den Zeitplan zur Einführung autonomer Fahrzeuge. Wann ist mit welcher Stufe der Automation zu rechnen und welche Nutzungsszenarien ergeben sich daraus? Hierzu gibt es, was nicht überrascht, unterschiedliche Meinungen, und nicht jeder Akteur ist bereit, Auskunft über seine Projekte zu erteilen. Wie bereits erwähnt, gehen die klassischen Autohersteller den Weg der schrittweisen Entwicklung ihrer Fahrzeuge von Level 1 bis 5. Die Technologieunternehmen verfolgen in ihren Forschungsprojekten von Anfang an das autonome Fahren (Level 5). Darüber hinaus stellt sich die Frage: Welche Fahrzeugtypen werden wann autonom unterwegs sein? Es war bereits die Rede von Robo-Taxis für die letzte Meile, von Bussen und Mehrzweckfahrzeugen.

Hierzu eine Überlegung: Aus Abbildung 2.13 (S. 94) geht hervor, dass um das Jahr 1900 herum Pferdekutschen das Straßenbild von New York City prägten. Im Jahr 1913 stellt sich hingegen eine ganz andere Verkehrssituation dar: Autos haben sich durchgesetzt. Pferdekutschen sind im Verkehr gar nicht mehr zu erkennen. Obgleich zwischen diesen beiden Bildern nur 13 Jahre liegen, gelang es den Autos, die Kutschen zu verdrängen.

Ein weiteres Beispiel verdeutlicht die Schwierigkeit, für Produkte, die die Regeln des Marktes verändern, Vorhersagen über deren Absatz zu treffen: Im Jahr 1985 erteilte die Telefongesellschaft AT & T der Unternehmensberatung McKinsey & Company den Auftrag, die Anzahl der Handy-Kunden für das Jahr 2000 zu schätzen. Unter Berücksichtigung zahlreicher Variablen und unter Rückgriff auf moderne Schätzverfahren gelangte die Unternehmensberatung zu folgender Zahl: 900.000 Abonnenten. Es stellte sich jedoch heraus, dass in den USA im Jahr 2000 etwa 109 Millionen Kunden einen Handy-Vertrag hatten. Man lag offenbar deutlich daneben. Ohne Zweifel hat McKinsey & Company beste Arbeit abgeliefert, das Beispiel signalisiert jedoch eines: Ereignet sich eine Disruption, ist es unmöglich, exakte Prognosen über Absatz, Umsatz oder Gewinn abzugeben.

Völlig unabhängig davon, wer wann welchen Absatz für automatisierte Fahrzeuge vorhersagt, erscheint eines sicher: Fahrerassistenzsysteme spielen eine wichtige Rolle, damit sich die dem autonomen Fahren zugrunde liegende Technologie durchsetzt. Mit diesen Systemen lassen sich

Abbildung 2.13. Straßenbild von New York um 1900 und um 1913
Quelle: commons.wikimedia.org und George Brantham Bain Collection

bestimmte Funktionen rund um selbstfahrende Autos erproben, und die Kunden können erste Erfahrungen sammeln.

Assistenzsysteme

Die ersten Schritte zum automatisierten Fahren haben mit der Entwicklung von Fahrerassistenzsystemen begonnen (Erläuterung 2.1, S. 95). Mit jeder Modellgeneration weiten die Autohersteller das Spektrum der Funktionen aus. Das Fraunhofer Institut erwartet, dass der Absatz dieser Assistenzsysteme von € 4,4 Milliarden im Jahr 2014 auf € 17,3 Milliarden im Jahr 2020 wächst. Bislang wurden diese Technologien auch aufgrund der beachtlichen Preise lediglich in Fahrzeugen der Ober- und Mittelklasse verbaut. Dies ändert sich jedoch gerade, immer mehr Assistenzsysteme gelangen in die Volumenfahrzeuge. Dies liegt an den sinkenden Herstellungskosten, aber auch an den Vorgaben von Zertifizierungsgesellschaften für Fahrzeugsicherheit. Beispielsweise gibt es im deutschen Automarkt ab 2018 keine Neufahrzeuge mehr, die ohne ein Notbremssystem ausgeliefert werden.

Allerdings zeichnen sich erhebliche Unterschiede zwischen den großen Fahrzeugmärkten ab. Europa erwies sich bislang immer als der wichtigste Markt für solche Assistenzsysteme, jedoch holen die USA enorm auf. In Asien sind die Absatzzahlen noch sehr gering, allerdings ist in China in den nächsten Jahren mit einem erheblichen Wachstum zu rechnen. In Europa finden vor allem Systeme, die eine Frontalkollision vermeiden, großen Anklang, während in den USA Geschwindigkeits- und Abstandregelsysteme sowie Spurhalte- und Spurwechselassistenten beliebt sind. Bereits heute ist durch die Kombination einzelner Assistenzsysteme zumindest eine Teilautomation (Level 2) möglich. So kann man durch den kombinierten Einsatz von Spurhaltung und Abstandsregelung einem vorausfahrenden Fahrzeug automatisiert folgen.

Erläuterung 2.1. Überblick über wichtige Assistenzsysteme

Assistenzsysteme

Die adaptive Geschwindigkeitsregelung (adaptive cruise control) ist ein System zur Regelung der Fahrgeschwindigkeit, das die gewünschte Geschwindigkeit an die aktuelle Verkehrssituation anpasst. Dabei orientiert sich das System am vorausfahrenden Fahrzeug und hält einen programmierten Mindestabstand (in Sekunden oder in Metern) ein. Das System regelt die Geschwindigkeit „soft", das heißt, es lässt sich nicht grundsätzlich eine Kollision vermeiden. Deshalb besteht eine besonders wichtige Ausbaustufe dieses Systems darin, die Verbindung mit der Vorwärtskollisionswarnung und dem Notbremssystem sicherzustellen.

Die Vorwärtskollisionswarnung (forward collision warning) soll informativ, unterstützend oder automatisiert eine Kollision mit einem anderen Fahrzeug oder einem Hindernis vermeiden. Nähert sich ein Fahrzeug einem Hindernis, kann das System den Fahrer visuell oder akustisch warnen, mit einem Bremsruck dessen Aufmerksamkeit auf das Hindernis lenken oder bereits eine automatische Teilbremsung einleiten. Betätigt der Fahrer das Bremspedal nicht mit der notwendigen Kraft, kann der Bremsdruck durch das System verstärkt werden.

Die Spurverlassenswarnung (lane departure warning) hilft dem Fahrer, die Fahrspur zu halten, wobei ein passives System mit akustischen, visuellen und haptischen Signalen vor einem Verlassen der Fahrspur warnt. Aktive Systeme greifen in die Querführung des Fahrzeugs ein und führen es zurück in die Fahrspur. Erkennt das System etwa an der Betätigung des Blinkers oder an einer gezielten Lenkbewegung, dass der Fahrer die Spur verlassen will, greift es nicht ein. Zudem überprüft das System, ob der Fahrer die Hände am Lenkrad hat, andernfalls schaltet es sich automatisch ab.

Die Toter-Winkel-Überwachung (blind spot detection) trägt dazu bei, die Kollision mit einem auffahrenden Fahrzeug oder mit einem Objekt im toten Winkel zu vermeiden. Das System informiert den Fahrer mit einem Warnsymbol im entsprechenden Außenspiegel über mögliche Gefahren beim Wechsel der Fahrspur. Bei Missachtung dieser Warnung ertönt zunächst ein Alarmton, danach beginnt das Lenkrad zu vibrieren. Sofern diese Signale nicht ausreichen, sind auch gezielte automatische Bremsmanöver möglich, um einen Unfall zu vermeiden.

Die Verkehrszeichenerkennung (traffic sign recognition) erfasst mittels einer Videokamera permanent Bilder vom Fahrzeugumfeld und gibt diese Daten an eine Verarbeitungseinheit weiter. Diese sucht die Bilder nach Verkehrszeichen ab und gibt bei Übereinstimmung ein Signal an das Navigationsgerät. Der Fahrer kann optisch, akustisch oder haptisch gewarnt werden, sofern er zum Beispiel die Höchstgeschwindigkeit überschreitet oder einen Überholvorgang trotz Überholverbot einleitet. Die Verkehrszeichenerkennung lässt sich mit der adaptiven Geschwindigkeitsregelung koppeln; so wird das Fahrzeug automatisch abgebremst, wenn es zum Beipiel in eine Tempo-30-Zone fährt.

Die Fahrerüberwachung (driver monitoring) überprüft die Aufmerksamkeit des Fahrers. Hierzu führt das System permanent eine Fahrverhaltensanalyse durch. Dazu werden Längs- und Querbeschleunigung des Fahrzeugs, Position auf der Fahrbahn, Lenkradmanöver sowie Blinker- und Pedalbewegungen analysiert. Es existieren auch Systeme mit Infrarotsensoren, die den Lidschlag erfassen. Entdeckt das System ungewöhnliches Fahrverhalten oder Ermüdungserscheinungen, sendet es optische, akustische oder haptische Warnsignale.

Der Notbremsassistent (emergency brake assist) unterstützt eine Notbremsung oder löst sie selbsttätig aus, um eine Kollision zu vermeiden. Das Fahrzeug verfügt über Sensoren zur Ermittlung von Abständen, Beschleunigung, Lenkwinkel und Pedalstellungen. Aus den Messwerten dieser Sensoren errechnet der Bordcomputer, ob es Hinweise für eine Gefahrensituation gibt. Viele Notbremsassistenten warnen den Fahrer vor zu wenig Abstand zum vorausfahrenden Fahrzeug, bevor sie selbsttätig die Kraftstoffzufuhr drosseln und bremsen.

Quelle: Eigene Darstellung

Am Beispiel des Audi Q7 lässt sich erkennen, wie viele Assistenzsysteme inzwischen zum Serienumfang gehören und welche Systeme zusätzlich ins Fahrzeug eingebaut werden können (Tabelle 2.2, S. 97). Abhängig vom Verwendungszweck kann der Kunde zwischen den Assistenzpaketen Tour, Stadt und Parken wählen oder auch gleich alle Pakete bestellen. In jedem Fall vermittelt ein Fahrzeug mit dieser Ausstattung bereits heute ein Gefühl dafür, was eine spätere Automation der Stufen 4 oder 5 für das Fahrerlebnis bedeutet. Der Hersteller wiederum erfährt, welche Systeme von den Kunden gewünscht werden und wie sie im Fahrbetrieb zum Einsatz kommen.

Einer Studie von PricewaterhouseCoopers zufolge dürften sich diese Ausstattungspakete in den nächsten Jahren immer besser verkaufen lassen. (Abbildung 2.14, S. 97). Bei einer jährlichen Wachstumsrate von etwa 25 Prozent könnten im Jahr 2022 damit etwa $ 156 Milliarden verdient werden. Allerdings braucht es dazu eine intensive Präsenz vor allem in den BRIC Ländern (Brasilien, Russland, Indien, China), da diese Regionen in den nächsten Jahren einen erheblichen Anstieg aufweisen. Zudem müssen diese Technologien schrittweise von Fahrzeugen der Premiumklasse in die Volumenmodelle übertragen werden. Nur so können die Hersteller die angedeuteten Wachstumszahlen tatsächlich erreichen. Allerdings braucht es dazu erhebliche Investitionen, verbunden mit Veränderungen im Kundenservice und Händlermanagement. Derzeit sind viele Händler gar nicht in der Lage, den Nutzen dieser Fahrerassistenzsysteme zu vermitteln oder die Funktionen eines vernetzten Fahrzeugs zu warten und zu aktualisieren.

Tabelle 2.2. Assistenzsysteme im Audi Q7

Serienausstattung	Assistenzpaket Tour	Assistenzpaket Stadt	Assistenzpaket Parken
• Anfahrassistent • Pre-sense basic • Einparkhilfe hinten • Pausenempfehlung • Einstellbare Geschwindigkeitsanlage	• Abbiegeassistent links • Active lane assist • Pre-sense front • Ausweichassistent • Kamerabasierte Verkehrszeichenerkennung • Prädiktiver Effizienzassistent • Stauassistent	• Side assist • Ausstiegswarnung • Pre-sense rear • Einparkhilfe plus • Querverkehrassistent • Rear-view Kamera	• 360-Grad-Kamera • Parkassistent Zusätzliche Optionen • Anhängerassistent • Fernlichtassistent • MMI Navigation plus mit MMI touch • Nachtsichtassistent

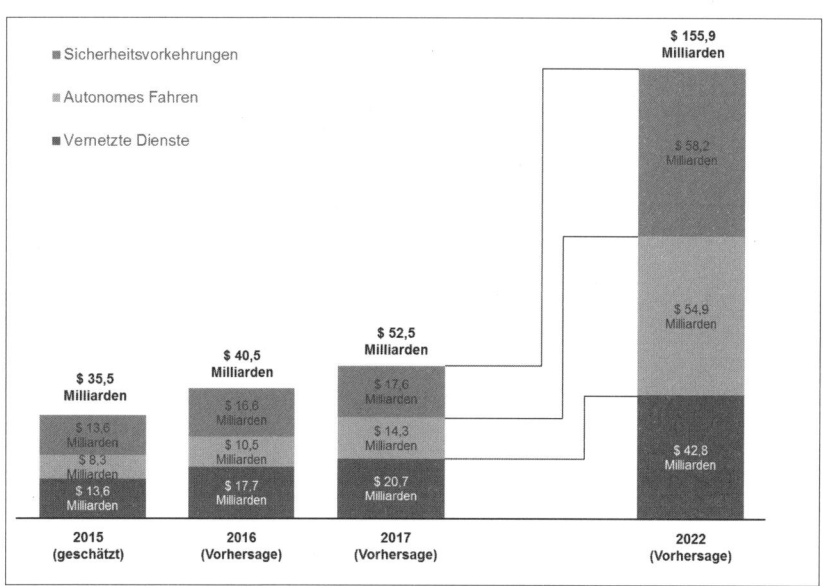

Abbildung 2.14. Erwartete Umsätze für einzelne Ausstattungspakete
Quelle: PricewaterhouseCoopers

Entwicklungsphasen

Der Fortschritt von Level 1 zu Level 5 vollzieht sich in verschiedenen Phasen. Allerdings sind der Beginn und das Ende der jeweiligen Phase unscharf, da die Anstrengungen der Automobilunternehmen und ihrer Zulieferer sehr unterschiedlich sind. Auch variiert der Ausbau der Infrastruktur sehr stark von Land zu Land. Gleichwohl lassen sich einige Wegmarken bestimmen.

In der ersten Phase, die bereits begonnen hat, besteht der Zweck des automatisierten Fahrens darin, die Sicherheit zu verbessern. Hierbei übernimmt die Technologie noch nicht die Kontrolle über das Auto, sondern springt dann ein, wenn der Fahrer unaufmerksam oder überfordert ist. Diese Sicherheitsfunktionen verhalten sich generell passiv (der Fahrer kontrolliert nach wie vor das Fahrzeug) und sind nur in einer Gefahrensituation aktiv. Hierzu zählen die in Premiumfahrzeugen bereits zum Serienumfang gehörenden Funktionen, wie die adaptive Geschwindigkeitsregelung, die Vorwärtskollisionswarnung, die Toter-Winkel-Überwachung und die Spurverlassenswarnung. Dazu muss das Fahrzeug mit einem nach vorn und hinten gerichteten Radar, mit Kameras und mechatronischen Kontrollen ausgestattet sein. Sobald die Kosten für diese Technologien fallen, können diese Funktionen auch in alle anderen Fahrzeuge eingebaut werden.

Hierzu zwei Szenarien: (1) Ein Fahrer befindet sich auf der Autobahn bei einer Geschwindigkeit von 130 km/h und fährt auf einen Stau zu, der sich vor einer Baustelle gebildet hat. Da sich der Fahrer in einem Gespräch mit den anderen Insassen befindet, bemerkt er die vor ihm abrupt bremsenden Autos nicht rechtzeitig. Die Vorwärtskollisionswarnung warnt den Fahrer durch akustische und visuelle Signale. Sofern dieser nicht reagiert, leitet das Fahrzeug eine Notbremsung ein. (2) Ein Fahrer ist aufgrund vieler Stunden hinter dem Steuer ermüdet, merkt jedoch nicht, dass er schläfrig wird. Während er in den Sekundenschlaf fällt, driftet das Fahrzeug der Seitenbegrenzung entgegen. Die Spurverlassenswarnung gibt dem Fahrer visuelle und akustische Signale und bringt das Fahrzeug wieder auf die Fahrspur zurück.

In der zweiten Phase, die derzeit beginnt und etwa bis zum Jahr 2020 dauern wird, geht es nicht nur um mehr Sicherheit, sondern auch darum, den Fahrer von bestimmten Aufgaben zu entlasten. Zwar kontrolliert der Fahrer das Auto noch in allen Situationen, doch gibt er immer wieder Aufgaben an das System ab. Neben den in der ersten Phase beschriebenen Funktionen braucht es zusätzlich ein automatisches Brems-, Beschleunigungs- und Steuerungssystem. Hierzu ist das Fahrzeug mit Sensoren und Kameras ausgerüstet. Benötigt wird auch eine GPS-Verbindung, damit Informationen über den Straßenverlauf, die Geschwindigkeitsbegrenzungen und die Verkehrsschilder eingeholt werden können. In diese Phase gehört auch das Selbstparksystem: Der Fahrer kann das Auto verlassen, es fährt eigenständig auf den Parkplatz. Ein weiteres Beispiel ist das Projekt von Volvo in Göteburg; dort sind einige Fahrzeuge so ausgerüstet, dass autonomes Fahren in kontrollierter Umgebung möglich ist. In dieselbe Kategorie fällt die Ausstattung des Audi A8 der neuesten Generation mit einem Autobahnpiloten. Der erlaubt es dem Fahrer, die Hände bis zu einer Geschwindigkeit von 60 km/h vom Steuer zu nehmen.

Zwei Beispiele verdeutlichen diese Phase: (1) Nachdem sich ein Fahrzeug in den Verkehr auf der Autobahn eingeordnet hat, kann die Fahrerin die Kontrolle an das System übergeben. Kommt eine Baustelle mit einer schwer zu erkennenden Wegführung, gibt das System der Fahrerin das Signal: übernehmen, bitte! (2) Ein Fahrer steuert sein Auto auf ein Parkhaus zu, hält im Eingangsbereich und steigt aus. Mit dem Smartphone gibt er dem Auto das Signal, sich einen Parkplatz zu suchen, einzuparken, den Motor abzustellen und zu verriegeln. Nachdem der Fahrer seine Einkäufe erledigt hat, kann er das Auto mit dem Smartphone zum Eingangsbereich bestellen. Er steigt ein und übernimmt wieder die Kontrolle.

In der dritten Phase, die etwa bis zum Jahr 2025 bewältigt sein dürfte, kann das Fahrzeug nicht nur auf der Autobahn, sondern auch im Stadt- und Überlandverkehr eigenständig beschleunigen, bremsen und steuern. Allerdings befindet sich der Mensch noch „hinter dem Steuer", um in einer Notsituation die Kontrolle zu übernehmen. Das Fahrzeug kann sich im dichten Verkehr bewegen, kann die Spur wechseln und andere Autos oder Passanten erkennen. Neben den in der zweiten Phase beschriebenen Funktionen braucht es Radar, Lidar und Kameras, um die Umgebung erfassen zu können. Zudem muss das Auto mit anderen Fahrzeugen und der Infrastruktur kommunizieren sowie alle Sensordaten in Echtzeit verarbeiten können. Prototypen sind bereits auf der Straße, wie der bereits beschriebene Audi RS7, der die Strecke von San Francisco nach Las Vegas ohne Zwischenfall meisterte. Allerdings wird es bis zur Serienreife noch einige Jahre dauern.

Hierzu zwei Beispiele:
(1) Eine Frau ist im morgendlichen Berufsverkehr auf dem Weg zur Arbeit. Sie hat dem Fahrzeug ihr Ziel mitgeteilt und kann sich nun zurücklehnen, Zeitung lesen oder E-Mails bearbeiten. Am Arbeitsplatz angekommen, steigt die Frau aus, und das Auto sucht sich einen Parkplatz in der Tiefgarage. Nach getaner Arbeit lässt die Frau ihr Auto vorfahren, teilt ihm das Fahrtziel mit und lehnt sich entspannt zurück.

(2) Ein Vater muss seine drei Kinder zum Tennistraining, zum Musikunterricht und zum Kindergeburtstag bringen. Sobald die drei Ziele eingegeben sind, bestimmt der Bordcomputer unter Berücksichtigung der Verkehrslage den schnellsten oder kürzesten Weg. Während das Fahrzeug selbstständig dem Ziel entgegenrollt, kann der Vater den Kindern einen Snack reichen, mit ihnen Hausaufgaben besprechen oder Telefonate führen.

In der vierten Phase, die um das Jahr 2030 herum beginnen dürfte, ist bereits eine beachtliche Zahl von autonomen Fahrzeugen (Level 5) auf den Straßen unterwegs. Diese Autos können untereinander und mit der Infrastruktur kommunizieren und haben alle technischen Möglichkeiten, um ohne menschliche Hilfe von einem Ort zum anderen zu gelangen. Sie unterscheiden sich im Design sehr deutlich von den heutigen Autos, weil die Entwickler alle neuen Freiheiten nutzen: Vor allem der Innenraum sieht nun gänzlich anders aus. Neben den in der dritten Phase aufgezeigten Funktionen braucht es eine anspruchsvolle Mensch-Maschine-Interaktion. Bei vielen Insassen dürfte der Wunsch bestehen, sich über die Verkehrssituation und den Zustand des Fahrzeugs informieren zu können. Zudem sind intelligente Ampeln und Verkehrsschilder, eventuell Verkehrsleitzentralen in den Metropolen und durchgängig Fahrbahnmarkierungen erforderlich.

Hierzu zwei Beispiele:

(1) Eine Geschäftsfrau muss von Shanghai nach Peking reisen und nimmt statt Zug oder Flugzeug ihr autonomes Fahrzeug. Nach einem Tag im Büro steigt sie abends ins Auto. Sie erledigt E-Mails, schaut einen Film an und legt sich danach schlafen. Am nächsten Morgen steuert das Auto in Peking eine vom Hersteller betriebene Lounge an. Dort kann die Geschäftsfrau duschen und frühstücken, während das Fahrzeug aufgetankt, geputzt und gewartet wird. Nachdem die Frau sich in der Lounge auf den Tag vorbereitet hat, steigt sie wieder ins Auto und lässt sich zu einem Treffen chauffieren.

(2) Ein Vater muss seine zwei Kinder zum Schwimm- und Musikunterricht bringen. Das macht er nicht mehr selbst, sondern teilt dem Fahrzeug die Fahrziele und die gewünschten Ankunfts- und Abholzeiten mit. Die Kinder steigen ein, das Fahrzeug bringt sie selbstständig zur Musikschule und zur Schwimmhalle. Bis das Auto die Kinder wieder nach Hause bringt, kann der Vater eine Auszeit nehmen.

Ein bislang nur selten diskutiertes Problem ist die Phase des Übergangs vom manuellen zum autonomen Fahren. Auch wenn nur noch selbstfahrende Autos verkauft werden, könnte es noch viele Jahre dauern, bis die letzten von Hand gesteuerten Autos von den Straßen verschwunden sind. Diese Phase ist insofern kritisch, als einige Autos bereits ihr Fahrverhalten aufeinander ausrichten, während andere keinerlei Verbindung aufnehmen können. Um gefährliche Verkehrssituationen zu vermeiden, mag man sich zunächst mit speziellen Spuren für autonome Fahrzeuge behelfen und später bestimmte Straßen für manuell gesteuerte Autos sperren. Am sinnvollsten wäre es jedoch, der Gesetzgeber würde zu einem bestimmten Zeitpunkt einschreiten, um den Übergang zu autonomen Fahrzeugen zu beschleunigen.

Fahrzeugtypen

Welche Art von Autos werden künftig das Straßenbild prägen? In vielen Berichten werden die Fahrzeugtypen mit den Besitzverhältnissen kombiniert. Zum Beispiel ist oft von shared oder pooled (also gemeinsam genutzten) Autos für den letzten Kilometer die Rede und andererseits von Mehrzweckfahrzeugen. Allerdings werden sich die autonomen Autos immer weiter ausdifferenzieren, je nach den Wünschen der Kunden. Die Autohersteller mögen mit wenigen Typen starten, diese dürften aber rasch an die Wünsche der Zielgruppen angepasst werden.

In der Startphase des autonomen Fahrens werden die oben beschriebenen Typen die Hauptrolle spielen (Tabelle 2.3., S. 102). Zunächst sind Robo-Taxis zu nennen, die vor allem in Städten für einen Transport beispielsweise vom Bahnhof nach Hause eingesetzt werden können. In Abstimmung mit anderen Transportmitteln sorgen sie für einen schnellen, preisgünstigen, reibungslosen, ressourcenschonenden Transport, vor allem auf dem ersten Kilometer. Daneben spielen autonome Busse eine Rolle, die auf vorgegebenen Routen verkehren. Sie übernehmen vor allem den Pendelverkehr zwischen den Wohngebieten in den Außenbezirken einer Stadt und den Schulen, Universitäten, Büros, Einkaufszentren und Fabriken. Schließlich wird es Mehrzweckfahrzeuge für private oder geschäftliche Reisen in einem komfortablen Ambiente geben. Sie bieten alle Annehmlichkeiten der Luxusklasse und sind mit den neuesten Kommunikations- und Informationstechnologien ausgestattet.

Tabelle 2.3. Charakterisierung von autonomen Fahrzeugen

Kriterien	Robo-Taxis	Bus	Mehrzweckfahrzeuge
Verwendungszwecke und Einsatzmöglichkeiten der Fahrzeuge	Kurze Distanzen in einer City vor allem für den ersten und letzten Kilometer etwa zum Bahnhof oder zum Flughafen	Mittlere Distanzen im Pendelverkehr zwischen Wohngebieten und Schulen, Büros oder Fabriken	Jede Art von Distanz, private oder geschäftliche Reisen, bei denen ein individuelles Ziel angesteuert werden soll
Prinzipien bei der Gestaltung der Fahrzeuge	• Sparsam • Emissionsfrei • Geringe Kosten • Wendig • Sicher • Zuverlässig • Gelangt zügig zum Ziel • Mit anderen Verkehrsträgern vernetzt • Kennt den schnellsten oder kürzesten Weg • Standardausstattung	• Sparsam • Emissionsfrei • Geringe Kosten • Wendig • Sicher • Zuverlässig • Fährt nach Fahrplan • Mit anderen Verkehrsträgern vernetzt • Fährt auf vorgegebener Route • Standardausstattung	• Individuell konfigurierbar • Komfortabel oder sportlich • Infotainment und Internet-Services • Sicher • Schnell • Interieur kann angepasst werden (arbeiten, schlafen, Filme schauen) • Kennt den schnellsten oder kürzesten Weg
Distanz, Einsatzort und Kapazität	Fährt mit ein bis zwei Personen bis zu zehn Kilometer, zum Beispiel vom Bahnhof nach Hause und umgekehrt	Pendelt mit bis zu zwölf Passagieren bis zu 20 Kilometer zwischen den Außenbezirken und der Innenstadt	Bewältigt mit bis zu fünf Passagieren jede Distanz sowie Übernachtfahrten von einigen hundert Kilometern
Besitz	Bahnbetriebe, Stadtwerke oder andere stellen Flottenfahrzeug bereit	Bahnbetriebe, Stadtwerke oder andere stellen Busse bereit	Befindet sich in Privatbesitz

Quelle: Eigene Darstellung

Schon heute sind zwei Trends im Mobilitätsverhalten zu erkennen, die die Entwicklung bestimmter Fahrzeugtypen beschleunigen dürften:
(1) Die Menschen werden künftig auf ihren Reisen viel intensiver mehrere Transportmittel nutzen. Deshalb müssen die Autoherstellen ihr traditionelles Geschäftsmodell um eine Fülle von Mobilitätsdiensten erweitern; Autos ergänzen andere Transportmittel. Ein Reisender, der mit dem Zug in einer Stadt ankommt, könnte in die S-Bahn umsteigen und für den letzten

Kilometer ein autonomes Fahrzeug bestellen. (2) Die meisten Kunden nutzen heutzutage ein Fahrzeug, unabhängig davon, ob sie alleine zur Arbeit fahren, mit der Familie in den Urlaub gehen oder Möbel transportieren. Zukünftig wünscht der Kunde das beste Auto für ein spezifisches Anliegen, es kann jederzeit und überall mit einem Smartphone geordert werden. Die Hersteller sind gefordert, bei der Entwicklung ihrer Modelle sehr genau darauf zu achten, wozu sie verwendet werden sollen. Möglicherweise braucht es für jeden Zweck (Geschäft, Freizeit, Urlaub, Einkauf, Pendeln) ein eigenes Modell, so dass ein ganz neues Portfolio entsteht. Dabei sollte der Kunde einfach und schnell das passende Auto bestellen können, das heißt: Hersteller oder Dienstleister müssen Fahrzeugpools bereitstellen.

Absatzprognosen

Es gibt mittlerweile sehr viele Studien, die sich damit befassen, wie viele selbstfahrende Autos verkauft werden können. Einige davon reichen bereits in das Jahr 2050 hinein. Allerdings gibt es derzeit noch allzu viele Unwägbarkeiten. Zu nennen sind: die noch nicht in allen Ländern angepasste Rechtsprechung, die Preispolitik der Versicherungsunternehmen, die staatlichen Interventionen, um die alte Autoindustrie zu schützen oder die neue zu fördern, die Bereitschaft von Städten, für die notwendige Infrastruktur zu sorgen, nicht zuletzt die Bereitschaft der Kunden, das manuelle Fahren aufzugeben.

Bei den Unternehmen herrscht noch sehr viel Unsicherheit darüber, wann und mit welcher Intensität die bereits existierenden Konzepte und Prototypen von fahrerlosen Autos in Serie gehen sollen und wo die besten Absatzmärkte sind. Man fragt sich: Was macht Google? Wer könnte ins Flottengeschäft einsteigen? Treibt Uber tatsächlich das Geschäft mit den selbstfahrenden Taxis voran? Wie wirkt sich das autonome Fahren auf den weltweiten Fahrzeugbestand aus? Darüber hinaus sind die Rollen der verschiedenen Akteure (Hersteller, Händler, Software- und Medienunternehmen, Datenanalysten) noch nicht abschließend geklärt.

Nahezu alle Studien gelangen zu der Einschätzung, dass das hoch- und vollautomatisierte Fahren weltweit ab 2030 den Durchbruch schaffen könnte (Abbildungen 2.15 und 2.16, S. 104). Bis dahin werden immer mehr Assistenzsysteme in die Fahrzeuge eingebaut und in immer komplexeren Verkehrssituationen getestet. So wird es gelingen, die Risiken dieser Technologie schrittweise zu beherrschen, Anwendungsszenarien zu entwickeln und damit dem autonomen Fahren näher zu kommen. Auf dem Weg dahin wird der eine oder andere Hersteller (wie bereits bei Tesla geschehen) Level 5 der Automation im Straßenverkehr ausrufen. Ein Signal an die Kunden: Wir sind Technologieführer.

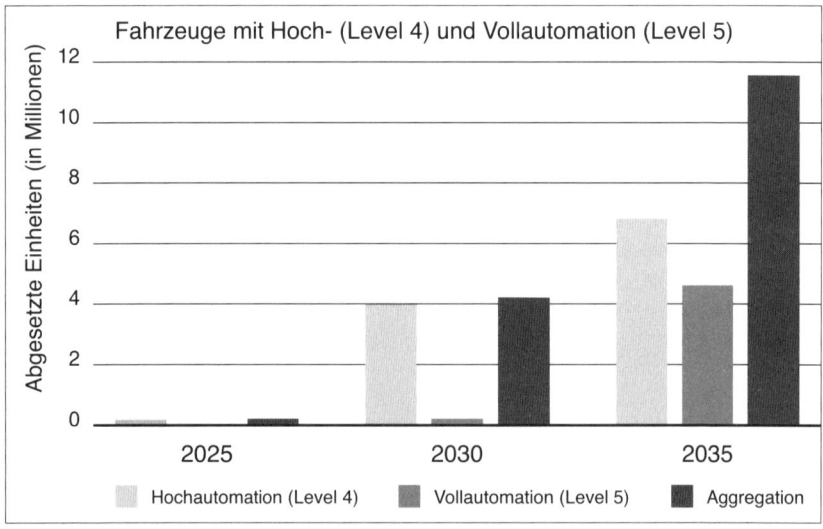

Abbildung 2.15. **Erwarteter Absatz im Zeitverlauf** (Quelle: angelehnt an IHS Markit)

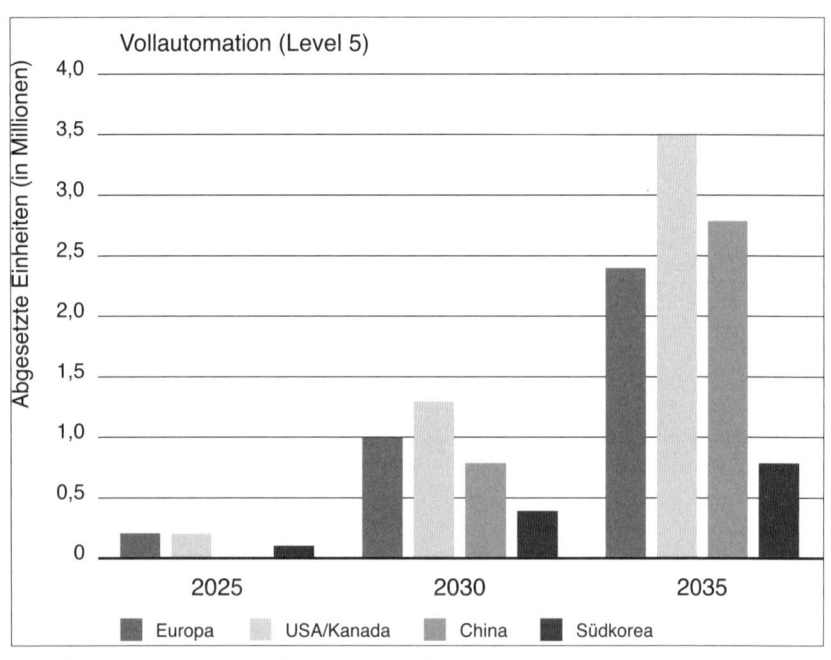

Abbildung 2.16. **Erwarteter Absatz nach Regionen** (Quelle: angelehnt an IHS Markit)

Ab 2035 könnten bereits 20 bis 30 Millionen hoch- und vollautomatisierte Autos auf den Straßen sein, allerdings mit einer unterschiedlichen Durchdringungsrate in den verschiedenen Märkten. Während diese Fahrzeuge in den USA schon sehr bald zum Straßenbild gehören werden, dürfte es in China noch eine Weile dauern, bis alle technischen und rechtlichen Voraussetzungen geschaffen sind. Allerdings holt China danach wohl mächtig auf und könnte bis 2035 bereits mehr Fahrzeuge der Stufen 4 und 5 auf den Straßen haben als die USA. In Europa, Japan und Südkorea startet die Hoch- und Vollautomation aller Voraussicht nach etwas später als in den USA, jedoch werden auch diese Regionen ein erhebliches Wachstum verzeichnen können.

Bis 2035 dürften die meisten Neufahrzeuge mit zumindest einem Fahrerassistenzsystem ausgerüstet sein. Vieles hängt jedoch von den Preisen für diese Systeme ab; die Nachfrage reagiert sehr sensibel darauf. So benötigte die adaptive Geschwindigkeitsregelung neun Jahre, um weltweit betrachtet auf eine Durchdringungsrate von sechs Prozent zu kommen. Die richtige Preispolitik wird auch für die Verbreitung autonomer Fahrzeuge entscheidend sein, vor allen in den Megacities der Schwellenländer, wo diese Technologie dringend benötigt wird. Ersten Einschätzungen zufolge könnte der Preis für ein autonomes Fahrzeug etwa $ 10.000 über einem identischen Auto liegen, das über kein selbstfahrendes System verfügt.

Zusammenfassung

- Das automatisierte Fahren beginnt mit den Fahrerassistenzsystemen, und mit jeder Modellgeneration kommen neue Funktionen hinzu. Er wird ein Wachstum des Absatzes dieser Systeme von € 4,4 Milliarden im Jahr 2014 auf € 17,3 Milliarden im Jahr 2020 erwartet.
- In der ersten Phase des autonomen Fahrens soll die Sicherheit der Fahrzeuge verbessert werden. Die Technologie springt ein, wenn der Fahrer unaufmerksam oder überfordert ist.
- Bis 2020 geht es darum, den Fahrer unter kontrollierten Bedingungen von bestimmten Aufgaben zu entlasten. Noch steuert der Fahrer das Auto in allen Fahrsituationen, allerdings gibt er immer wieder Aufgaben an das System ab.
- Bis etwa 2025 können die Fahrzeuge in allen Verkehrssituationen und Straßenbedingungen eigenständig beschleunigen, bremsen und steuern. Allerdings befindet sich der Fahrer noch im Fahrersitz, um in einer Notsituation oder bei einem Systemausfall die Kontrolle zu übernehmen.
- Um 2030 herum befindet sich bereits eine beachtliche Zahl von selbstfahrenden Fahrzeugen (Level 5) auf den Straßen. Diese Autos haben alle technischen Möglichkeiten, um von einem Ort zum anderen ohne menschliche Hilfe zu gelangen.
- Ab 2035 könnten bereits 20 bis 30 Millionen Fahrzeuge mit Level 4 und Level 5 unterwegs sein, allerdings mit einer unterschiedlichen Penetrationsrate in den verschiedenen Märkten.

Teil 3
Technologie des autonomen Fahrens

Kapitel 12
Umgebungsmodell

Auf dem Weg der Fahrzeugentwicklung hin zur vollständigen Automation übernimmt die zentrale Steuerungseinheit immer mehr und immer wichtigere Aufgaben, was dem Fahrer die Möglichkeit gibt, sich anderweitig zu beschäftigen. Bevor ein Fahrer jedoch das Lenkrad loslassen, den Blick von der Straße abwenden und dem Fahrzeug das Manövrieren überlassen kann, sind enorme technische Herausforderungen zu bewältigen. Die zentrale Steuerungseinheit verarbeitet die für das automatisierte und autonome Fahren notwendigen Informationen. Diese Daten kommen einerseits von den Sensoren, andererseits von den Passagieren, die die Route, die Geschwindigkeit und gegebenenfalls den Fahrmodus wählen. Das Ergebnis dieser Datenverarbeitung sind die Fahrmanöver – lenken, beschleunigen und bremsen – sowie Informationen für die Passagiere und die anderen Verkehrsteilnehmer.

Simulation

Die Herausforderungen, die eine zentrale Steuerungseinheit im autonomen Auto zu bewältigen hat, lässt sich anhand einer Simulation verdeutlichen: Hierbei erhielten Beifahrer die Aufgabe, den Fahrern alle notwendigen Anweisungen zu erteilen, um Fahrzeuge sicher an ihre Ziele zu steuern. Es konnten die drei Grundbefehle beschleunigen, bremsen und lenken verwendet und gegebenenfalls variiert werden, zum Beispiel: langsam beschleunigen, schnell abbremsen oder 30 Grad nach links fahren. Fast alle Probanden unterschätzten die Geschwindigkeit, mit der die Kommandos erteilt werden müssen, damit eine flüssige Fahrt möglich ist. Sofern sie Ortskenntnisse oder Fahrerfahrung hatten, schienen sie die Aufgabe noch meistern zu können.

Auf unbekanntem Terrain stießen die meisten Teilnehmenden jedoch rasch an ihre Grenzen. Bereits bei gemütlicher Fahrt auf der Autobahn mussten so viele Anweisungen erteilt werden, dass sich die Beifahrer rasch überfordert fühlten. Bei hohem Tempo oder während der Stoßzeiten im Stadtverkehr war es kaum noch möglich, alle Eindrücke zu verarbeiten und in Echtzeit dem Fahrer die erforderlichen Anweisungen zu geben. Alle Personen waren sich einig: Die größte Herausforderung bestand jedoch darin, das Verhalten anderer Verkehrsteilnehmer einzuschätzen. Je besser und je schneller dies dem Beifahrer gelang, desto präziser waren die Kommandos. Genau vor dieser Herausforderung steht auch die zentrale Steuerungseinheit, und auch hier gilt: Je mehr Muster über das Verhalten der anderen Fahrzeuge vorliegen, umso besser kann sich das Auto in den Verkehr einfügen.

Vielleicht lässt sich die Navigation eines Fahrzeugs vereinfachen, indem man der Regel der UPS-Fahrer folgt: Biege immer nur nach rechts und nicht nach links ab. Damit lassen sich erhebliche Wartezeiten und gefährliche Kreuzungsmanöver auf der Linksabbiegespur vermeiden. Ob das allerdings für alle Fahrer die beste Option ist, muss noch überprüft werden. In jedem Fall könnte man mit dieser Regel komplexe Verkehrssituationen entschärfen (Erläuterung 3.1).

Erläuterung 3.1. Fahrverhalten der UPS-Paketzusteller

UPS-Fahrer biegen nur nach rechts ab
UPS (United Parcel Service) beliefert nach eigenen Angaben täglich etwa 18 Millionen Haushalte und Unternehmen. Dabei legt jeder Paketzusteller rund 120 Lieferstopps pro Tag ein. Es erscheint skurril, dass die Fahrer keinen Gegenverkehr kreuzen und nur in Ausnahmefällen nach links abbiegen dürfen: Alle Touren sind rechtsdrehend! Dieses Gebot fußt jedoch auf überzeugenden Argumenten:
Fahrer auf der Linksabbiegespur müssen zumeist recht lange auf ein grünes Ampelsignal warten und den Gegenverkehr erst noch vorbeiziehen lassen. Dabei vergeuden sie wertvolle Zeit und teuren Kraftstoff. UPS spart mit dem Rechtsabbiegegebot etwa 38 Millionen Liter Sprit pro Jahr. Damit lässt sich der Ausstoß von 100.000 Tonnen Kohlendioxid vermeiden.
Hinzu kommt, dass Linksabbiegen deutlich gefährlicher ist als ein Manöver nach rechts. Allein in Deutschland werden pro Tag durchschnittlich 18 Menschen beim Linksabbiegen verletzt. Um diese Gefahr zu vermeiden, sind die Fahrer auf ihren rechtsdrehenden Routen sogar bereit, einige zusätzliche Minuten in Kauf zu nehmen.
Was bei Paketzustellern bestens funktioniert, könnte auch für die vielen privaten Fahrer nützlich sein. Allerdings gilt: Will man den Gegenverkehr nicht kreuzen, muss die alternative Route im Voraus geplant werden. In einem autonomen Fahrzeug wäre dies machbar. Das Navigationssystem ist so programmiert, dass nur rechtsdrehende Routen möglich sind.

Quelle: Eigene Darstellung

Um die Technologie des autonomen Fahrens in ihren Grundzügen zu verdeutlichen, erscheint ein Blick auf den Prozess der Datenverarbeitung ratsam. Abbildung 3.1 (S. 110) zeigt ein Real World Model (Abbild der Wirklichkeit), in dem der Dateninput, der Datenoutput und die wesentlichen Prozessschritte dazwischen dargestellt sind. Den Ausgangspunkt der Berechnungen bilden die Daten der Passagiere, etwa das ins Auge gefasste

Ziel und die gewünschte Geschwindigkeit. Hinzu kommen alle von den Sensoren erfassten Daten über die Umgebung des Fahrzeugs (Sensing und Detecting). Auch braucht es eine besonders genaue Karte mit der gesamten Verkehrsinfrastruktur, wie Straßen, Ampeln und Verkehrszeichen, um das Auto stets präzise lokalisieren zu können (Mapping und Localizing). Diese Informationen laufen im Real World Model zusammen, woraus sich die gewählte Fahrspur und alle Fahrmanöver berechnen und kontinuierlich überprüfen lassen. Diese und weitere Informationen können an die Passagiere und die Umgebung übermittelt werden.

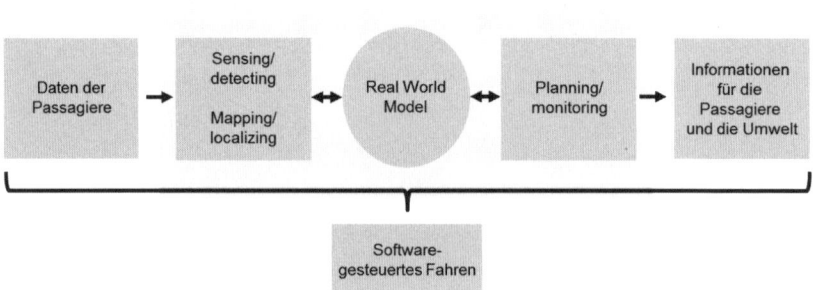

Abbildung 3.1. Das Real World Model des autonomen Fahrens
Quelle: Eigene Darstellung

Daten der Passagiere

Der Passagier gibt das Ziel der Fahrt ein und entscheidet, ob er die schnellste, die kürzeste, eine landschaftlich besonders reizvolle Route wünscht oder eine Strecke, auf der beispielsweise keine Maut anfällt. Will der Reisende während der Fahrt schlafen, kann er die bevorzugte Ankunftszeit eingeben, und das Fahrzeug wählt dazu passend einen harmonischen Fahrmodus. In dem Zusammenhang spricht man vom Home Button, und man fühlt sich erinnert an eine Anekdote aus dem Wilden Westen: Man legte den betrunkenen Cowboy auf sein Pferd, das stets den Weg nach Hause fand.

Neben dem Home Button dürfte der Emergency Button für viele Reisende wichtig sein, um in einem Notfall möglichst rasch zur nächsten Klinik zu gelangen. Sind die Autos und die Infrastruktur miteinander vernetzt, wäre es sogar möglich, das Auto mit dem Notfallpatienten an Ampeln, Kreuzungen und beim Überholen zu bevorzugen.

Sensing und Detecting

Soll ein Fahrzeug autonom unterwegs sein, ist es mit Sensoren auszustatten, damit alle Objekte im Umfeld erfasst werden können (Abbildung 3.2). Lidar, Radar und Kameras sind die wichtigsten Sensoren und in ihrem Zusammenspiel in der Lage, alle für die autonome Fahrt notwendigen Daten zu erheben. Lidar (Light Detection und Ranging) misst mit Laserlicht die Distanz zu allen möglichen Objekten, die das Auto umgeben. Dabei kann das Umfeld eines Fahrzeugs über hundert Meter in alle Richtungen abgescannt und aus den Daten eine dreidimensionale Karte konstruiert werden. Die Lidar-Technologie ist derzeit noch sehr teuer, weshalb die Automobilhersteller noch zögern, diese Sensorik in die Fahrzeuge einzubauen.

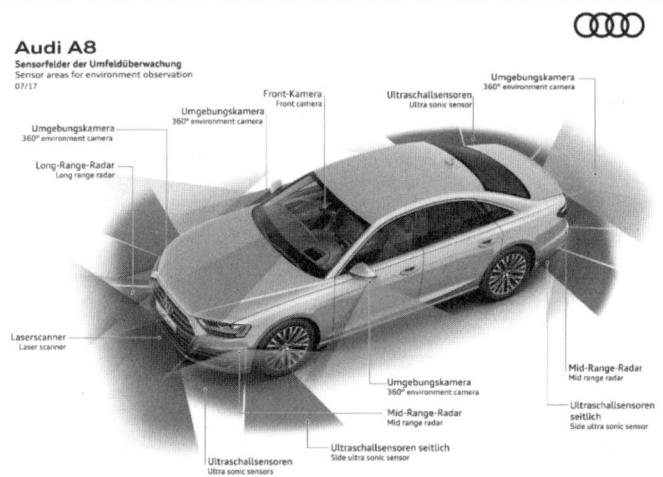

Abbildung 3.2. Sensoren in Fahrzeugen am Beispiel des Audi A8
Quelle: Audi AG

Radar (Radio Detection und Ranging) nutzt Radiowellen, um die Geschwindigkeit, die Entfernung und den Winkel von Objekten in Bewegung festzustellen. Diese Technologie benötigt nicht so viel Rechnerleistung wie eine Kamera und produziert deutlich weniger Daten als Lidar. Radar misst die Winkel zwar nicht so genau wie Lidar, funktioniert jedoch in jeder Situation und vermag durch Reflektionen sogar hinter Objekte zu sehen. Zudem lassen sich Objekte erfassen, die bis zu 250 Meter entfernt sind (Erläuterung 3.2, S. 112).

Kameras dienen aufgrund ihrer enormen Datenmengen (Millionen von Pixeln) dazu, die erfassten Objekte zu klassifizieren. Anders als Lidar und

Radar können sie Farben erkennen, eine wichtige Voraussetzung, um Verkehrssituationen zu bewerten. Es braucht allerdings leistungsfähige Algorithmen und Computer, um diese Daten aufbereiten zu können. Als Variante bieten sich Infrarotkameras an, deren Daten sich mit Bilderkennungssoftware verarbeiten lassen. Häufig kommt auch Ultraschall zum Einsatz, also Schallwellen, die den Abstand des Fahrzeugs zu Objekten in der Nähe erfassen.

Während Lidar dafür geeignet ist, eine dreidimensionale Karte zu erstellen, dient Radar insbesondere dazu, im Notfall zu bremsen, den Abstand zu regulieren und Fußgänger zu erkennen. Kameras bieten sich an, um Verkehrszeichen zu erfassen, die Spur zu halten und den rückwärtigen und seitlichen Verkehr zu beobachten. Da Ultraschall nur über eine sehr kurze Distanz funktioniert, kommt er üblicherweise als Sensor für den Parkassistenten in Betracht.

Erläuterung 3.2. Möglichkeiten durch Rückwärts-Radar

Mit Rückwärts-Radar Staus vermeiden
Studien zeigen inzwischen, dass sich der Verkehrsfluss verbessern lässt, sofern nicht nur der Abstand eines Fahrzeugs nach vorne, sondern auch der nach hinten berücksichtigt wird. Als Vorbild dafür dienen Vogelschwärme, in denen sich die Tiere trotz minimaler Abstände nicht in die Quere kommen. Das Fliegen im Schwarm, ohne dass eine Berührung erfolgt, gelingt jedoch nur dann, wenn die gesamte Umgebung eines Vogels und nicht nur das vorausfliegende Tier betrachtet wird. Übertragen auf den Verkehr bedeutet dies, dass eine zweiseitige Kontrolle (nach hinten und nach vorne) erforderlich ist.
Dabei soll ein Auto auf halbem Weg zwischen dem vorausfahrenden und dem nachfolgenden Fahrzeug in den Verkehr eingeordnet werden. In Simulationen konnte die zweiseitige Kontrolle (im Unterschied zu einer Abstandskontrolle zum vorausfahrenden Fahrzeug) einen Stopp des Verkehrsflusses bei starkem Verkehrsaufkommen verhindern. Offenbar rollt der gesamte Verkehr viel harmonischer und die immer wieder auftretenden Stop-and-go-Manöver der Fahrzeuge können vermieden werden. Derzeit soll untersucht werden, ob die zweiseitige Kontrolle auch eine höhere Geschwindigkeit ermöglicht und die Anzahl und Schwere von Auffahrunfällen reduzieren kann.

Quelle: Eigene Darstellung

Neben allen diesen Sensoren zur Erfassung der Umgebung ist im Fahrzeug auch Technologie verbaut, um Daten über den Zustand des Autos zu sammeln. Abbildung 3.3 (S. 113) liefert ein Beispiel und zeigt unter anderem die Lenkwinkel-, Beschleunigungs- und Raddrehzahlsensoren. Weitere Sensoren erfassen Messwerte über den Motor und das Getriebe. Aus diesen Informationen lassen sich die Eigenbewegung und die Verortung des Fahrzeugs ableiten.

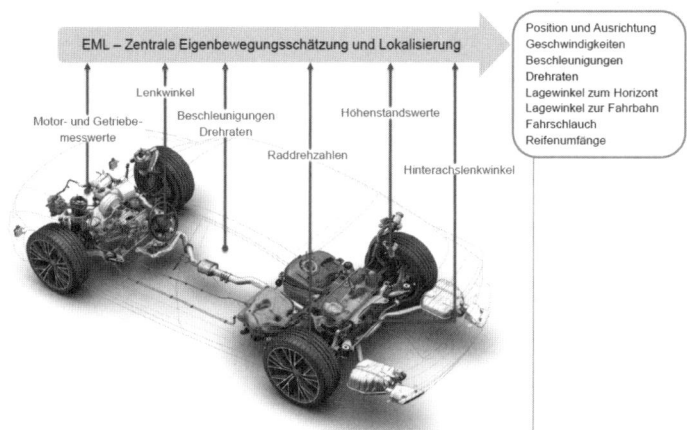

Abbildung 3.3. Sensoren zur Erfassung der Fahrzeugeigenbewegung
Quelle: Audi AG

In der zentralen Steuerungseinheit laufen alle Daten zusammen und können in verschiedenen Modulen ausgewertet und abgeglichen werden. Die Fusion der Sensordaten ist schon deshalb aufwendig, weil jedes System mit einer eigenen Geschwindigkeit arbeitet und für ein Gesamtbild alle Daten synchronisiert werden müssen. Die zentrale Steuerungseinheit gleicht diese Daten ab und errechnet daraus ein aktuelles Real World Model (ein Abbild des Verkehrs um das Fahrzeug herum), ergänzt um die Daten aus dem Navigationssystem, die Position auf der Landkarte und die Echtzeitinformationen über die Verkehrslage. Auf Basis dieser Eingabewerte trifft die zentrale Steuerungseinheit bestimmte Entscheidungen – lenken, beschleunigen, bremsen – und erteilt Befehle an die Steuergeräte von Lenkung, Motor, Getriebe und Fahrwerk.

Zur Analyse dieser Daten dienen Algorithmen, die aus Beispielen lernen und danach in der Lage sind, diese Beispiele zu verallgemeinern. Dabei betrachten die Algorithmen nicht alle Besonderheiten, die in den Lerndaten stecken, sondern suchen nach Mustern und Gesetzmäßigkeiten. So kann das System auch unbekannte Daten einordnen und beurteilen und damit Erkenntnisse liefern, für deren Auffinden der Algorithmus ursprünglich gar nicht programmiert wurde. Beim autonomen Fahren spielen die Algorithmen des maschinellen Lernens eine zentrale Rolle, um etwa Objekte zu identifizieren. Die Kameras liefern Millionen von Bildern zum Beispiel von Fußgängern, die verschiedene Kleider tragen, sich unterschiedlich bewegen und bei jedem Wetter aus allen Winkeln erfasst werden. Aus diesen Daten lernen die Algorithmen im Laufe der Zeit, um folgende Fragen zu beantworten: Ist die am Straßenrand stehende Person ein Kind oder ein Erwachsener? Will sie die Straße überqueren? Rennt sie los oder nimmt sie die sich nähernden Autos wahr? Je mehr Daten verfügbar sind, desto schneller und präziser können die Algorithmen lernen, desto besser sind auch die Prognosen über das Verhalten der Fußgänger. Deshalb liegt es nahe, eine Datenbank aufzubauen, in der die Sensordaten von möglichst vielen Fahrzeugen erfasst werden.

Trotz modernster Sensorik- und Detektionstechnologien tauchen bei der Identifikation von Objekten, die das Fahrzeug umgeben, viele Probleme auf, die bislang noch nicht umfassend gelöst sind. Hier sind beispielhaft drei genannt:

(1) Das Fahrzeug muss immer wieder die Fahrspur wechseln, sei es, um andere Autos zu überholen oder um in eine andere Straße abzubiegen. Damit diese Manöver reibungslos ablaufen, sollten der zentralen Steuerungseinheit möglichst viele Informationen über die Verkehrssituation und Fahrbahnbeschaffenheit vorliegen. Allerdings ist die Reichweite der Sensoren begrenzt, so dass sie gar nicht in der Lage sind, alle notwendigen Daten zu erfassen.

(2) Nur selten herrschen ideale Fahrbedingungen, vielmehr gibt es Unfälle, widrige Wetterverhältnisse, Baustellen, Schlaglöcher und viele andere Hindernisse, die das Auto vor die Herausforderung stellen, die richtigen Manöver auszuführen.

(3) Sofern man ein Auto nur auf Basis der Sensordaten steuert, muss es mitunter abrupt abbremsen, um beispielsweise das Tempolimit einzuhalten. Eine Kamera kann das entsprechende Verkehrsschild jedoch auf bestenfalls 150 Meter erkennen. Ein Auto, das mit 150 km/h fährt, müsste mit 4 m/s^2 abbremsen, um nach 150 Metern die Geschwindigkeit auf 80 km/h vermindert zu haben. Dieser Bremsvorgang übersteigt bei weitem die 1 bis 2 m/s^2, die die meisten Insassen gerade noch als angenehm empfinden.

Daher sind Antworten auf die folgenden Fragen erforderlich:
(1) Wo genau bin ich? Das Fahrzeug benötigt akkurate, reale Daten. Es geht nicht nur darum, auf welcher Spur das Auto unterwegs ist, sondern auch, wo genau in dieser Spur und wie weit vom Straßenrand entfernt.

(2) Was liegt vor dem Fahrzeug? Das Auto braucht Informationen in Echtzeit über den Verkehrsfluss und den Straßenzustand über die Reichweite seiner eigenen Sensoren hinaus. Es sollte bekannt sein, dass sich zehn Kilometer vor dem Fahrzeug ein Unfall ereignet hat, der zu einer erheblichen Verkehrsbehinderung führt.

(3) Wie komme ich am besten ans Ziel? Abhängig von Unfällen oder Staus sollte die zentrale Steuerungseinheit des Fahrzeugs stets die gewählte Route überprüfen und gegebenenfalls ändern. Dazu braucht es eine extrem genaue Karte mit realen Referenzdaten und Informationen in Echtzeit über die Verkehrslage.

Mapping und Localizing

Die digitalen Karten spielen eine Schlüsselrolle für das autonome Fahren, weil sie die Voraussetzung für alle standortbasierten Dienste bilden. Zudem müssen für fast alle V-to-X-Anwendungen die Positionen der Fahrzeuge im Verkehr genau bestimmt werden, was nur mit präzisem Kartenmaterial möglich erscheint. Rettungskräfte etwa sollten wissen, ob ein liegengebliebenes Fahrzeug auf der Überholspur oder auf dem Standstreifen steht. Vor allem aber ist das präzise Kartenmaterial erforderlich, damit das selbstfahrende Auto sich selbst lokalisieren kann. Das ist die Voraussetzung, um alle weiteren Fahrmanöver einzuleiten.

Immer wieder baut man neue Straßen, modernisiert alte, führt Kreisverkehre ein, ändert Fahrbahnbeläge und Straßenbeschilderungen. Daher müssen die Karten ständig auf den neusten Stand gebracht werden. Beispielsweise führt der Kartenhersteller HERE jeden Tag mehrere Millionen Änderungen in seiner globalen Datenbank durch. Für die Lokalisierung fahrerloser Autos ist sogar eine Aktualisierung im Sekundentakt zwingend. Bislang decken die Karten von HERE, Google oder TomTom nur eine begrenzte Anzahl von Routen in nicht einmal allen Ländern ab. Dies überrascht nicht, da das weltweite Straßennetz 31,7 Millionen Kilometer umfasst; davon etwa 6,5 Millionen Kilometer in den USA, 3,8 Millionen Kilometer in China, 3,3 Millionen Kilometer in Indien und 640.000 Kilometer in Deutschland (Erläuterung 3.3, S. 116).

Erläuterung 3.3. Der Kartenhersteller HERE

Allianz gegen Google

2015 kauften Mercedes, BMW und Audi für € 2,5 Milliarden vom finnischen Netzwerkausrüster Nokia den Kartendienst HERE. Es ging darum, die Unabhängigkeit dieses Unternehmens von den anderen Akteuren wie Google, Apple und TomTom zu sichern. Man hat erkannt, dass Kartendienste für das automatisierte Fahren von zentraler Bedeutung sind und künftig eine Schlüsselindustrie darstellen. Im Kern geht es darum, auch in Europa einen schlagkräftigen Dienst aufzubauen, der vor allem gegen Google konkurrieren kann. Inzwischen sind auch Continental und Bosch mit jeweils fünf Prozent bei HERE eingestiegen. Diese Beteiligungen gehen mit umfassenden Plänen zur Kooperation einher.

Bosch will ebenso wie Continental in Zukunft Daten aus den Autos liefern, um die Karten von HERE ständig zu aktualisieren. Dafür sieht sich Bosch mit seiner Straßensignatur bereits bestens gerüstet. Hierbei werden Daten mit Radarsensoren und nicht wie bei der Konkurrenz mit Videosensoren gesammelt. Insofern sind die Datenmengen kleiner, und das System funktioniert auch bei Dunkelheit und Regen.

Quelle: Eigene Darstellung

Im Detail umfasst der Kartendienst HERE drei Schichten: Die erste Schicht (HD Map) bildet ein hochaufgelöstes digitales Abbild der statischen Umwelt mit Straßen und Leitplanken. Die zweite Schicht (Live Roads) enthält dynamische Informationen zu Baustellen oder Unfällen, die von einem intelligenten Schwarm an Autos geliefert werden können. Die dritte Schicht (Humanizing Driving) zielt darauf ab, das Fahrzeug harmonisch in den Verkehr zu integrieren. Insgesamt greift der Kartendienst HERE auf über 80.000 verschiedene Datenquellen zurück, auf Satellitenaufnahmen, auf Leitzentralen oder auf die eigene Fahrzeugflotte.

Wie komplex diese Aufgabe ist, verdeutlicht ein Blick auf ein einfaches Szenario: Ein autonomes Fahrzeug überholt ein anderes Auto. Um das Manöver durchführen zu können, ist folgendes zu klären: Gibt es eine Spur, um zu überholen? Ist die Spur breit und lang genug? Besteht eine Geschwindigkeitsbegrenzung oder sogar ein Überholverbot? Wir erkennen: Für das autonome Fahren ist ein detailliertes und ganzheitliches Fahrbahnmodell erforderlich.

Die Steuerung eines Fahrzeugs erfordert nicht nur eine präzise Fahrbahngeometrie mit allen Begrenzungen. Vielmehr sind auch Informationen über die Beschaffenheit der Fahrbahn, über Markierungen und Tempolimits erforderlich. Eine genaue Lokalisation in der Fahrbahn ergibt sich aus den lateralen und longitudinalen Berechnungen. Erstere teilt dem Auto mit, in welcher Fahrbahn es sich befindet, und letztere liefert die exakte Position in der Spur. In heute üblichen Navigationssystemen vermag der

GPS-Empfänger bestenfalls die Fahrzeugposition zu bestimmen, er liefert jedoch keine präzisen Informationen über die Fahrbahn an sich.

Um ein digitales Modell der Welt, das die detaillierte Fahrbahn sowie physische Objekte am Straßenrand enthält, zu entwickeln und zu pflegen, sind ganz neue Technologien und Fähigkeiten erforderlich. Spezialisierte Unternehmen ergänzen die Arbeit der Kartografen mit Technologien zur Datenerfassung, etwa Autos mit Kameras, die 360-Grad-Bilder liefern. Andere Fahrzeuge, die mit Lidar ausgerüstet sind, erheben ungefähr 700.000 Bildpunkte pro Sekunde bis zu einer Reichweite von 70 Metern bei einer Abweichung von maximal zwei Zentimetern. Aus diesen Informationen lässt sich ein dreidimensionales Abbild der Straße und seiner Umgebung mit einer Genauigkeit von zehn bis 20 Zentimetern erstellen (Abbildung 3.4).

Abbildung 3.4. Lidar Print Cloud der Blackfriars Bridge London
Anmerkung: Das Bild wurde von einer Drohne, nicht von einem Fahrzeug aufgenommen.
Quelle: HERE

Das Modell umfasst noch weitere Daten wie etwa Geschwindigkeitsbegrenzungen, Parkzonen, Halteverbotszonen sowie Rechts- und Linksabbiegeverbote. Zudem enthält das Modell alle Markierungen und Objekte am Straßenrand, die notwendig sind, um das Fahrzeug kontinuierlich zu lokalisieren. Abbildung 3.5 (S. 118) zeigt ein auf Basis von Lidar konstruiertes dreidimensionales Oberflächenmodell samt der Fahrbahnebenen und Kreuzungen sowie deren Geometrien.

Abbildung 3.5. Fahrbahnebenen und Kreuzungen basierend auf Lidar
Anmerkung: Das Bild wurde von einer Drohne, nicht von einem Fahrzeug aufgenommen.
Quelle: HERE

Eine zentrale Rolle für das autonome Fahren spielen Echtzeitinformationen über den Verkehr und den Zustand der Straßen. Sensoren an den Autos erfassen alle möglichen Hindernisse, Baustellen, Staus, Unfälle, Schlaglöcher und speisen diese Daten permanent in eine Cloud ein. Dort werden diese Informationen aggregiert, konsolidiert, ausgewertet, in das Kartenmaterial integriert und schließlich in Echtzeit in die Autos zurückgespielt. Beispielsweise erkennt ein Fahrzeug auf einer bestimmten Strecke, wenn ein Tempolimit geändert wurde, und sendet diese Information in die Cloud. Möglicherweise hat der Sensor jedoch aufgrund eines vorausfahrenden Lastwagens das Verkehrszeichen falsch gelesen, weshalb diese Information erst überprüft werden muss. Daher sammeln andere Fahrzeuge weitere Daten, und zwar so lange, bis eine bestimmte Sicherheitswahrscheinlichkeit erreicht ist. Erst dann kann der Hinweis auf die geänderte Geschwindigkeitsbegrenzung allen Autos bereitgestellt werden.

Für die Eigenlokalisierung eines Fahrzeugs kommt eine Vielzahl von Methoden in Betracht. So können GPS-basierte Satellitennavigationssysteme, die eine Genauigkeit von etwa 20 Metern aufweisen, durch Differential-GPS, das auf einige Zentimeter genau ist, ergänzt werden. Galileo steht ab 2018 als weiteres, nach heutigem Stand noch genaueres Satellitennavigationssystem zur Verfügung. Neben GPS-basierten Systemen lassen sich die Manöver eines Fahrzeugs auch mit Mobilfunktechnologie und Trägheitsnavigationssystemen nachvollziehen. Häufig kommen die verschiedenen Methoden auch parallel und ergänzend zum Einsatz. Aus den

Ergebnissen der verschiedenen Ortungen lässt sich der wahrscheinlichste Standort des Autos berechnen.

Real World Model

Das Real World Model fasst alle Daten zusammen, die von den Passagieren eingegeben, von den Sensoren erfasst und von anderen Fahrzeugen übermittelt wurden. Dieses Bild, ergänzt um Daten aus den Karten, entspricht dem, was der Beifahrer in der eingangs beschriebenen Simulation erlebt. Eine besondere Herausforderung bei der Erstellung des Real World Model besteht darin, die Sensordaten zusammenzuführen. Dabei versucht man, die Vorzüge der verschiedenen Sensoren zu nutzen, um ein möglichst gutes Abbild der Umgebung zu erzeugen. So dient die Kameratechnologie für die Lateralauflösung, während sich die Radartechnologie für die Longitudinalauflösung anbietet. Je präziser das Real World Model ist, je mehr Informationen es beinhaltet und je besser es gelingt, das Verhalten der anderen Verkehrsteilnehmer zu antizipieren, desto komplexer können die Verkehrssituationen sein, die das Fahrzeug bewältigen kann.

Werden autonome Autos jemals alltagstauglich? Die Antwort hängt von der informationstechnologischen Fähigkeit ab, ein möglichst gutes Real World Model zu erstellen. Abbildung 3.6 zeigt beispielhaft eine Darstellung, die aus nicht fusionierten Sensordaten von statischen und dynamischen Objekten aus Sicht des Fahrzeugs in der Bildmitte konstruiert wurde. Dabei korrespondieren die Punktewolken auf der linken Bildseite mit den statischen und dynamischen Objekten auf der rechten Bildseite.

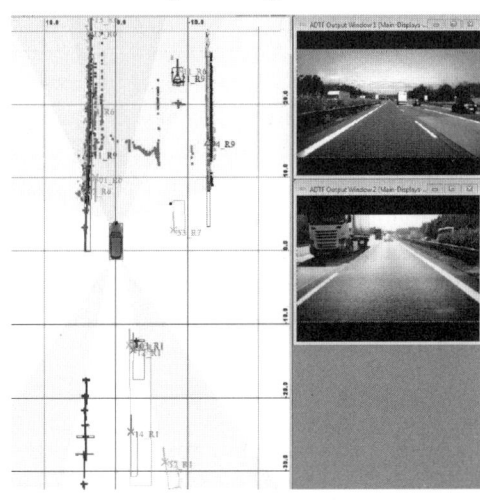

Abbildung 3.6. Unfusionierte Sensordaten von Objekten
Quelle: Audi AG

Planning und Monitoring

Nachdem das Real World Model erstellt wurde, kann die Fahrt in drei Schritten geplant werden: Im ersten Schritt, dem Mission Planning, versucht das System, ausgehend vom derzeitigen Standort und dem eingegebenen Zielort, die schnellste oder kürzeste Strecke zu berechnen. Dabei können die Insassen oder das System festlegen, auf welchen Straßen gefahren werden soll und an welchen Kreuzungen eine andere Richtung einzuschlagen ist. Zudem überwacht das Mission Planning die Umsetzung des Reiseplans und ermittelt Alternativen, falls sich auf der ausgewählten Route beispielsweise ein Stau gebildet hat.

Im zweiten Schritt, dem Reference Planning, wird die Geschwindigkeit festgelegt — etwa so, dass die Passagiere die Fahrt durch eine Kurve als angenehm empfinden. Dabei achtet die zentrale Steuerungseinheit darauf, dass alle Verkehrsregeln eingehalten werden. Im dritten Schritt, dem Behavioral Planning, wird die Verkehrslage bei der Entscheidung über Fahrmanöver berücksichtigt. Dabei bestimmt die zentrale Steuerungseinheit den Abstand zum vorausfahrenden Fahrzeug und legt fest, wann und mit welcher Geschwindigkeit überholt werden soll. Auch können die Passagiere unter verschiedenen Fahrmodi (sportlich, komfortabel, energiesparend) wählen, was sich auf die Fahrmanöver und die Geschwindigkeit auswirkt.

Um eine für die Insassen angenehme Fahrgeschwindigkeit zu bestimmen, reicht es nicht aus, allein die Straßengeometrie zu berücksichtigen. Vielmehr hängt das als angenehm empfundene Tempo auch von anderen Kriterien ab: von Wetterbedingungen, den Geschwindigkeiten anderer Autos, vom Straßenbelag, von Objekten am Straßenrand wie Gebäuden oder Bäumen, von sozialen und kulturellen Normen des Fahrverhaltens sowie von persönlichen Vorlieben. Daher analysieren die Hersteller inzwischen Fahrmuster für bestimmte Straßenabschnitte, abhängig von Wetter-, Verkehrs- und Fahrzeugdaten sowie dem Straßenzustand. Daraus lassen sich Rückschlüsse über die jeweils als angenehm empfundene Geschwindigkeit ziehen, die sogleich bei der Programmierung berücksichtigt werden kann. So mag man zum Beispiel für ein autonomes Mehrzweckfahrzeug ein anderes Geschwindigkeitsprofil vorgeben als für einen Sportwagen. Die Profile können von den Insassen selbst geändert werden, es sei denn, der Hersteller gibt für seine Modelle bestimmte Geschwindigkeitsprofile vor.

Für einen reibungslosen Verkehr muss das Verhalten der Autos aufeinander abgestimmt sein. Idealerweise kennt jedes Fahrzeug die Geschwindigkeitsprofile der anderen Wagen und kann deshalb deren Verhalten abschätzen. So wie heutzutage der Mensch das Verhalten der Verkehrsteilnehmer erfasst und darauf reagiert, muss künftig die zentrale Steuerungseinheit sicherstellen, dass sich das Fahrzeug in den Verkehrsfluss einfügt. Wir erkennen: Es ist beim autonomen Fahren mit Sensing/Detecting und Mapping/Localizing nicht getan. Die eigentliche Herausforderung bildet das Planning/Monitoring, also die Art und Weise, wie sich das Auto in den Verkehr integriert.

Informationen für die Passagiere und die Umwelt

Bei der Hoch- und Vollautomation (Levels 4 und 5) kommt es entscheidend darauf an, die Passagiere über Schwierigkeiten bei der Fahrt schnell und klar zu informieren. Hierzu gibt es visuelle, akustische und haptische Signale, beispielsweise ein Rütteln der Sitze, einen Ton oder das Einblenden von Daten auf dem Bildschirm oder in der Frontscheibe. Eine besonders innovative Idee stammt vom Automobilzulieferer ZF: Sobald die Sensoren eine gefährliche Situation erkennen, wird der Sicherheitsgurt angezogen. Dieses Anspannen macht den Fahrer auf die Gefahr aufmerksam. Aber auch die anderen Verkehrsteilnehmer können vom Fahrzeug informiert werden. Beispielsweise projiziert der F015 von Mercedes einen Fußgängerstreifen auf die Straße, damit die Passanten wissen: Sie wurden erkannt und können die Straße gefahrlos überqueren. Andere Automobilhersteller experimentieren mit Lautsprechern oder LED-Displays, um über die Absichten des Fahrzeugs zu informieren.

Softwaregesteuertes Fahren

Aus den Planungsdaten resultiert die tatsächliche Bewegung des Fahrzeugs, das heißt, es gibt Anweisungen zu lenken, zu schalten, zu bremsen, zu beschleunigen. Dabei setzen die sogenannten Aktoren (Antriebselemente), die digital angesteuert werden können, die Anweisungen der Software um. Die Steuerungsimpulse erfolgen jedoch nicht mehr mechanisch (wie früher), sondern elektronisch (by-wire). Diese Steuerung ist schon seit vielen Jahren bei Flugzeugen üblich, zunächst in der militärischen Luftfahrt, später auch bei zivilen Flugzeugen (Airbus A320 im Februar 1987). Die Automobilindustrie kann also auf die Erfahrungen der Luftfahrt mit dieser Technologie zurückgreifen.

Zusammenfassung

- Grundlage der computergestützten Informationsverarbeitung ist das Real World Model, das alle Daten von den Passagieren, von den Sensoren und von anderen Fahrzeugen zusammenfasst und die Basisdaten (HD-Karten) hinzufügt.
- Damit sich autonome Fahrzeuge im Straßenverkehr orientieren und in den Verkehr einfügen können, sind drei Herausforderungen zu bewältigen: Sensing/Detecting, Mapping/Localizing und Planning/Monitoring.
- Mit Kameras, Lidar, Radar und Ultraschall lässt sich die Umgebung eines Fahrzeugs scannen. Algorithmen aus dem maschinellen Lernen dienen dazu, die erfassten Objekte zu charakterisieren.
- Präzise Karten, die permanent aktualisiert werden, sind erforderlich, damit das Fahrzeug stets seine Position im Straßenverkehr kennt und über den weiteren Straßenverlauf informiert ist.
- Solche HD-Karten, etwa HERE, bestehen aus drei Schichten: HD Map, Live Roads und Humanizing Driving.
- Das Fahrzeug muss sich harmonisch in den Verkehr einfügen und die Möglichkeit besitzen, ein eigenes Geschwindigkeitsprofil zu wählen.

Kapitel 13
Digitalisiertes Fahrzeug

Fahrzeug als digitalisiertes Produkt

Autonomes Fahren ist nur dann möglich, wenn die Autos zu digitalisierten, vernetzten Produkten entwickelt werden. Solche Fahrzeuge besitzen immer noch einen physischen Kern, sind jedoch um Informations- und Kommunikationstechnologie ergänzt und mit dem Internet verbunden. Inzwischen fallen bei einigen Fahrzeugmodellen etwa 50 Prozent der Kosten für die Entwicklung dieser innovativen Technologien an. Es ist bereits abzusehen, dass in Zukunft über 90 Prozent der Innovationen auf der Digitalisierung beruhen. Die Menge der Software in Autos dürfte sich alle 18 Monate verdoppeln, was den Innovations-, Entwicklungs- und Produktionsprozess bei Automobilherstellern grundlegend verändert. Volkswagen beschäftigt mittlerweile etwa 10.000 IT-Spezialisten und gibt € 4 Milliarden für Informations- und Kommunikationstechnologie aus.

Im Folgenden sollen die wesentlichen Bausteine eines vernetzten digitalisierten Fahrzeugs erläutert werden. Ein Beispiel für die Transformation eines physischen Produkts bildet der Fotoapparat. Er wurde traditionell mit besonderer mechanischer Kompetenz der Unternehmen hergestellt. Bei modernen Apparaten dominiert inzwischen die Software, die mittlerweile von Firmen aus der Unterhaltungselektronik stammt. Darüber hinaus hat sich die gesamte Fotoindustrie verändert, da Filme durch Speicherkarten ersetzt wurden. Der Untergang von Kodak zeigt, was alles passiert, sofern ein traditionelles Industrieunternehmen die digitale Revolution verpasst.

Algorithmen

Algorithmen bestimmen die Regeln, nach denen die Inputdaten (zum Beispiel Sensordaten) in Outputdaten (Steuerung des Motors) zu überführen sind. Sie legen beispielsweise fest, wann und mit welcher Intensität das Fahrzeug bremst oder beschleunigt. Sie entscheiden, ob, wann und wo das Fahrzeug vor einer Kreuzung bremst oder beschleunigt und ob es einem anderen Auto Vorfahrt gewährt. Zunächst wurden Algorithmen für einfache Anwendungen wie den Abstandsregeltempomaten oder den Spurhalteassistenten entwickelt. Später kamen Algorithmen hinzu, mit denen das Fahrzeug selbstständig einparken kann. Ein weiterer Sprung in der Entwicklung: der Stauassistent, der komplexe Situationen bewältigen muss. Zukünftig dürften immer mehr Algorithmen aus der Künstlichen Intelligenz, insbesondere dem maschinellen Lernen und den neuronalen Netzwerken stammen.

Am Beispiel des Abstandsregeltempomaten lässt sich zeigen, wie autonomes Fahren als computerunterstützter Prozess der Informationsverarbeitung abläuft. Der Fahrer schaltet über eine Taste am Lenkrad die adaptive Geschwindigkeitsregelung ein und bestimmt mit einer zweiten Taste den Abstand zum vorausfahrenden Fahrzeug. Mit einer dritten Eingabe, die bei vielen Autos über einen Hebel am Lenkrad erfolgt, lässt sich die Geschwindigkeit bestimmen. Sensoren messen kontinuierlich den Abstand zum vorausfahrenden Fahrzeug, und die zentrale Steuerungseinheit bestimmt die erforderliche Geschwindigkeit, um den eingegebenen Abstand zu halten. Bremst oder beschleunigt das vorausfahrende Fahrzeug, wird die Geschwindigkeit angepasst.

Beim maschinellen Lernen suchen Algorithmen, basierend auf einem bekannten Datensatz, Muster in unbekannten Datensätzen. Ein Beispiel aus der Identifikation von Objekten verdeutlicht, welche Bedeutung diese Algorithmen inzwischen für das autonome Fahren besitzen. Ausgangspunkt ist ein von einer Kamera erfasstes Bild, das der Algorithmus im ersten Schritt lediglich im Hinblick auf die Pixel mit unterschiedlichen Helligkeitswerten analysiert. Im nächsten Schritt erkennt er bereits, dass sich einige der dunklen Pixel zu Linien verbinden lassen. Daraufhin unterscheidet der Algorithmus zwischen horizontalen und vertikalen Linien und erfasst geometrische Figuren. Am Ende ist der Algorithmus in der Lage, Fenster, Räder, Spiegel und andere Elemente des Objekts zu erkennen. Um jedoch ein Objekt als Bestandteil eines Fahrzeugs identifizieren zu können, muss er zuvor die Charakteristika von Fahrzeugen gelernt haben. Dieses Lernen braucht sehr viele Beispiele, da sich Limousinen, Cabrios oder Kombis deutlich voneinander unterscheiden.

Der Algorithmus muss erkennen: Handelt es sich um Erwachsene oder Kinder, Tiere, andere Fahrzeuge, Fahrrad- oder Motoradfahrer? Um welche genau? Und wie könnten sie sich verhalten? Diese Fähigkeit ist von zentraler Bedeutung für die Entwicklung autonomer Fahrzeuge. Daher sind in den nächsten Jahren bedeutende Fortschritte zu erwarten. Einige Besonderheiten lassen sich bereits beobachten: Beispielsweise hat Volvo im S90 einen Algorithmus eingebaut, der Elche erkennen kann. Dagegen muss in Malaysia ein automatisiertes Fahrzeug in der Lage sein, Tuc-Tucs zu identifizieren. Diese Funktionen sind hingegen in Tokio, Sydney oder New York nicht besonders wichtig.

Hieraus resultiert eine spezielle Herausforderung für die Softwareentwickler. Es ist nicht möglich, ein Modell für alle Situationen im Straßenverkehr zu bestimmen. Zu vielfältig sind die Kombinationen aus Verkehrssituationen, Verhaltensweisen der Fahrer sowie Umgebungen. Deshalb sollte die Maschine fähig sein, sich selbst zu entwickeln. Das System muss anhand von Beispielen lernen, die Objekte zu kennzeichnen und die Regeln im Verkehr zu erkennen. Nvidia testete vor einiger Zeit das maschinelle Lernen für autonome Fahrzeuge auf einem Parcours. Das Testfahrzeug beobachtete das Fahrverhalten von 20 anderen Autos, nach einiger Zeit hatte es genügend gelernt, um den Parcours selbstständig zu meistern.

Diese Entwicklung könnte auch den Rennsport verändern, wo nicht mehr Fahrer gegeneinander antreten, sondern Algorithmen die Steuerung übernehmen. Es ist bereits geplant, in der Formel E (Weltmeisterschaft der Elektrorennwagen) ein Rennen von Robo-Fahrzeugen zu veranstalten (Abbildung 3.7). An den Start gehen selbstfahrende Elektrofahrzeuge, deren Bauteile und Computer identisch sind. Sie unterscheiden sich nur noch durch die Algorithmen – es handelt sich also um einen Wettkampf der Entwickler. Solange kein Unfall oder anderer Schaden eintritt, müsste jener Rennwagen gewinnen, der mit den besten Algorithmen ausgestattet ist.

Abbildung 3.7: Der Robo-Rennwagen von Nvidia
Quelle: Consumer Electronics Show, Las Vegas

Software

Die Software bestimmt die Arbeiten, die ein Computer erledigt, und legt fest, welche Algorithmen in welcher Reihenfolge zur Verarbeitung der Daten zum Einsatz kommen. Die Anzahl der Programmcode-Zeilen in einem modernen Auto beläuft sich inzwischen auf mehr als 100 Millionen.

Dagegen dürfte Facebook mit etwa 60 Millionen auskommen, ein Kampfflugzeug wie der F22 Raptor mit nicht einmal fünf Millionen.

Bei der Software in Autos muss zwischen Betriebssystem und Anwendungssoftware unterschieden werden. Ersteres verwaltet Prozessor, Speicher sowie die Ein- und Ausgabegeräte und stellt alle diese Einheiten der Anwendungssoftware zur Verfügung (iOS von Apple, Android von Google). In digitalisierten Fahrzeugen sind derzeit spezielle und von den verschiedenen Herstellern entwickelte Betriebssysteme vor allem für das Infotainment-System im Einsatz. Anwendungssoftware greift auf das Betriebssystem zurück und stellt Funktionen bereit, die den Nutzer interessieren, etwa das Bearbeiten und Versenden von E-Mails. Dabei muss eine Anwendungssoftware so programmiert werden, dass sie zum Betriebssystem passt. Entscheidet sich ein Hersteller beispielsweise für iOS Car Play von Apple als Betriebssystem, können nur Apps verwendet werden, die für dieses Betriebssystem programmiert wurden. Die Auswahl eines Betriebssystems ist wichtig, da bei einem Wechsel alle Anwendungen neu programmiert werden müssten.

Die Softwarearchitektur lässt sich als ein Bebauungsplan für die Software in einem Fahrzeug beschreiben (Abbildung 3.8, S. 127). Bislang gibt es in Autos keine eigentliche Architektur, da jedes Steuerungsgerät seine eigene Software besitzt. Die gesamte Automobilindustrie ist jedoch gerade dabei, die dezentrale, steuergeräteorientierte Perspektive aufzugeben und auf eine zentrale, funktionsorientierte Softwarearchitektur zu wechseln. Sie ermöglicht es, die Steuerungssoftware eines Fahrzeugs durch laufende Aktualisierungen dem technischen Fortschritt anpassen zu können.

Die Architektur besteht aus verschiedenen Ebenen beziehungsweise Schichten, die unterschiedliche Funktionen ausüben. Die Basisschicht ist vergleichbar mit dem Betriebssystem eines Computers, enthält alle Bibliotheken und bildet die Schnittstelle zur Hardware. Die Wahrnehmungsschicht umfasst die Sensoren mit der entsprechenden Software, und in der Fusionsschicht werden die von den Sensoren gelieferten Daten verknüpft. Während die Kartenfusion die fahrbaren Straßen und Wege zeigt, liefert die Objektfusion entsprechende Informationen über alle beweglichen Objekte mit den dazugehörigen Beschreibungen. Die Infrastrukturfusion enthält alle Daten über Ampeln, Verkehrsschilder und Parkhäuser. In der Applikationsschicht sind einzelne konkrete Funktionen wie Staupilot und Parkpilot programmiert. Die Ausgabeschicht, bestehend aus einer Mensch-Maschine-Schnittstelle, legt das Gerät fest, mit dem die Informationen zu den Nutzern gelangen. Der Bewegungsmanager bildet die Schnittstelle zu den Aktuatoren von Lenkung, Bremse und Motor.

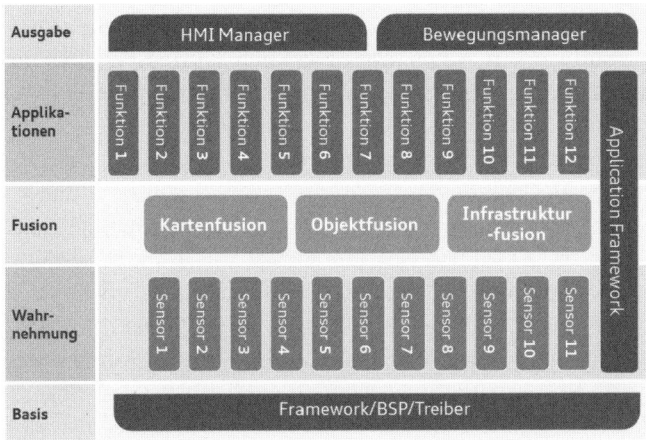

Abbildung 3.8. Softwarearchitektur der zentralen Steuerungseinheit
Quelle: Audi AG

Samsung und Harman haben angekündigt, eine Hardware- und Softwareplattform für die Steuerung des Cockpits und der Unterhaltungselektronik im automatisierten Fahrzeug namens DRVLINE auf den Markt zu bringen. Diese Plattform ist modular aufgebaut, es soll daher auch möglich sein, Software von Drittanbietern in das System zu integrieren. Dieser Trend zum Prinzip der Open Source dürfte anhalten, was eine besondere Herausforderung für die Automobilhersteller darstellt. Einerseits könnte die Software besser werden, da zahlreiche Programmierer und Firmen an ihr arbeiten. Andererseits könnte sich die Verbreitung dieser Software nicht mehr kontrollieren lassen, was vor allem haftungsrechtliche Fragen aufwirft. Deshalb stehen Open-Source-Projekte erst am Anfang, die Hersteller sind zögerlich. Apollo.auto etwa bildet eine Open-Source-Plattform für das automatisierte und autonome Fahren. Baidu nutzt die Software auf dieser Plattform für Tests mit fahrerlosen Autos. Es ist zu erwarten, dass Universitäten, Freaks, Nerds, Start-ups und Spinn-offs auf der ganzen Welt mit Vehemenz den Open-Source-Ansatz vorantreiben werden.

Die Automobilhersteller stehen vor einer zentralen Herausforderung: Sie müssen den üblichen Weg der Entwicklung neuer Modelle um einen Innovationsprozess insbesondere für Software ergänzen. Bislang entwickeln sie die Steuerungseinheiten ihrer Fahrzeuge in Phasen. Erst dann, wenn eine Phase abgearbeitet ist, kann eine neue beginnen. Sind alle Phasen erfolgreich durchschritten, gibt es die Freigabe, und die mit der Software ausgestattete zentrale Steuerungseinheit darf in die Autos eingebaut werden. In der digitalen Welt vollzieht sich die Softwareentwicklung dagegen Schritt um Schritt, das heißt: Man startet schnell und klein und zielt sogleich auf Wachstum ab. Es geht darum, zügig eine erste, kleine Version einer App auf den Markt zu bringen und sie im Laufe der Zeit zu entwickeln. Diese evolutionäre Softwareentwicklung lässt sich mit dem traditionellen Vorgehen in Phasen kaum vereinbaren.

Daher muss die bislang dominierende projektorientierte Denk- und Methodenwelt über kurz oder lang wohl der lebenszyklusorientierten weichen. Letztere ermöglicht permanente Aktualisierungen und lässt Schnittstellen mit anderen Systemen zu. Zudem braucht es ein Versionenmanagement, um zu verstehen, welche Version von welcher Software in welchem Auto im Einsatz ist. Allerdings darf Software erst dann in die Fahrzeuge gelangen, wenn sie so sicher ist, dass der Hersteller die geforderte Verantwortung und Haftung übernehmen kann. Das Verbreiten von Beta-Versionen zu Testzwecken, wie dies in der App-Welt üblich ist, kommt für etablierte Automobilhersteller und Zulieferer nicht in Betracht. Dies dürfte der wesentliche Grund dafür sein, dass sich die Hersteller und Zulieferer mit dem evolutionären Ansatz noch nicht wirklich anfreunden können.

Die Software zu testen ist von entscheidender Bedeutung, um Unfälle zu vermeiden. Daher hat das Transportation Research Institute der University of Michigan eine Teststrecke für automatisierte und autonome Fahrzeuge erstellt (Abbildung 3.9, S. 129). Auf dieser Strecke lassen sich viele Verkehrssituationen simulieren, um verschiedene Assistenzsysteme zu überprüfen. Auch gibt es Abschnitte auf der Fahrbahn, auf denen keine Funkverbindung besteht und das Fahrzeug folglich auf sich alleine gestellt ist. Zudem lässt sich testen, wie Sensoren reagieren, sofern die Schilder unterschiedlich angeordnet oder mehrdeutig sind. Bei einer Fahrt auf eine Anhöhe sind die Kameras gen Himmel gerichtet. Steuern sie das Auto Richtung Sonne, Mond und Sterne?

Auch in Friedrichshafen am Bodensee ist eine Teststrecke für hochautomatisierte Fahrzeuge (Level 4) geplant — sogar mitten in der Stadt. Gemeinsam mit Partnern will ZF ein Konsortium bilden, um Software, Algorithmen und Steuerungseinheiten zu entwickeln. Etwa 15 Teststrecken für das automatisierte Fahren im tatsächlichen Straßenverkehr gibt es bereits in Deutschland. Die Route durch Friedrichshafen bietet jedoch einige Besonderheiten: einen Tunnel, Kreisverkehre, mehrspuriges Abbiegen und auch unmarkierte Straßenabschnitte. Alles bleibt gleich, bis auf die Roadsideunits, also kleine, graue Kästen, die an den Ampeln angebracht werden. Sie informieren Fahrzeuge, ob eine Ampel auf rot oder grün steht, wann das Licht umspringt und wie viel Verkehr sich auf der Kreuzung befindet.

Eine weitere Herausforderung für die Softwareentwickler sind die beachtlichen Distanzen, die im Test zurückgelegt werden müssen. Herkömmliche Autos rollen einige Millionen Kilometer über die Straße, bevor sie eine Freigabe für den Verkehr erhalten. Ein Staupilot muss auf 600.000 Kilometern getestet werden, wohingegen ein Stadtpilot zwischen 200 Millionen und fünf Milliarden Kilometer bewältigen sollte – die Situationen im Verkehr sind so vielfältig und so unübersichtlich. Dieses Pensum ist nur noch mit Hilfe von Simulationen möglich, für die es inzwischen spezielle computergestützte Verfahren gibt. Die Anzahl möglicher Kombinationen aus Karten, Geräten, Anwendungssoftware, Betriebssystemen, Schnittstellen und Hardware ist so komplex, dass ein systematischer Test nicht mehr durchführbar ist. Daher gilt es, die häufigsten und wahrscheinlichsten Fälle zu untersuchen.

Abbildung 3.9. Mcity der University of Michigan
Quelle: University of Michigan

Daten

Daten bilden die Welt im Fahrzeug und im Straßenverkehr ab; sie sind Input und Output jedes informationsverarbeitenden Prozesses. Die Speicherdichte wurde immer weiter verbessert, weshalb nun nahezu beliebig große Datenmengen auf kleinstem Raum, zu geringen Kosten und mit schnellem Zugriff gespeichert werden können, mobil oder stationär. Viele Informationen entstehen jedoch erst durch die Vernetzung von Daten – zum Beispiel, wenn man die Bewegungsdaten eines Autos kombiniert mit Daten über das Wetter, die Uhrzeit und die Insassen. Hieraus kann sich zum Beispiel die Information ergeben, dass Thomas Müller bei gutem Wetter immer samstags im Winter von Konstanz am Bodensee auf die Lenzerheide in den Schweizer Alpen zum Skifahren unterwegs ist.

Für das autonome Fahren braucht es daher eine zentralisierte Datenarchitektur. Sie muss darüber Auskunft geben, welche Daten wo, in welcher Häufigkeit und welcher Qualität anfallen. Nur so lassen sich neue digitale Dienstleistungen anbieten und abrechnen. Ein Beispiel: Will ein Hersteller dem zuvor erwähnten Thomas Müller für seine Fahrten in die Alpen ein berg- und wintertaugliches Fahrzeug bereitstellen, muss es – um das Serviceerlebnis zu inszenieren – genau wissen, wann und wo der Kunde unterwegs ist. Idealerweise erhält Thomas Müller am Freitag eine E-Mail von seinem Händler, dass ein für die Fahrt auf die Lenzerheide geeignetes Auto für ihn verfügbar ist. Um diesen Service jedoch anbieten zu können, braucht der Hersteller alle möglichen Daten, um das Reise- und Freizeitverhalten von Thomas Müller zu erfassen.

Eine einheitliche Datenarchitektur zu entwickeln ist jedoch kaum möglich, weil die Daten aus verschiedenen Quellen stammen. Allein beim autonomen Fahren lassen sich fünf Quellen identifizieren: Daten der Passagiere im Fahrzeug, Daten aus dem Fahrzeug, Daten aus den Cloud-Services und den Speichern des Herstellers, Daten über die Umgebung und Daten von Partnerunternehmen wie Telekommunikations- und Mobilfunkunternehmen sowie Mobilitätsdienstleister.

Drive-by-wire

Immer noch bremst, beschleunigt, lenkt der Mensch. Allerdings wurde in den vergangenen Jahren immer mehr Elektronik eingesetzt, um ihm zu helfen. Die Servolenkung, der Bremskraftverstärker, das Antiblockiersystem. Bei hoch- und vollautomatisierten Fahrzeugen kommen die Anweisungen nicht mehr vom Fahrer, sondern von der zentralen Steuerungseinheit. Dieses digitale Fahren erfordert ein Netzwerk, das eine elektronische Übertragung der Signale und ein Drive-by-wire ermöglicht.

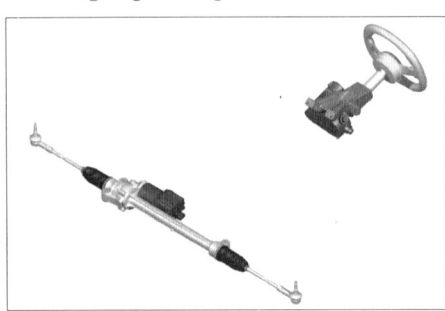

Abbildung 3.10. Beispiel für ein Steer-by-wire-System
Quelle: thyssenkrupp Steering AG

Steer-by-wire, als eine Ausprägung von Drive-by-wire, zeichnet sich dadurch aus, dass keine mechanische Verbindung zwischen dem Lenkrad und den Rädern mehr besteht (Abbildung 3.10). Sensoren erfassen den vom Fahrer über ein Lenkrad vorgenommenen Richtungsimpuls und geben ihn an Elektromotoren weiter, die für die Richtungsänderung sorgen. Das Steuern wird angenehmer, weil der Fahrer Schlaglöcher und Unebenheiten der Fahrbahn nicht mehr spürt. Allerdings muss diese Lenkung zwingend gegen einen Ausfall gesichert werden. Bei niedriger Geschwindigkeit kann notfalls der Fahrer die Kontrolle übernehmen. Bei höherer Geschwindigkeit und steigender Automation braucht es eine zusätzliche Maschine, um die Maschine abzusichern: Eingebaut werden müssen zwei Lenkmotoren und zwei Steuerungseinheiten mit getrennter Stromversorgung oder eine mechanische Verbindung als Notkopplung. Trotz der zahlreichen Vorzüge ist der Infinity Q50 im Moment das einzige Serienfahrzeug mit einer Steer-by-wire-Lenkung.

Prozessor

Prozessoren bilden die zentrale Recheneinheit und sind damit für die Steuerung der Software und die Verarbeitung der Daten zuständig. Für das autonome Fahren ist von Bedeutung, dass sich die Verarbeitungsgeschwindigkeit der Prozessoren stetig verbessert. Das Gesetz von Moore besagt, dass sich die Verarbeitungskapazität von integrierten Schaltkreisen bei gleicher Fläche und gleichbleibenden Kosten alle 18 bis 24 Monate verdoppelt. Künftig dürften Fahrzeuge wenige, aber dafür miteinander vernetzte zentrale Steuerungseinheiten besitzen. In ihnen läuft die gesamte Verarbeitung der Daten ab, und von ihnen gehen Befehle an die Aktoren (Antriebselemente) zum Beschleunigen, Bremsen und Lenken aus. Das Beispiel der Bildverarbeitung macht deutlich: Die Leistungsfähigkeit der Prozessoren muss mit der Entwicklung der Kameras Schritt halten. Eine verbesserte Auflösung der Bilder nützt dem Anwender nur dann, wenn diese Daten von den Prozessoren in der Zentraleinheit mit der notwendigen Geschwindigkeit verarbeitet werden können. Abbildung 3.11 (S. 132) zeigt die Vorder- und Rückseite dieser von Audi als zFAS (zentrales Fahrerassistenzsteuergerät) bezeichneten Zentraleinheit. Andere Rechner wie beispielsweise Evolver oder Drive PX stammen von OSR beziehungsweise Nvidia. In jedem Fall ist in den letzten Jahren ein Rennen um die besten, stärksten und schnellsten Zentraleinheiten entfacht worden.

Diese Zentraleinheit ist etwa so groß wie ein iPad und enthält Prozessoren, die für unterschiedliche Schritte in der Datenverarbeitung verantwortlich sind. Die Prozessoren, die in selbstfahrenden Autos verbaut sind, stammen ursprünglich aus der Spieleindustrie. Sie ermöglichen es, in Echtzeit große Datenmengen zu verarbeiten, die aus sehr vielen Sensoren stammen. Dabei hat die Automobilindustrie spezielle Anforderungen an Prozessoren, etwa mit Blick auf den Stromverbrauch und damit an die Wärmeerzeugung, die Ausfallsicherheit und die Funktionsfähigkeit auch bei extremen Temperaturen. Viele Unternehmen bringen immer wieder verbesserte zentrale Steuerungseinheiten auf den Markt: zum Beispiel Intel, Nvidia und Qualcomm, aber auch traditionelle Zulieferer wie Bosch und neue Akteure wie Mobileye. Nvidia hat den Prozessor Drive Xavier vorgestellt; er kann alle Arbeiten erledigen, die für automatisiertes Fahren gebraucht werden. Damit will das Unternehmen einen Meilenstein setzen, was die Zentralisierung der Verarbeitungskapazitäten in einem automatisierten Auto betrifft.

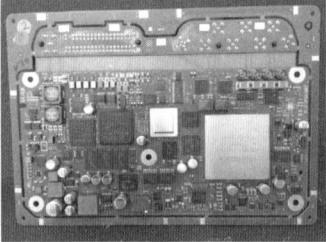

Abbildung 3.11. Zentrale Steuerungseinheit zFAS
Quelle: Audi AG

Nvidia will zudem Algorithmen für das maschinelle Lernen nutzen, um autonomes Fahren ohne die vorherige Programmierung von Verkehrssituationen zu ermöglichen. Dieser Versuch kommt den vielen Experten entgegen, die glauben: Eine Programmierung sei gar nicht möglich, weil der Verkehr zu komplex und zu wenig vorhersehbar sei.

Drive Recorder

In Fahrzeugen mit Hoch- und Vollautomation (Levels 4 und 5) muss ein Drive Recorder installiert sein, der jede Aktion des Computers und des Fahrers aufzeichnet. Diese Geräte dienen vor allem zur Analyse von Unfällen. Anhand des Protokolls lässt sich herausfinden, was wirklich passiert ist. Dabei muss es möglich sein, die Manöver des Fahrers von den Anweisungen der Software zu unterscheiden. Die National Highway Traffic Safety Administration beschäftigt sich seit vielen Jahren mit sogenannten Event Data Recordern. Daher dürfte der Gesetzgeber schon bald entsprechende Anforderungen formulieren. Offenbar hat Tesla Schwierigkeiten, Unfälle und Pannen mit dem Autopiloten zu analysieren. Die Daten aus den Systemen bieten trotzdem gewisse Möglichkeiten, eine Verkehrssituation zu rekonstruieren.

Over-provisioning

Von Over-provisioning ist die Rede, sofern man ein Fahrzeug mit Hardware – vor allem Prozessoren und Sensoren – ausrüstet, die noch gar nicht erforderlich sind. Hardware auf Vorrat einzubauen, erscheint ratsam, um regelmäßig die Software aktualisieren zu können, ohne dass eine Umrüstung nötig wird. Dieser Ansatz ist typisch für die Smartphone-Industrie: Man muss nicht jedes Mal ein neues Gerät erwerben, um von neuer Software mit mehr Leistung, Sicherheit und Funktionen zu profitieren. Tesla kündigte bereits 2016 an, dieses Over-provisioning der Computerhardware betreiben zu wollen. Seit 2017 sind alle neuen Modelle mit einer kompletten Sensorausstattung und besonders leistungsfähiger Computerhardware ausgestattet. So kann der Kunde von Fortschritten in der Softwareentwicklung profitieren, ohne dass die Hardware im Fahrzeug ausgetauscht werden muss.

Back-up Levels

Für viele Menschen ist es ein Albtraum, wenn sie an autonomes Fahren denken: Was passiert, wenn das System gestört ist oder sogar ganz ausfällt? Gebraucht wird eine Rückfallebene, eine menschliche oder eine maschinelle. Grundsätzlich gibt es zwei Möglichkeiten, die Rückfallebene zu organisieren: (1) Bis zu Level 3 der Automation bildet der Fahrer die einzige Rückfallebene. Er muss in der Lage sein, schnell und eindeutig die Kontrolle zu übernehmen. (2) Ab Level 4 gibt es mehrere redundante technische Systeme als Rückfallebene. Das Fahrzeug selbst muss die Probleme lösen, die beispielsweise durch einen Ausfall der Sensoren auftreten. Allerdings will auch ein Ausfall der Funkverbindung oder der Cloud-Rechenzentren bedacht sein. Deshalb muss das Auto immer so viel Verarbeitungskapazität an Bord haben, dass stets ein sicherer Stopp gewährleistet ist.

Ausblick: Fahrzeuge als universelle digitale Plattformen

Die in die Fahrzeuge eingebaute Informations- und Kommunikationstechnologie lässt sich nicht nur nutzen, um das Fahren zu automatisieren. Prozessoren, Sensoren, Netzwerke und Aktoren (Antriebselemente) können auch als universelle digitale Plattform für vielfältige Anwendungen dienen. Die Historie zeigt, wie in kurzer Zeit aus dedizierter Hardware universelle Plattformen entstehen: Zu Beginn der 80er Jahre brachte IBM den Personal Computer mit MS-DOS als Betriebssystem auf den Markt. Das Ziel: die Schreibmaschine ersetzen. Diese Computer entwickelten sich jedoch in wenigen Jahren zu einer digitalen Plattform mit Software für viele Bereiche des geschäftlichen und privaten Lebens. Textverarbeitung und Computerspiele bildeten den Anfang, Tabellenkalkulation und Datenbanken folgten.

Einige Jahre später wiederholte sich diese Geschichte. Mobiltelefone wurden, wie der Name schon sagt, entwickelt, damit die Menschen unterwegs kommunizieren konnten. Mit der SMS kam vor 20 Jahren eine erste nichtsprachliche Anwendung hinzu; das Schreiben allerdings war mühsam, weil die Buchstaben über die Zifferntastatur eingegeben werden mussten. Inzwischen bilden Smartphones universelle digitale Plattformen, für die mehr als eine Million Anwendungen, sogenannte Apps, zur Verfügung stehen. Für fast jede Herausforderung des täglichen Lebens gibt es eine App, das Spektrum reicht von der Taschenlampe bis hin zu temporären Apps, die nur für eine Veranstaltung entwickelt werden.

Derzeit sind alle Betriebssysteme und Architekturen in den Autos geschützt, nur der Hersteller kann Software auf die Platine spielen. Diese Absicherung erscheint notwendig, da durch fehlerhafte Software Unfälle passieren können und das Fahrzeugmodell als Folge davon seine Zulassung verliert. Künftig könnten die Automobilunternehmen der Apple-Strategie folgen und eine universelle digitale Plattform bereitstellen, auf die auch Dritte unter kontrollierten Bedingungen ihre Apps aufspielen dürfen. Dadurch würden rasch Anwendungen entstehen, an die bis heute in der Automobilindustrie niemand denkt. Am Ende schlägt die Crowd (also die schiere Menge) der Entwickler, alle Forschungs- und Entwicklungsabteilungen der Hersteller.

Zusammenfassung

- Die Digitalisierung verändert ein Fahrzeug substanziell. Das mechanische Objekt wird um Informations- und Kommunikationstechnologie ergänzt.
- Algorithmen bilden den Kern der Software und entscheiden über die Manöver eines Fahrzeugs. Zukünftig kommen sie vor allem aus der Künstlichen Intelligenz.
- Software ist die zentrale Komponente des digitalisierten Fahrzeugs. Bereits heute werden in einem Fahrzeug mehr als 100 Millionen Programmcode-Zeilen verwendet.
- Eine digitale Welt braucht eine zyklusorientierte Softwareentwicklung. Dies erfordert sowohl neue Methoden als auch eine neue Entwicklungskultur.
- Daten sind die zentrale Ressource; sie werden in den Fahrzeugen selbst oder in den Datenspeichern der Automobilhersteller verwaltet.
- Drive-by-wire gelangt in die Fahrzeuge, das heißt: Der Motor, die Bremsen und das Lenkrad werden digital angesteuert.
- Over-provisioning bedeutet, dass in ein Fahrzeug mehr Ausstattung und Hardware eingebaut ist, als im Moment tatsächlich genutzt werden kann.
- Ein Drive Recorder speichert sämtliche menschlichen und maschinellen Aktivitäten im Fahrzeug und erlaubt daher die Rekonstruktion von Unfällen.
- Die Rückfallebenen gewährleisten, dass ein automatisiertes Fahrzeug bei Problemen jederzeit in einen sicheren Zustand gelangt.

Kapitel 14
Vernetztes Fahrzeug

Ein Auto ist schon heute kein isoliertes Gefährt mehr, kein sogenanntes Stand-alone-Produkt. Auf vielfältige Weise ist es mit seiner Umwelt verbunden, und diese Vernetzung nimmt immer mehr zu. Dank der Vehicle-to-Cloud (V-to-C)-Kommunikation gelangen Online-Services in das Fahrzeug, Wetterinformationen zum Beispiel. Wie schon angedeutet, geht es bei der V-to-V-Kommunikation (Vehicle-to-Vehicle) um die Vernetzung der Autos untereinander. Die V-to-I-Kommunikation (Vehicle-to-Infrastruktur) dient dazu, ein Fahrzeug mit Ampeln, Verkehrsschildern oder Parkhäusern zu verbinden. Abbildung 3.12 gibt einen Überblick über vernetztes Fahren, gegliedert nach Infrastruktur und Anwendungen.

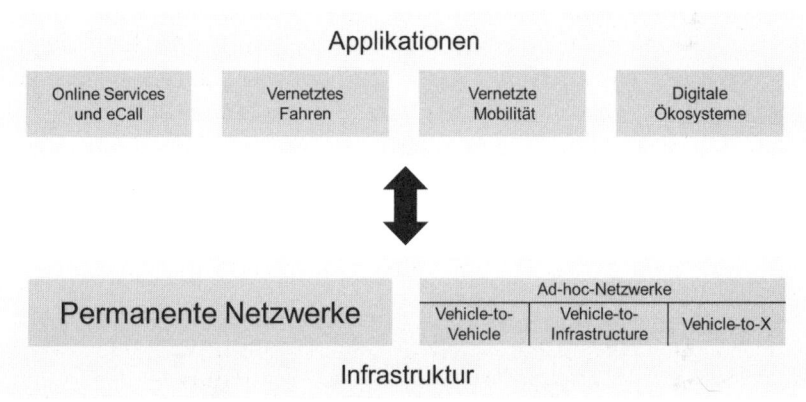

Abbildung 3.12. Vernetztes Fahrzeug und vernetzte Mobilität
Quelle: Eigene Darstellung

Permanente Netzwerke

In der Regel sind es Mobilfunknetze, die ein Fahrzeug mit seiner Umgebung verbinden. Bei der direkten Vernetzung, die sich wohl durchsetzen dürfte, besitzt das Auto eine eigene SIM-Karte und verfügt daher über eine eigene Identität im Mobilfunknetz. Bei indirekter Vernetzung befindet sich im Fahrzeug ein Mobilfunkgerät (Smartphone), das über Kabel oder Bluetooth mit dem Auto verbunden ist. Abbildung 3.13 (S. 136) zeigt den Anstieg der Leistung von Funknetzen und den erwarteten Sprung durch die 5G-Netze.

135

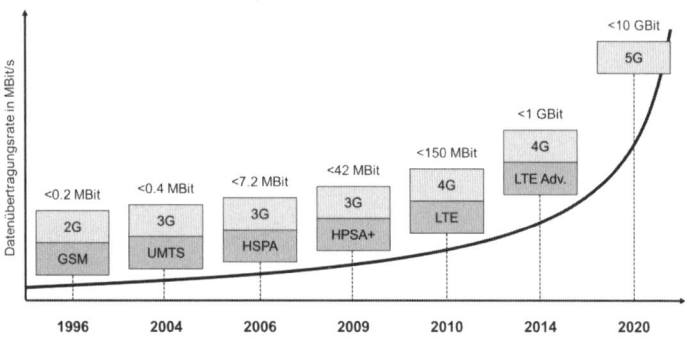

Abbildung 3.13. Entwicklung der Mobilfunknetze
Quelle: LTE-Anbieter.info

GSM, UMTS, HSPA, HSPA+, LTE und LTE Adv stehen für Technologien, die für verschiedene Anwendungen zum Einsatz kommen.

Schätzungen zufolge dürfte die Übertragungsrate bei 5G-Netzen im Vergleich zu heute um das 10- bis 100-fache steigen, also auf bis zu 10 GigaBit. Die Anzahl der Teilnehmer, die gleichzeitig kommunizieren können, sollte sich ebenfalls erhöhen, wogegen der Energieverbrauch sinken dürfte. Von besonderer Bedeutung: Die Latenzzeit wird wohl auf unter zehn Millisekunden fallen. Der Wert gibt an, wie sehr ein Signal durch den Transport im Netzwerk verzögert wird. In den heute verfügbaren Mobilfunknetzen sind Latenzzeiten von 50 bis mehreren 100 Millisekunden üblich. Deshalb haben sich die Volkswagen, Audi, BMW, Mercedes, Ericsson, Huawei, Intel, Nokia und Qualcomm in der 5G Automotive Association zusammengeschlossen. Die Vereinigung will die Standardisierung der 5G-Technologie voranbringen und die Vernetzung forcieren.

Geplant sind drei Klassen von Servicequalität: Eine erste Klasse dient den bekannten Breitbandanwendungen für das Streaming von Audio und Video sowie den Bezug von digitalen Karten. Eine zweite Klasse soll das automatisierte und autonome Fahren voranbringen, mit den höchsten Anforderungen an Latenzzeit und Zuverlässigkeit. Eine dritte Klasse bedient Anwendungen des Smart Metering (also kommunikationsfähige elektronische Messeinrichtungen), mit vielen Geräten, aber geringen Datenübertragungsraten. Man rechnet damit, dass die 5G-Technologie im Jahr 2020 erstmals eingesetzt werden könnte.

5G-Netze zeichnen sich dadurch aus, dass sich die Basisstationen (Antennen) zu Rechenzentren entwickeln. Diese dezentrale Verarbeitungskapazität ermöglicht neue Cloud-Anwendungen in Echtzeit, da die Datenverarbeitung in der Funkzelle erfolgt. Die räumliche Nähe in Verbindung mit einer innovativen neuen Funktechnik bildet die Ursache für die geringe Latenzzeiten von deutlich unter 100 Millisekunden. In einigen Versuchen wurden sogar unter 10 Millisekunden gemessen.

Eine flächendeckende 5G-Vernetzung gilt als zentrale Voraussetzung für das hoch- und vollautomatisierte Fahren (Levels 4 und 5). Daher hat die chinesische Regierung bereits in 2017 die Entwicklung der 5G-Technologie zu einer zentralen Aufgabe erklärt. Huawei gehört bereits zu jenen Unternehmen, die global betrachtet führend bei der Implementierung von 5G-Netzen sind. Insofern müssen Politik und Wirtschaft in Europa kooperieren, um die technischen Voraussetzungen zu schaffen. Ansonsten könnten Autoländer, wie Deutschland, Italien, Frankreich, England oder Schweden, zurückfallen. Die Frequenzen für die 5G-Netze sollten rasch versteigert und die notwendigen Antennen zügig aufgebaut werden. Dabei wäre es ratsam, einen erheblicher Teil der Einnahmen für den sukzessiven Ausbau der Verkehrsinfrastruktur zu verwenden.

Ad-hoc-Netzwerke

Ad-hoc-Netzwerke sind temporäre Verbindungen zwischen Autos oder Geräten, die sich in räumlicher Nähe zueinander befinden und mit der entsprechenden funktechnischen Infrastruktur ausgestattet sind. Verlässt ein Fahrzeug oder Gerät den Raum, in dem sich ein Ad-hoc-Netzwerk befindet, fällt es zusammen. Bei direkten Ad-hoc-Netzen kommunizieren zwei Autos miteinander, ohne dass weitere Infrastruktur erforderlich ist. Die beteiligten Fahrzeuge benötigen einen Sender und einen Empfänger, müssen die gleiche Frequenz verwenden, und das Kommunikationsprotokoll sollte standardisiert sein. Für Ad-hoc-Netze in der Automobilindustrie gilt der Standard 802.11p, der es erlaubt, Netze bis zu einer Reichweite von 1.000 Metern und einer Fahrzeuggeschwindigkeit von bis zu 200 km/h aufzubauen. Kommen diese Netze über das Mobilfunknetz zustande (indirekte Netze), sendet die Mobilfunk-Basisstation ein Signal an alle in der Zelle befindlichen Empfangsgeräte. Hierzu dient die LTE-V-Technologie, mit der man inzwischen auch die Autobahn A9 zwischen München und Nürnberg ausgerüstet hat.

Audi, Ericsson, Qualcomm und SWARCO Traffic Systems haben in Kooperation mit der Universität Kaiserslautern das ConVeX-Konsortium gebildet. Es testet verschiedene Varianten der Ad-hoc-Netzwerke. Das Ziel: anhand von Beispielen aus der V-to-V, der V-to-I und der V-to-X-Kommunikation den Durchsatz an Fahrzeugen steigern, die Verkehrssicherheit erhöhen und vernetztes Fahren ermöglichen.

Vehicle-to-Vehicle (V-to-V)-Kommunikation

Bei der V-to-V-Kommunikation sind die Autos untereinander verbunden. Dabei tauschen die Fahrzeuge Informationen über Richtung und Geschwindigkeit in einem Umkreis von 300 bis 1.000 Metern aus. Ein Auto, das auf einen Stau zufährt, sendet kontinuierlich Informationen über seine abnehmende Geschwindigkeit. Alle nachfolgenden Fahrzeuge empfangen dieses Signal und können den Fahrer warnen oder selbstständig bremsen. General Motors baut bereits in alle neuen Cadillac-Modelle die Sender und Empfänger für eine V-to-V Vernetzung ein. In Ann Arbor findet bereits seit 2012 ein Versuch mit 3.000 Fahrzeugen statt, die mit V-to-V-Kommunikation ausgerüstet sind. Toyota kündigte an, den Versuch auf 5.000 Autos auszuweiten.

Vehicle-to-Infrastruktur (V-to-I)-Kommunikation

Jedes Verkehrszeichen ist mit einem Sender ausgestattet, der seinen Standort und seine Botschaft mitteilt, zum Beispiel Tempolimit 80. Alle Fahrzeuge, die in den Empfangsbereich kommen, passen ihre Geschwindigkeit entsprechend an. Die bereits erwähnte Autobahn A9 in Deutschland ist ein Testfeld für das vernetzte Fahren. Man untersucht, ob Radarsensoren entlang der Straße die Sicherheit erhöhen und den Verkehrsfluss steigern. Sie können an Leitpfosten oder Brückenschilder montiert werden und erfassen die Geschwindigkeit und die Anzahl der Fahrzeuge, die unterwegs sind. Die Daten helfen, die Auslastung der Fahrbahn zu optimieren und das Ende eines Staus rechtzeitig zu erkennen. Das Stauende, ein besonders unfallträchtiger Ort, soll präzise geortet und die Information sofort an die anderen Fahrzeuge auf der A9 weitergegeben werden.

Wechselschilder machen es möglich, abhängig von der Verkehrssituation die zulässige Höchstgeschwindigkeit zu verändern oder Fahrspuren zu öffnen und wieder zu sperren. Die Informationen lassen sich über entsprechende Online-Dienste an alle vernetzten Autos weitergeben. Bei autonomen Fahrzeugen können diese Informationen in das Real World Model einfließen. Sie ergänzen damit das Umgebungsbild des Fahrzeugs.

Sofern die Infrastruktur zum Beispiel Informationen über ein Tempolimit an ein vernetztes Fahrzeug liefert, stellen sich die folgenden Fragen: Wann sind diese Informationen rechtsverbindlich? Wer wird bestraft, sofern das Fahrzeug die Informationen zu spät, unvollständig oder gar nicht erhält? Antworten darauf gibt es bislang nicht.

Zusätzlich zu den Tests auf der A9 untersucht Audi, wie die Infrastruktur für eine Fahrt von der Autobahn in die Stadtmitte beschaffen sein sollte

(Digitales Testfeld Ingolstadt – Erste Meile). Dabei geht es um Sensoren im Kreuzungsbereich, aber auch um bauliche Maßnahmen, etwa unterschiedliche Bordsteintypen. Sobald Ad-hoc-Netzwerke auf Basis von 5G verfügbar sind, soll es auch hierzu umfassende Tests geben.

Vehicle-to-Umwelt (V-to-X)-Kommunikation

Im Zeitalter des Internets gibt es keine Grenzen mehr für die Vernetzung von Objekten und den Austausch von Informationen zwischen ihnen. Das zeigt sich auch in der V-to-X-Kommunikation, wobei das X für jedes Objekt oder jede Person steht, mit der grundsätzlich eine Vernetzung möglich ist. Besondere Bedeutung kommt, um Unfälle zu vermeiden, der Kommunikation zwischen Fahrzeug und Fußgänger zu. Die Menschen müssen keinen Sender tragen und keine IP-Adresse besitzen, da sich das Smartphone zur Identifizierung verwenden lässt. Die Autos sind in der Lage, die Signale der Smartphones über ein Ad-hoc-Netzwerk zu empfangen. Sie wissen daher, dass sich Personen in der Nähe befinden. Fahrräder oder Kinderwägen ließen sich hingegen mit Sendern ausrüsten, damit sie von den Autos identifiziert werden können.

Online Services und eCall

Bereits heute ist es möglich, im Fahrzeug E-Mails zu senden und zu empfangen oder Musik von Streaming-Diensten abzuspielen. In Zukunft können sogar Videos in bester Qualität über das Mobilfunknetz im Auto gesehen werden. Je besser die Qualität und je höher die Kapazität der Netze, desto mehr digitale Unterhaltungs- und Kommunikationsservices lassen sich nutzen. Der eCall (Emergency Call) alarmiert die Notfallzentrale, sofern ein Unfall geschieht. Dieses Notrufsystem muss laut Vorschriften der Europäischen Union seit 2018 in alle neuen Autos eingebaut werden. Dabei melden im Fahrzeug montierte Geräte einen Unfall. Ein ähnliches System bietet General Motors für seine Fahrzeuge seit einigen Jahren unter dem Namen OnStar in zahlreichen Ländern an. Das im Rückspiegel eingebaute System konnte bereits mehr als sechs Millionen Mal verkauft werden.

Vernetztes Fahren

Vernetztes Fahren lässt das alles Realität werden, was Fahrlehrer ihren Schülern immer wieder predigen: fünf Fahrzeuge voraus und drei Fahrzeuge zurück denken. Denn das vorausfahrende Auto informiert das folgende, wenn es bremst, beschleunigt oder die Spur wechselt. Basiert das vernetzte Fahren auf einem kartenbasierten Cloud-Service, verbessern sich Sicherheit und Komfort. Im September 2016 hat HERE die ersten vier Online-Services angekündigt, die Echtzeitinformationen liefern: (1) Realtime Traffic informiert über die Intensität des Verkehrs, über Notbremsungen und über Staus. (2) Zu den Hazard Warnings gehören Hinweise auf Unfälle und extreme Wetterbedingungen. Hinzu kommen alle möglichen Informationen über (3) Verkehrszeichen und (4) Parkmöglichkeiten.

Die Informationen, die über die digitalisierten Karten hinaus zur Verfügung stehen, stammen aus Fahrzeugen von Audi, BMW oder Mercedes, die mit Sensoren zur Erkennung und Bewertung der Umgebung ausgestattet und mit HERE vernetzt sind. Es handelt sich um Daten über Geschwindigkeit, Fahrtrichtung, Standort des Fahrzeugs, Wetterinformationen, Notbremsungen, Nutzung der Warnblinker und Einsatz der Nebelschlussleuchte. Zudem stellen die Kameras in den Fahrzeugen weitere Daten bereit, etwa über Verkehrszeichen, Straßensperrungen, Unfälle und Baustellen. Die Schwarmintelligenz sorgt dafür, dass die Informationen fortlaufend überprüft werden können. Liefern mindestens zehn Fahrzeuge die gleichen Daten, gelten die abgeleiteten Informationen als gesichert. Jedes Fahrzeug, das mit HERE verbunden ist, sendet seine Informationen ständig an den Kartendienst. HERE wertet die Informationen aus und überträgt sie auf die digitale Karte. Unmittelbar danach stehen sie für alle Fahrzeuge bereit, die über die entsprechende Berechtigung verfügen.

Digitale Ökosysteme

Internetgiganten wie Amazon, Apple und Google besitzen inzwischen digitale Ökosysteme. Das heißt: Mehrere Online-Services sind mit einer zentralen Anwendung verbunden. In diesen Systemen finden sich nur Apps, die vom Betreiber genehmigt und freigeschaltet wurden. Auch Automobilunternehmen sind dabei, solche Systeme zu entwickeln. Über Mobilfunknetze können die Daten aus Sensoren in die Speicher des Herstellers gelangen – Daten zum Standort, zur gefahrenen Strecke, zum Beschleunigungsverhalten, zur Straßenbeschaffenheit oder zum Zustand von Aggregaten im Auto.

Im Wissen um diese Daten könnte ein digitaler Fahrlehrer geschaffen werden, der dem Menschen am Steuer Tipps gibt, wie er Ressourcen und Fahrzeug schonen könnte. Ein digitaler Automobilberater würde dem Fahrer Funktionen des Autos erklären, die er noch nie oder noch nicht richtig verwendet hat. Die Verbindung der Fahrzeugdaten mit den Personendaten erlaubt es zudem, personalisierte Dienstleistungen zu erstellen. VW hat eine App präsentiert, die als persönlicher Benutzerpass dient und alle gewünschten Einstellungen speichert. Sobald der Nutzer die App in einem Fahrzeug von VW aktiviert, richten sich Sitze, Spiegel und weitere Funktionen an den personenbezogenen Vorgaben aus.

Bislang will die Automobilindustrie die Schnittstelle zwischen dem Fahrzeug und seinem Spiegelbild im Datenspeicher nicht für Dritte öffnen, und zwar aus Gründen der Sicherheit und der Haftung. Allerdings gibt es immer mehr Druck auf die Politik, den Zugang zu diesen Daten zu erzwingen. Insbesondere Versicherungen fürchten um ihr Geschäft, so dass sie alles daran setzen, mehr über die Fahrzeuge und das Verhalten der Fahrer zu erfahren.

Zusammenfassung

- Die Vernetzung von Fahrzeugen erfolgt permanent über Mobilfunknetze oder mit Hilfe von Ad-hoc-Netzwerken. Solche Netzwerke dienen der V-to-V-, V-to-I- und V-to-X-Kommunikation.
- Etablierte Online-Dienste erlauben es, nach Informationen zu suchen, Telefonate zu führen oder Musik aus dem Internet abzuspielen.
- Der eCall als Service zur Alarmierung einer Notfallzentrale nach einem Unfall gehört ab 2018 in allen europäischen Ländern zur Pflichtausstattung neuer Fahrzeuge.
- Im Rahmen des vernetzten Fahrens werden Informationen aus anderen Fahrzeugen oder aus der Infrastruktur in das Real World Model eines autonomen Fahrzeugs integriert.
- Vernetzte Mobilität bedeutet, dass in Zukunft Angebote für intermodale Mobilität erstellt werden.

Kapitel 15
Datensicherheit

Cybersicherheit

Neben allen politischen, ethischen und rechtlichen Fragen rund um das autonome Fahren muss, bevor diese Autos auf die Straßen kommen, auch das Problem der Cybersicherheit gelöst werden. Die zentralen Steuerungseinheiten in den Fahrzeugen sind mit der Infrastruktur, dem Internet und auch mit dem Verkehrsmanagement verbunden — deshalb besteht die Gefahr von Cyberattacken. Bei indirekten Angriffen könnten Hacker die Signale manipulieren, die die Infrastruktur, das GPS, das Verkehrsmanagement oder andere Fahrzeuge einem selbstfahrenden Auto senden. Untersuchungen haben ergeben, dass solche Angriffe grundsätzlich möglich sind. Sie können dazu führen, dass ein Auto in eine falsche Richtung oder zu einem falschen Ziel gesteuert wird. Gravierender sind jedoch direkte Angriffe, bei denen sich die Hacker Zugang zur zentralen Steuerungseinheit verschaffen. Sie könnten auf Lenk-, Beschleunigungs-, Bremsmanöver Einfluss nehmen, könnten mutwillig schwere Unfälle herbeiführen. Sogar Entführungen sind vorstellbar.

Inzwischen ist eine globale Cyber-Crime-Industrie entstanden. Im Oktober 2016 konnten Unternehmen wie Amazon, Netflix, Twitter und Spotify aufgrund eines Angriffs stundenlang nicht erreicht werden. Kriminelle hatten die Rechnerkapazität von mehr als 300 Millionen vernetzter Geräte genutzt, um so viele Anfragen an die Server zu richten, dass diese zusammenbrachen. Erstaunlicherweise kostet es nicht einmal $ 100, um so einen Angriff zu starten, wogegen der angerichtete Schaden rasch mehrere hundert Millionen Dollar betragen kann.

Wie anfällig vernetzte Fahrzeuge sind, machte ein in der Zeitschrift Wired publizierter Artikel deutlich. Hacker drangen über eine Lücke im Unterhaltungssystem in die Elektronik eines Jeep Cherokee ein und manipulierten Lenkung, Gaspedal und Bremsen. Der Redakteur von Wired, der sich für den Versuch zur Verfügung gestellt hatte, musste erleben, wie über Funk die Bremsen gelöst wurden und das abgestellte Fahrzeug davonrollte. Inzwischen kursieren im Internet sogar Handbücher zum Hacken von Autos.

Das Beispiel zeigt: Die für das autonome Fahren unerlässliche Öffnung einer bislang geschlossenen zentralen Steuerungseinheit bringt neue Risiken mit sich. Sie können selbst bei sorgfältigster Entwicklung dieser Systeme nicht vollständig eliminiert werden. Deshalb sollten die Automobilhersteller lernen, Gefahrenmuster rechtzeitig zu erkennen, und es muss eine gemeinsame Strategie zur Abwehr solcher Angriffe entwickelt werden. Die Europäische Kommission hat eine Initiative auf den Weg gebracht, um ein modulares System zum Schutz von automobilen Netzwerkverbindungen zu erstellen. In den USA betreibt die National Highway Traffic Safety Administration seit Jahren umfangreiche Forschung zum Thema Sicherheit und entwickelte ein Regelwerk. Dabei kommt die Gefahrenmodellierung zum Einsatz, bei der man durch vorgegebene Angriffsszenarien Sicherheitslücken aufdeckt. Aus dem Assessment of Safety Standards for Automotive Electronic Control Systems geht hervor, dass die Automobilindustrie diese Verfahren in ihre Forschungs- und Entwicklungsprozesse einbauen sollte.

Die Society of Automotive Engineers erarbeitete ebenfalls Hinweise für die Gestaltung der zentralen Steuerungseinheit, um die Gefahr von Cyberattacken zu minimieren. Das National Institute of Standards and Technology stellte ein Rahmenwerk vor, um kritische Infrastruktur vor Angriffen zu schützen. Es schlägt einen Prozess vor, der aus fünf Schritten besteht: identifizieren, schützen, entdecken, antworten und wiederherstellen. Weitere Hinweise ergeben sich aus der ISO/IEC 27000-Richtlinie, die wiederum in die Vorschläge der Information Systems Audit und Control Association zur Informationssicherheit eingeflossen ist.

Darüber hinaus bietet sich zur Abwehr von Cyberangriffen auch eine Zusammenarbeit mit der Flugzeugindustrie an. Bislang ist noch kein ziviles Flugzeug durch einen kriminellen Eingriff in die Elektronik abgestürzt. Flugzeuge können allerdings komplett abgeschottet werden, während Fahrzeuge über die Verbindung zum Hersteller und das Multimediasystem kontrolliert offen sind. Auch mit Staatsschutz oder Geheimdiensten wird man aus Gründen der Cybersicherheit zusammenarbeiten müssen. Zudem gibt es zahlreiche technische Optionen, etwa die Verschlüsselung von Daten oder die Verfahren der Authentifizierung, um Cyberangriffe abzuwehren. Ein Beispiel: die Verschlüsselung des Austausches zwischen dem Datenspeicher des Automobilherstellers und den Fahrzeugen. Eine andere Lösung könnte darin bestehen, Daten aus verschiedenen Sensoren zu verwenden, um das Real World Model zu rekonstruieren. Diese Architektur reduziert die Abhängigkeit von einer Datenquelle und damit auch die Anfälligkeit für einen Cyberangriff.

Datenschutz

Die fortschreitende Vernetzung der Fahrzeuge führt zu einer erheblichen Menge an Daten, die im Auto, in der Infrastruktur und in den Clouds anfallen. Diese Daten sind vor allem für den Betrieb der Fahrerassistenzsysteme erforderlich, aber auch, um den Kunden immer mehr Informations- und Kommunikationsleistungen im Fahrzeug anzubieten. Grundsätzlich lassen sich drei Kategorien von Daten unterscheiden, die im Auto generiert werden:

Zunächst entstehen Daten aufgrund gesetzlicher Regelungen. Ein Beispiel: der automatische Notruf, der in Deutschland ab 2018 verpflichtend ist. Nach einem Unfall können Informationen über den Zeitpunkt, den Ort und die Fahrtrichtung an die Notrufzentrale übermittelt werden. Zweitens resultieren Daten aus technischen Prozessen, etwa der Erfassung der Umgebung durch Sensoren. In der Regel sind diese Daten flüchtig, es sei denn, sie gelangen zum Beispiel in die Datenbanken der Kartenhersteller. Und drittens stammen Daten aus der Bereitstellung von vertraglich vereinbarten Leitungen. Dazu zählen die Navigationskarte, der Internetzugang im Fahrzeug, außerdem die vielen V-to-X-Anwendungen, etwa die Überprüfung der Fahrtauglichkeit durch Sensoren im Lenkrad. Alle diese Daten gelangen in eine Cloud oder zum Server des Automobilherstellers.

Die Daten müssen sicher gesammelt, verarbeitet und gespeichert werden. Für den Umgang damit hat die deutsche Automobilindustrie drei Prinzipien erarbeitet: (1) Mit Transparenz ist gemeint, dass jeder Kunde das Recht hat, sich selbst ein Bild von den verarbeiteten Daten zu machen. Der Fahrer kann bestimmte Dienste ausschalten und gespeicherte Daten löschen. (2) Auch kann die Erlaubnis, dass Daten von Dritten genutzt werden, jederzeit rückgängig gemacht werden. Grundsätzlich werden Daten nur dann weitergegeben, wenn eine gesetzliche Erlaubnis oder ein vertragliches Einverständnis vorliegt. (3) Darüber hinaus verpflichtet sich die Industrie, die Kunden vor Datenmissbrauch zu schützen, indem sie die IT-Systeme zur Datensicherheit ständig verbessert.

Ob diese Prinzipien ausreichen, dürfte sich schon bald zeigen. Trotz aller Bekundungen für einen verantwortlichen Umgang mit diesen Daten sind die Verlockungen groß: Mit den bereits vorhandenen Daten kann man die Kunden sehr genau kennenlernen. Man kann ihnen auf sie zugeschnittene Dienstleistungen anbieten, man kann sie individuell ansprechen. Allerdings muss jedem Automobilhersteller klar sein: Das autonome Fahren kann sich nur dann durchsetzen, wenn die Kunden der Technologie aber auch den Herstellern vertrauen. Erste Erfahrungen zeigen: Die Menschen gehen beim Thema Datenschutz mit Automobilherstellern kritischer um als mit Internetgiganten wie Google und Facebook.

Zusammenfassung

- Die Anzahl der Cyberangriffe nimmt stetig zu. Inzwischen gibt es eine ganze Industrie, die Angriffe auf Personen, Unternehmen und Objekte ausführt.
- Die Automobilindustrie muss bei der Cybersicherheit mit privaten und öffentlichen Institutionen zusammenarbeiten und Maßnahmen zur Abwehr von Cyberattacken erarbeiten.
- Aufgrund der fortschreitenden Automatisierung und Vernetzung der Fahrzeuge fallen immer mehr Daten an, deren Schutz eine zentrale Aufgabe darstellt.
- Damit das autonome Fahren akzeptiert wird, ist es unerlässlich, dass fahrerlose Autos vor Cyberangriffen bewahrt und die in den Wagen generierten Daten geschützt werden können.
- Den Datenschutz zu garantieren, dürfte für Automobilhersteller künftig eine der wichtigsten Aufgaben sein. Die Kunden legen darauf größten Wert.

Teil 4
Der Kunde und sein Mobilitätsverhalten

Kapitel 16
Das Dilemma mit der Mobilität

Zeit und Kosten

Die Staus in den USA sind ein Albtraum. Die Pendler verbringen jedes Jahr 6,9 Milliarden Stunden im Stillstand. Das bedeutet, dass jeder von ihnen staubedingt etwa 42 zusätzliche Stunden pro Jahr im Auto sitzt. Für Fahrten während der Hauptverkehrszeiten muss man in einigen Metropolen 150 Minuten früher losfahren als zu anderen Tageszeiten. Die Gründe: Unfälle, schlechtes Wetter, miserable Straßen, unerwartete Staus. Das führt dazu, dass insgesamt pro Jahr 3,1 Milliarden Liter Kraftstoff verschwendet werden. Auf das einzelne Fahrzeug heruntergerechnet bedeutet dies einen zusätzlichen Verbrauch von jährlich 72 Liter (Tabelle 4.1, S. 149). Das sind die Zahlen der Urban Mobility Scorecard der Texas A & M University aus dem Jahr 2014 (neuere Zahlen erscheinen erst wieder in einigen Jahren).

Besonders dramatisch ist die Situation im Großraum Washington D.C. und auf den Verbindungsstraßen nach Virginia und Maryland. Dort stehen die Pendler durchschnittlich 82 Stunden im Stau und benötigten dadurch zusätzlich 132,5 Liter Kraftstoff pro Auto. Obwohl Lastwagen nur sieben Prozent der Fahrzeuge in den USA ausmachen, verursachen sie 18 Prozent der staubezogenen zusätzlichen Kosten.

In den vergangenen Jahren haben sich die aus den Verkehrsbehinderungen resultierenden Kosten deutlich erhöht. Im Grunde kann man diese Last wie eine Steuer interpretieren, die anfällt, weil die Infrastruktur nicht mehr leistungsfähig genug ist für das stetig wachsende Verkehrsaufkommen. Schätzungen von Forschungsinstituten zufolge dürfte sich die Situation weiter verschärfen. Man rechnet für das Jahr 2020 mit 8,3 Milliarden zusätzlichen Stunden und 14,4 Milliarden Liter verschwendetem Kraftstoff, was zu staubezogenen Kosten von knapp $ 200 Milliarden führt: Das also ist die Größenordnung, die man als Investition vertreten kann, um alternative Verkehrskonzepte rund um das autonome Fahren zu forcieren mit dem Ziel: keine Staus mehr.

Eine Studie des Centre for Economic and Business Research in London widmet sich den durch Verkehrsbehinderungen verursachten Kosten. Sie resultieren aus der verlorenen Zeit im Stau, den Kosten für den verschwendeten Kraftstoff, den Belastungen der Umwelt sowie den Preissteigerungen für Güter und Dienste aufgrund von Verkehrsstörungen. Speziell wurden vier Metropolen — London, Paris, Stuttgart und Los Angeles — untersucht, weil sie einen beachtlichen Anteil an den durch Stau verursachten Kosten im jeweiligen Land tragen. Alle vier gelten als florierende Metropolen, die immer mehr Unternehmen und Menschen anziehen, wodurch auch immer mehr Verkehr entsteht. Während man für London mit einem Wachstum der Einwohnerzahl von heute 8,4 Millionen auf 10,1 Millionen im Jahr 2030 rechnet, deuten die Analysen für Paris auf einen Anstieg des Sozialprodukts um 40 Prozent bis zum Jahr 2030 hin.

Tabelle 4.1. Auswirkungen von Staus

	Auswirkungen von Staus in den USA (Zahlen von 2014)					
Jahr	Zeit		Verbrauch		Kosten	
	Zusätzliche Stunden (aggregiert)	Zusätzliche Stunden (pro Pendler)	Extra Kraftstoff (aggregiert)	Extra Kraftstoff (pro Pendler)	Kosten für Verzögerung (aggregiert)	Kosten für Verzögerung (pro Pendler)
	Stunden	Stunden	Liter	Liter	$	$
1982	1,8 Mrd.	18	6,8 Mrd.	15,1	42 Mrd.	400
2000	5,2 Mrd.	37	8,3 Mrd.	56,8	114 Mrd.	810
2014	6,9 Mrd.	42	11,7 Mrd.	71,9	160 Mrd.	960
2020	8,3 Mrd.	47	14,4 Mrd.	79,5	192 Mrd.	1.100
Für 2020 sind die Zahlen geschätzt.						

Quelle: Urban Mobility Scorecard der Texas A & M University

In allen vier Städten dürfte die Durchschnittsgeschwindigkeit des Autoverkehrs bis 2030 weiter sinken, in London beispielsweise von heute etwa 34 km/h auf 26 km/h. (Tabelle 4.2, S.150). Folglich erhöht sich auch die im Stau verschwendete Zeit von derzeit etwa 82 Stunden jährlich auf 97 Stunden im Jahr 2030. Die zusätzliche Zeit, die Pendler und andere Verkehrsteilnehmer in London einplanen müssen, damit sie pünktlich ihre Ziele erreichen, beträgt heute bereits 252 Stunden jährlich. Eine Analyse der aus den Verkehrsbehinderungen resultierenden Kosten ergibt eine beeindruckende Zahl; wiederum ist London der Spitzenreiter mit jährlich $ 4.325 pro Pendler.

Tabelle 4.2. Auswirkungen von Staus für vier Städte

	Jahr	London	Paris	Stuttgart	Los Angeles
Durchschnittliche Geschwindigkeit des Stadtverkehrs	2013	33,8 km/h	38,6 km/h	38,6 km/h	33,8 km/h
	2030	25,7 km/h	35,4 km/h	37,0 km/h	24,1 km/h
Zusätzliche Stunden aufgrund von Staus (pro Pendler)	2013	82 Std.	55 Std.	60 Std.	64 Std.
	2030	97 Std.	60 Std.	62 Std.	74 Std.
Zusätzliche Stunden für rechtzeitige Zielerreichung (pro Pendler)	2013	170 Std.	115 Std.	126 Std.	134 Std.
	2030	202 Std.	124 Std.	130 Std.	155 Std.
Zusätzlicher Kraftstoff aufgrund von Staus (pro Fahrzeug)	2013	147 Liter	99 Liter	108 Liter	116 Liter
Zusätzlicher Kraftstoff aufgrund von Staus (aggregiert)	2030	113 Mio. Liter	83 Mio. Liter	27 Mio. Liter	53 Mio. Liter
Kosten von Staus	2013	$ 4.325	$ 3.655	$ 4.107	$ 5.730
	2030	$ 6.259	$ 5.525	$ 5.552	$ 8.555

Quelle: Center for Economics and Business Research, London

Tabelle 4.3 (S. 151) liefert einen Überblick über die zehn stauanfälligsten Straßenabschnitte in 19 europäischen Ländern. Dabei stechen insbesondere Deutschland mit Hamburg und Stuttgart sowie England mit der Metropole London hervor. Nordwestlich von Hamburg und südwestlich von Stuttgart liegen offenbar jene Autobahnabschnitte, auf denen sich im Grunde ständig Staus bilden. Neben diesen beiden Großstädten haben aber auch in anderen deutschen Städten die Anzahl und die Länge der Staus in den letzten Jahren erheblich zugenommen. Mit 43 Stunden verbrachten die Autofahrer in den sechs größten deutschen Städten in 2017 fast zwei Tage im Stau. Spitzenreiter ist München. Dort mussten die Pendler sehr viel Geduld für 51 Stunden aufbringen, gefolgt von Hamburg, Berlin und Köln. Aber auch außerhalb der großen Städte sind ständig Verkehrsstörungen zu verzeichnen: In 2017 registrierte der ADAC einen neuen Rekord von rund 723.000 Staus, die sich auf eine Gesamtlänge von 1,45 Millionen Kilometer summierten. Dabei entfielen 64 Prozent aller Staumeldungen auf die Bundesländer Nordrhein-Westfalen, Bayern und Baden-Württemberg.

Tabelle 4.3. Die zehn stauanfälligsten Fahrbahnabschnitte in Europa

Rang	Stadt	Stauanfälliger Fahrbahnabschnitt	Anzahl Staus (pro Jahr)	Ø Dauer (in Minuten)	Ø Länge (in Kilometer)
1	Hamburg	A7 Nord, Ausfahrt 29, Othmarschen	257	94	8,7
2	Stuttgart	A8 West, Ausfahrt 48, Leonberg-West	790	24	10,9
3	Antwerpen	R1/E19 Ost und E34 Ost, Ausfahrt 3, Borgerhout	396	80	5,8
4	London	M25 Nord, zwischen Ausfahrt 15 und Ausfahrt 16	690	20	9,5
5	London	M25 Nord, zwischen Ausfahrt 16 und Ausfahrt 17	456	30	7,8
6	Köln	A3 Nord, Ausfahrt 25, Köln-Mülheim	264	56	6,9
7	Antwerpen	R1 Ost, nach Ausfahrt 3, Borgerhout	237	67	6,4
8	Luxemburg	A6 West, vor Ausfahrt 4, Strassen	65	286	5,4
9	Paris	A1 Süd, an der Verzweigung mit Boulevard Périphérique	252	109	3,6
10	Karlsruhe	A5 Süd, Ausfahrt 43, Karlsruhe-Nord	178	92	5,8

Quelle: INRIX Research

Emissionen

Verkehrsbehinderungen verursachen in England, Frankreich, Deutschland und USA einen zusätzlichen Kohlendioxidausstoß von mehr als 15.000 Tonnen pro Jahr. Londons Pendler verschwenden mit 147 Liter pro Fahrzeug den meisten Kraftstoff, was 113 Millionen Liter über alle Fahrzeuge ergibt. Der Ausstoß von Kohlendioxid gilt als wesentlicher Grund für den Klimawandel. Er hat Hungersnöte, Wasserknappheit und Wetterturbulenzen zur Folge, ganze Lebensräume werden bedroht. Der hohe Ausstoß von Stickoxiden, vor allem durch Dieselfahrzeuge, verschmutzt die Luft in den Städten und gefährdet die Gesundheit der Einwohner (Erläuterung 4.1, S. 152).

Erläuterung 4.1. Überblick über Emissionen

Abgase von Verbrennungsmotoren

Grundsätzlich emittiert jedes Fahrzeug mit einem Verbrennungsmotor eine Menge von Kohlendioxid (CO_2), die abhängig vom Treibstoffverbrauch ist. Aus jedem Liter Benzin (Diesel) resultieren 2,32 Kilogramm (2,64 Kilogramm) CO_2. Da ein Benzinmotor jedoch mehr Kraftstoff verbraucht als ein Dieselmotor, stößt das Dieselfahrzeug bei gleicher Strecke und Geschwindigkeit weniger Kohlendioxid aus als das mit Benzin betriebene Auto. Kohlendioxid bildet das bedeutendste Klimagas und ist damit entscheidend für den Klimawandel verantwortlich.

Feinstaub bildet einen weiteren bedeutsamen Schadstoff, den Verbrennungsmotoren (vor allem von Dieselfahrzeugen) emittieren. Hierbei handelt es sich um winzige Rußpartikel, die sich bei einigen Fahrzeugen am Heck als feiner schwarzer Staub sammeln. Diese Teilchen gelangen in die Lunge und dringen auf diesem Wege in den Blutkreislauf ein. Sie können zudem Entzündungen der Atemwege sowie Thrombosen und Herzstörungen hervorrufen. Obgleich nicht in allen Ländern eine Pflicht dazu besteht, Fahrzeuge mit einem Filter auszurüsten, können die Schadstoffgrenzwerte kaum noch ohne Partikelfilter eingehalten werden.

Besonders schädlich für Menschen und Umwelt und deshalb auch heftig diskutiert sind Stickoxid-Emissionen (NOX). Sie gelangen aus den Motoren als Stickstoffmonoxid in die Atmosphäre. Dort reagieren sie mit dem Sauerstoff der Luft zum besonders giftigen Stickstoffdioxid. Die Stoffe greifen Schleimhäute an, führen zu Atembeschwerden und Augenreizungen und beeinträchtigen das Herz-Kreislauf-System. Allerdings gibt es Technologien wie das Harnstoff-Wasser-Gemisch AdBlue, um den Ausstoß von NOX zu vermeiden. Eine Alternative dazu bildet der NOX-Speicherkatalysator, der jedoch ähnlich dem Dieselpartikelfilter dazu führt, dass der Motor nicht im optimalen Wirkungsgrad läuft.

Quelle: Eigene Darstellung

Gleiches gilt für die Emission von Feinstaub. Hierzu hat die Environmental Protection Agency einen nationalen Qualitätsstandard für die Luft (PM-Standard) definiert. Danach enthält die als Feinstaub bezeichnete Staubfraktion 50 Prozent der Teilchen mit einem Durchmesser von 2,5 Mikrometer. Auf dieser Basis wurde von der Weltgesundheitsorganisation (WHO) ein Grenzwert festgelegt, der im Jahresmittel eine PM 2,5-Belastung von maximal 10 Mikrogramm pro Kubikmeter vorsieht. Beispielsweise weist Delhi einen mittleren Wert von 153, Peking einen von 56, Los Angeles einen von 20 und London einen von 16 auf. Einer neuen Studie der WHO zufolge leiden 90 Prozent aller Menschen unter der Luftverschmutzung. Eine der zentralen Quellen ist neben Heizungen, Müllverbrennung und Kohlekraftwerken der Straßenverkehr. In zahlreichen Städten, auch in Deutschland, wird inzwischen über Fahrverbote vor allem für Dieselautos diskutiert, um die Vorgaben zur Luftreinhaltung erfüllen zu können.

Egal ob Los Angeles, London, Paris oder Peking — in vielen Metropolen sind die Regierungen nicht mehr bereit, die Luftverschmutzung und die damit verbundenen Krankheiten und Todesfälle hinzunehmen. Erst kürzlich haben die Bürgermeister von Paris und London gemeinsam mit ihren Kollegen aus Madrid, Athen und Mexico City angekündigt, Fahrzeuge mit Dieselmotoren innerhalb der nächsten zehn Jahre aus ihren Städten zu verbannen. In Peking wurde bereits gehandelt; die Ausgabe von Nummernschildern ist limitiert, der Absatz von Elektroautos wird gefördert.

In der Diskussion um die Luftreinhaltung muss auch auf die enormen Fortschritte bei der Emissionsreduktion hingewiesen werden. Auf den Prüfständen laufen inzwischen Motoren zur Probe, deren Stickoxidausstoß um weitere 30 bis 50 Prozent vermindert werden kann. Beim Ausstoß von Kohlendioxid erweist sich der Dieselmotor trotz heftiger Kritik bislang als unschlagbar. Auch die Feinstaubemission dürfte sich deutlich senken lassen — im Diesel gibt es bereits den Partikelfilter, im Benziner kommt er. Das Umweltbundesamt hat verlauten lassen, dass 2020 mehr Feinstaub durch Zigaretten, Feuerwerk und Feuerstellen entsteht als durch den Betrieb von Personenwagen. Das alles heißt aber nicht, dass die Luft dadurch wieder sauber ist und alle Maßnahmen zur Reinhaltung überflüssig wären.

Soziale Kosten

Eine Untersuchung der Rand Corporation befasst sich mit den sozialen Kosten einer gefahrenen Meile. In Zusammenarbeit mit der National Highway Traffic Safety Administration wurden sechs für die USA wichtige Auswirkungen des Autoverkehrs definiert: die Kraftstoffversorgung, die Luftverschmutzung, der Klimawandel, die Staus, die Unfälle und der Lärm. Einige dieser Folgen variieren im Zeitverlauf, andere sind bei einer Fahrt außerhalb einer Stadt niedriger als in der Stadt. Zu den Kosten für Kraftstoff pro gefahrener Meile von etwa 14 Cents kommen der Analyse zufolge 13 Cents an sozialen Kosten hinzu. Obgleich diese Zahlen sich von Land zu Land erheblich unterscheiden, verdeutlichen sie: Die sozialen Kosten gehen weit über den unmittelbar messbaren Spritverbrauch hinaus, und sie müssen in der Diskussion um die neue Mobilität berücksichtigt werden.

In Deutschland benötigt ein Fahrer durchschnittlich zehn Minuten, um einen Parkplatz zu finden, weltweit sind es sogar 20 Minuten. Dabei legt er etwa 4,5 Kilometer zurück, und das Fahrzeug belastet die Umwelt mit etwa 1,3 Kilogramm Kohlendioxid. Der IBM Global Parking Survey zeigt, dass etwa 30 Prozent aller Autofahrer in den Innenstädten auf der Suche nach einem Parkplatz sind. Allein in einem 15 Blöcke umfassenden Geschäftsviertel in Los Angeles werden pro Jahr 180.000 Liter Sprit benötigt, um einen Parkplatz zu finden. Besonders dramatisch ist die Parkplatzsuche in Nairobi, Bangalore, Peking, Buenos Aires, Madrid, Mexico City, Paris und Shenzhen. In diesen Metropolen brauchen die Fahrer durchschnittlich fast 40 Minuten, um einen Parkplatz zu finden. Viele Pendler erreichen das Ziel überhaupt nicht, weil sie die Suche entnervt aufgeben.

Sicherheit

Europas Straßen zählen zwar zu den sichersten der Welt, gleichwohl sind jedes Jahr 25.500 Tote (in den USA: 35.000) im Verkehr zu beklagen. In 2016 starben bei Unfällen im Straßenverkehr, bezogen auf jeweils eine Million Einwohner, in der Europäischen Union (EU) 50 Menschen und weltweit 174. Allerdings gibt es innerhalb der EU erhebliche Unterschiede bei der Verkehrssicherheit: Während Schweden, Dänemark und die Niederlande die Spitzengruppe bilden, schneiden Bulgarien, Rumänien und Polen sehr schlecht ab. Etwa acht Prozent der tödlichen Unfälle ereignen sich auf Autobahnen, 37 Prozent in Städten und 55 Prozent auf Überlandstraßen. Zu den Opfern gehören vor allem die Fahrzeuginsassen (46 Prozent), die Fußgänger (21 Prozent) sowie Fahrrad- und Motoradfahrer (8 und 14 Prozent).

Über 90 Prozent aller tödlichen Verkehrsunfälle sind hingegen in Entwicklungs- und Schwellenländern zu verzeichnen, obgleich dort nur die Hälfte der weltweit registrierten Fahrzeuge unterwegs ist. Vor allem in Afrika und Asien geht das rasante Wirtschaftswachstum einher mit einem enormen Anstieg der Motorisierung, in der Folge sterben immer mehr Menschen auf der Straße. Verkehrsunfälle sind dort die häufigste Ursache für den Tod von 15- bis 29-jährigen Menschen und die zweithäufigste für den Tod von Fünf- bis 14-Jährigen.

Fast die Hälfte aller Toten im Straßenverkehr sind Motorrad- und Fahrradfahrer sowie Fußgänger. Die Gefahr für diese Gruppen ist in Afrika und in Asien besonders hoch, weil die Infrastruktur mangelhaft ausgebaut ist. Es gibt zu wenige Geh- oder Radwege. Die Toten und die Millionen Verletzten, all die menschlichen Tragödien sind nicht mit Geld aufzuwiegen. Dennoch lohnt ein Blick auf die sozialen Kosten: Etwa drei Prozent ihres Sozialprodukts verlieren diese Länder Berechnungen zufolge durch Verkehrsunfälle. Die Generalversammlung der Vereinten Nationen hat im Jahr 2010 eine Resolution verabschiedet und die Dekade der Sicherheit im Straßenverkehr ausgerufen (2011 bis 2020).

Nur mit strengen Gesetzen und deren konsequenter Umsetzung lässt sich das Sterben auf den Straßen stoppen. Es ist immer wieder und überall das gleiche Fehlverhalten, das zu Unfällen führt: Fahren mit zu hoher Geschwindigkeit, Fahren unter Alkohol-, Medikamenten- oder Drogeneinfluss, Fahren ohne Sicherheitsgurt, Motorrad- und Fahrradfahren ohne Helm, Benutzung des Smartphones während der Fahrt, ungesicherter Transport von Kindern. Die rechtlichen und polizeilichen Maßnahmen, um dieses Verhalten zu unterbinden, liegen auf der Hand. Dennoch haben nur 17 Länder mit insgesamt 409 Millionen Menschen ihre Gesetze so geändert, um zumindest einen dieser Risikofaktoren zu bekämpfen. Das heißt: 94 Prozent der Menschen leben in Ländern, in denen das Verkehrsrecht zum Teil weit hinter den neuesten Erkenntnissen über Verkehrssicherheit zurückbleibt. Und dort, wo es eine moderne Rechtsprechung gibt, fehlen häufig die Mittel, die Einhaltung der Gesetze auch zu erzwingen.

Auch in den USA sind unter den Toten und Verletzten im Straßenverkehr immer mehr Motorrad- und Fahrradfahrer sowie Fußgänger zu beklagen. In den letzten Jahren wurden zahlreiche Assistenzsysteme in die Fahrzeuge eingebaut, um deren Insassen sowie Fußgänger, Radfahrer und Motorradfahrer zu schützen. Dazu gehören die verschiedenen Airbag-Varianten, die Anti-Blockiersysteme sowie elektronische Stabilitätskontrollen. Allerdings sind viele dieser Funktionen optional, so dass meist nur Fahrzeuge der Luxusklasse damit ausgestattet sind.

Landverbrauch

Der Straßenverkehr braucht sehr viel Fläche, die man für Wohnungen, Parkanlagen, Spielplätze gut gebrauchen könnte. Autos sind die größten Flächenfresser, Fußgänger und Radfahrer brauchen nicht viel. Auch für den Betrieb von Bussen und Bahnen müssen erhebliche Flächen überbaut werden, allerdings sind diese Transportmittel aufgrund ihrer enormen Kapazität selbst bei einer Auslastung von nur 20 Prozent noch flächeneffizient. Stiege die Auslastung von Bussen und Bahnen hingegen auf 80 Prozent, wären sie ein besonders flächenschonendes Verkehrsmittel.

Wie Abbildung 4.1 (S. 156) verdeutlicht, hängt die von einem Transportmittel benötigte Fläche nicht nur von dessen Länge und Breite, sondern auch von der Geschwindigkeit ab. Je größer diese ist, desto länger sind auch der Bremsweg und der aus der Reaktionszeit resultierende zusätzliche Weg. Ein Vergleich der Verkehrsmittel bei jeweils einer Auslastung von 20 Prozent zeigt, dass ein Fahrzeug abhängig von der Geschwindigkeit (Stillstand, 30 km/h, 50 km/h) bis zu 16-mal mehr Fläche braucht als ein Zug.

An diesem Punkt kommen die Vorzüge des autonomen Fahrens ins Spiel. Diese Technologie ermöglicht es, dass Autos mit sehr geringen Abständen

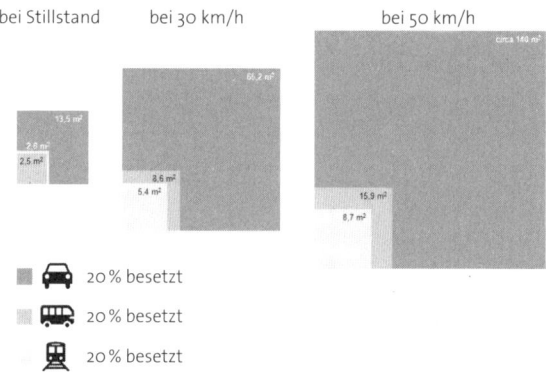

Abbildung 4.1. Landverbrauch in Abhängigkeit der Geschwindigkeit
Quelle: M. Randelhoff 2016

unterwegs sind. Dank ihrer Vernetzung können sie in Echtzeit und im Verbund miteinander reagieren. Obgleich bislang dazu keine Zahlen vorliegen, kann man sich vorstellen, dass die für den Straßenverkehr benötigte Fläche durch den Einsatz selbstfahrender Autos erheblich reduziert werden kann.

Zusammenfassung

- In den USA verbringen die Pendler pro Jahr 6,9 Milliarden durch Stau verursachte zusätzliche Stunden in ihren Fahrzeugen. Dies bedeutet, dass jeder Pendler in diesem Zeitraum durchschnittlich etwa 42 zusätzliche Stunden im Auto sitzt.
- Für die USA wird erwartet, dass die durch Staus hervorgerufenen sozialen Kosten im Jahr 2020 etwa $ 200 Milliarden betragen. Diese Zahl verdeutlicht in etwa den finanziellen Spielraum, den man hätte, um die Staus durch autonome Fahrzeuge zu reduzieren.
- Die sozialen Kosten einer gefahrenen Meile betragen etwa 13 Cents, etwa genauso viel wie die Kosten für Kraftstoff.
- Londons Pendler verschwenden (im Vergleich zu Paris, Stuttgart und Los Angeles) den meisten Kraftstoff: 147 Liter pro Fahrzeug, das sind 113 Millionen Liter pro Jahr.
- Die Weltgesundheitsorganisation WHO berichtet, dass etwa 90 Prozent aller Menschen unter der Luftverschmutzung leiden. Besonders dramatisch ist die Lage in Delhi, Peking, Kairo, Mexico City und Sao Paulo.
- Weltweit betrachtet benötigt jeder Fahrer etwa 20 Minuten, bis er einen Parkplatz gefunden hat, wofür er etwa 4,5 Kilometer zurücklegt. In Nairobi, Peking, Buenos Aires, Madrid, Mexico City, Paris, Shenzhen und weiteren Städten brauchen die Fahrer sogar durchschnittlich fast 40 Minuten.
- Pro Jahr kommen etwa 1,25 Millionen Menschen im Verkehr um, und 50 Millionen Menschen werden verletzt. In Afrika und in Asien ist die Gefahr besonders hoch, da dort kaum ein Schutz durch die Infrastruktur besteht.

Kapitel 17
Mobilität als soziale Interaktion

Im Vergleich zum Luftverkehr ist der Straßenverkehr ein eher chaotisches System. Es muss sich immer wieder selbst organisieren, denn die Vielfalt der Verkehrssituationen lässt sich nicht in allen Details durch Regeln ordnen. Deshalb steht im Paragraph 1 der deutschen Straßenverkehrsordnung, dass die Teilnahme im Straßenverkehr ständige Vorsicht und gegenseitige Rücksichtnahme erfordert. Fußgänger, Radfahrer und Autofahrer kommunizieren in vielen Verkehrssituationen miteinander – durch Blicke und Gesten, gelegentlich auch mit Worten. Allerdings bedeuten diese Zeichen und Signale nicht in allen Ländern das Gleiche.

Kulturelle Unterschiede

Der Verkehr in den USA, Kanada und Nord- und Mitteleuropa ist durch ein gleichmäßiges und auf die eigene Spur bezogenes Fahren gekennzeichnet, so dass die Menschen am Steuer kaum miteinander kommunizieren müssen. Aber auch in diesen Ländern nimmt ein Fußgänger, der eine Straße überqueren will, Blickkontakt zu den Autofahrern auf, um sicher zu sein, dass man ihn sieht. In China, aber auch in Südeuropa, Nordafrika und Südamerika ist die Bereitschaft, sich an Regeln zu halten, dagegen eher gering. Deshalb sind Hupen oder Handzeichen erforderlich, um den Verkehr zu regeln. In vielen chinesischen Städten ist es für Fußgänger ratsam, eine Straße nur im Pulk zu überqueren, um von den Autofahrern gesehen zu werden. In einigen brasilianischen Megacities fährt man an einer roten Ampel am besten einfach weiter, weil die Gefahr zu groß ist, überfallen zu werden.

Um die kulturellen Unterschiede zu verdeutlichen, dient das Beispiel eines Fußgängers, der eine gut befahrene, zweispurige Straße in einer Innenstadt auf dem Zebrastreifen überqueren möchte. In London werden die Fahrer bremsen, sobald sich ein Fußgänger dem Zebrastreifen nähert. Die Autos kommen zu einem kompletten Stopp, erst dann überquert der Fußgänger die Straße. Erst wenn der Fußgänger auf der anderen Straßenseite angelangt ist, fahren die Autos wieder los (Abbildung 4.2, S. 158).

In Teheran dagegen marschiert der Fußgänger auf den Zebrastreifen und überquert die Straße, ohne vorher anzuhalten. Bestenfalls weicht er nach links oder rechts aus, beschleunigt oder verlangsamt die Schritte, um sich zwischen den Fahrzeugen durchzuschlängeln. Die Fahrer halten nicht an, allenfalls bremsen sie etwas ab oder führen kleine Ausweichmanöver durch, um keinen Fußgänger zu verletzen. Erstaunlich: Trotz dichten Verkehrs und vieler Fußgänger muss niemand anhalten, weder Auto noch Fußgänger. Offenbar hat sich ein funktionierendes Wechselspiel entwickelt. Die Fußgänger können das Verhalten der herannahenden Autos einschätzen, umgekehrt können die Fahrer am Verhalten der Fußgänger erkennen, welche Manöver notwendig sind, damit der Verkehr fließen kann (Abbildung 4.3, S. 159). Es wirkt wie Chaos, aber in Teheran überqueren deutlich mehr Fußgänger und Fahrzeuge die Kreuzung als im regelkonformen Verkehr von London.

Abbildung 4.2. Fußgänger im Straßenverkehr in London
Quelle: Christ Batson/Alamy Stock Photo

Ein autonomes Fahrzeug, das gemäß den Sicherheitsstandards von Europa, Japan, den USA oder Kanada programmiert ist, hätte in Teheran keine Chance, eine Kreuzung zu passieren. Ständig läuft ein Fußgänger auf die Straße, oder ein anderes Fahrzeug wechselt vor dem Zebrastreifen noch die Spur, was zu einem unmittelbaren Stopp des selbstfahrenden Autos führen würde. Fußgänger könnten dazu verleitet werden, ohne Rücksicht auf den fließenden Verkehr eine Straße zu überqueren – oder, noch schlimmer, sie machen sich einen Spaß daraus, fahrerlose Autos anzuhalten. Mobilität bedeutet immer auch soziale Interaktion, und die lässt sich nicht durch noch so viele und noch so detaillierte Verkehrsregeln ersetzen. Es reicht daher nicht, wenn autonome Fahrzeuge nur untereinander und mit der

Abbildung 4.3. Fußgänger im Straßenverkehr in Teheran
Quellen: Maurizio Giovanni Bersanelli/123RF.com (links), Roman Musatkin–http://musatkin.ru (rechts)

Infrastruktur kommunizieren. Vielmehr müssen sie im Sinne der Verkehrssicherheit und des Verkehrsflusses auch mit Fußgängern und Fahrradfahrern in Kontakt treten.

Kommunikation

Für die Kommunikation des Fahrzeugs mit seiner Umgebung könnte man ganz simple Signale verwenden, wie etwa eine Anzeige in der Fahrzeugfront, auf der wichtige Hinweise für die Fußgänger und Fahrradfahrer übermittelt werden. Bitte gehen! Bitte warten! (Abbildung 4.4). Nissan hat ein Kommunikationssystem für autonome Fahrzeuge vorgestellt, bei dem

Abbildung 4.4: Interaktion des Fahrzeugs mit einem Fußgänger
Quellen: Daimler AG (links), Nissan (rechts)

ein Bildschirm an der Windschutzscheibe Textbotschaften für Fußgänger und Radfahrer zeigt. Zudem signalisiert den Passanten ein um den ganzen Wagen gezogenes blaues LED-Licht, dass gerade der Autopilot den Wagen steuert. Viele Hersteller setzen bei der Kommunikation zwischen Mensch und Maschine bislang vorwiegend auf Bildschirme mit den Textbotschaften. Mit Hilfe von Sensoren sollen Menschen oder Objekte nicht nur erkannt werden; man will auch ihr Verhalten verstehen. Wenn ein Fußgänger die Straße überqueren möchte, soll das Fahrzeug abbremsen und dem Passanten über Texte, Zeichen wie etwa ein Stopp-Schild oder durch akustische Signale Botschaften senden.

Auch die Fahrzeugoberfläche lässt sich nutzen, um durch verschiedene Leuchtstreifen Signale auszusenden. Prototypen solcher Autos sind bereits in verschiedenen Forschungszentren entstanden und befinden sich derzeit in der Testphase, wie etwa am Massachusetts Institute of Technology, wo ein Fahrzeug mit Multisensorik ausgerüstet wurde. Schwenkbare und blinkende LEDs, die einem Auge gleichen, wenden sich den Fußgängern und Fahrradfahrern zu und übermitteln Signale. Zum Beispiel: Ich habe dich gesehen! Zusätzlich schwenken Lautsprecher aus und teilen den Verkehrsteilnehmern mit, dass sie nun die Straße überqueren können. Mitsubishi hat ein Projektionssystem entwickelt, das in der Nacht die Straße unmittelbar vor, hinter und neben dem Fahrzeug erhellt. Die Abbiegerichtung wird mit einer Animation angezeigt, und es wird gewarnt, sofern sich eine Tür öffnet, der Fahrer scharf bremst oder rückwärtsfährt. Diese Projektionen sollen vor allem Fußgängern helfen, schnell und eindeutig zu verstehen, wie das Auto sich verhalten wird.

Zusammenfassung

- Die Vielfalt der Situationen im Straßenverkehr lässt sich nicht in allen ihren Details durch Regeln organisieren.
- Daher müssen Fußgänger, Radfahrer und Autofahrer in vielen Verkehrssituationen miteinander kommunizieren, sei dies durch Blicke, Gesten, Verhalten oder Worte.
- Es gibt erhebliche kulturelle Unterschiede im Verhalten der Verkehrsteilnehmer. In einigen Regionen überqueren Fußgänger und Autofahrer eine Kreuzung ohne anzuhalten. Man fügt sich in den fließenden Verkehr ein und kommuniziert durch Blicke.
- Autonome Fahrzeuge müssen im Sinne der Verkehrssicherheit und des Verkehrsflusses mit Fußgängern und Fahrradfahrern im Kontakt stehen.
- Hierfür kann man ein Display in der Fahrzeugfront oder auch die gesamte Fahrzeugoberfläche nutzen, um durch Leuchtstreifen bestimmte Signale an die anderen Verkehrsteilnehmer zu übermitteln.

Kapitel 18
Erwartungen der Kunden

Ereignisse

Autonomes Fahren soll den Menschen das Leben erleichtern — aber freuen sie sich wirklich darauf? Es herrscht große Unsicherheit, verstärkt durch schlechte Nachrichten. Im Mai 2016 ist erstmals ein Fahrer tödlich verunglückt, der mit dem aktivierten sogenannten Autopiloten eines Tesla Model S unterwegs war. Auf einer Autobahn in Florida stieß das Auto mit einem Lastwagen zusammen. Offenbar konnten die Sensoren und die Kamera des Model S die weiße Seitenwand des Lastwagens nicht vom besonders hellen Himmel unterscheiden. Allerdings, so hieß es später, habe Tesla die Fahrer ausdrücklich darauf hingewiesen, die Hände niemals vom Steuer zu nehmen und die Kontrolle über das Fahrzeug zu behalten, da es sich beim Tesla Model S noch nicht um automatisiertes Fahren der Stufe 3 handle.

Es gibt aber auch gute Nachrichten, die dem autonomen Fahren Zuspruch verschaffen: Nur zwei Monate nach dem Unfall in Florida berichtete ein Fahrer aus Missouri, sein Tesla habe ihm das Leben gerettet. Auf dem Weg von der Arbeit nach Hause verspürte er einen Schmerz in der Brust, der sich hinterher als Lungenembolie herausstellte. Der Fahrer konnte gerade noch den Autopiloten auf die nächste Klinik einstellen, bevor er die Kontrolle verlor. Das Auto steuerte ihn 32 Kilometer durch den Verkehr zur Klinik, mit letzter Kraft schaffte er es in die Notaufnahme. Auch in den Niederlanden rettete im Dezember 2016 ein Tesla einem Fahrer das Leben, indem der Kollisionswarner Alarm schlug und der Autopilot eine Notbremsung einleitete. Erst nach diesem Manöver überschlug sich ein vorausfahrendes Fahrzeug und blieb auf der Spur des herannahenden Teslas liegen. Offenbar konnten die Sensoren eine Gefahrensituation erfassen, die zwei Fahrzeuge vor dem Tesla entstanden war und daher vom Fahrer nicht erkannt werden konnte.

Vorstellungen

Solche Ereignisse werden auch in den nächsten Jahren die Meinungen und Stimmungen der Menschen prägen. Die Nachfrage nach selbstfahrenden Autos wird mal rauf-, mal runtergehen. Gleichwohl zeigen Studien aus den USA, Brasilien, Europa, Indien, China, Japan und Australien, dass autonomes Fahren grundsätzlich auf Interesse stößt. Die Menschen erwarten mit Spannung immer neue Fahrerassistenzsysteme und auch fahrerlose Autos, sie ahnen, dass diese Technologie ihr Leben verändern wird. Besonders technologieaffine Personen sind geradezu begeistert. Schon jetzt haben diese Kunden eine Vorstellung davon, in welchen Situationen solche Autos zum Einsatz kommen und wofür sie die Zeit im Auto verwenden wollen (Abbildung 4.5). Auch statusbewusste Kunden zeigen Interesse. Sie sehen die Chance, sich durch die Nutzung selbstfahrender Fahrzeuge von anderen zu unterscheiden und Anerkennung zu bekommen. Denn diese Autos verkörpern den technologischen Fortschritt und bieten ganz neue Möglichkeiten für ein in allen Bereichen vernetztes Leben.

Inke: „Je weiter die Technologie des autonomen Fahrens vorankommt, desto wichtiger sind die Mobilitätsservices, die von den Herstellern, aber auch von Dritten angeboten werden."

Markus: „Autonome Fahrzeuge sind keine traditionellen Autos mehr. Man kann schlafen, arbeiten oder sich unterhalten lassen. Das alles gefällt mir."

Abbildung 4.5.: Aussagen von zwei innovativen Kunden
Quelle: Audi AG

Neben den emotionalen Motiven gibt es auch rationale Argumente, die aus Sicht der Kunden für das autonome Fahren sprechen. Häufig nennen die Befragten: mehr Sicherheit im Straßenverkehr. Dabei spielen die Erfahrungen mit den Fahrerassistenzsystemen eine wichtige Rolle. Die Menschen kennen die Vorzüge des Spurassistenten, der Abstandskontrolle oder des Bremsassistenten. Eine weitere Erwartung: besserer Verkehrsfluss, weniger Staus. Für Pendler in allen Ländern, vor allem aber in den Megacities, ist dies ein ganz entscheidendes Argument für fahrerlose Autos. Damit verbunden ist die Hoffnung, den Kraftstoffverbrauch und damit auch den Ausstoß von Kohlendioxid, Stickoxiden und Feinstaub zu vermindern.

Bei aller Euphorie werfen die Befragten immer wieder die Sorge auf: Wo bleibt im autonomen Fahrzeug der Spaß am Fahren? Trotz immer mehr

Staus und Geschwindigkeitsbegrenzungen, trotz steigender Kosten für Versicherung, Wartung, Benzin oder Diesel ist überall auf der Welt die Freude am Fahren ungebrochen. Viele Menschen fühlen sich glücklich im Auto, genießen das Fahrerlebnis, spüren ein Gefühl der Freiheit, empfinden Stolz auf sich und ihr Gefährt. Mobil zu sein und vor allem diese Mobilität selbst zu gestalten hat zu tun mit Lebensfreude, Selbstbestimmung, Anerkennung, Erfüllung. Und künftig wird das Fahren durch die Software, durch die fahrzeugübergreifenden Optimierungsalgorithmen und die Infrastruktur bestimmt? Viele Kunden sind skeptisch.

Fast in allen untersuchten Ländern versteht fast niemand die Technologie des autonomen Fahrens. Themen wie Radar, Sensoren, Kameras, Algorithmen sind unbekannt. Darüber hinaus können nur sehr wenige Befragte etwas zur V-to-V-, V-to-I- oder V-to-X-Kommunikation sagen. Angaben zur Zahlungsbereitschaft variieren noch deutlich, abhängig von den befragten Personen und den angenommenen Szenarien der Nutzung. Allerdings herrscht Einigkeit darüber, dass autonomes Fahren vor allem im Stop-and-go-Verkehr sowie auf gut ausgebauten Autobahnen sehr angenehm sein kann. Diesen generellen Nutzen und die erhebliche Entlastung des Fahrers sehen sehr viele Befragte unabhängig vom betrachteten Land und kulturellen Hintergrund.

Zudem wirft die Automation der Stufe 4 noch viele rechtliche, sicherheits- und verkehrstechnische Bedenken auf, von Level-5-Fahrzeugen ist noch gar nicht die Rede. Viele Befragte glauben, dass ein automatisiertes Fahrzeug bei Weitem nicht so sicher und zuverlässig unterwegs ist wie ein vom Menschen gesteuertes Auto. Es gibt die Sorge, solche Autos seien in bestimmten Verkehrssituationen überfordert. Hinzu kommt ein Gefühl der Fremdbestimmung: Gibt man sein Leben aus der Hand, wenn man die Steuerung abgibt? Kunden sprechen davon, sie würden sich eingeschlossen, machtlos, ausgeliefert fühlen. Auch haben viele Angst vor Cyberkriminellen, die Autos kapern, beschleunigen, entführen und womöglich ins Unglück lenken. Und schließlich eine nicht zu unterschätzende Sorge von vielen Menschen: Es könne ihnen schlicht langweilig werden, wenn sie im Auto sitzen oder liegen und nicht mehr in die Fahrt eingreifen dürfen.

Chinesische Kunden von Fahrzeugen der Premiumklasse werden meist vom eigenen Fahrer chauffiert. Deshalb spielt das Argument, durch selbstfahrende Autos mehr Zeit für sich selbst oder seine Geschäftstätigkeit zu gewinnen, keine besondere Rolle. Allerdings könnten Kunden in den aufstiegsorientierten Milieus, die bislang vor allem Fahrzeuge der Mittelklasse nutzen, an fahrerlosen Autos interessiert sein. Generell begrüßen diese Menschen den technologischen Fortschritt sehr und sind bereit, als sogenannte Early Adopters die neuen Autos als Avantgarde zu fahren und weiterzuentwickeln.

Die Idee, ein Auto zu teilen, ist bei jungen Menschen durchaus beliebt. Bei älteren Leuten kommt das Car-and-Ride-sharing dagegen nicht so gut an, sie wollen ein Auto besitzen. Für sie ist das Fahrzeug ein Teil der Privatsphäre, das eigene mobile Wohnzimmer. Junge Fahrer sehen hingegen die ökonomischen Vorteile, wenn innerhalb einer Peer Group ein Auto geteilt wird und ständig im Einsatz ist. Auch kämpfen viele Menschen noch mit der Vorstellung, dass Individual- und öffentlicher Verkehr miteinander verschmelzen und die Transportmittel Auto, Flugzeug und Bahn nicht mehr nur Wettbewerber sind, sondern sich ergänzen. Man denke etwa an einen Reisenden, der mit dem Zug am Bahnhof ankommt und mit einem autonomen Auto, das er mit anderen Familien teilt, vom Bahnhof zu sich nach Hause gelangt. Dieses Fahrzeug kennt den Zugfahrplan und die Reisepläne aller zu transportierenden Familien und optimiert so seine Fahrwege.

Überzeugungsarbeit

Fast man alle diese Studien zusammen, so lässt sich eine zentrale Erkenntnis formulieren: Es herrscht eine erhebliche Unsicherheit bezüglich des Verhaltens von automatisierten und autonomen Fahrzeugen vor allem in Grenzsituationen. Diese Sorgen können nicht so schnell ausgeräumt werden, da sie sehr stark emotional geprägt sind. Daher nützen auch keine technischen Erklärungen. Man muss die Gefühle der Menschen erreichen, dafür bieten sich den Herstellern zwei Wege an.

(1) Es ist unbestritten, dass das autonome Fahren von den derzeitigen Fahrgewohnheiten radikal abweicht und im Grunde von den Kunden neu gelernt werden muss. Deshalb sollten die Hersteller die Verbreitung von Fahrerassistenzsystemen jedweder Art fördern. Während diese Systeme im Einsatz sind, lernen die Insassen, die Zeit anderweitig zu nutzen und gewinnen Vertrauen in die Leistungsfähigkeit und Zuverlässigkeit der Technologie. Die mit der Nutzung fahrerloser Autos verbundene Änderung des Mobilitätsverhaltens braucht Zeit. Die Anpassung kann nur schrittweise und wohldosiert gelingen.

(2) Autonomes Fahren verändert nicht nur die Mobilität, sondern auch viele andere Lebensbereiche. Damit solche Fahrzeuge kosten-, zeit- und verbrauchseffizient fahren, benötigen sie möglichst viele Informationen über die Reiseziele und -zeiten der Passagiere. Dies setzt voraus, dass der Verlauf jeder Reise in das Smartphone eingegeben wird, möglicherweise müssen sogar noch der Grund und die Dringlichkeit mitgeteilt werden. Beispiels-

weise sollte das Fahrzeug den Stundenplan eines Kindes kennen, damit es rechtzeitig zur Schule gebracht und später wieder abgeholt werden kann. Im Kern geht es um eine Digitalisierung der Tagesabläufe und eine Vernetzung dieser Informationen mit dem Fahrzeug. Nicht nur die Autos müssen darauf vorbereitet werden, sondern auch die Menschen.

> **Zusammenfassung**
>
> - Studien zeigen, dass das autonome Fahren in vielen Ländern grundsätzlich auf Interesse stößt. Es sind vor allem technologieaffine und aufstiegsorientierte Menschen, die sich für selbstfahrende Autos interessieren.
> - Bei allem Ärger über Staus, Geschwindigkeitsbegrenzungen sowie steigenden Kosten für die Fahrzeughaltung gibt es überall auf der Welt viele Menschen, die Freude am Autofahren haben.
> - Mit dem autonomen Fahren sind auch Ängste verbunden, da sich die Insassen eingeschlossen und machtlos fühlen und sich der Kontrolle durch andere ausgeliefert sehen.
> - Das oft diskutierte Car- oder Ride-sharing (vor allem für die letzte Meile) kommt bei jungen Menschen durchaus an, während ältere Fahrer immer noch ihr eigenes Auto haben wollen.
> - Die Automobilhersteller sollten ihre Kunden dazu animieren, bei der Konfiguration von Fahrzeugen möglichst viele Fahrerassistenzsysteme zu wählen. So können die Menschen bereits zügig Erfahrungen mit diesen Systemen sammeln (als Vorbereitung für das autonome Fahren).
> - Zudem braucht es eine Sensibilisierung der Menschen dafür, zumindest ihre Reisedaten preiszugeben. Nur so besteht die Möglichkeit, den Verkehr vor allem auf der letzten Meile kosten-, zeit- und verbrauchseffizient zu organisieren.

Kapitel 19
Anwendungen und Beispiele

Autonomes Fahren besitzt ohne Zweifel die Kraft, das Leben der Menschen radikal zu verändern. Wie bereits berichtet, verbringen die Menschen weltweit betrachtet bis zu 400 Milliarden Stunden pro Jahr am Steuer. Durch die sukzessive Automatisierung gehen immer mehr Aufgaben an die zentrale Steuerungseinheit über. Bereits bei der Automation der Stufe 3, die in wenigen Jahren schon weit verbreitet sein dürfte, ist es möglich, E-Mails zu bearbeiten, Zeitung zu lesen, Videos zu schauen oder mit anderen zu chatten. Wie wollen die Insassen eines vollständig autonomen Fahrzeugs die Zeit verbringen? Was möchten sie tun? Schlafen, arbeiten, im Internet shoppen oder ihre Bankgeschäfte abwickeln?

Szenarien

Audi hat in Zusammenarbeit mit HYVE und der Universität St. Gallen eine umfassende empirische Untersuchung durchgeführt. Es nahmen 780 Personen aus den USA, China und Deutschland teil, wobei alle über ein für das jeweilige Land beachtliches Haushaltseinkommen verfügten und typische Fahrer von Premiumfahrzeugen waren. Fast 30 Prozent der Befragten zählten zu den Digital Natives, das heiß, sie hatten in etwa ab dem Jahr 2000 ihren Führerschein gemacht. Sie wiesen eine besondere Affinität zu digitalen Produkten auf und gehörten damit zu jener Generation, die mit den Technologien des digitalen Zeitalters aufgewachsen ist. Etwa 34 Prozent der Probanden waren Emergent Nature Consumers, also Leute, die die besondere Fähigkeit haben, Produktideen und Produktkonzepte zu entwickeln, die im Massenmarkt eine Chance haben. Ihre Ideen sind darauf ausgerichtet, für die daraus resultierenden Produkte neue Anwendungen zu entdecken. Im Wesentlichen sind es demnach drei Tätigkeiten, denen Menschen in selbstfahrenden Fahrzeugen nachgehen wollen.

Zunächst geht es um Freizeit und Erholung. Die Leute wollen abschalten, sich ausruhen bei guter Musik oder entspanntem Lesen. Deutsche und amerikanische Fahrer möchten die Zeit nutzen, um im Internet zu surfen, wogegen chinesische Probanden eher dazu neigen, mit anderen Personen zu plaudern oder in sozialen Netzwerken zu chatten. Wichtig ist, dass eine entspannte Atmosphäre im Innenraum herrscht, die den Insassen das Gefühl des Privaten gibt. Eine zentrale Rolle spielen die Sitze, da sie für verschiedene Situationen — mit Kindern spielen, Gespräche führen — angepasst werden müssen. Obwohl keine bedeutenden Unterschiede zwischen den Probanden in den drei Ländern bestehen, lässt sich doch festhalten: Chinesische Kunden sind besonders daran interessiert, Freizeit und Erholung im Auto zu genießen.

Ein zweiter wichtiger Aspekt: Entertainment. Die Befragten erwähnten vor allem Fernsehen und Videos, aber auch das Musikerlebnis. Vor allem für deutsche und amerikanische Passagiere sollte das Fahrzeug die Atmosphäre eines privaten Kino- oder Konzertsaals bieten mit allen verfügbaren technischen Ausstattungen, also einem modernen HD-Bildschirm und einem Dolby Surround Sound. Spiele kommen für amerikanische und deutsche Kunden bislang nur am Rande in Betracht, während chinesische Passagiere der Spielekonsole zugeneigter sind. Allerdings gelten Spiele generell, also auch in autonomen Autos, als der Zeitvertreib der Zukunft.

Punkt drei: Arbeiten im Auto. Die deutschen und amerikanischen Fahrzeuginsassen wollen E-Mails schreiben, Termine koordinieren, Telefonate führen, Akten aufarbeiten, Texte und Grafiken erstellen. Auch sehen viele Befragte die Möglichkeit, einmal in Ruhe über private und geschäftliche Themen nachzudenken. Das selbstfahrende Auto könnte zu einem Raum werden, in dem der Passagier alle möglichen beruflichen oder privaten Themen überdenkt. Ein Ort also, den es im modernen Berufsalltag und Familienleben in dieser Form so nicht gibt. Ein Ort des Rückzugs und der Reflexion. Das Auto der Zukunft ist jedenfalls ein erweitertes Büro, wozu eine klassische Ausstattung mit schnellem und stabilem Internet, Telefon, Monitor, Ablage- und Arbeitsflächen gehört.

Man kann sich in wichtigen Orten Servicezentren vorstellen, die von Autoherstellern oder Dienstleistern betrieben werden. Sie dienen den Insassen von autonomen Fahrzeugen als Anlaufstellen, um beispielsweise nach einer Übernachtfahrt zu duschen und zu frühstücken. Ähnlich einem Hotel bieten solche Servicezentren alle möglichen Dienste: Fitnesscenter, Ruheräume, Verpflegung, Büro. Hinzukommen könnte ein Wartungsservice, wo das Fahrzeug aufgetankt beziehungsweise aufgeladen, gereinigt und gewartet werden kann. Auch ist denkbar, dass man in solchen Zentren Fahrzeuge austauschen kann: Während für die Übernachtfahrt ein geräumiges und komfortables Auto erforderlich ist, braucht es zum Beispiel für eine sich anschließende Tour durch die Innenstadt ein kleines, wendiges Fahrzeug, das man überall stehen lassen kann, da es sich selbstständig einen Parkplatz sucht.

Zu ganz ähnlichen Ergebnissen kommen die Forscher des Fraunhofer Instituts, die in Zusammenarbeit mit Horvath & Partners eine empirische Studie in Deutschland, den USA und Japan durchführten. Neben den bereits genannten Tätigkeiten weisen sie darauf hin, dass Themen wie Wellness, Schönheit, Gesundheit und Fitness eine Rolle spielen werden. Die Zeit im Auto könnte demnach für eine Meditation, für die Körperpflege, für ein Gespräch mit dem Arzt, Coach oder Gesundheitsberater oder auch für ein Hanteltraining genutzt werden. Es gibt also vielfältige Vorstellungen davon, wie die Zeit im Auto künftig gestaltet werden kann. Die Abbildung 4.6 illustriert einige Ideen, die von Audi-Designern und ihren Kooperationspartnern entwickelt wurden.

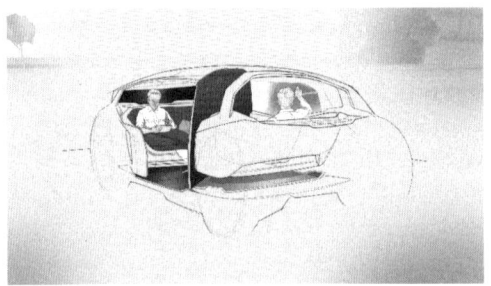

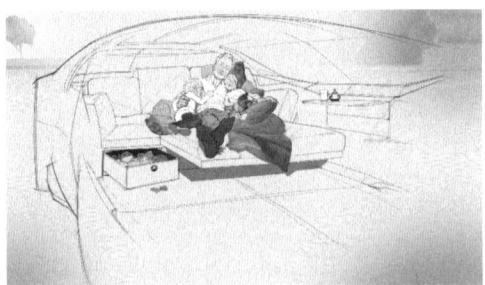

Abbildung 4.6. Ideen zum Zeitvertreib im autonomen Fahrzeug
Quelle: Audi Trend Research in Kooperation mit Gravity GmbH

Für alle diese Tätigkeiten braucht es eine Fülle neuer Dienste, die derzeit im Fahrzeug noch nicht verfügbar sind oder die noch gar nicht existieren. Man denke an die Möglichkeit, im Auto Filme schauen zu können, die durch das Surroundsystem das Gefühl vermitteln, nicht nur Zuschauer, sondern Teilnehmender zu sein. Aus der Studie des Fraunhofer Instituts geht hervor, dass es unabhängig vom Typ des Autos und der sozialen Herkunft des Fahrers eine beachtliche Zahlungsbereitschaft für solche Mehrwertdienste gibt. Vor allem für Services, die die Kommunikation und das Arbeiten vereinfachen und beschleunigen, sind die Probanden willens, abhängig vom Grad der Automatisierung des Fahrzeugs zwischen € 28 und € 37 pro Monat zu bezahlen. Diese Bereitschaft, einen Aufpreis für zusätzliche Dienste zu akzeptieren, ist über alle Fahrzeugtypen hinweg sehr deutlich, bei jüngeren Fahrern noch stärker als bei älteren und bei amerikanischen größer als bei europäischen oder japanischen.

Mit zunehmender Automatisierung der Fahrzeuge bekommen der Fahrer und die Passagiere immer mehr Zeit geschenkt, weshalb Audi auch von der 25. Stunde spricht. Was könnte den Menschen eine zusätzliche Stunde frei verfügbare Zeit wert sein? Die Untersuchungen zeigen, dass die Probanden eine zusätzliche, frei verfügbare Stunde mit durchschnittlich € 16 bewerten. Für die Deutschen ist dieser Wert etwas höher, für die Amerikaner und Japaner etwas niedriger. Auch für junge Menschen und jene mit einem höheren Einkommen ist eine zusätzliche Stunde mehr wert als für ältere oder solche mit niedrigerem Einkommen. Wir erkennen also: Autonomes Fahren wird geschätzt als Technologie, die den Menschen Zeit schenkt.

Der über den Lebenszyklus eines Fahrzeugs summierte Wert der Zeit dürfte die Kosten für die Entwicklung und Bereitstellung der dafür notwendigen technischen Funktionen aufwiegen. Es gibt bereits Berechnungen, wonach ein Unternehmensberater mit einem Stundensatz von € 250 bei nur einer halben Stunde Zeitgewinn jeweils auf dem Hin- und Rückweg zur Arbeit im Jahr € 50.000 mehr Umsatz machen kann, sofern er eines Tages die Fahraufgabe abgibt.

Umgang mit der Zeit – eine alternative Perspektive zum autonomen Fahren

Der moderne Mensch fährt Auto, tippt beim Stopp an der Ampel seine Chat-Nachrichten, hört Musik, ruft bei jeder Gelegenheit seine E-Mails ab und versucht, durch Power Napping und Fast Food möglichst viele Aufgaben in einer bestimmten Zeit zu erledigen. Die Linearität der Zeit mit einem organisierten Tagesablauf mit definierten Zeitfenstern für einzelne Tätigkeiten löst sich auf. Stattdessen dominiert die Gleichzeitigkeit, alles andere wäre auch eintönig, nicht inspirierend und würde dem Drang widersprechen, stets Neues zu erleben. Mobile Geräte helfen den Menschen, sich immer und überall möglichst viele Handlungsoptionen offenzuhalten. Die Zeit zerfällt in immer kleinere Einheiten, die man für völlig unterschiedliche Tätigkeiten nutzt, allerdings wird zwischen diesen Aktivitäten teilweise im Sekundentakt hin- und hergewechselt. Wo früher Zeitblöcke zur Verfügung standen, sind es heute nur noch Augenblicke. Ein durchschnittlicher Smartphone-Nutzer greift etwa 250 Mal am Tag zu seinem Gerät, beschäftigt sich etwa 50 Sekunden lang damit, bevor er es wieder weglegt. Pro Tag verbringt er 195 Minuten mit dem Gerät (Erläuterung 4.2, S. 171).

Das Hin und Her zwischen verschiedenen Tätigkeiten vermittelt vielen Menschen das Gefühl, die Zeit intensiv zu nutzen, keine Langeweile aufkommen zu lassen und den Tagesablauf zu kontrollieren. Sie bearbeiten auf dem Weg ins Theater noch schnell ihre geschäftlichen E-Mails und telefonieren in der Pause kurz mit dem Büro. Dabei wird völlig unterschätzt, dass eine Übergangszeit erforderlich ist, um von einer Tätigkeit (Telefonate führen) in eine andere (Videos schauen) zu wechseln. Diese Übergangszeit wird als solche nicht erlebt, sondern zeigt sich allenfalls in dem Gefühl, gestresst und überfordert zu sein. Wenn die im Hin und Her verrichteten Tätigkeiten komplex oder emotional bewegend sind, dann nimmt diese Übergangsphase sogar den größten Teil der verfügbaren Zeit in Anspruch.

Im Auto erledigt der Fahrer neben dem eigentlichen Fahren viele weitere Tätigkeiten. Er ist immer wieder gefordert, hin- und herzuwechseln, jedoch stets seine Aufmerksamkeit auf den Verkehr zu richten. Daher ist die Übergangszeit im Fahrzeug sehr hoch, allein die Auswahl des Reiseziels im Navigationssystem und die Beobachtung des Verkehrs erfordern zahlreiche Blickwechsel. Um diese Vorgänge besser zu verstehen, wurden in einem Forschungsprojekt von Audi 50 Personen in Tokio, San Francisco und Hamburg befragt, wie sie die Zeit während der Fahrt im Auto nutzen möchten. Zudem konnte man sie über mehrere Tage im Alltag begleiten. Aus den über 100 Stunden in Form von Videos, Bildern und transkribierten Interviews lassen sich in Abhängigkeit von der verfügbaren Zeit die Tätigkeiten im Auto kategorisieren.

Hat ein Fahrer bis etwa drei Minuten Zeit, beschäftigt er sich vor allem mit dem Radio, ruft Informationen aus dem Bordcomputer ab oder gibt Daten ins Navigationssystem ein. Sofern es die Verkehrslage erlaubt, werden auch Nachrichten überflogen, die via E-Mail oder WhatsApp ankommen. Sind drei bis zehn Minuten verfügbar, greifen viele Fahrer zum Smartphone, um Musik zu hören. Auch nutzen viele diese Zeit, um etwas zu essen oder zu trinken. Bei mehr als zehn Minuten verfügbarer Zeit lässt sich der Fahrer auf intensive Gespräche mit anderen Insassen ein, einige führen auch ausführliche Telefonate oder hören ein Audiobuch.

Erläuterung 4.2. Umgang der Menschen mit der Zeit im Auto

Umgang mit der Zeit

Seit vielen Jahrhunderten ist die Menschheit in einem Zustand der permanenten Beschleunigung. Distanzen, für die früher ein Fuhrwerk mehrere Tage brauchte, können heute mit Auto, Zug oder Flugzeug in wenigen Stunden oder Minuten bewältigt werden. Diese ständige Steigerung betrifft nicht nur die Transportgeschwindigkeit, sondern gilt ganz generell für alle Güter und Dienste. Die moderne Gesellschaft ist eine Steigerungsgesellschaft, in der es allein darum geht, immer mehr zu bekommen, immer schneller zu werden und sich in allem zu verbessern. Überraschenderweise lässt sich ein Gut nicht mehren: die Zeit. Sie kann bestenfalls verdichtet werden. Während selbst das besonders knappe Gut Öl einmal ersetzt werden wird, gibt es keine Chance, der dahinschreitenden Zeit zu entkommen. So verstanden ist die Zeit das knappste aller Güter und bietet den Menschen keinerlei Möglichkeit, in ihren Verlauf einzugreifen.

Das Leben vieler Menschen ist gekennzeichnet durch explodierende To-do-Listen, sei es im Privaten oder Geschäftlichen. Vieles ist heute im Vergleich zu früher möglich, es gibt stets eine Fülle von Optionen, lediglich die Zeit lässt sich nicht anhalten, um alles, was möglich ist, auch Wirklichkeit werden zu lassen. Hinzu kommt, dass moderne Menschen permanent online sind und es gar keine Chance mehr gibt, weil auch sozial nicht akzeptiert wird, auf Stand-by-Modus zu schalten und sich zurückzuziehen. Bislang bietet das Autofahren zumindest für den Fahrer die Chance, für die Dauer der Fahrt die To-do-Liste zu deaktivieren, sofern er nicht nebenbei die E-Mails checkt. Nicht umsonst berichten viele Menschen davon, dass das Auto ihr Rückzugsort sei und Autofahren immer etwas zu tun habe mit ausklinken, abschalten und nicht verfügbar sein. Die erzwungene Entschleunigung beim Autofahren erleben viele Menschen ähnlich einem freiwilligen Aufenthalt in einer Berghütte oder einem Kloster.

Jetzt kommt das autonome Fahrzeug und bietet die Möglichkeit, statt Autofahren die E-Mails zu checken und im Internet zu surfen, mit anderen Worten: an der To-do-Liste zu arbeiten. Die ein Stunde im Auto auf dem Weg zur Arbeit und abends nach Hause war bislang Rückzug, Entschleunigung, Deaktivierung. Zwar entlastet das selbstfahrende Auto vom mühsamen Fahren im Stop-and-go-Verkehr, allerdings werden nur wenige Pendler diese Zeit für Ruhe und Erholung nutzen. Hinzu kommt, dass es zukünftig überall die gleichen Schnittstellen mit der Online-Welt geben wird, sei es im Auto, Büro, Flugzeug oder im Zug. Ein Klick, und man ist mit der To-do-Liste verbunden, egal wo man sich gerade befindet. Es gibt kein Entkommen. Bei aller Begeisterung für das autonome Fahren bleibt zu hoffen, dass die Insassen die Kraft finden, sich von Verpflichtungen zu befreien und stattdessen die Fahrt nutzen, um sich zurückzulehnen und zu entspannen.

Quelle: Gespräch mit Professor Dr. Hartmut Rosa, Universität Jena

All das kann der Fahrer nur nebenbei tun, denn er muss den Verkehr aufmerksam verfolgen und immer wieder auf überraschende Situationen reagieren. Man kann sich vorstellen, wie hoch die Übergangszeit allein durch das Hin und Her zwischen Nebentätigkeit und dem eigentlichen Fahren ist. Im autonomen Fahrzeug können die Insassen ihre ganze Aufmerksamkeit auf die bisherigen Nebentätigkeiten richten, die damit zu Haupttätigkeiten werden. Die Übergangszeit reduziert sich deutlich, weil der Verkehr nicht mehr beobachtet werden muss. Die Folge: weniger Stress, mehr Konzentration und das Gefühl, die Zeit laufe langsamer. Das steigert das Wohlbefinden.

Aus der zuvor zitierten Studie ergibt sich, dass Personen im selbstfahrenden Auto, selbst wenn nur bis zu drei Minuten Zeit verfügbar ist, E-Mails nicht nur überfliegen, sondern auch darauf reagieren. Auch kann man sich vorstellen, eine Weile zurückzulehnen, zu entspannen und die Zeit für sich zu genießen. Hat man bis zu zehn Minuten Zeit, sollen E-Mails bearbeitet und Termine auf den neuesten Stand gebracht werden. Zudem will man die Zeit nutzen, um kurze Videos anzuschauen oder einfach nur zu entspannen. Auf einer längeren Fahrt, die mehr als zehn Minuten dauert, wollen viele ein Buch nicht nur hören, sondern es tatsächlich auch lesen. Daneben können auch Fachliteratur und Bürounterlagen studiert und bearbeitet werden. Einige würden die Zeit auch dazu verwenden, um mit ihren Kindern zu spielen.

Zusammenfassung

- Menschen wollen in autonomen Fahrzeugen drei Tätigkeiten nachgehen. Sie möchten arbeiten, sich unterhalten lassen und sich erholen.
- In wichtigen Städten könnten Servicezentren entstehen, die von Autoherstellern oder von Dienstleistern betrieben werden, und den Insassen von selbstfahrenden Autos als Anlaufstellen dienen.
- Für Services, die die Kommunikation und das Arbeiten vereinfachen und beschleunigen, sind die Probanden bereit, zwischen € 28 und € 37 pro Monat zu bezahlen.
- Viele Fahrer verrichten neben dem eigentlichen Autofahren andere Tätigkeiten, etwa Nachrichten tippen, Musik hören oder E-Mails lesen. Hierbei ist eine Übergangszeit erforderlich, um von einer Tätigkeit (Telefonate führen) in eine andere (sich auf den Verkehr konzentrieren) zu wechseln und wieder zurückzugelangen. Dieses Hin und Her wird von vielen Menschen als Stress empfunden.
- Im fahrerlosen Auto können die Insassen ihre ganze Aufmerksamkeit auf die bisherigen Nebentätigkeiten richten. Diese intensive Auseinandersetzung ohne ständiges Wechseln vermittelt das Gefühl, die Zeit laufe langsamer, was sich auf das Wohlbefinden auswirkt.

Kapitel 20
Kann das autonome Fahren scheitern?

Immer wieder gibt es Beispiele für Produktinnovationen, die trotz umfassender Marktforschung spektakulär scheitern, wenn sie auf den Markt kommen. Ein Beispiel ist der Roller von Segway, von dem nur sehr wenige der anvisierten 100.000 Stück verkauft werden konnten. Dieser Scooter floppte trotz der Unterstützung von Steve Jobs, Jeff Bezos und vieler anderer bekannter Investoren. Häufig sind solche neuen Erzeugnisse objektiv besser als die Vorgängerprodukte und werden mit Euphorie und Überzeugung von den Unternehmen lanciert. Gerade bei disruptiven Technologien, die zu radikalen Produktinnovationen führen, ist aber die Gefahr groß, am Markt vorbeizuproduzieren. Der Grund für dieses Risiko liegt auf der Hand: Der Kunde muss lieb gewonnene Gewohnheiten aufgeben. Vor allem dieser Zwang, neues Verhalten zu lernen, macht Menschen skeptisch. Deshalb schätzen viele Kunden den Nutzen gewohnter Produkte übermäßig hoch ein und unterschätzen das neue Produkt in seiner Leistungsfähigkeit.

Umgekehrt neigen die Entwickler und Vermarkter dazu, die Bedeutung des neuen Guts deutlich zu überschätzen. Häufig arbeiten sie seit Langem damit, kennen alle technischen Details, haben umfassend Anwendungserfahrung und sind entsprechend davon begeistert. Die Konsequenz daraus ist ein Konflikt der Perspektiven: Manager, die das neue Produkt überbewerten, treffen auf Kunden, die ihr gewohntes Produkt überschätzen. Je stärker sich die Innovation vom etablierten Erzeugnis unterscheidet, desto größer sind die Chancen, um es einzigartig und erfolgreich im Markt zu positionieren. Allerdings sind auch die Hürden besonders hoch, weil die Kunden ihr Verhalten substanziell ändern müssen. So ist das auch beim autonomen Fahren: Die Menschen dürfen das Auto nicht mehr selber steuern, müssen es via Smartphone anfordern, übernachten im Auto statt im Hotel und sehen sich Filme nicht mehr im Kino, sondern im Fahrzeug an.

Der frühere Intel-Chef Andy Gove meint, dass eine Innovation einen zehnmal größeren Nutzen stiften muss als das verfügbare Produkt, damit sie sich im Markt durchsetzt. Gerade bei selbstfahrenden Fahrzeugen besteht die Gefahr eines Dilemmas. Auf der einen Seite steht eine euphorische Industrie, die ein radikal neues Produkt auf den Markt bringen möchte. Auf der anderen Seite stehen Fahrer, die ihre bisherigen Verhaltensweisen rund um die Mobilität aufgeben und völlig neue lernen müssen.

Was tun, um dem Dilemma zu entkommen? Zunächst kann eine schrittweise Hinführung zum neuen Produkt helfen. Fahrerassistenzsysteme bilden den Übergang von den heutigen Autos zu den fahrerlosen Fahrzeugen. Die Fahrer können sich mit einzelnen Funktionen vertraut machen, Erfahrungen sammeln, Wissen aufbauen und Anwendungssituationen erschließen. Außerdem müssen die Hersteller den Kunden plausibel machen, dass das neue Produkt zehnmal besser ist als das alte. Weniger Unfälle, weniger Staus, weniger Kosten: Diese Botschaften sollten, je nach Zielgruppe, möglichst konkret immer wieder unters Volk gebracht werden. Schließlich sollten Argumente geliefert werden, um ältere Fahrzeuge, die noch keine Fahrerassistenzsysteme besitzen, durch neue zu ersetzen. Dabei ist es ratsam, zumindest einzelne Facetten des autonomen Fahrens in alle Modelle und nicht nur in jene der Luxusklasse einzubauen. Auch könnte man finanzielle Anreize setzen, um den Wechsel von der alten auf die neue Fahrzeuggeneration zu beschleunigen.

Darüber hinaus sollten die neuen Fahrzeuge so gestaltet sein, dass sich die Kunden sofort zurechtfinden. Das betrifft die Benennung von Ausstattungen ebenso wie die Gestaltung der Anzeigen und die Verwendung von Symbolen. Dem Design kommt die Aufgabe zu, die neuen gestalterischen Möglichkeiten, die autonome Autos bieten, an die Verhaltensmuster der Kunden anzupassen. Zudem müssen die Funktionen intuitiv zugänglich sein, da niemand mehr bereit ist, ein Handbuch zu studieren. Es geht darum, ein Plug-and-play-Erlebnis zu schaffen, wie es die Kunden zum Beispiel von Apple-Produkten kennen: Man setzt sich hinein, und es kann sofort losgehen. Schon heute werden viele Optionen in Autos nicht genutzt, weil die Kunden nicht mehr bereit sind, sich umfassend damit zu befassen.

Eine bevorzugte Zielgruppe könnten Menschen sein, die nicht zu den typischen Autofahrern zählen. Ein Vorbild für diese Strategie bildet Burton, der weltweit führende Hersteller von Snowboards und der entsprechenden Bekleidung. Das Unternehmen versuchte erst gar nicht, Skifahrer für das Snowboarden zu begeistern, sondern konzentrierte sich auf junge Menschen, die noch keine eingeschworenen Skifahrer waren. Hinzu kommt ein Marketing speziell für diese Zielgruppe. Deshalb ist unter den jungen Wintersportlern die Gruppe der Snowboarder sehr groß, und sie wächst nach wie vor.

Zusammenfassung

- Es gibt viele Beispiele für Produktinnovationen, die trotz umfassender Marktforschung im Markt scheiterten, wie beispielsweise der Scooter von Segway.
- Mit jeder Innovation müssen die Kunden ihr Verhalten ändern, Gewohnheiten aufgeben und neue Verhaltensmuster entwickeln. Es ist vor allem die Sorge um die Verhaltensänderung, die Menschen davon abhält, ein neues Produkt zu erwerben.
- Häufig treffen Manager, die das neue Produkt überbewerten, auf Kunden, die ihr gewohntes Produkt überschätzen.
- Eine Hinführung zum autonomen Fahren könnte über eine weite Verbreitung der Fahrerassistenzsysteme erfolgen, damit sich die Kunden schrittweise an die neue Technologie gewöhnen können.
- Die selbstfahrenden Fahrzeuge müssen so gestaltet sein, dass sich die Kunden trotz zahlreicher neuer Funktionen unmittelbar zurechtfinden.

Kapitel 21
Neue Typen, neue Segmente

Viele Beispiele aus unterschiedlichen Industrien zeigen: Für die erfolgreiche Einführung radikaler Produktinnovationen braucht es Menschen, die Stimmung und Meinung machen, die andere begeistern. Es handelt sich um Personen, die einen besonderen Stellenwert in ihrem sozialen Umfeld haben und deshalb die Kompetenz besitzen, neue Produkte und Technologien anzupreisen. Sie sind Trendsetter (Influencers), die neue Verhaltensmuster vorleben und damit allen anderen (Followers) eine Orientierung geben. Die erfolgreiche Platzierung von selbstfahrenden Fahrzeugen braucht solche Menschen ganz besonders, da es nicht nur um eine neue Technologie geht, sondern um neue Verhaltensweisen im Alltag.

Prominente und Blogger

Früher übernahmen Prominente, die aus den Printmedien und dem Fernsehen bekannt waren, die Rolle der Meinungsbildner und Multiplikatoren. Sportler und Schauspieler beherrschten die Schlagzeilen und setzten Verhaltensstandards. Deshalb waren sie die natürlichen Multiplikatoren, um neue Produkte oder Technologien zu vermarkten. Das hat sich inzwischen geändert, die eigentlichen Stars und Vorbilder finden sich in den sozialen Netzwerken. Hier gibt es nicht mehr die wenigen Prominenten, die jeder kennt. Je nach Thema besitzen ganz unterschiedliche Personen Multiplikationsmacht. In den sozialen Netzwerken sind die Zielgruppen zersplittert, die Themen vielfältig, die Meinungsführer nicht immer offensichtlich, aber dort, wo sie zur Geltung kommen, entwickeln sie eine besondere Kraft zur Nachahmung. Solche Influencers bewegen, verändern, setzen Trends, prägen Meinungen und Stimmungen und sind in der Lage, andere zu überzeugen und mitzureißen. Sie müssen auf ihre Reputation bedacht sein und prüfen meist sehr sorgfältig, bevor sie sich für Produkte oder Technologien einsetzen. Ihr Kapital ist ihr guter Ruf, und ihre Followers wandern rasch ab, sofern der Eindruck entsteht, dass sie käuflich sind. In der digitalen Ökonomie mit ihren sozialen Netzwerken sind Influencers und ihre Followers zentral für die Verbreitung neuer Produkte.

YouTuber und Blogger wie Casey Neistat oder Unbox Therapy spielen eine zentrale Rolle, weil sie mit ihren Videos und Blogs eine enorme Anzahl von Menschen erreichen und immer wieder Vorbilder für die Verwendung von Produkten sind. PewDiePie ist ein schwedischer Webvideoproduzent und Betreiber eines gleichnamigen YouTube-Kanals. Dort zeigt er Let's Plays oder Gameplays und gehört mit über 43 Millionen Abonnenten zu den weltweit bekanntesten YouTubers. Interessant ist Chiara Ferragni, eine italienische Bloggerin und Modedesignerin, die unter dem Namen The Blonde Salad bekannt ist. Inzwischen hat sie drei Millionen Followers auf Instagram, eine Million auf Facebook, und ihr Blog verzeichnet etwa drei Millionen Seitenaufrufe pro Monat. Ingesamt erreicht sie einen jährlichen Umsatz von etwa $ 8 Millionen, vor allem dank der Chiara Ferragni Collection Footware.

Aber auch jene Prominente, die in sozialen Netzwerken präsent sind, spielen für die Multiplikation von Meinungen und Stimmungen und letztlich auch von Produkten eine wichtige Rolle. Ein Beispiel ist Toni Kroos, ein deutscher Profifußballspieler, der auf Twitter etwa 7,2 Millionen Follower besitzt und immer wieder über seine neuen Fußballschuhe und die Sportbekleidung berichtet. Andere Prominente kommen aus der Musik- und Filmbranche, etwa Katy Perry oder Justin Bieber, die jeweils auf mehr als 80 Millionen Followers auf Twitter verweisen können. Ihre Tweets haben eine Reichweite, die durch klassische Kommunikation nur mit erheblichem finanziellen Aufwand möglich ist.

Ein anderer wichtiger Multiplikator ist Jason Statham, ein britischer Schauspieler und überzeugter Fan von Audi. Er hat bei Instagram über acht Millionen Abonnenten und auf Facebook mehr als 55 Millionen Fans. Beim Ski World Cup 2016 im österreichischen Kitzbühel erreichten seine Posts auf Instagram und Facebook etwa 5,2 Millionen Likes. Auch vom 24-Stunden-Rennen in Le Mans 2016 berichtete Jason Statham in diesen beiden Netzwerken, was zu etwa 4,1 Millionen Likes führte. Eine Bewertung von jedem Like mit € 0,53 ergibt einen Social-Media-Wert für seine Posts aus Kitzbühel von etwa € 2,8 Millionen und aus Le Mans von € 2,2 Millionen.

Um diese Stars in den sozialen Netzwerken hat sich eine ganz neue Industrie entwickelt, die zum Beispiel Kennzahlen über deren Multiplikationskraft ermittelt. Klout ist ein automatischer elektronischer Dienst, der auf Basis einer Analyse von sozialen Netzwerken, vor allem Twitter und Facebook, einen Score errechnet. Dieser Score reicht von 1 bis 100 und drückt den sozialen Einfluss einer Person aus, wobei 40 einen mittleren Wert bildet. Hierzu werden unter anderem die Anzahl der Freunde und die Menge der Weiterempfehlungen ausgewertet.

Beispiele

Auf der Suche nach neuen Wegen, um junge und innovative Kunden anzusprechen, die bislang noch kein Fahrzeug besaßen, entwickelte Ford die Idee vom Fiesta Movement. Ford wählte 100 Personen aus mehreren tausend Bewerbungen aus und stellte ihnen jeweils einen Fiesta für ein Jahr bereit. Die ausgewählten Personen nutzten die sozialen Medien — Blogs, Twitter, Facebook, Flickr und Youtube — intensiv, um ihre Erfahrungen mit dem neuen Fahrzeug zu teilen. Insgesamt erbrachte diese Kampagne elf Millionen Bilder und fünf Millionen Einträge in den sozialen Netzwerken, 11.000 Videos und 15.000 Tweets. Zusätzlich meldeten sich 50.000 Personen aufgrund dieser medialen Präsenz zu Probefahrten mit dem Fiesta an; fast alle fuhren bis dahin kein Fahrzeug von Ford.

Das Audi Piloted Driving Lab zeigt, wie man mittels der sozialen Medien die Leistungsfähigkeit der Technologie darstellen kann, die dem autonomen Fahren zugrunde liegt. Der bereits mehrmals erwähnte fahrerlose Audi RS7 fuhr in beeindruckender Geschwindigkeit über verschiedene Rennstrecken, die Auswirkungen waren enorm: Kunden, Händler, Autofans aus 42 Ländern teilten ihre Eindrücke über diesen selbstfahrenden Rennwagen in den sozialen Medien (Abbildung 4.7, S. 179).

So entstanden über eine Milliarde Einträge in den Netzwerken: Bilder, Berichte, Kommentare, ergänzende Informationen. Allein aufgrund der Veranstaltung in Hockenheim schnellten die Besuche auf audi.com um über 900 Prozent in die Höhe. Das Thema wurde danach von BBC, TVglobal, CNBL, CCTV und weiteren Sendern aufgegriffen und erreichte dadurch mehr als 500 Millionen Menschen. Bei einem Gesamtbudget von etwa € 8 Millionen und einer Milliarde Einträge betrugen die Kosten pro Eintrag € 0,008. Eine solche Reichweite eines Themas lässt sich nur über soziale Medien realisieren und wäre auf klassischem Weg nicht möglich gewesen — oder nur mit einem sehr viel höheren Budget.

„Das hier ist die Zukunft. Es war beeindruckend, das heute schon zu erleben. Ich will, dass das Realität wird. Und zwar bald. Ich glaube, je eher wir das schaffen, je eher die Umstellung kommt, desto besser für uns alle."
Paolo, Design Director, Netflix, Dozent für UX Design. Zuvor war er für Mercedes-Benz, Microsoft und IBM tätig.

„Wir sollten aufhören, selbst zu fahren. Ehrlich, das war beeindruckend. Ich hatte zwar erwartet, dass alles funktioniert, dass es sich jedoch so perfekt anfühlt, war überraschend. Die Rolle des Autos wird sich vom Gegenstand zum Dienstleister wandeln."
Alexandra, Gründerin und Inhaberin von Powerful Minds, Training- und Coaching Institut, zertifizierte NLP-Trainerin sowie Personal and Business Coach. Zuvor war sie für Sony Ericsson tätig.

„Man fasst eigentlich sofort Vertrauen zur Technik. Man sagt sich, okay, das Auto scheint zu wissen, was es tut, aber spannend bleibt das Fahren trotzdem. Das liegt bestimmt an der Leistung des RS7, aber auch daran, wie er die Kurven nimmt."
Albert, Head of Design bei Yahoo, Preisträger des Apple Design Award.

Abbildung 4.7. Erfahrungen von drei Multiplikatoren
Quelle: Audi AG

Zusammenfassung

- Viele Beispiele aus ganz unterschiedlichen Industrien zeigen, dass die erfolgreiche Einführung von radikalen Produktinnovationen im Markt Multiplikatoren braucht.
- Früher übernahmen Prominente aus den Printmedien und dem Fernsehen die Rolle der Multiplikatoren. Inzwischen spielen Youtuber und Blogger eine viel wichtigere Rolle.
- Im Rahmen des Fiesta Movement stellte Ford 100 Personen jeweils einen Fiesta mit der Aufforderung bereit, über das Fahrzeug zu berichten. Diese Kampagne erbrachte elf Millionen Bilder und fünf Millionen Einträge in den sozialen Netzwerken, 11.000 Videos und 15.000 Tweets.
- Mit dem Audi Piloted Driving Lab konnten die Besuche auf audi.com als Folge einer Rennveranstaltung in Hockenheim um 900 Prozent gesteigert werden. Bei einem Gesamtbudget von etwa € 8 Millionen und einer Milliarde Einträgen betrugen die Kosten pro Eintrag € 0,008.

Teil 5
Rahmenbedingungen des autonomen Fahrens

Kapitel 22
Recht und Haftung

Dr. Volker Hartmann, Rechtsanwalt und Syndikus, Experte für Rechtsfragen des autonomen Fahrens

Die Beantwortung von Rechtsfragen zum automatisierten und autonomen Fahren erweist sich derzeit aus vielerlei Gründen als schwierig und komplex. Zunächst ist die rechtliche Auseinandersetzung mit selbstfahrenden Autos schon deshalb vielschichtig, weil viele Rechtsgebiete von dieser Thematik betroffen sind. Außerdem erscheint eine Regulierung des Rechtsrahmens in entscheidenden Bereichen nur im internationalen beziehungsweise europäischen Kontext sinnvoll. Dies erfordert jedoch eine Aufarbeitung und Berücksichtigung vielfältiger internationaler und europarechtlicher Regelungen sowie auch verschiedener nationaler Rechtssysteme. Hinzu kommt, dass die derzeitige Rechtslage zum Straßenverkehr, zur Fahrzeugsicherheit oder zur Rolle des Fahrers die technischen Entwicklungen der Automatisierung von Autos oftmals noch gar nicht erfasst. Häufig sind in den alten Regeln Pferdefuhrwerke erwähnt, nicht jedoch fahrerlose Autos, was den Eindruck erweckt, die Technik hätte auf manchen Gebieten das Recht abgehängt.

Die Definition des Grades der Automatisierung eines Autos (insbesondere die Levels 3, 4 und 5) schafft vorrangig eine technische, nicht aber auch eine rechtliche Klarheit. Hinzu kommt, dass in der öffentlichen Diskussion Begriffe wie selbstfahrend, fahrerlos, automatisch, automatisiert oder autonom, schlimmer noch teilautonom oder vollautonom, durcheinander benutzt werden. Selbst dort, wo sich selbstfahrende Fahrzeuge (zu Testzwecken) schon auf den Straßen befinden, gibt es oftmals keine wirklich einheitliche gesetzliche Definition. In den USA ist zu beobachten, dass die diversen Bundesstaaten autonome Fahrzeuge unterschiedlich definieren. Die aus rechtlicher Perspektive eigentlich interessante Unterscheidung ist jene zwischen automatisierten und autonomen Fahrzeugen. Erstere benötigen immer noch einen menschlichen Fahrer, der Teil einer Mensch-Maschine-Interaktion ist und zur Not oder in bestimmten vorgesehenen Fällen die Fahraufgaben ganz oder teilweise übernimmt. Bei einem autonomen Auto tritt hingegen die Maschine komplett an die Stelle des Menschen, so dass kein Fahrer nach bisherigem Verständnis mehr erforderlich ist.

Zwei Rechtsgebiete spielen bei der Diskussion um selbstfahrende Fahrzeuge eine zentrale Rolle: Das Zulassungsrecht oder Zertifizierungsrecht beantwortet die Frage, ob der Betrieb eines Autos möglich ist, während das Verhaltensrecht festlegt, wie mit dem Fahrzeug umzugehen ist. Beide Rechtsgebiete sind in Bezug auf das automatisierte und autonome Fahren miteinander verknüpft, auch weil im internationalen Umfeld wesentliche Regelungsquellen identisch sind oder rechtlich aufeinander verweisen.

Wiener Übereinkommen

Von besonderer Bedeutung für die meisten Mitgliedsstaaten der Europäischen Union und viele weitere Staaten ist das Wiener Übereinkommen über den Straßenverkehr von 1968. Dieser völkerrechtliche Vertrag regelt die grundlegenden Vorgaben des Zulassungs- wie auch des Verhaltensrechts, an die die Vertragsstaaten gebunden sind und die sie in nationales Recht umzusetzen haben. Durch die Änderung des Wiener Übereinkommens vom März 2016 besteht die Situation, dass automatisierte Systeme dann zugelassen und betrieben werden dürfen, wenn sie den Anforderungen der UN-ECE-Regelungen (technische Regularien, die im Rahmen der Zulassung und Zertifizierung relevant werden) entsprechen oder vom Fahrer übersteuert und abgeschaltet werden können. Autonome Fahrzeuge sind hingegen in der Europäischen Union bis auf Weiteres im Serienbetrieb nicht zugelassen, weil sie nicht mit den Vorschriften des Wiener Übereinkommens und den ECE-Regeln sowie den darauf aufbauenden europarechtlichen und nationalrechtlichen Gesetzen vereinbar sind.

Rechtslage in den USA und China

Die Rechtslage in den USA unterscheidet sich von der in der Europäischen Union grundsätzlich. Dort sind alle sicherheitsrelevanten Anforderungen als Voraussetzung für die Inbetriebnahme eines Fahrzeugs Bundessache und bislang im Wesentlichen in den Federal Motor Vehicle Safety Standards geregelt. Dieses Regelwerk enthält jedoch für automatisierte und autonome Fahrzeuge keine Vorschriften. Allerdings hat die zuständige Bundesbehörde NHTSA zwischenzeitlich bereits zwei (bislang jeweils nicht bindende) Regelwerke für solche Autos herausgegeben (Federal Automated Vehicle Policy 1.0 und 2.0). Insofern deutet sich hier eine Regulierung an. In den USA besteht aber das Problem, dass das Verhaltensrecht auf Ebene der Bundesstaaten geregelt ist. Daher könnte ein System durch bundesstaatliches Verhaltensrecht in einem Staat verboten sein, obwohl es in einem anderen Staat erlaubt ist. Allerdings lässt sich in den USA auch auf bundesstaatlicher Ebene eine für neue Technologien zugängliche Gesetzgebung beobachten. Daher ist davon auszugehen, dass automatisierte, möglicherweise sogar auch autonome Fahrzeuge in absehbarer Zeit vermehrt verhaltensrechtlich erlaubt werden.

In China sind jüngst Bestrebungen im Gange, die auf mögliche gesetzgeberische Vorhaben hindeuten. Regelungen anderer Staaten werden gesammelt und verglichen, um darauf aufbauend eigene Vorschriften für selbstfahrende Fahrzeuge in China zu entwickeln. Vor allem in ostasiatischen Staaten wie Singapur, Südkorea und Taiwan kann man davon ausgehen, dass entsprechende Regelungsrahmen auch relativ kurzfristig erlassen werden können.

Verantwortung

Die immer wieder aufgeworfene Frage nach der strafrechtlichen Verantwortung und der zivilrechtlichen Haftung im Zusammenhang mit automatisierten und autonomen Fahrzeugen lässt sich nur dann verstehen, wenn man sich den nahezu weltweit im Recht geltenden Grundsatz vor Augen führt: Der Mensch ist verantwortlich und damit grundsätzlich Anknüpfungspunkt des Rechts. Die Zuordnung von strafrechtlicher und zivilrechtlicher Haftung funktioniert rechtlich also nur gegenüber dem Menschen (natürlichen Personen) und in gesetzlich geregelten Fällen auch bei juristischen Personen wie Unternehmen oder Vereinen. Die Maschine an sich ist nach heutiger Auffassung kein rechtlich relevanter Anknüpfungspunkt, sondern das Recht sucht nach dem Menschen hinter der Maschine. Die rechtliche Rolle des Fahrers als der Mensch hinter dem Auto findet ihren Ausgangspunkt in den jeweiligen straßenverkehrsrechtlichen Verhaltensvorschriften.

Der Fahrer ist also in den aktuellen Rechtssystemen weltweit das zentrale rechtliche Subjekt für persönliche Verantwortung und Haftung. Die entsprechenden Regelungen, insbesondere des Ordnungswidrigkeitenrechts und des Strafrechts, beruhen weltweit auf der Vorstellung, dass menschliches Verhalten reguliert werden sollte, weil der Fahrer das Auto steuert, beherrscht und überwacht. Solange ein Fahrer anwesend ist, wird dieser daher der zentrale Adressat für entsprechende Normen bleiben. Dies hat zur Folge, dass bei automatisierten Systemen, die immer noch einen Fahrer benötigen, der Fahrer rechtlich in einer zentralen Rolle verbleibt. Je mehr Aufgaben jedoch die Maschine vollumfänglich übernimmt, desto mehr dürfte der Fahrer aus seiner rechtlichen Verantwortungsrolle verdrängt werden.

Rolle des Fahrers

Mit zunehmender Automatisierung des Fahrzeugs wird die rechtliche Rolle und Verantwortung des Fahrers allerdings unschärfer und unklarer. Bei der Automation der Stufe 3 lassen sich die rechtlichen Sorgfaltspflichten des Fahrers noch ohne Probleme bestimmen, weil der Mensch nach wie vor eine zentrale Rolle für die Steuerung und Kontrolle des Autos einnimmt. Da er zudem die Rückfallebene für das System bildet, liegt es auf der Hand, ihm gewisse Verantwortungsbereiche nach wie vor zuzuweisen. Genau dies deutet sich auch in aktuellen gesetzgeberischen Überlegungen an und wurde etwa in der deutschen Novelle des Straßenverkehrsgesetzes im Juni 2017 als Rückübernahmepflicht in bestimmten Fällen implementiert. Ungenauer und unklarer ist es aber bereits bei Level 4, weil das System im definierten Anwendungsbereich vollumfänglich fähig sein sollte, alle Fahraufgaben selbstständig zu übernehmen. Als rechtlicher Anknüpfungspunkt für eine Haftung des Fahrers verbleibt nur noch die theoretische Übersteuerbarkeit des Systems und eventuell der Umstand, dass der Fahrer das Fahrzeug überhaupt erst aktiviert und sich für dessen Nutzung an sich entschieden hat.

Die bestehende rechtliche Logik stößt spätestens bei Level 5 an ihre Grenzen, da die Maschine alle Fahraufgaben übernimmt. Hier ist die Frage zu beantworten, ob der Mensch im Fahrzeug überhaupt noch rechtlich als Fahrer eingestuft werden kann. Selbst die Aktivierung des autonomen Systems kann unter Umständen nicht mehr als rechtlicher Anknüpfungspunkt herangezogen werden. Man stelle sich ein Robo-Taxi vor, das ein Flottenbetreiber zur Verfügung stellt und bei dem der ehemalige Fahrer damit nur noch Nutzer einer Dienstleistung ist. Dieser Mensch auf dem (ehemaligen) Fahrersitz schafft wohl nur noch eine sehr geringe, bestenfalls abstrakte Ursache für eine eintretende Rechtsverletzung, wie etwa das Bestellen einer Dienstleistung per App, und kann daher eventuell nicht mehr zur Rechenschaft gezogen werden.

Fraglich ist zudem, was mit der Verantwortung im Falle eines Unfalls passiert, die keinem Menschen mehr zugerechnet werden kann. Viele Rechtsordnungen kennen (noch) keine Regelungen, um die Verantwortung einer Maschine, in diesem Fall dem Fahrzeug, zuzuordnen. Die Gesellschaft jedoch akzeptiert und wünscht die Verfügbarkeit innovativer Produkte, so dass unter Umständen gewisse Lücken im Rahmen der persönlichen Verantwortung und damit in der Sanktionierung hingenommen werden müssen. Insofern ist zu überprüfen, wo die Grenze des hinnehmbaren Risikos für Systeme zu ziehen ist, die eine zunehmende Automatisierung aufweisen.

Grundsätzlich ließen sich Vorschriften konstruieren, um Maschinen schadenstiftendes und gesetzeswidriges Verhalten zuzuordnen. Problematischer ist jedoch die adäquate Sanktionierung, weil etwa ein Roboter (nach heutiger Rechts- und Wertevorstellung) kein eigenes Vermögen besitzt, aus dem er Schmerzensgeldzahlungen leisten könnte. Folglich neigt das Recht dazu, selbst bei automatisierten Systemen immer die persönliche Verantwortung des Fahrers zu suchen. Mit zunehmender Automation schwindet jedoch die Rolle des Menschen, so dass sich die Frage stellt, wer strafrechtliche Verantwortung übernimmt oder ob sogar eine Nicht-Sanktionierung in Einzelfällen hinzunehmen ist. Fraglich ist daher, ob für vollständig autonome Systeme neue Rechtsnormen zu entwickeln sind, auch weil der Staat im Rahmen seiner Rechtssetzung von vornherein angelegte Schuldlücken vermeiden muss.

Für die zivilrechtliche Haftung des Fahrers eines automatisierten oder autonomen Fahrzeugs stellt sich eine zur strafrechtlichen Verantwortung vergleichbare Situation. Mit steigender Automatisierung bis hin zur Autonomie erscheint es immer schwieriger, dem Menschen eine Haftung zuzuordnen, weil sein Beitrag zur Erledigung der Fahraufgabe abnimmt. Das oben aufgezeigte Problem einer möglichen Sanktionslosigkeit stellt sich jedoch im zivilen Haftungsrecht bei Weitem nicht in dieser Schärfe. Da die weltweiten Haftungsrechtsordnungen über das Produkthaftungs- beziehungsweise Sicherheitsrecht die Hersteller von Erzeugnissen direkt und unmittelbar in die Haftung nehmen, kommt es aus haftungsrechtlicher Sicht zu keiner Lücke. Damit kann der Geschädigte auf den Fahrzeughersteller als Haftungssubjekt zugreifen, ein Haftungsmechanismus, der im Zuge der Automatisierung und Autonomisierung eine zentrale Bedeutung erlangt.

Mit steigender Bedeutung der Maschine (also dem Anteil, den das Fahrzeug an der Fahraufgabe selbstständig übernimmt) vermindert sich die haftungsrechtliche Rolle des Fahrers. Somit rücken naturgemäß das Produkt und damit dessen Hersteller als Haftungssubjekt in den Fokus. Automatisierte und autonome Systeme müssen selbstverständlich, wie alle anderen Produkte auch, den rechtlichen Anforderungen der Produktsicherheit genügen. Produktsicherheit bedeutet jedoch nicht das Einhalten irgendeines beliebigen Sicherheitsmaßstabs, sondern der Vorgaben, die der Nutzer vernünftigerweise erwarten darf. Damit drängt sich die Frage auf, welche Sicherheitserwartungen genau an ein automatisiertes beziehungsweise autonomes Auto gerichtet werden können, da diese Produkte neu und ungewohnt für die Nutzer sind und sich noch keine etablierten Sicherheitserwartungen der Nutzer herausgebildet haben. Insofern braucht es eine Übergangsphase, bis diese Autos im Markt verbreitet sind und sich ein Konsens über Sicherheitsstandards entwickelt hat. Während dieser Phase ist damit zu rechnen, dass sich für die Hersteller die Unsicherheit bezüglich der Vorhersehbarkeit und Kalkulierbarkeit von Produkthaftungsrisiken erhöht. Auf dem Weg vom automatisierten zum autonomen Fahrzeug muss aus heutiger Sicht mit einer nahezu kompletten Haftungsverschiebung zulasten der Hersteller bei zu Beginn unklarem Haftungsmaßstab aber gleichwohl insgesamt steigender Verkehrssicherheit gerechnet werden. Diese Haftungsverschiebung verhindert eine zivilhaftungsrechtliche Schuld- oder Haftungslücke, so dass jedenfalls für die anstehenden Automatisierungsstufen der heute bereits verfügbare Regulierungsrahmen angemessen und ausreichend erscheint.

Selbstlernende Systeme

Bei autonomen Fahrzeugen werden die komplexen technischen Anforderungen an die Fahrzeugsteuerung vor allem von selbstlernenden Algorithmen erledigt. Bei diesen Systemen dürfte das klassische Haftpflichtrecht, das von einer Voraussehbarkeit des Schadens ausgeht, an seine Grenzen gelangen. So könnten zum Beispiel Schwierigkeiten bei der Rückverfolgung und Zuordnung einer den Schaden verursachenden Handlung entstehen, weil nicht klar und eindeutig festgestellt werden kann, ob die Ursache in der ursprünglichen Programmierung bereits angelegt war oder auf das spätere selbstständige Dazulernen (das Trainieren durch Benutzung) zurückzuführen ist. Hinzu kommt, dass (zumindest nach heutigem Stand von Wissenschaft und Technik) nicht genau nachvollzogen werden kann, was und wie selbstlernende Software im Zeitverlauf dazulernt. Hieraus ergeben sich Probleme sowohl im Hinblick auf die Qualitätssicherung (was ist richtig, was ist falsch von dem Dazugelernten?) als auch der Rückverfolgung der Kausalitäten. Die Feststellung einer linearen und voraussehbaren Kausalität und damit auch der Haftung des Herstellers könnte sich mitunter als komplex und schwierig erweisen. Aus diesem Grund, und weil das derzeitige Straßenverkehrsrecht von einem menschlichen Fahrer ausgeht, muss das Haftungssystem für die Automation der Stufe 5 neu gestaltet werden.

Oft kommt der Vorschlag, dass ein selbstlernendes System ähnlich wie eine juristische Person haften könnte. Auch eine Aktiengesellschaft ist kein Mensch, und sie ist gleichwohl handlungsfähig. Man könnte selbstlernende Systeme demnach mit einer elektronischen Rechtspersönlichkeit (Electronic Personhood) versehen und handlungsfähig machen. Dazu muss sie öffentlich registriert werden, über ein Vermögen verfügen und eine obligatorische Haftpflichtversicherung aufweisen. Je mehr Situationen es gibt, in denen das bestehende Haftungsrecht nicht mehr ausreicht, desto deutlicher wird der Ruf nach einer „Electronic Personhood" zu vernehmen sein. Diese elektronische Rechtspersönlichkeit wurde bereits in einem Entwurf des Europäischen Parlaments an die EU-Kommission über neue zivilrechtliche Regelungen für Roboter vorgeschlagen.

Datenschreiber

Um die Haftung sowie auch eine persönliche Verantwortung korrekt zuordnen zu können, erscheint ein spezifischer Datenschreiber für automatisierte Systeme wichtig. Es muss im Falle eines Unfalls beweissicher nachvollziehbar sein, wer gefahren ist, der Mensch oder die Maschine. Zudem sollten alle weiteren technischen und sonstigen Fahrzeugdaten registriert werden, um die Ursache des Schadens exakt feststellen zu können. Mit einem Datenspeicher wäre ein gewisses Maß an Rechts- und Beweissicherheit in Haftungsfragen, aber auch bezüglich Strafrecht und Ordnungswidrigkeit zu erreichen. Damit ließe sich nicht nur Klarheit darüber schaffen, auf welches Subjekt, Mensch oder Maschine, zurückgegriffen werden müsste, sondern es würde die Unfallaufklärung verbessern. Letztendlich könnten über spezielle Unfalldatenschreiber exakte Unfallrekonstruktionen erstellt werden, was wiederum der Fahrzeug- und Verkehrssicherheit zugute käme. Darüber hinaus dürften die Datenspeicher auch im Rahmen der Produktbeobachtungspflicht der Hersteller eine zentrale Rolle spielen.

Selbstverständlich entstehen aus dem Einbau eines spezifischen Datenspeichers für automatisiertes Fahren sowie aus der zunehmenden Vernetzung der Autos datenschutzrechtliche Fragestellungen. Sie betreffen zum Beispiel die Zweckbestimmung und -einhaltung der Datennutzung oder die Verwendung von bestimmten Datenarten wie etwa GPS-Ortungsdaten. In der Regel ergeben sich datenschutzrechtliche Themen immer dann, wenn die relevanten Daten personenbezogen sind oder mit personenbezogenen Daten verknüpft werden können (und damit ebenfalls personenbezogen werden). Aktuell gibt es sowohl in der Europäischen Union als auch in den USA eine Diskussion über die datenschutz- und datensicherheitsrechtlichen Anforderungen beim vernetzten Fahren.

Zusammenfassung

- Autonomes Fahren betrifft zahlreiche Rechtsgebiete. Zudem sind Regelungen immer auch im internationalen Kontext zu erlassen.
- Zwei Rechtsgebiete spielen eine zentrale Rolle: Das Zulassungsrecht beziehungsweise Zertifizierungsrecht klärt die Frage, ob der Betrieb eines Fahrzeugs möglich ist, während das Verhaltensrecht festlegt, wie mit dem Fahrzeug umzugehen ist.
- Von Bedeutung für viele Länder ist das Wiener Abkommen über den Straßenverkehr von 1968. Durch die Änderung vom März 2016 besteht grundsätzlich die Möglichkeit, dass automatisierte Systeme im Straßenverkehr zugelassen werden können, nicht jedoch autonome Fahrzeuge.
- In den USA gibt es Bestrebungen, auf Bundesebene ein einheitliches Regelwerk für die Inbetriebnahme und Sicherheit von automatisierten und autonomen Fahrzeugen zu schaffen. Allerdings sind die Bundesstaaten für das Verhaltensrecht und damit auch für die konkreten Anforderungen an die Funktionsausgestaltung automatisierter Fahrzeuge zuständig.
- Grundsätzlich ist der Mensch für sein Tun verantwortlich und damit auch Anknüpfungspunkt des Rechts. Allerdings wird mit zunehmender Automatisierung des Fahrzeugs die rechtliche Rolle und Verantwortung des Fahrers immer unschärfer und unklarer.
- Auf dem Weg vom automatisierten zum autonomen Fahrzeug muss aus heutiger Sicht mit einer nahezu kompletten Haftungsverschiebung zulasten der Hersteller gerechnet werden.
- Ein Ansatz könnte darin bestehen, dass selbstlernende Systeme, also autonome Fahrzeuge, die mit Machine-Learning-Algorithmen ausgerüstet sind, eine eigene elektronische Rechtspersönlichkeit erhalten.

Kapitel 23
Normen und Standards

Überall auf der Welt entstehen derzeit Projekte, um die Infrastruktur — Parkhäuser, Ampeln, Verkehrsschilder — für die autonome Mobilität aufzurüsten. Zudem sind die Hersteller, Zulieferer, Technologie- und Telekommunikationsunternehmen dabei, die V-to-V-, V-to-I- und V-to-X-Kommunikation stetig zu verbessern. Allerdings arbeitet bislang mehr oder weniger jeder für sich, oder bestenfalls in Konsortien, was dazu führt, dass unterschiedliche technologische Ansätze bestehen. Folglich braucht es bestimmte Normen und Standards, damit die Fahrzeuge in der Lage sind, untereinander und mit der Infrastruktur oder der Verkehrsleitzentrale zu kommunizieren. Man braucht Vereinbarungen, die sicherstellen, dass alle Akteure auf der gleichen technologischen Basis entwickeln.

Was sind Normen und was sind Standards? Eine Norm lässt sich als ein Regelwerk beschreiben, das aus einem Konsens aller am Normierungsverfahren beteiligten Experten resultiert. Allerdings ist die Umsetzung einer Norm freiwillig, man kann sie anwenden, muss aber nicht. Verbindlichkeit besitzen Normen erst dann, wenn sie Bestandteil von Verträgen, Gesetzen und Verordnungen werden. Ein Standard ist, im Gegensatz dazu, eine Vereinheitlichung zum Beispiel von Maßen, Typen, Verfahrensweisen oder anderem. Seine Entstehung ist nicht zwingend an ein Verfahren, Regelwerk oder an einen Konsens aller Beteiligten gebunden. Da Standards somit wesentlich schneller und einfacher entstehen können als Normen, sind sie oft die Grundlage für die sich anschließende Normenentwicklung.

Immer wieder wird diskutiert, ob Normen und Standards generell, aber auch mit Blick auf das automatisierte Fahren die Entwicklung einer Technologie behindern oder befördern. Es gibt viele Argumente dafür und viele dagegen. Häufig wird argumentiert, dass sich die beste Technologie nur im Wettbewerb durchsetzen könne. Wird der Wettbewerb zu früh durch Vorgaben abgewürgt, könnte am Ende eine suboptimale Technologie den Markt dominieren. Zudem kommen Standards und Normen vor allem jenen Unternehmen zugute, die an ihrer Herausbildung maßgeblich mitwirken, während andere Unternehmen mit alternativen Technologien vom Markt ausgeschlossen werden. Dieser Sichtweise lässt sich entgegenhalten, dass Vorgaben den Akteuren mehr Sicherheit für Investitionen geben, die Anzahl der parallel zu verfolgenden Technologien reduzieren und das Ausschöpfen von Skaleneffekten erlauben. Auch könnten Normen und Standards das Vertrauen der potenziellen Kunden verbessern, da ein Wettbewerb der Unternehmen um die richtige oder falsche technologische Basis die Menschen verunsichern kann.

Die Entwicklung der Boeing 777 zeigt beispielhaft, wie durch eine Standardisierung der Datenübertragung zwischen den am Projekt beteiligten Unternehmen die Kosten und die Zeit deutlich reduziert werden konnten. In diesem Projekt wurde die Vorgabe gemacht, ein Flugzeug ohne Zeichnungen auf Papier zu entwickeln, obgleich viele Zulieferer in den Entwicklungsprozess involviert waren. Und so kam es, dass Boeing ein anderes CAD-System (computer-aided design, computerunterstützte Konstruktion von Produkten) verwendete als die Zulieferer, und jeder Zulieferer hatte wiederum sein eigenes System. Dabei hatte jedes System sein eigenes Datenformat, so dass das Zusammenspiel eine erhebliche Herausforderung darstellte. Daher führte Boeing ein standardisiertes Format für den Austausch von Daten ein, was die Anzahl der erforderlichen Übersetzungen deutlich reduzierte. Durch diese Standardisierung war es möglich, schnell, kostengünstig und mit nur sehr wenigen Kommunikationsfehlern zu entwickeln.

Hält man sich die vielen empirischen Studien zur Wirkung von Normen und Standards auf die Innovationsfähigkeit von Unternehmen vor Augen, lässt sich bestenfalls ein vager Zusammenhang behaupten, dessen Wirkungsrichtung auch nicht eindeutig geklärt ist. Mehr Aufschluss liefern makroökonomische Analysen, die zeigen, dass Normen und Standards zwar nicht von Anfang an, aber im weiteren Verlauf des Entwicklungsprozesses die anschließenden Marktchancen der Innovation deutlich verbessern. In diesem Licht sind auch die Bemühungen von Organisationen und Regierungen zu sehen, dass alle beteiligten Akteure sich auf Standards für wichtige Elemente des autonomen Fahrens, wie etwa die V-to-V-, V-to-I- und die V-to-X-Kommunikation, verständigen.

Bei bedeutsamen Produkten, Bauteilen und Komponenten sind in einen Normierungsprozess häufig mehrere internationale Normierungsgremien – etwa ISO, SAE, IEEE – eingebunden, was zumeist zusätzlich Koordination erfordert. Solche Gremien können auch immer dazu genutzt werden, die eigene Technologie zum Standard zu erheben oder mehr über die Ansätze der Konkurrenten zu erfahren. Beispielsweise engagieren sich derzeit sehr viele Vertreter chinesischer Unternehmen in internationalen Normierungsgremien und sind darauf bedacht, dort möglichst viele Schlüsselpositionen zu besetzen. Hinzu kommt, dass sich Industrien oft nicht mehr klar und eindeutig voneinander abgrenzen lassen. So haben einige Automobilhersteller inzwischen auch Datenschnittstellen oder Entwicklungen für Smart Cities für sich entdeckt.

Deklaration von Amsterdam

Im April 2016 wurde von den Verkehrsministern aller 28 Mitgliedsländer der Europäischen Union die Deklaration von Amsterdam unterzeichnet. Sie bildet eine Vereinbarung über alle notwendigen Schritte, um die Technologie des autonomen Fahrens in der Europäischen Union voranzubringen. In diesem Dokument sind die Europäische Kommission, die Mitgliedsländer und die Transportindustrie aufgefordert, Regeln zunächst für das automatisierte und später auch für das autonome Fahren zu erarbeiten. Es soll ein in sich stimmiger Gesetzesrahmen entstehen, der von allen beteiligten Ländern bei der Formulierung von nationalen Gesetzen berücksichtigt wird. Eine konkrete Agenda wurde vereinbart, damit automatisiertes Fahren in der Europäischen Union Realität werden kann:

(1) Ausgangspunkt ist ein einheitlicher Rechtsrahmen, um Innovationen zu ermöglichen und die Einführung von hoch- und vollautomatisierten Fahrzeugen im Markt zu fördern. (2) Mit den Daten, die aus der Nutzung solcher Fahrzeuge entstehen, können Investitionen in die Infrastruktur auf europäischer Ebene koordiniert werden. (3) Damit ein automatisiertes Fahrzeug in allen Ländern genutzt werden kann, muss vor allem die V-to-V- und die V-to-I-Kommunikation kompatibel sein. (4) Auch müssen informationstechnische Schutzmaßnahmen eingeleitet werden, damit Cyberangriffe auf die Fahrzeuge und die Infrastruktur abgewehrt werden können. (5) Zudem ist eine umfassende Öffentlichkeitsarbeit erforderlich, um das Bewusstsein für die Technologie des hoch- und vollautomatisierten Fahrens zu schaffen. (6) Schließlich ist die Zusammenarbeit vor allem mit den USA, China und Japan unerlässlich, um möglichst zügig zu einem globalen Rechtsrahmen und zu weltweit akzeptierten Standards und Normen zu gelangen.

Um diese Agenda umzusetzen, sind die Mitgliedsstaaten aufgefordert, das Wiener Abkommen anzupassen und eine Revision der nationalen Gesetzgebungen mit Blick auf das hoch- und vollautomatisierte Fahren vorzunehmen. Rechtliche Hindernisse müssen beseitigt werden, damit grenzüberschreitende Tests von entsprechenden Fahrzeugen möglich sind. Die Europäische Kommission ist aufgefordert, eine länderübergreifende technologische Plattform aufzubauen. Nur so lässt sich in der Europäischen Union ein einheitliches Verkehrsmanagement mit den notwendigen Sicherheitsstandards umsetzen. Die Industrie mit den Herstellern, Zulieferern und Technologieunternehmen sollte sich über Standards bezüglich der V-to-V- und der V-to-I-Kommunikation verständigen. Zudem muss der Austausch von Daten zwischen den Fahrzeugen der verschiedenen Hersteller geregelt werden. Auch ist die Industrie aufgerufen, sich an vielfältigen

Projekten zu beteiligen, um die wirtschaftlichen und gesellschaftlichen Auswirkungen dieses technologischen Wandels zu verstehen.

Dominantes Design

Jene zentralen Funktionen, die sich in einem Markt rund um eine bestimmte Technologie als Standard herausgebildet haben, bilden das dominante Design. Dieses Design hat im Wettbewerb gegenüber anderen Architekturen gewonnen, so dass sich alle Innovatoren bei der Entwicklung ihrer Produkte daran orientieren. Sofern eine neue Technologie aufkommt, etwa eine zentrale Steuerungseinheit für Computer, befinden sich zunächst mehrere alternative Designs im Markt (Microsoft Windows, Apple Mac OS und IBM OS/2). Ab einem bestimmten Punkt setzt sich eine Architektur durch und entwickelt sich zum Industriestandard wie etwa Microsoft Windows. Das nun dominierende Design ermöglicht die Standardisierung des Kerns der Produkte, so dass in der Produktion Skaleneffekte realisiert werden können. Firmen, die während dieser Phase des Experimentierens in den Markt eintreten, gehen das Risiko ein, auf eine Technologie zu setzen, die sich letztlich nicht durchsetzt. Allerdings besteht auch die Chance, die am Ende dominierende Technologie zu verfolgen und damit von Anfang an dabei zu sein.

Beim autonomen Fahren spielt die Diskussion um das dominante Design vor allem bei der Entwicklung der V-to-V- und der V-to-I-Kommunikation eine wichtige Rolle. Immer wieder treten auf Straßen vielfältige Hindernisse auf, etwa plötzliches Glatteis, unerwartete Schlaglöcher oder herabfallende Steine. Die Fahrzeuge müssen sich untereinander unabhängig von ihren Herstellern über diese Verkehrshindernisse sowie über Staus und Baustellen informieren. Es braucht technische Standards, um die Sicherheit im Straßenverkehr zu gewährleisten und einen reibungslosen Verkehrsfluss sicherstellen zu können. Zudem sind auch semantische Standards, gegebenenfalls sogar einheitliche akustische Signale und optische Symbole zu definieren, damit die Insassen in den betroffenen Fahrzeugen über den gleichen Informationsstand verfügen.

Was die Gestaltung der Verkehrsinfrastruktur für das automatisierte Fahren angeht, sind weltweit vielfältige Projekte mit unterschiedlicher Zielsetzung und Ausgestaltung auf den Weg gebracht worden. Diese Insellösungen müssen konsolidiert und harmonisiert werden, damit ein Fahrzeug in verschiedenen Ländern, Regionen und Städten einsetzbar ist. Diese Standardisierung betrifft vor allem den Austausch von Signalen zwischen Fahrzeugen und der Infrastruktur, also Ampeln, Verkehrsschilder, Parkhäuser. Zudem geht es um die Steuerung des Verkehrsflusses, die durch eine Verkehrsleitzentrale, aber auch durch die zentrale Steuerungseinheit in den Fahrzeugen bewältigt werden kann. Auch ganz simple Fragen sind zu beantworten, zum Beispiel: In welcher Höhe sind Ampeln und Verkehrsschilder anzubringen, damit sie von den Sensoren und Kameras in den Fahrzeugen einfach, schnell und sicher erfasst werden können?

> **Zusammenfassung**
>
> - Eine Norm lässt sich als ein Regelwerk beschreiben, das aus einem Konsens aller am Normierungsverfahren beteiligten Experten resultiert.
> - Ein Standard ist eine Vereinheitlichung zum Beispiel von Maßen, Typen, Verfahrensweisen oder anderem, ohne dass zwingend ein Verfahren, Regelwerk oder ein Konsens vorausgeht.
> - Immer wieder wird diskutiert, ob und inwieweit Normen und Standards die Entwicklung der für das autonome Fahren erforderlichen Technologien behindern oder befördern. Die meisten Experten sind sich jedoch einig, dass Standards und Normen einen Rahmen bilden, in dem sich eine neue Technologie entfalten kann.
> - Standards und Normen sind vor allem für die V-to-V- und die V-to-I-Kommunikation unerlässlich, damit sich das automatisierte und autonome Fahren durchsetzen kann.
> - Die Deklaration von Amsterdam bildet eine Übereinkunft, um die Technologie des automatisierten und autonomen Fahrens in der Europäischen Union zu fördern.
> - Das dominante Design beschreibt jene zentralen Funktionen einer Technologie, die sich in einem Markt als Standard herausgebildet haben.

Kapitel 24
Ethik und Moral

Trotz erheblicher technologischer Fortschritte in den nächsten Jahren werden auch hoch- und vollautomatisierte Fahrzeuge Unfälle verursachen oder zumindest in Unfälle verwickelt sein. Selbst die beste Hardware kann nicht verhindern, dass immer wieder einmal ein Reifen platzt, die Bremsen versagen oder andere mechanische Bauteile während der Fahrt kaputtgehen. Auch können Fehler in der Software auftreten, die zum Beispiel dazu führen, dass das Fahrzeug anhält und sich nicht mehr bewegen lässt. Darüber hinaus sind Erkennungsfehler möglich, das heißt, ein Fußgänger könnte mit einem Hydranten verwechselt werden, was zu gefährlichen Fahrmanövern führen kann. Selbst wenn eine Person als solche erkannt wird, muss das Fahrzeug auch deren Verhalten erfassen. Will sie über die Straße gehen, oder ist sie zum Beispiel in ein Gespräch vertieft?

In den Verkehrsordnungen vieler Länder steht, dass Rücksicht und Vorsicht die obersten Gebote für jeden Teilnehmer im Straßenverkehr sind. Beides sind jedoch reflexive Verhaltensweisen, über die selbstfahrende Autos derzeit und wohl auch in Zukunft nicht verfügen. Aber sie werden in Situationen geraten, in denen ihr Verhalten über Leben und Tod entscheiden kann. Die ethische Reflexion muss ihnen vorher einprogrammiert sein, wobei sich von selbst versteht, dass die folgenschweren Entscheidungen nicht einzelne Programmierer übernehmen können. In einigen Ländern wurden deswegen politische Kommissionen und juristische Forschungsstellen geschaffen. Autofirmen haben eigene Ethikabteilungen eingerichtet, die im Austausch mit Wissenschaft, Politik und Rechtsprechung stehen. Neben der Schwierigkeit, die nahezu unübersehbare Zahl von Szenarien im Straßenverkehr zu erfassen, stehen auch moralische Grundsatzentscheidungen an. Ein Auto, das die Sicherheit seiner Insassen über alles andere stellt, ist für die Gesellschaft wohl ebenso wenig akzeptabel wie ein Fahrzeug, das seine Passagiere opfert, um andere Verkehrsteilnehmer zu retten. Soll die Entscheidung über Leben und Tod womöglich einem Zufallsgenerator überlassen werden, oder liegt die letzte Autorität doch noch bei den Insassen?

Trolley-Problem

Im Mittelpunkt der Diskussion um die ethischen Grundsätze für das autonome Fahren steht das Trolley-Problem, das auf ein philosophisches Gedankenexperiment zurückgeht. Darf eine außer Kontrolle geratene Straßenbahn, die fünf unbeteiligte Menschen zu überrollen droht, absichtlich so umgeleitet werden, dass nur ein einzelner unschuldiger Gleisarbeiter zu Tode kommt? Dahinter verbirgt sich die Überlegung, ob man in einer Gefahrensituation den Tod weniger in Kauf nehmen darf, um viele zu retten. Diese Frage wird immer wieder in verschiedenen Varianten aufgeworfen, indem man die Anzahl der beteiligten Personen ändert und ihnen Charakteristika — Alter, Geschlecht, Beruf, Ausbildung — zuordnet. Damit lässt sich die moralische Intuition der Menschen verstehen und nach Antworten suchen, die als noch vertretbar oder schon verwerflich gelten.

Sobald autonome Fahrzeuge (Level 5) verbreitet sind, kann dieses Problem auch jederzeit im Straßenverkehr auftreten. Man denke etwa an ein selbstfahrendes Auto, dessen Bremssystem ausfällt, als drei kleine Kinder die Straße überqueren. Ein Zusammenprall erscheint unvermeidlich, da die zentrale Steuerungseinheit des Fahrzeugs aufgrund parkender Autos und anderer Fußgänger keinen freien Raum findet. Ein Ausweichen auf die Gegenfahrbahn würde jedoch dazu führen, dass das Auto einen entgegenkommenden 80-jährigen Fahrradfahrer frontal überfährt. Was ist in einer solchen Situation zu tun? Für welches Manöver, welchen Zusammenprall sollte sich der Algorithmus entscheiden? Bislang musste man sich um Antworten auf solche Fragen nicht kümmern, weil der Mensch am Steuer spontan entscheidet. Der Fahrer hat weder die Information noch die Zeit, um in dieser Gefahrensituation ethische Probleme zu lösen. Beim autonomen Fahren entscheiden hingegen die Algorithmen, die zuvor programmiert werden müssen. Daher muss im Grunde vorab die Ethik in das technische System „eingebaut" werden, und diese moralischen Entscheidungen sind von Menschen zu treffen.

Zugänge

Ein ökonomischer oder utilitaristischer (Utilitarismus = Nützlichkeitsprinzip) Zugang könnte im geschilderten Fall darin bestehen, den Fahrradfahrer zugunsten der drei kleinen Kinder zu opfern. Man möchte möglichst wenige Tote beklagen, zudem haben die Kinder im Unterschied zum 80-Jährigen ihr ganzes Leben noch vor sich. Diese Aufrechnung von Menschenleben verstößt jedoch nicht nur gegen die moralische Intuition vieler

Menschen, sondern auch gegen das Prinzip der Menschenwürde. Die Überzeugung, Menschenleben nicht gegeneinander zu verrechnen, geht auf den Philosophen Immanuel Kant zurück und ist fester Bestandteil vieler nationaler Rechtssysteme. Artikel 1 des deutschen Grundgesetztes besagt, dass die Würde des Menschen unantastbar ist. Sie zu achten und zu schützen ist Verpflichtung jeder staatlichen Gewalt.

Dies gilt auch dann, wenn etwa durch den Tod eines einzelnen das Leben vieler anderer gerettet werden kann. Man denke an einen verletzten Motoradfahrer, der in eine Klinik eingeliefert wird und im Todesfall mit seinen Organen vier anderen Menschen das Leben retten würde. Würde man den Motoradfahrer sterben lassen, um die anderen zu retten, wäre er instrumentalisiert, was weder moralisch noch juristisch zulässig ist. Moralisches Handeln erlaubt keinerlei Verrechnung von Menschenleben etwa in dem Sinne, dass zwischen dem Leben eines Kindes am Straßenrand und dem eines entgegenkommenden Motoradfahrers abgewogen werden kann. Da jedes einzelne Leben dem Grundgesetz zufolge schon unendlich viel Wert ist, kann es auch durch die Leben mehrerer Menschen, die auch unendlich viel Wert sind, nicht übertroffen werden.

Allerdings ist auch diese Position umstritten, da sie im Extremfall an die Grenzen der moralischen Plausibilität kommt. Dies zeigt sich immer dann, wenn man statt drei Leben gegen eines zum Beispiel tausend Leben gegen eines abzuwägen hat. Irgendwann sagen Menschen, dass es durchaus richtig sei, den einen für die vielen zu opfern. Damit verfallen sie jedoch dem utilitaristischen Kalkül, das die eine Person, die geopfert werden soll, instrumentalisiert und um ihre Freiheitsrechte beraubt wird.

Wie eine Studie mit der Moral Machine am Media Lab des Massachusetts Institute of Technology zeigt, geben Menschen auf diese Fragen mitunter widersprüchliche Antworten. In der Studie durchliefen etwa 2.000 Personen 13 Szenarien, die sich aus folgender Verkehrssituation ergaben: Ein autonomes Fahrzeug kann nicht mehr abgebremst werden und steuert auf eine Menschenmenge zu. Entweder fährt es in die Menge hinein und tötet viele, oder es weicht aus, prallt gegen eine Barriere und tötet den einen Fahrgast. Zudem wurden nicht nur Alter und Geschlecht der Menschen, sondern auch ihr Beruf und sozialer Hintergrund angegeben; darunter waren unter anderem Obdachlose, Manager und Bankräuber.

Rund drei Viertel der Befragten ziehen es vor, den einen Menschen zu opfern und nicht die ganze Menschenmenge. Dies gilt auch dann, wenn die Probanden annehmen sollten, sie selbst oder Mitglieder ihrer Familien säßen im Fahrzeug. Offenbar wählten die meisten die utilitaristische Lösung, die Zahl der Opfer möglichst gering zu halten. Allerdings schlägt sich diese Einsicht nicht zwangsläufig im eigenen Handeln nieder. Auf die

Frage nach den eigenen Fahrzeugwünschen bzw. -präferenzen war die Antwort ähnlich eindeutig, allerdings in umgekehrter Richtung. Lediglich 19 Prozent der Teilnehmer der Studie würden das „rational" abwägende Auto wählen, während 50 Prozent das Fahrzeug bevorzugen, das unter allen Umständen ihr eigenes Leben schützt. Auch wenn die Befragten allgemein zustimmen, dass autonome Autos bei einem Unfall so viele Leben wie möglich retten sollten – konkret würden sie dieses Fahrzeug nicht für sich selbst wählen. Im Übrigen spricht sich die Mehrheit der Teilnehmer generell gegen eine Regulierung des Entscheidungsalgorithmus im autonomen Auto aus, sei es durch Regierungen oder Fahrzeughersteller.

Ein ähnliches Experiment, jedoch mit anderem Kontext, war im Herbst 2016 im deutschen Fernsehen zu verfolgen. In dem Film Terror ging es um einen Gerichtsprozess gegen einen Kampfpiloten der Bundeswehr, der eigenmächtig ein von Terroristen gekapertes Flugzeug mit 164 Passagieren abgeschossen hatte. Sein Ziel war es, das Leben von 70.000 Menschen in einem Fußballstadion zu retten, die sonst Opfer des Anschlags geworden wären. Am Ende konnten die Zuschauer darüber abstimmen, ob der Pilot schuldig oder nicht schuldig gesprochen werden sollte. Die Fernsehzuschauer plädierten mit 87 Prozent für nicht schuldig; die übrigen 13 Prozent stimmten für schuldig. Das Stück wurde in mehreren Ländern auch auf der Bühne aufgeführt, und die Zuschauer konnten jeweils am Ende ihr Urteil abgeben. In der Schweiz, Österreich, Ungarn und Venezuela votierte die Mehrheit der Zuschauer in nahezu allen Aufführungen für nicht schuldig; lediglich in Japan plädierte die Mehrheit der Zuschauer stets für schuldig.

Gedanken

Gedankenspiele dieser Art haben auch Einfluss darauf, wie die Technologie des autonomen Fahrens in der Gesellschaft akzeptiert wird. Die Menschen sind sicherlich skeptisch, sofern diese Technologie in bestimmen Situationen sogar ihren Tod in Kauf nimmt. Anknüpfend an die Idee von Kolmar und Booms könnte man auf die Frage eine technische Lösung liefern analog zur bereits heute verfügbaren Option, sich für einen sportlichen, ökologischen oder komfortablen Fahrmodus zu entscheiden. Vielleicht erlauben Fahrzeuge in Zukunft, zwischen einem egoistischen (E-drive) und einem altruistischen (A-drive) Modus zu wählen. Im ersten Fall wird das Fahrzeug niemals auf Kosten der Passagiere einen Unfall vermeiden, im zweiten Fall hingegen schon – ohne Zweifel eine moralisch fragwürdige Programmierung der Software des Fahrzeugs.

Man könnte, um das eingangs aufgeworfene Beispiel nochmals aufzugreifen, das Ausweichen auf die andere Straßenseite als Handeln und den Verbleib in der Fahrspur als Unterlassen bezeichnen. Könnte dies eine moralische relevante Unterscheidung sein, mit deren Hilfe sich der Grundkonflikt lösen lässt? Hierzu ist festzustellen, dass die Unterscheidung zwischen Handeln und Unterlassen nicht so klar und eindeutig ist, wie man gelegentlich meint. Diesem Gedanken zufolge lässt sich eine der zur Wahl stehenden Alternativen als Unterlassen und alle anderen als Handeln beschreiben. Allerdings ist auch ein Unterlassen nichts anderes als die Wahl einer bestimmten Alternative, die Konsequenzen nach sich zieht und moralisch problematisch sein kann. Zudem erscheint bei einer algorithmischen Lösung von Konflikten eine solche Unterscheidung aus zwei Gründen als schwierig:

(1) Beim autonomen Fahren handelt nicht der Fahrer, sondern der Hersteller der Software. Der Fahrer agiert nur in dem Sinn, dass er das Fahrzeug nutzt. Im Rahmen der Programmierung lässt sich jedoch noch gar nicht bestimmen, was als Handeln oder was als Unterlassen zu werten ist.

(2) Man kann argumentieren, dass in einer Konfliktsituation ein Fahrer sich nicht selbst zugunsten eines Dritten opfern muss. Dieser Gedanke blendet jedoch aus, dass die Geschwindigkeit und Richtung des Autos zuvor durch den Algorithmus bestimmt wurde. Folglich ist die Unterscheidung zwischen Handeln und Unterlassen nicht erst in der konkreten Gefahrensituation relevant, sondern bereits viel früher. Der gesamte Algorithmus ist moralisch relevant, da er zu jedem Zeitpunkt Richtung und Geschwindigkeit des Fahrzeugs festlegt. Was ist hier Handeln, was Unterlassen?

Wie zuvor angedeutet, wird dieser Konflikt bislang vom Menschen am Steuer implizit und intuitiv in der Gefahrensituation gelöst, und es besteht ein gesellschaftlicher Konsens, dass dies so richtig und gut ist. Beim autonomen Fahren muss dieses Dilemma explizit und generell gelöst werden, da die Algorithmen, die über die Fahrmanöver entscheiden, zu programmieren sind. Da es keine schnelle und einfache Antwort auf diese Frage gibt, bleibt nur der Weg eines gesellschaftlichen Diskurses. Die Gesellschaft ist gezwungen, die ethischen Grundlagen zu reflektieren und auf dem Weg einer umfassenden Diskussion zu justieren. Wichtig ist, dass diese Auseinandersetzung jetzt und in aller Offenheit geführt wird. Wenn ein Konsens in der Frage nicht gefunden wird, könnte die Verbreitung der Technologie des autonomen Fahrens scheitern. Daher müssen alle betroffenen Firmen — Autohersteller, Zulieferer, Technologieunternehmen — ein Interesse an dieser Diskussion haben. Man darf sie jetzt nicht abwürgen, weil sie vielleicht unangenehm ist, sondern sie muss befördert werden, damit eine in der Gesellschaft verankerte ethisch-moralische Basis für die Technologie des autonomen Fahrens entsteht.

Diskurs

In Deutschland ist eine Ethik-Kommission eingesetzt worden, die Leitlinien für die Programmierung automatisierter Fahrsysteme entwickelt und anschließend mit der Öffentlichkeit diskutiert. Die Autohersteller sind hingegen darauf bedacht, autonome Fahrzeuge so zu entwickeln, dass es erst gar nicht zu Unfällen kommt. Die zentrale Steuerungseinheit zielt bei Gefahr auf ein sicheres Ausweichmanöver, und sofern dies nicht möglich ist, wird die Fahrgeschwindigkeit in der Fahrspur maximal reduziert. Daher sollten die Autos möglichst defensiv und unter Beachtung aller Verkehrsregeln unterwegs sein, was jedoch neue kritische Situationen heraufbeschwören kann. Google erlaubt seinen autonomen Fahrzeugen in bestimmten Situationen eine überhöhte Geschwindigkeit, um sich dem Verkehrsfluss anzupassen. Langsamer als der Verkehrsfluss zu fahren, könnte gefährlich werden für die Insassen und die anderen Verkehrsteilnehmer.

Im Kern geht es bei diesen Fragen um die Macht von Maschinen und einen gesellschaftlichen Diskurs zum Umgang mit dieser Macht. Ein Beispiel, wo Menschen bereits die Kontrolle an eine Maschine abgegeben haben, sind die Filteralgorithmen in sozialen Netzwerken. Hier entscheidet Künstliche Intelligenz über Inhalte und Werbung, die den Nutzern angezeigt werden. Der Algorithmus lernt aus dem Verhalten jedes Nutzers und ist im Zeitverlauf in der Lage, die bereitgestellten Informationen immer besser anzupassen. Dies ist einerseits praktisch, da die lange und mühsame Suche nach Informationen deutlich reduziert werden kann. Andererseits dürfte das Ausblenden von Inhalten und Meinungen dazu führen, dass man einen Sachverhalt nicht mehr umfassend wahrnehmen und beurteilen kann. Man denke etwa an eine politische Diskussion, in der Algorithmen letztlich über die Informationen, Stimmungen und Überzeugungen entscheiden, die den Menschen in ihren sozialen Netzwerken zur Verfügung stehen.

Selbst wenn die gesellschaftliche Diskussion nicht zu einem Konsens führt, bestehen für die automatisierte und autonome Mobilität gute Chancen im Markt. Bei neuen Technologien müssen die Vorteile nur groß genug sein, dann nehmen die Menschen auch die Nachteile in Kauf. Ein Beispiel dafür ist die ungebremste Verbreitung von Smartphones, obgleich jeder Nutzer weiß, dass alle möglichen Transaktionsdaten gespeichert werden. Die Vision vom gläsernen Menschen hält die Kunden nicht davon ab, diese

Technologie umfassend zu nutzen und alle möglichen privaten Informationen preiszugeben. So könnte es sich auch bei autonomen Fahrzeugen verhalten, die trotz einem ungelösten Dilemma den Menschen das lästige Fahren abnehmen und viele Annehmlichkeiten bieten. Zudem dürften weltweit betrachtet die Anzahl der Verkehrsunfälle und damit auch der Todesfälle erheblich reduziert werden können. Alle diese Vorteile könnten aus Sicht der Menschen, aber auch aus der Perspektive von Regierungen, Organisationen und Unternehmen so bedeutsam sein, dass man bereit ist, die Nachteile in Kauf zu nehmen.

Zusammenfassung

- Sobald autonome Fahrzeuge auf Straßen fahren, treten Situationen auf, in denen sie über Leben und Tod entscheiden müssen. Abhängig vom gewählten Manöver in einer Gefahrensituation können mehr oder weniger viele Personen zu Schaden kommen.
- Diese ethische Reflexion muss in die Autos vorher einprogrammiert sein, wobei solche Entscheidungen nicht einzelne Programmierer treffen können.
- Im Mittelpunkt der Debatte steht das Trolley-Problem. Dahinter verbirgt sich die Überlegung, ob man in einer Gefahrensituation den Tod weniger Menschen in Kauf nehmen darf, um viele zu retten.
- Ein ökonomischer oder utilitaristischer Zugang besteht darin, Menschenleben miteinander zu verrechnen und gegebenenfalls einen Einzelnen zugunsten einer Gruppe zu opfern.
- Diese Aufrechnung von Menschenleben verstößt jedoch nicht nur gegen die moralische Intuition vieler Menschen, sondern auch gegen das Prinzip der Menschenwürde. Diese Überzeugung geht auf den Philosophen Immanuel Kant zurück und ist fester Bestandteil vieler nationaler Rechtssysteme.
- Da es keine schnelle und einfache Antwort auf das Trolley-Problem gibt, bleibt nur der Weg eines gesellschaftlichen Diskurses. Die Gesellschaft ist gezwungen, die ethischen Grundlagen zu reflektieren und eine umfassende Diskussion zu beginnen.

Teil 6
Auswirkungen auf die Fahrzeuge

Kapitel 25
Das Fahrzeug als Ökosystem

Die Informations- und Kommunikationstechnologie, die das autonome Fahren ermöglicht, verändert das Wesen eines Automobils grundsätzlich. Früher bildeten mechanische und elektrische Bauteile und Komponenten den Kern eines Fahrzeugs. Heute ist es die zentrale Steuerungseinheit mit den dazugehörenden Sensoren, Algorithmen, Prozessoren und Datenspeichern. So verfügt die Software in der Mercedes S-Klasse, obwohl sie sich erst im Übergang von Level 2 zu Level 3 befindet, über 15-mal mehr Programmierzeilen als die Software einer Boeing 787. Darüber hinaus sind selbstfahrende Autos sowohl mit anderen Fahrzeugen als auch mit der Infrastruktur vernetzt und stehen im Kontakt mit dem Hersteller. Auch mit dem Händler können die Fahrzeuge kommunizieren, sei es, um eine Software zu aktualisieren oder eine Inspektion zu vereinbaren. Hinzu kommen viele weitere Dienste, so etwa das Auffinden, Ansteuern und Bezahlen eines Parkplatzes. Die hierfür erforderlichen Daten gelangen aus den Fahrzeugen und der Infrastruktur in eine Cloud, werden in Rechenzentren analysiert und an das Fahrzeug, den Hersteller oder die Werkstatt zurückgespielt. Damit ist aus einem Auto ein vernetztes, intelligentes Produkt geworden – ein Ökosystem, das sich selbst überwacht und steuert, sogar seine Nutzung optimiert und mit anderen Fahrzeugen und der Infrastruktur kommuniziert.

Bei einem intelligenten und vernetzten Auto lässt sich die Umgebung einerseits mit Sensoren am Fahrzeug und andererseits mit Daten aus der Infrastruktur erfassen. Zudem kann der tatsächliche Einsatz des Fahrzeugs nachvollzogen werden, was wichtige Hinweise für die Produktverbesserung, die Analyse von Nutzungsmustern und den Reparatur- und Wartungsdienst liefert. Die Überwachung von Fahrzeugen ist auch aus der Ferne möglich, wie beispielsweise bei Scania: Jeder Lastwagen sendet permanent seine Positionsdaten, woraus sich Rückschlüsse auf die gewählten Routen und die Fahrzeugnutzung ergeben. Anhand dieser Daten lassen sich Hinweise für einen möglichst effizienten Einsatz der Lastwagen ableiten und Vergleiche zwischen den Speditionen ziehen.

Auf Basis der Daten können die Lastwagen mit Hilfe von entsprechenden Algorithmen gesteuert werden. Es handelt sich dabei um Regeln, die festlegen, was zu tun ist, falls bestimmte Veränderungen in den Daten auftreten oder die Daten vorab festgelegte Werte erreichen. Sofern zum Beispiel ein Lastwagen seit der letzten Inspektion 20.000 Kilometer im gebirgigen Gelände und stets mit maximaler Ladung gefahren ist, sollte er zur Wartung in eine Werkstatt kommen. Aus den Daten von vielen anderen Lastwagen lässt sich mit einer sehr großen Wahrscheinlichkeit ableiten, dass ansonsten auf den nächsten 2.000 Kilometern Bremsschwierigkeiten auftreten dürften.

Mit den Überwachungs- und Steuerungsdaten kann, unter Rückgriff auf Echtzeitdaten über die Verkehrslage, die Fahrt eines Lastwagens optimiert werden. Wird die Route besser geplant, lassen sich die Auslastung erhöhen, die Anzahl der absolvierten Touren steigern und die Fahrtkosten senken. Man stelle sich hierzu einen Lastwagen vor, der gerade unterwegs ist, um an verschiedenen Orten Fracht aufzunehmen, die wiederum an unterschiedlichen Stellen entladen werden muss. Unter Berücksichtigung der Echtzeitdaten über die Verkehrslage mit allen Baustellen und Unfällen, die zu Verzögerungen führen, lässt sich die kürzeste, die schnellste oder jene Route bestimmen, die am wenigsten Verkehr aufweist.

Aufgrund der Überwachungs-, Steuerungs- und Optimierungsfunktion erlangen die Systeme im Fahrzeug eine bislang ungekannte Autonomie. Am Beispiel eines Traktors lässt sich die Entwicklung vom Einzelprodukt zu einem Ökosystem verdeutlichen (Abbildung 6.1). Der ursprüngliche

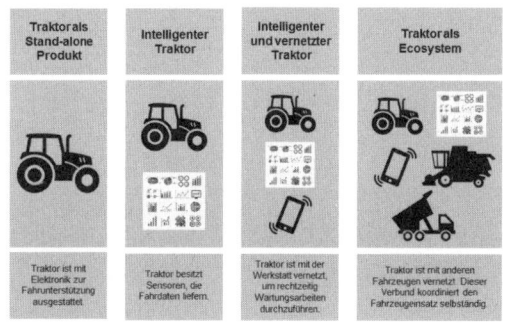

Abbildung 6.1. Vom Traktor zum Ökosystem
Quelle: Eigene Darstellung

Traktor wurde im Verlauf der Automatisierung zunächst mit Sensoren ausgerüstet, die vor allem Daten über den Betriebszustand (Ölstand, Reifendruck) und die Leistung (bearbeitete Felder, gefahrene Kilometer) erfassen und dem Fahrer anzeigen. Daraufhin wurde der Traktor vernetzt und war damit in der Lage, Daten mit dem Hersteller und der Werkstatt auszutauschen, um zum Beispiel die Wartungsintervalle festzulegen. Die GPS-Navigation sorgt dafür, dass die Routen des Traktors über ein Feld sich nur geringfügig überlappen, was den Kraftstoffverbrauch reduziert und den

Erntevorgang beschleunigt. Inzwischen gehören Traktoren gemeinsam mit Mähdreschern, Ladewagen und anderen landwirtschaftlichen Fahrzeugen zu einem Ökosystem, das sich selbstständig organisiert und steuert. Beispielsweise stellen die Sensoren in einem für die Maisernte eingesetzten Mähdrescher fest, dass der Laderaum nahezu gefüllt ist. Automatisch wird ein selbstfahrender Ladewagen gerufen, der den Mais aufnimmt und auf einen fahrerlosen Lastwagen umlädt. Dieser pendelt zwischen dem Feld und der Farm, wobei die Geschwindigkeit dieses Fahrzeugs und die Anzahl der Fahrten von der Erntemenge im Mähdrescher abhängen.

Hersteller wie John Deere vernetzen nicht nur Landmaschinen zu einem Ökosystem, sondern ergänzen dieses um weitere Daten, die Hinweise über den Ablauf der Ernte liefern. So werden ständig Informationen über das Wetter abgerufen, um zum Beispiel bei drohendem Gewitter die Ernte zu beschleunigen oder zuerst jene Felder zu bearbeiten, auf denen erhebliche Regenmengen erwartet werden. Auch kann die Preisentwicklung für Mais an der Agrarbörse verfolgt werden, und der Algorithmus entscheidet oder schlägt vor, ob die Ernte verlangsamt, beschleunigt oder ausgesetzt werden soll.

John Deere baut also nach wie vor Traktoren, aber leistet mittlerweile viel mehr: Das Unternehmen optimiert die Arbeit der landwirtschaftlichen Betriebe in vielerlei Hinsicht. Die entscheidende Arbeit leistet nicht mehr die Hardware, also der Traktor mit seiner Mechanik und Elektronik, sondern die Software. Vielleicht wird irgendwann einmal der Hersteller sogar seine Traktoren an die Landwirte verschenken und seinen Umsatz mit der Optimierung der Arbeitsprozesse im landwirtschaftlichen Betrieb machen.

Die Idee vom Ökosystem liegt auch einem Projekt an der University of Michigan in Ann Arbor zugrunde, bei dem Vertreter unterschiedlicher Industrien zusammenarbeiten. Ziel ist es, die technologischen Grundlagen für Ökosysteme bestehend aus vernetzten und automatisierten Fahrzeugen zu entwickeln, um Menschen und Fracht möglichst effizient transportieren zu können. Die Experten bringen Technologien aus verschiedenen Disziplinen zusammen, um bereits in 2021 einen Prototypen dieses Systems auf den Straßen von Ann Arbor einsetzen zu können. Man arbeitet nicht nur an den technischen Herausforderungen, sondern auch an rechtlichen, politischen, regulatorischen, sozialen und ökonomischen Aspekten. Mit dieser Simulation in der realen Welt soll verdeutlicht werden, wie und wo das automatisierte Fahren Wirtschaft und Gesellschaft verändert.

Zusammenfassung

- Die zunehmende Automatisierung der Fahrzeuge führt dazu, dass sie zu vernetzten, intelligenten Produkten werden, die sich selbst überwachen und steuern und sogar selbst ihre Nutzung optimieren – Ökosysteme.
- Damit erlangen Autos eine bislang unbekannte Autonomie. Aus einem Einzelprodukt ist ein Ökosystem geworden.
- In der Landwirtschaft gehören Traktoren gemeinsam mit Mähdreschern, Ladewagen und anderen Fahrzeugen zu einem Ökosystem, das sich selbstständig organisiert und steuert.
- Hersteller, wie John Deere, bauen zwar Traktoren, aber im Kern optimieren sie die Arbeit der landwirtschaftlichen Betriebe.

Kapitel 26
Design der Fahrzeuge

Digitalisierung und Design

Schon heute befassen sich die Designer zahlreicher Hersteller, Zulieferer und Technologieunternehmen mit der Gestaltung autonomer Fahrzeuge. Wie können solche Autos aussehen? Welche Funktionen müssen sie aufweisen? Wie möchten die Menschen mit den Fahrzeugen kommunizieren? Was wollen die Passagiere in den Autos tun? Welche Materialien lassen sich einsetzen? Diese und weitere Fragen sind in den nächsten Jahren zu beantworten und in Entwürfen und Skizzen umzusetzen. Obgleich vieles hierzu noch nicht entschieden ist, scheint eines sicher zu sein: Allein die Tatsache, dass es bei der Automation der Stufe 5 keinen Fahrer, sondern nur noch Insassen gibt, eröffnet ganz neue Möglichkeiten für die Gestaltung des Interieurs.

Der Übergang zum autonomen Fahren bedeutet, dass vieles von dem, was seit 130 Jahren beim Design eines Autos wichtig und richtig ist, zukünftig nicht mehr gelten dürfte. Derzeit ist das Fahrzeugdesign geprägt durch die Richtung der Fahrt. Aus der Silhouette eines Autos lässt sich erkennen, wo hinten und wo vorne ist. Künftig ergeben sich ganz neue Freiheiten bei der Gestaltung des Außendesigns. Man kann sich Formen und Proportionen vorstellen, die keine Rücksicht mehr nehmen müssen auf die Blicke und die Haltung des Fahrers. Zudem dürfte mit der weiteren Verbreitung von Elektromotoren auch die für viele Autos typische Frontpartie mit der Motorhaube und dem Kühlergrill wegfallen.

Das bisherige Innendesign ist für eine Kommunikation zwischen den Passagieren ungeeignet, weil alle in Fahrtrichtung sitzen. Für die Zukunft kann man sich eine Anordnung der Sitze vorstellen, die eine angenehme Atmosphäre für Gespräche schafft. Bislang dürfen sich die Insassen nur angeschnallt im Fahrzeug aufhalten, was bei autonomen Autos nicht mehr nötig sein sollte. Aufgrund der erheblich sinkenden Unfallzahlen wird sich auch die Rechtsprechung bezüglich der Sicherheitsstandards ändern. Also könnten sich die Passagiere künftig wie in einem Bus bewegen. Auf die bislang unerlässliche Mittelkonsole sowie das Armaturenbrett kann ebenso verzichtet werden wie auf die Ausrichtung aller Instrumente auf den Fahrer.

Aber auch das Exterieur kann völlig neu und innovativ gestaltet werden. Zumindest für die Fahrzeuge auf der letzten Meile gibt es kein vorne und hinten, also keine Front und kein Heck mehr. Bei den Mehrzweckautos für große Strecken dürften hingegen auch beim fahrerlosen Fahren immer noch besondere Anforderungen an die Aerodynamik gelten. Sofern die Insassen gerne Filme schauen oder im Internet surfen wollen, könnten besonders große Fenster, die sich auch als Bildschirme verwenden lassen, das Erscheinungsbild vieler selbstfahrender Fahrzeuge prägen.

Auch diese Phase des Automobildesigns wird, wie alle anderen Designepochen auch, durch den Zeitgeist beeinflusst. In unserer Ära der Digitalisierung bestimmt die Funktion nicht mehr in jedem Fall die Form. Es ist nicht einmal mehr zwingend, dass die Funktion einem digitalen Gerät seinen Namen gibt. Ist es ein Mobiltelefon, mit dem man auch Fotos machen kann, oder ein Musikabspielgerät, mit dem man auch ins Internet gelangt? Daraus resultieren neue Freiheiten für die Designer bis hin zur Idee, eine eigene Formensprache unabhängig von der Funktion zu entwickeln. Zum Design eines Produkts gehört auch immer die Inszenierung der Marke durch Farben, Formen und Proportionen, passend zur Vorstellungswelt der Zielgruppen. Immer häufiger nehmen Designer subkulturelle Einflüsse auf und versuchen diese in einzelnen Designfacetten münden zu lassen. Zudem werden durch Produktkonfiguratoren und die Einbeziehung von Kunden in den Entwicklungs- und Produktionsprozess die Grenzen zwischen Produzent und Konsument verwischt.

Bei digitalen Produkten gehört die Gestaltung der Schnittstellen – Displays, Bildschirme und Touch-Geräte – zu den wichtigsten Aufgaben der Designer. Die Oberfläche vermittelt zwischen dem Gerät mit seinen Funktionen und den Nutzern mit ihren Ansprüchen und Wünschen. Neben allen technischen Anforderungen, etwa Größe und Auflösung eines Bildschirms, sind es vor allem ästhetische Aspekte, die dem Produkt Bedeutung verleihen. Da digitale Erzeugnisse über eine Vielzahl von Funktionen verfügen, muss das Design die Komplexität reduzieren und auf die Verständlichkeit achten. Dabei sind komplexe Funktionen möglichst einfach darzustellen, oder man verzichtet von vornherein auf bestimmte Eigenschaften im Sinne einer Vereinfachung für den Nutzer (Simplexity). Das Paradebeispiel dafür sind Produkte von Apple, die allesamt ohne Vorwissen sofort genutzt werden können und geprägt sind von einer schlichten, reduktionistischen Ästhetik. Das digitale Produkt, und dies gilt auch für das autonome Fahrzeug, ist nur noch ein Portal zu einer faszinierenden Welt von Funktionen, Algorithmen und Services. Das Design muss diese Komponenten miteinander verzahnen, in eine Ordnung bringen, ihnen einen gemeinsamen Duktus verleihen und damit auch Bedeutung schaffen.

Skizzen und Entwürfe

Die in den folgenden Abbildungen dargestellten Skizzen drücken Ideen, Gedanken und Stimmungen von Audi-Designern zum autonomen Fahren aus. Obgleich noch vieles im Verborgenen bleibt, lässt sich bereits erkennen, dass die Gestalter gewillt sind, die neuen Freiheiten für mutige Entwürfe zu nutzen. Die Abbildungen 6.2 und 6.3 zeigen Fahrzeugkonzepte für die lange Strecke, die jedoch noch deutlich an die Silhouette heutiger Autos angelehnt sind. Sie besitzen eine elegante, gestreckte und aerodynamisch wirkende Kabine mit einer besonderen Betonung der Räder.

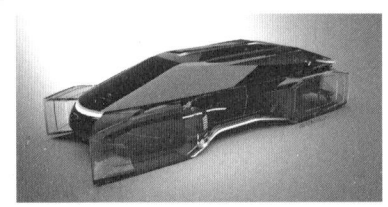 

Abbildung 6.2. Entwürfe für autonome Langstreckenfahrzeuge (Audi)
Quelle: Audi AG

Abbildung 6.3. Entwürfe für autonome Langstreckenfahrzeuge (FH München)
Quelle: Sebastian Bekmann, Transportation Design, Fachhochschule München

Bei den in Abbildung 6.4 (S. 211) präsentierten Fahrzeugkonzepten ist zu erkennen, dass sich das Interieur um 180 Grad drehen lässt. Offenbar steht der Nutzen der Kabine für den Kunden im Mittelpunkt, wohingegen die Betonung der Fahrtrichtung optisch in den Hintergrund tritt. Diese Autos sind für die städtische Mobilität entworfen worden mit einem dialogfähigen und individuell gestaltbaren Exterieur. Im Vergleich zu heute stehen völlig neue Verwendungssituationen im Mittelpunkt der Fahrzeuggestaltung. Darüber hinaus denken die Designer auch über andere Ein- und Ausstiege nach und testen Materialien, die bislang im Automobilbau noch nicht verwendet wurden.

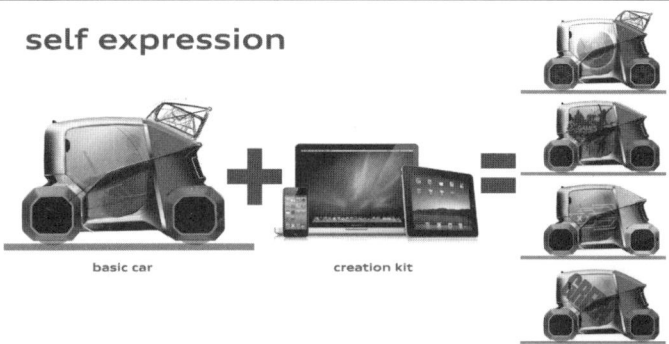

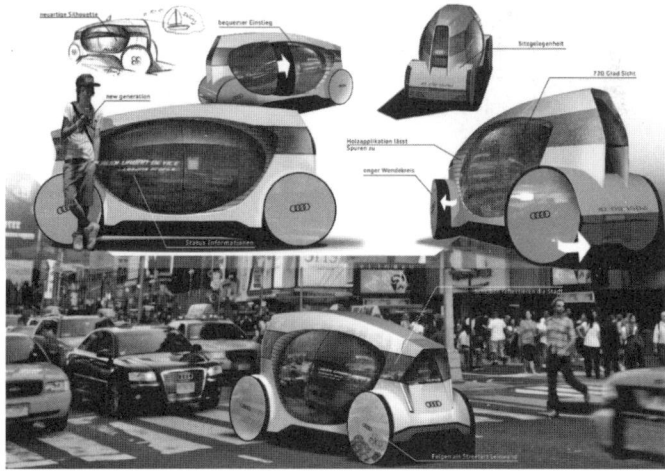

Abbildung 6.4. Entwürfe für Kurzstreckenfahrzeuge
Quelle: Audi AG

In einem autonomen Fahrzeug können die Passagiere ihre Aufmerksamkeit auf alle möglichen Tätigkeiten richten. Für die Hersteller besteht die Herausforderung darin, den Insassen für die 400 Milliarden Stunden im Auto maximale Gestaltungsmöglichkeiten zu eröffnen. Abbildung 6.5 zeigt zwei Studien, in denen es um die Darstellung einer Arbeitswelt in einem fahrerlosen Auto geht. In der einen Skizze ist eine Bürosituation angedeutet, in der die Scheiben als Bildschirme dienen und der Laptop mit dem Internet vernetzt ist. Im anderen Entwurf ist ein Büro zu sehen, in dem Konferenzen und Besprechungen abgehalten werden können.

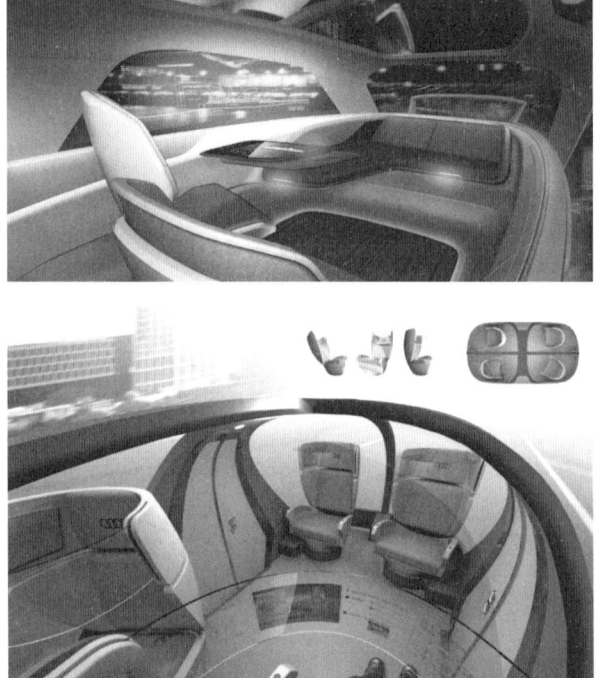

Abbildung 6.5. Entwürfe zum Interieur
Quelle: Audi AG

Bei der Konzeption des Innenraums von selbstfahrenden Fahrzeugen kommt der Schnittstelle zwischen Mensch und Maschine eine zentrale Bedeutung zu. Einerseits fallen viele bislang unerlässliche Instrumente, Anzeigen und Gestaltungsvorgaben weg, wie zum Beispiel das Lenkrad, der Schalthebel sowie die Anzeigen für Geschwindigkeit, Motordrehzahl

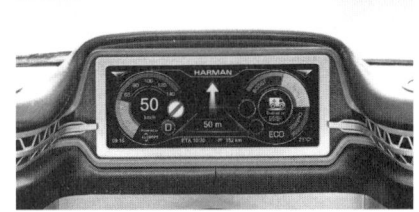

Abbildung 6.6. Der Budii von Rinspeed
Quelle: Rinspeed

oder die Vorgabe, dass Sitze in Fahrtrichtung ausgerichtet sind. Andererseits braucht es eine Kommunikation zwischen Maschine und Mensch, um diesem das Gefühl von Sicherheit, Kontrolle und Komfort zu vermitteln. Nur wenn die Passagiere Vertrauen zur Technologie entwickeln und sich im Auto wohlfühlen, sind sie auch bereit, sich zurückzulehnen, Musik zu hören, Videos zu schauen oder im Internet zu surfen.

Das Konzeptauto Budii der Schweizer Firma Rinspeed demonstriert Ideen und Visionen, wie das Interieur von selbstfahrenden Fahrzeugen in Zukunft aussehen könnte (Abbildung 6.6). Wenn die Fahrgäste zum Beispiel auf einer kurvenreichen Landstraße oder im Gelände Spaß haben wollen, übergibt ein Roboterarm dem Fahrer – oder ganz nach Wunsch – dem Beifahrer das Lenkrad und damit das Kommando. Ein komplett neu konzipiertes Bedien- und Anzeigekonzept bietet zahlreiche innovative Entertainment-, Sicherheits- und Servicefunktionen. Dieses lernfähige System erkennt selbstständig die Gewohnheiten und Vorlieben des Fahrers und reduziert dadurch die notwendigen Bedienschritte auf ein Minimum.

Ein zentrales Display, ausgestattet mit intelligenter und vernetzter Technologie, sorgt für eine stabile, sichere und leistungsfähige Verbindung des Autos und der Passagiere zur Umwelt. Dazu gehören alle möglichen V-to-X-Optionen, wie das automatische Bezahlen des Parkplatzes, das Aufladen des Smartphones, intelligente Zugangskontrollen, damit das Fahrzeug geöffnet, personalisiert (etwa bei der Sitz- und Klimaeinstellung) und gestartet werden kann. Für die Privatsphäre beim autonomen Fahren sorgt ein faltbares Fächersystem, das individuell bedruckt werden kann. Vordere und hintere Multifunktionspaneele integrieren Blinker, Brems- und Rückleuchten und halten mit Lichteffekten den Kontakt zu anderen Verkehrsteilnehmern. Die beleuchteten Luftausströmer im Armaturenbrett, die Klimadusche im Dachhimmel und die Mittelkonsole mit Becherhalter sollen den Aufenthalt an Bord so angenehm wie möglich machen. Wer hingegen arbeiten will, kann den einsteckbaren Arbeitstisch aus Plexiglas nutzen.

Ein anderes Beispiel ist der Nissan Teatro for Dayz, bei dem weniger das Fahren, sondern vielmehr die Unterhaltung der Passagiere im Mittelpunkt steht (Abbildung 6.7). Diesem Fahrzeugkonzept liegt die Idee zugrunde,

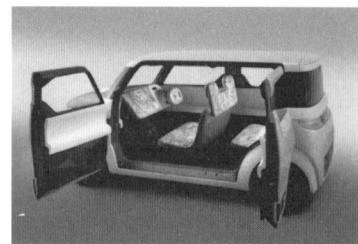
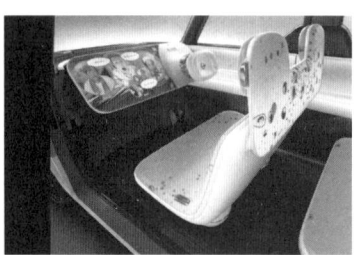

Abbildung 6.7. Der Nissan Teatro for Dayz
Quelle: www.nissan-global.com/en/design/nissan/designworks/coneptAuto/teatro

dass vor allem die zur Generation Y gehörenden Insassen permanent vernetzt sein wollen und alle Möglichkeiten der Digitalisierung nutzen. An der Außenhülle des Minivans sind in den Seiten LED-Bildschirme angebracht, über die den Fußgängern und Radfahrern Textnachrichten vermittelt werden. Sowohl in den Innenverkleidungen als auch in der Instrumententafel sind Bildschirme eingebaut, die per Sprachsteuerung, Handbewegung oder Berührung bedient werden. Die Sitze sind drehbar, und per Animation lassen sich verschiedene Motive auf die Oberflächen projizieren.

Ein weiteres Beispiel dafür ist der Peugeot Instinct Concept Car, bei dem eine Smartwatch erfasst, wie erschöpft der Passagier ist und gegebenenfalls dazu rät, den autonomen Fahrmodus einzuschalten. Zudem können die Insassen darüber entscheiden, in welchem Modus sie sich fahren lassen wollen, wobei das Auto die Vorlieben der Passagiere bereits kennt. Im Drive boost-Modus fährt sich das Fahrzeug wie ein Sportwagen, während bei Drive relax zahlreiche Assistenzsysteme den Fahrer umfassend unterstützen. Der Autonom soft-Modus zeichnet sich durch ein sanftes Beschleunigen und moderates Tempo aus, wogegen es bei Autonom sharp sportlich zur Sache geht.

Ein anderer Vorschlag für die Gestaltung des Innenraums stammt von ZF (Abbildung 6.8). Das Cockpit besteht aus einem Bildschirm, und statt dem Lenkrad sind zwei Steuerknüppel an den Sitzen montiert. Diese Vision kommt für das hochautomatisierte Fahren (Level 4) in Betracht, da der Fahrer nur noch dann eingreifen muss, wenn das Fahrzeug an seine Grenzen gelangt. In jedem Fall bietet ein Cockpit ohne Steuerrad eine Fülle von neuen Gestaltungsmöglichkeiten für die Designer.

Abbildung 6.8. Entwurf für den Inneraum von ZF
Quelle: Consumer Electronics Show, Las Vegas

Sedric ist ein Forschungsfahrzeug von Volkswagen, das auf das autonome Fahren ausgerichtet ist. Ohne Lenkrad und Pedale und andere Bedienelemente soll dieses Robo-Auto die neue Mobilitätsvision vermitteln. Mit Sedric kann man wie mit einem Menschen kommunizieren, oder man benutzt eine App, um beispielsweise das Fahrtziel mitzuteilen (Abbildung 6.9, S. 216). Die Sitzplätze sind paarweise einander gegenüber angeordnet, und zwischen den Sitzen sind die einzigen Bedienknöpfe platziert. Sie sind mit Stop, Go und Call beschriftet, was den Insassen eine einfache und schnelle Orientierung erlaubt. Obgleich dieses Fahrzeug irgendwann einmal gekauft werden kann, soll es vor allem den Ansprüchen der Sharing Economy genügen. Wer irgendwo unterwegs ist, sollte grundsätzlich über-

Abbildung 6.9. Der Volkswagen Sedric
Quelle: Audi AG

all mit einer App dieses Robo-Fahrzeug anfordern können. Damit bildet Sedric die Basis für ein Mobilitätssystem, das alle möglichen Varianten von Car- und Ride-sharing ermöglicht.

Zusammenfassung
• Bei Fahrzeugen mit Vollautomation (Level 5) kann auf bislang unerlässliche Designelemente wie die Mittelkonsole und das Armaturenbrett verzichtet werden. • Die neuen Freiheiten gehen so weit, dass eine eigene Formensprache unabhängig von der Funktion entwickelt werden kann. • Bei digitalen Produkten gehört die Gestaltung der Schnittstellen (Displays, Bildschirme und Touch-Geräte) zu den wichtigsten Aufgaben im Design. Sie vermitteln zwischen dem Gerät mit seinen Funktionen und den Nutzern mit ihren Ansprüchen und Wünschen. • Ideen und Visionen, wie das Interieur und das Exterieur in Zukunft aussehen könnten, liefern die Konzeptautos, die von Autoherstellern und Designstudios vorgestellt werden.

Kapitel 27
Mensch-Maschine-Interaktion

Mechanik

Trotz modernster Assistenzsysteme sind die Fahrer vor Einführung der bedingten Automation (Stufe 3) verpflichtet, stets die Kontrolle über das Auto zu behalten. Gleichwohl richten viele ihre Aufmerksamkeit während der Fahrt oder zumindest beim Stopp an der Ampel auf andere Tätigkeiten. Die Art und Dauer der Ablenkung variiert erheblich; einige bedienen nebenher ihr Smartphone oder das Navigationssystem, andere bearbeiten ihre E-Mails und wieder andere telefonieren. Dabei unterschätzen sie alle die Zeit, die erforderlich ist, um die Kontrolle über das Fahrzeug wiederzuerlangen. Umso wichtiger ist es, das Zusammenspiel zwischen Mensch und Maschine so zu gestalten, dass die Kontrolle schnell und eindeutig übergeben wird. Im Folgenden sollen zwei Prinzipien der Mensch-Maschine-Interaktion erläutert werden. Das erste Prinzip betrifft die Information des Fahrers durch die Maschine, während das zweite Prinzip auf die Kommunikation zwischen Mensch und Technik abstellt.

(1) Das erste Prinzip besagt, dass der Fahrer angemessen über den Zustand des Fahrzeugs und den Fahrmodus, in dem es sich befindet, informiert werden soll. Die Informationen müssen so präsentiert werden, dass sie schnell und einfach zu verstehen sind. Dabei ist stets zu beachten, welche Informationen der Fahrer beziehungsweise die Maschine wann benötigt und welche Reaktionen vom Menschen und der Maschine zu erwarten sind (Erläuterung 6.1, S. 218).

Inzwischen nutzen Zulieferer und Hersteller in der Automobilindustrie die Digital Light Processing-Technologie, um Augmented Reality Head-up-Displays zu entwickeln – ein Begriff, der erklärt werden muss: Augmented Reality beschreibt ein System, das Kameraaufnahmen der realen Welt mit virtuellen Informationen aus einem Rechner überblendet (Erläuterung 6.2, S. 219). Solche Displays verwenden einen Projektor, um visuelle Informationen über das Fahrzeug und die Umgebung in das Sichtfeld des Fahrers zu übertragen. Dieser kann sich nach vorne orientieren, erhält alle notwendigen Informationen und muss nicht mit dem Blick zwischen Straße und Display hin- und herspringen. Zudem können die Informationen so auf die Scheibe projiziert werden, dass sie in die im Sichtfeld des Fahrers liegende Umgebung eingebunden sind. Beispielsweise ist ein Navigationspfeil nicht mehr in einem festen Abstand vor der Motorhaube dargestellt, sondern befindet sich in der Kreuzung, auf die er hinweisen will.

Erläuterung 6.1. Ursachen und Konsequenzen der Ablenkung des Fahrers

Ablenkung des Fahrers
Gemäß den Erkenntnissen der National Highway Traffic Safety Administration gehört die Ablenkung der Fahrer zu den häufigsten Ursachen von Verkehrsunfällen. Fahrer richten ihre Aufmerksamkeit auf das Navigationssystem, das Handy, die Mitfahrenden, oder sie essen und trinken. Aus Studien ist bekannt, dass fast jeder Fahrer schon einmal ein mobiles Gerät während der Fahrt zur Hand genommen hat, obgleich sich nahezu alle Verkehrsteilnehmer vor diesen Fahrern fürchten. Aber auch das Essen und Trinken während der Fahrt kann zu gefährlichen Situationen führen. Bei Kaffee besteht stets die Gefahr, dass man etwas verschüttet, selbst dann, wenn sich ein Deckel auf dem Becher befindet. Fahrer geben auch zu, dass sie während der Fahrt gelegentlich im Internet surfen, Zeitung lesen, sich schminken, ihre E-Mails bearbeiten, ihre Haare stylen oder das Essen einnehmen.
In einer Untersuchung des Virginia Tech Transportation Instituts wurden 100 Autos mit Videogeräten ausgerüstet, um das menschliche Fahrverhalten zu beobachten. Dabei galt das Interesse der Forscher vor allem den Aktivitäten, die neben der eigentlichen Fahraufgabe erledigt wurden. Aus den Beobachtungen konnte das aus der Ablenkung resultierende Risiko für einen Verkehrsunfall im Vergleich zum Unfallrisiko bei aufmerksamem Fahrverhalten ermittelt werden. Dabei zeigte sich, dass die Suche nach beweglichen Gegenständen – etwa Sonnenbrille, Handy, Wasserflasche – das Risiko eines Unfalls um das Neunfache erhöht. Zeitung lesen, Make-up auftragen oder eine Telefonnummer eingeben, steigern das Unfallrisiko um das Dreifache. Jene Fahrer, die sich von Sehenswürdigkeiten entlang der Straße ablenken lassen, vervierfachen das Risiko eines Unfalls.

Quelle: Eigene Darstellung

Nähert sich das Auto der Kreuzung, vergrößert sich der Pfeil, da er auf der Kreuzung bleibt und damit scheinbar auf den Fahrer zukommt. Damit liegt die Anzeige immer ideal im Blickfeld, und dem Fahrer ist es ohne Probleme möglich, die Verkehrssituation zu erfassen, während er die Straße im Blick behält. Varianten dieser neuesten Head-up-Displays liefern einen Blick aus der Vogelperspektive auf die anderen Fahrzeuge, die Straßenmarkierungen sowie auf die Ampeln und Straßenschilder. Hinter dieser Technologie steckt ein gewaltiger technischer Aufwand: Eine Kamera erfasst die Umwelt vor dem Fahrzeug und übergibt die Bilder an eine besonders leistungsfähige Software. Diese gleicht die Bilder mit den Streckendaten des Navigationssystems ab und rechnet sie in eine Matrix um, in die sie die Anzeigen einbettet (Abbildung 6.10, S. 220).

Erläuterung 6.2. Möglichkeiten der Augmented Reality

Augmented Reality
Unter Augmented Reality versteht man die computergestützte Erweiterung der Realität, das heißt, die Realität wird mit Informationen aus dem Computer überlagert. Im Gegensatz zur Virtual Reality, bei der der Benutzer komplett in eine künstliche Welt eintaucht, steht bei der Augmented Reality die Verknüpfung von Realität und Virtualität im Vordergrund. Diese Interaktion erfolgt in Echtzeit, wobei reale und virtuelle Objekte dreidimensional zueinander in Bezug stehen. Die Augmented Reality spricht alle menschlichen Sinne an, weshalb der Nutzer mit Kamera, Kopfhörer, Mikrofon und Navigationsgerät ausgerüstet ist. Auch eine Ausweitung der Sinneswahrnehmung ist denkbar, da Sensoren und Kameras inzwischen Facetten der Umgebung erfassen, die der Mensch selbst nicht mehr wahrnehmen kann.
Vieles von dem, was Augmented Reality inzwischen erlaubt, ist bereits umgesetzt im Void, einem neuen Unterhaltungszentrum in der Nähe von Salt Lake City. Es kombiniert Virtual Reality mit Elementen aus der realen Welt, wie Kälte, Hitze, Wind, Regen, Hindernissen oder Erschütterungen. Um dies alles zu erleben, braucht es eine Datenbrille, die mit dem Kopfhörer und dem Mikrofon in Verbindung steht. Die Brille verfügt über zwei geschwungene, extrem hochauflösende Bildschirme. Zusätzlich tragen die Spieler eine Weste und Handschuhe, alles voller Sensoren für die haptischen Erlebnisse. Trifft zum Beipiel eine virtuelle Gewehrkugel auf den Körper, reagiert die Weste und simuliert einen Schlag. Auf acht Spielfeldern sind jeweils bis zu zehn Spieler unterwegs. Die Besucher wählen die Umgebungen selbst, alles, was man sich vorstellen kann, kommt als Spielumgebung in Betracht. Es sollen weitere solcher Zentren auch im Ausland entstehen, so dass zum Beispiel ein US-Team aus New York in Echtzeit gegen eine chinesische Mannschaft in Shanghai antreten kann – alle Zentren sind miteinander vernetzt.

Quelle: Eigene Darstellung

Dieser multimodale Ansatz trägt dazu bei, die Aufmerksamkeit des Fahrers zu erhalten und Informationen zwischen Mensch und Maschine einfach und schnell auszutauschen. Dabei sind die multimodalen Interaktionen so ausgelegt, dass sie möglichst viele Sinne des Fahrers ansprechen. Allein schon die Kombination aus visuellem und akustischem Signal, um einen Alarm zu vermitteln, hat sich als wirkungsvoll erwiesen. Neben visuellen und akustischen Signalen spielen haptische eine immer größere Rolle bei der Gestaltung der Mensch-Maschine-Interaktion. Beispielsweise sind haptische Alarmsysteme im Sitz besonders geeignet, um dem Fahrer wirkungsvoll wichtige Informationen zu vermitteln.

(2) Das zweite Prinzip betont, dass sich Mensch und Maschine nicht nur wechselseitig überwachen, sondern miteinander kommunizieren, um richtig und zügig Rückmeldung zu geben. Hier kommt es darauf an, das geeignete Maß an Rückmeldung zu vermitteln und den passenden Kommunikationsweg zu finden. Permanente Rückmeldung hilft, Missverständnisse

Abbildung 6.10. Beispiel für eine Mensch-Maschine-Interaktion
Quelle: Audi AG

über den Modus, in dem sich die Maschine befindet, zu verhindern. Es wird empfohlen, verschiedene visuelle Signale zu nutzen. Wichtig ist, dass diese Anzeigen so im Display platziert sind, dass sie klar und schnell interpretiert werden können.

Ein Beispiel dafür liefert der bereits mehrmals angesprochene Audi A7, der die Strecke von San Francisco nach Las Vegas selbstfahrend meisterte. Die Mensch-Maschine-Interaktion war so ausgelegt, dass der Fahrer stets wusste, was das Fahrzeug machte. Sobald das System für den selbstfahrenden Modus bereit war, wurde dies von einem Zeichen (Icon) im Armaturenbrett dem Fahrer mitgeteilt (Abbildung 6.10). Der Fahrer konnte daraufhin den Autopiloten aktivieren, indem er simultan zwei Knöpfe am Steuerrad mit beiden Händen drückte. Sobald der Autopilot in Betrieb war, gab das System Rückmeldung, indem eine LED-Anzeige auf der Instrumententafel erschien. Der Fahrer konnte die Kontrolle über das Auto zu jeder Zeit dadurch wiedererlangen, dass er einfach das Lenkrad in die Hände nahm. Passagiere dieser Testfahrt berichteten, dass ihnen stets völlig klar war, in welchem Modus sich das Fahrzeug befand und vor allem wann der Fahrer die Kontrolle wieder übernehmen sollte.

Ein anderer Aspekt der Mensch-Maschine-Interaktion findet sich im Mercedes F015. Man dreht den Fahrersitz, drückt den entsprechenden Knopf und schon geht es los. Gesteuert wird über vier Displays in den Türen, die berührungsempfindlich und mit Näherungssensoren ausgestattet sind, per Gestensteuerung oder mit den Augen. Die Displays stellen alle notwendigen Daten, Apps und Funktionen bereit, und mit einer Handbewegung lässt sich das Fahrverhalten zum Beispiel von Komfort auf Dynamik umstellen. Auch können das Reiseziel, bestimmte Routen, Restaurants, Sehenswürdigkeiten und viele andere Informationen auf den Displays ausgewählt oder eingegeben werden. Sollte der Fahrer sich für den Verkehr interessieren, stehen alle Informationen auf einem Hauptbildschirm im digitalen Armaturenträger sowie auf einem Head-up-Display bereit.

Benutzerschnittstelle

Zur Gestaltung der Mensch-Maschine-Interaktion gibt es eine Reihe von Empfehlungen, die auf den Erkenntnissen über das menschliche Wahrnehmungs- und Entscheidungsverhalten basieren. Empfehlungen wie etwa eine konsistente Funktionalität, eine informative Rückmeldung oder eine Kontrolle des Nutzers sind bereits in den Instrumententafeln vieler Fahrzeuge umgesetzt. Über viele Modellgenerationen hinweg konnte zunächst die haptische Interaktion, später auch die visuelle optimiert werden. Inzwischen gilt die Aufmerksamkeit der Designer vor allem der Gestaltung von Head-up-Displays. Die Herausforderung besteht zum Beispiel darin, die Informationen bei einem in der Helligkeit sich ständig verändernden Hintergrund ideal auszuleuchten. Auch sind Fragen nach dem optimalen Abstand zwischen Fahrer und Scheibe sowie nach Umfang, Komplexität und Dauer der präsentierten Informationen zu beantworten.

Bei der Teilautomation (Level 2) kann der Fahrer die Fahraufgabe für eine bestimmte Zeit und für bestimmte Verkehrssituationen an das System abgeben. Jedoch muss er den Verkehr und auch das System fortlaufend überwachen und jederzeit vorbereitet sein, die Steuerung wieder zu übernehmen. Der Fahrer muss also stets den Zustand und den Modus des Fahrzeugs kennen und mit ihm kommunizieren können. Das ist die Herausforderung für das System (Abbildung 6.11, S. 222).

Ab der bedingten Automation (Stufe 3) übernimmt das System die Steuerung des Fahrzeugs für eine gewisse Zeit und ist in der Lage, seine Grenzen selbstständig zu erkennen. Daher muss der Fahrer das System nicht permanent überwachen, sollte jedoch nach Aufforderung bereit sein, die Kontrolle zu übernehmen. Eine Mensch-Maschine-Interaktion ist daher so zu gestalten, dass die vom System ausgehende Aufforderung, die Kontrolle zu übernehmen, den Menschen sofort erreicht. Dabei spielen akustische Signale eine wichtige Rolle, da sie geeignet sind, in einer Notlage die Auf-

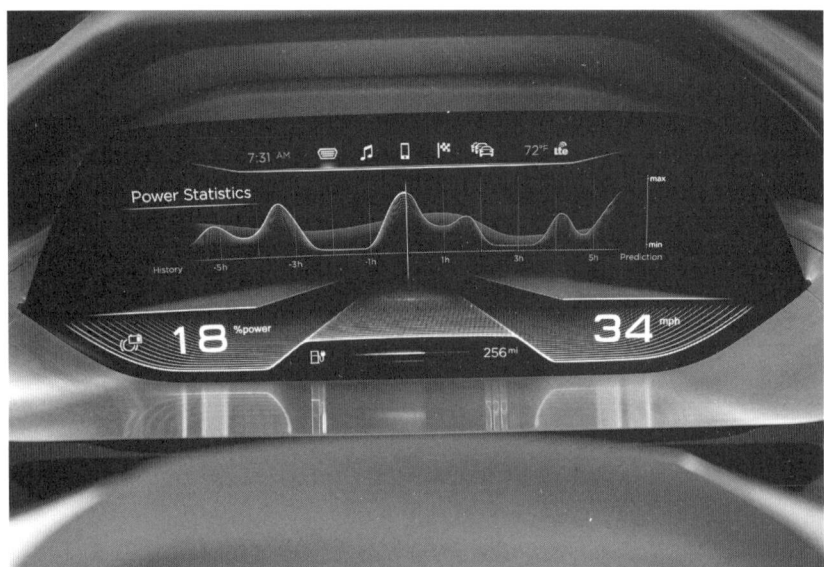

Abbildung 6.11. Beispiel für neue Displays
Quelle: Audi AG

merksamkeit des Fahrers schnell zu gewinnen. Allerdings sollte die Botschaft für den Fahrer einfach zu erfassen sein, es darf keine Verwirrung über den Modus geben. Sofern die Nachricht der Maschine an den Fahrer besonders dringlich ist, lässt sich das akustische Signal auch durch ein visuelles ergänzen.

Die Vollautomation (Stufe 5) zeichnet sich dadurch aus, dass das Auto auf allen Straßenarten und in allen Geschwindigkeitsbereichen eigenständig agiert. Zu keinem Zeitpunkt und in keiner Verkehrssituation ist die Intervention des Fahrers erforderlich, alle Insassen sind Passagiere. Daher zielt die Mensch-Maschine-Interaktion in dieser Phase nur noch darauf ab, den Menschen alle gewünschten Informationen über den Zustand des Fahrzeugs und über die Details der Reise bereitzustellen. Auch müssen alle Fragen zum Umfeld des Fahrzeugs, etwa nach der Verkehrssituation, der Wetterlage oder den Park- und Rastmöglichkeiten, vom System beantwortet werden. Darüber hinaus spielt im Unterschied zu den anderen Phasen die Verknüpfung des Fahrzeugs mit der Cloud eine zentrale Rolle. Das betrifft nicht zuletzt die vielfältigen Möglichkeiten für ein Infotainment, also Videos, Internetdienste oder Apps.

Bislang sind es vor allem die klassischen Zulieferer wie Continental und Visteon, die bei der automobilen Mensch-Maschine-Interaktion den Ton angeben. Es besitzen jedoch auch zahlreiche Unternehmen aus der Unterhaltungsindustrie umfassende Erfahrung in der Gestaltung von benutzerfreundlichen Schnittstellen. Obgleich diese Unternehmen im Markt für Mensch-Maschine-Interaktion noch nicht in Erscheinung getreten sind, gibt es bereits Googles Android-Auto und Apples AutoPlay. Zudem haben inzwischen einige Autohersteller spezifische Schnittstellentechnologien von Zulieferern in ihre Fahrzeuge eingebaut. Dazu gehören die Voice Control von Nuance, die interaktiven Touch Features von Immersion oder die Handwriting Recognition von MyScript, die für das Dekodieren von Fingerbewegungen zum Einsatz kommt.

Ein weiteres Beispiel für eine innovative Mensch-Maschine-Interaktion ist das zForce-Lenkrad von Autoliv, einem amerikanisch-schwedischen Zulieferer der Automobilindustrie. Das Lenkrad ist mit Sensoren ausgestattet und erkennt daher, wo der Fahrer gerade seine Hände beziehungsweise seine Finger platziert hat. Auf der freien Fläche des Lenkrads kann der Fahrer drücken, wischen und ziehen, so wie er es von einem Touch-Bildschirm kennt. Erhält er zum Beispiel einen Anruf, leuchten zwei Bereiche am Lenkrad grün und rot auf, und mit einer Fingerbewegung kann er das Telefonat annehmen oder ablehnen. Diese Visualisierungen erscheinen jedoch nur dann, wenn sie tatsächlich für ein Signal an den Fahrer gebraucht werden.

Ähnlich funktioniert auch der Holoactive Touch von BMW, bei dem im Bereich der Mittelkonsole zwei Bedienoberflächen schweben, die etwa der Größe einer Streichholzschachtel entsprechen. Die Schalter sind da und gleichzeitig weg, weil sie sich mit der ganzen Hand nicht greifen lassen. Sofern man aber mit der Fingerspitze auf die virtuelle Bedienoberfläche tippt, ertönt ein Signal, und ein Widerstand ist zu spüren. In die Mittelkonsole sind etwa 300 Ultraschalllautsprecher eingebaut, die Schallwellen aussenden und sich an der Fingerspitze bündeln lassen, so dass ein Gegendruck entsteht. Über ein Display in der Mittelkonsole können die Bedienoberflächen in die Luft projiziert werden, was den Eindruck von realen Elementen vermittelt.

Ein weiteres Beispiel für die Interaktion des Fahrzeugs mit seiner Umwelt stammt von Toyota (Abbildung 6.12, S. 224). Im Kühlergrill befindet sich ein Display, das den Betriebszustand des Fahrzeuges — Maschine fährt, Mensch fährt — und Richtungsänderungen — links, rechts — anzeigt.

Das chinesische Automobilunternehmen Byton möchte das Fahrzeug als eine Informations- und Kommunikationsplattform gestalten. Abbildung 6.13 (S. 224) zeigt den dafür entwickelten Bildschirm, der die gesamte Breite des Autos umfasst. Im linken Teil vermittelt das System alle für den Fahrer relevanten Informationen, etwa die Geschwindigkeit und die Verkehrslage. In der Mitte befinden sich alle Anzeigen zur Navigation und

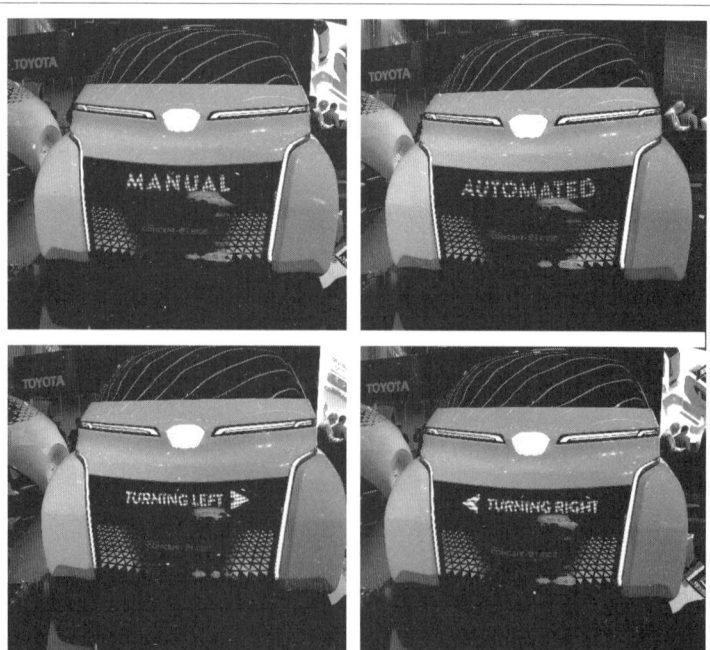

Abbildung 6.12. Beispiel für die Informationsvermittlung durch das Fahrzeug
Quelle: Consumer Electronics Show, Las Vegas

Abbildung 6.13. Das Auto als Informations- und Kommunikationsplattform
Quelle: Consumer Electronics Show, Las Vegas

rechts zur Kommunikation und zum Entertainment, inklusive der Zugänge in die sozialen Netzwerke. Der Bildschirm kann zudem in seiner ganzen Breite dazu genutzt werden, Videos, Bilder und Filme anzuschauen.

Auch Technologiegiganten wie Alibaba betrachten die Steuerung des Verkehrs als ein zukünftiges Betätigungs- und Geschäftsfeld. Alibaba entwickelt derzeit ein Cockpit, das sich mit einer Verkehrsleitzentrale vernetzen lässt. Obwohl man bislang nicht viel darüber weiß, geht es wohl um die Steuerung des innerstädtischen Verkehrs in Megacities über eine Schaltung von Ampeln. Diese Informationen über die Rot- und Grünphasen der Ampeln gelangen in die Cockpits, um das Fahrverhalten der Autos anzupassen. Aus den Daten über den Verkehrsfluss soll zudem ein Stauindex abgeleitet und allen Verkehrsteilnehmern und den Leitzentralen bereitgestellt werden.

Aufforderung zur Übernahme

Die zentrale Steuerungseinheit ist selbst bei hochautomatisiertem Fahren (Level 4) noch nicht in der Lage, die Steuerung des Autos zu jeder Zeit, auf allen Straßen und in allen Verkehrssituationen zu übernehmen. Deshalb gibt es immer wieder Fahrsituationen, in denen der Fahrer die Kontrolle übernehmen muss. Für die Sicherheit im Straßenverkehr ist es unerlässlich, dass die Übergabe bestens funktioniert. Auch der Fahrer dürfte sich nur dann mit gutem Gefühl anderen Tätigkeiten im Fahrzeug zuwenden, wenn er weiß, er kann sich in dem Punkt hundertprozentig auf das System verlassen. Wie sehen also gut funktionierende Schnittstellen aus?

Ein Beispiel ist das Audi Piloted Driving. Das System identifiziert das in der gleichen Spur vorausfahrende Auto, alle Fahrzeuge in benachbarten Spuren sowie alle Straßenmarkierungen. Aus diesen Informationen leitet die zentrale Steuerungseinheit einen virtuellen Pfad ab, dem das Auto folgt. Durch entsprechendes Beschleunigen und Abbremsen lässt sich ein ausreichender Abstand zum vorausfahrenden Fahrzeug halten. Das System warnt den Fahrer, sofern es an seine Grenzen gelangt und der Fahrer wieder die Kontrolle übernehmen muss. Ein Alarm ertönt, auf dem Display erscheint eine Nachricht.

Wie lange darf es nun dauern, bis der Fahrer wieder im Loop ist, also die Kontrolle übernimmt? Eine Antwort liefert eine empirische Untersuchung vom Institut für Ergonomie an der Technischen Universität München. Menschen mussten in einem Fahrsimulator eine Verkehrssituation meistern, in der sie aufgefordert wurden, die Kontrolle zu übernehmen. In der Simulation wich ein vorausfahrendes Fahrzeug abrupt auf die Überholspur aus, um ein plötzlich stehengebliebenes Auto zu umfahren. Die Teilnehmenden mussten entscheiden, ob sie ihr Fahrzeug entweder in der Spur abbremsen oder ebenfalls nach links ausscheren, um eine Kollision zu vermeiden.

Zwei Übernahmezeiten, fünf und sieben Sekunden, wurden verglichen. Dabei zeigte sich, dass die Probanden bei einer Reaktionszeit von fünf Sekunden schneller bremsten und steuerten. Bei der kurzen Reaktionszeit entschieden sich die Fahrer eher für ein Bremsmanöver, bei der langen Reaktionszeit eher für ein Ausweichmanöver. Obgleich fünf Sekunden generell ausreichen, um die Kontrolle zu übernehmen, besteht bei dieser kurzen Reaktionszeit das Risiko, dass das Manöver hektisch und unpräzise durchgeführt wird. Die Fahrer schauen nicht mehr in den Rückspiegel und in den toten Winkel, bevor sie die Spur wechseln, sondern bremsen zumeist abrupt ab. Das erhöht das Risiko von Kollisionen, weshalb etwas mehr Zeit bis zur Übernahme der Kontrolle gegeben werden sollte.

In einer weiteren Studie untersuchten die Münchner Forscher die Fähigkeit von Fahrern, die abgelenkt sind, wieder die Kontrolle zu übernehmen. In einer Gruppe wurden die Probanden visuell abgelenkt, indem sie zum Beispiel E-Mails während der Fahrt lesen sollten. In einer anderen Gruppe fand eine kognitive Ablenkung statt, die Fahrer führten intensive Gespräche mit anderen Passagieren. Wiederum ging es darum, am Simulator eine Kollision mit einem stehen gebliebenen Auto durch Bremsen oder Ausweichen zu vermeiden. Die Aufforderung zur Übernahme bestand aus einem Ton kombiniert mit einem Zeichen (Icon) in der Instrumententafel, danach waren sieben Sekunden Zeit, das Fahrzeug zu übernehmen. Es zeigte sich, dass Fahrer im Falle einer visuellen oder kognitiven Ablenkung mehr Zeit benötigen, die Kontrolle zu übernehmen, als Teilnehmende, die selbst fuhren. Offenbar ist der Fahrer aus dem Loop und braucht eine gewisse Zeit, um die Situation erfassen zu können. Dabei führte eine visuelle Ablenkung zu deutlich mehr Kollisionen als eine kognitive Ablenkung. Besonders kritisch wurde es, als Ausweichmanöver notwendig waren.

In letzter Zeit sind zahlreiche weitere Untersuchungen zu der Frage erschienen. Alle gelangen zu der Erkenntnis, dass eher mehr als weniger Zeit notwendig ist, damit der Fahrer zurück ins Loop gelangt. So empfehlen einige Forscher etwa 12 bis 15 Sekunden, während andere sogar bis zu 20 Sekunden fordern. Dabei zeigt sich, dass das Zusammenspiel zwischen Mensch und Maschine trainiert werden kann und sich bei häufigem Hin und Her der Fahrzeugkontrolle auch verbessert. Insofern dürfte künftig die Mensch-Maschine-Interaktion eine wichtige Rolle beim Fahrunterricht spielen.

Vertrauen

Es gibt vielfältige Sorgen und Ängste rund um das automatisierte Fahren, die immer wieder in kritischen Zeitungsartikeln zum Ausdruck kommen. Häufig ist die Rede davon, insbesondere bei der Vollautomation (Stufe 5) fühle man sich dem Fahrzeug ausgeliefert. Hinzu kommen Befürchtungen rund um die Cyberkriminalität, die oft in der Vorstellung mündet, jemand könnte die Sicherheitscodes knacken, sich Zugang zum System des Autos verschaffen und die Geschwindigkeit und die Fahrtrichtung manipulieren. Unsicherheiten in Bezug auf die neue Technologie könnten sich als entscheidende Hürde für die Durchsetzung der autonomen Mobilität herausstellen. Viele Menschen glauben, sie könnten bessere Entscheidungen treffen als eine Maschine. Sie würden niemals ihre Kinder in einem fahrerlosen Auto zur Schule oder zum Sport schicken.

Der US Tech Choice Studie von J.D. Power zufolge sind von 8.000 befragten Fahrern nur jene der jüngsten Generation bereit, die Kontrolle über ihre Fahrzeuge an Sensoren, Kameras und Algorithmen abzugeben. Die Probanden der Generation Y (geboren zwischen 1977 und 1994) und Generation Z (1995 bis 2000) zeigen deutlich mehr Interesse am autonomen Fahren als die Generation X (1965 bis 1976) und die Babyboomers (1946 bis 1964). Obgleich alle Fahrer die Annehmlichkeiten der Assistenzsysteme schätzen, äußern vor allem die älteren Menschen ihre Sorge bezüglich der Cyberkriminalität.

Wer Vertrauen ins autonome Fahren schaffen will, sollte sich also mit solchen Themen intensiv auseinandersetzen. Die Hersteller müssen die neue Rolle des Fahrers in automatisierten und schließlich auch in autonomen Autos verdeutlichen. Dies kann über Videos erfolgen oder durch Animationen mit Hilfe der Virtual oder Augmented Reality. Man muss stets bedenken, dass sich kein vergleichbares Produkt im Markt befindet, weshalb die Kunden gar keine Möglichkeit haben, Verhaltensweisen aus anderen Kauf- und Konsumerlebnissen zu übertragen. Deshalb sind auch die allerersten Erfahrungen besonders wichtig. Die Kunden werden sehr genau registrieren, wie sich die Fahrzeuge in den verschiedenen Situationen im Straßenverkehr verhalten.

Gerade deutsche Automobilisten sind zutiefst davon überzeugt, dass sie herausragende Autofahrer sind — Männer noch viel mehr als Frauen. Ein beliebtes Spiel in Weiterbildungsprogrammen an der Universität St. Gallen besteht darin, die Teilnehmenden danach zu fragen, ob sie überdurchschnittlich, durchschnittlich oder unterdurchschnittlich Auto fahren. Man mag es glauben oder auch nicht, aber in all den Jahren haben nur sehr wenige Teilnehmende geantwortet, dass sie lediglich durchschnittlich oder unterdurchschnittlich Auto fahren. In einigen Klassen geben mehr als 90 Prozent an, dass sie deutlich besser als der Durchschnitt sind. Man fragt sich, wo eigentlich die durchschnittlichen und unterdurchschnittlichen Autofahrer sind. Gerade solche Menschen wollen von den Vorzügen des autonomen Fahrens erst noch überzeugt werden.

Wichtig ist zudem, den Fahrer nicht zu verwirren, etwa durch zu viele Begriffe für eine Funktion. Ein Blick ins Internet zeigt, dass für die adaptive Geschwindigkeitsregelung (Adaptive Cruise Control) sechs weitere Begriffe existieren: Advanced Smart Cruise Control, Automatic Cruise Control, Active Cruise Control, Cooperative Adaptive Cruise Control, Intelligent Cruise Control und Dynamic Radar Cruise Control. Der Zugang zum Fahrzeug muss intuitiv, schnell und einfach sein, wobei die vom Hersteller festgelegten Standardeinstellungen der verschiedenen Systeme eine wichtige Rolle spielen. Im Grunde braucht es eine Plug-and-play-Umgebung: Der Kunde setzt sich ins Auto, gibt die notwendigen Kommandos, und schon geht es los. Lange und mühsame Einarbeitung führt dazu, dass sich die Kunden abwenden. Inzwischen ist es bei nahezu allen Technologieprodukten üblich, dass man sie in Apple-Manier nach dem Einschalten unmittelbar benutzen kann.

Fasst man die Erkenntnisse zur Mensch-Maschine-Interaktion zusammen, lassen sich die folgenden sechs Ratschläge für die Gestaltung der nächsten Stufen der Fahrzeugautomation (Levels 3 und 4) erteilen:

(1) Die Grenzen des Systems müssen dem Fahrer entweder vorab bekannt sein, oder das System muss ihn rechtzeitig über seine Grenzen informieren.

(2) Ein Fahrer beurteilt die Leistungsfähigkeit eines Systems immer bezüglich seiner eigenen Fähigkeiten, was bedeutet, dass das System erst dann Akzeptanz gewinnt, wenn es so leistungsfähig und zuverlässig ist wie der Fahrer selbst.

(3) Das System sollte nicht nur einen Fehler oder ein Problem anzeigen, sondern auch eine Diagnose liefern, die es dem Fahrer ermöglicht, die richtigen Maßnahmen einzuleiten.

(4) Die Zuverlässigkeit des Systems in allen Fahrsituationen und zu jedem Zeitpunkt ist entscheidend, damit der Fahrer Vertrauen entwickelt.

(5) Dem Fahrer muss stets signalisiert werden, ob er selbst oder das System die Kontrolle über das Fahrzeug besitzt.

(6) Das System muss dem Fahrer mitteilen, was als nächstes passiert beziehungsweise welche Fahrmanöver eingeleitet werden.

Neben diesen Hinweisen zur Gestaltung der Mensch-Maschine-Interaktion kommt es entscheidend darauf an, dass eine neue Technologie an den

Lebensgewohnheiten der Menschen ansetzt. Sie wollen ihr Verhalten nicht ändern, sondern suchen nach Produkten und Diensten, die ihr Leben einfacher, komfortabler, schneller, bequemer und leichter machen. Damit eine disruptive Technologie bei den Kunden auf Akzeptanz stößt, muss sie die etablierten Verhaltensmuster unterstützen. Sind hingegen neue zu erlernen, braucht es viel Zeit und noch mehr Argumente. Ein Beispiel dafür sind fahrerlose Züge. Die Menschen wünschen sich, wie man mittlerweile weiß, darauf einen Fahrerstand, auch wenn sich niemand mehr darin befindet. Er schafft Vertrauen, völlig unabhängig von den neuen technischen Möglichkeiten (Erläuterung 6.3).

Erläuterung 6.3. Vermenschlichung von Maschinen

Künstliche Intelligenz
Bei Künstlicher Intelligenz geht es um die Automatisierung des intelligenten Verhaltens, das heißt, man versucht, menschenähnliche Intelligenz nachzubilden, damit ein Computer eigenständig Probleme lösen kann. Dieser ist in der Lage, eine Frage des Nutzers auf Basis formalisierten Fachwissens und daraus gezogener logischer Schlüsse zu beantworten. Die Künstliche Intelligenz der Zukunft könnte niedliche, pelzige Wesen hervorbringen, gewissermaßen elektronische Haustiere, die autonom im Haushalt agieren. Obgleich diese Objekte bestenfalls funktional äquivalent zum Menschen sind, entsteht eine Interaktionsmagie, das heißt, Menschen entwickeln emotionale Beziehungen zu solchen Objekten.
Keecker ist ein kleiner, rollender, eiförmiger Roboter, der in der Wohnung herumfährt, Musik abspielt und bei Bedarf Fotos und Videos an die Wände projiziert. Bei der Präsentation dieses Geräts diskutierten Kinder und Erwachsene, ob es sich um einen Jungen oder ein Mädchen handelt. Offenbar reicht die autonome Bewegung allein schon aus, um ein Gerät zu vermenschlichen. Die Vorstellung, dass Menschen Gefühle für Roboter hegen, ist nicht neu, man denke etwa an den Film Her, in dem sich der Protagonist in die Software verliebt, oder an Tamagotchis, die bei Hunger und Durst klingeln. Menschen tendieren dazu, Maschinen wie lebendige Wesen zu behandeln. Wer zum Beispiel einen kaputten Computer als unfähig beschimpft, vermenschlicht ein technisches Artefakt. Man denke auch an den Sprachassistent Siri. Viele sind überzeugt, es stecke etwas Intelligentes in ihm, und man könne eine emotionale Beziehung zu ihm aufbauen.

Quelle: Eigene Darstellung

Für die Verknüpfung einer neuen Technologie mit der Lebenswelt von Menschen spielen Bilder und Symbole eine wichtige Rolle, wobei sich im Fall von Autos anthropomorphe, also menschenähnliche Designs als besonders wichtig erweisen. Die runden Lichter des Robo-Taxis von Google in Kombination mit der pummeligen Kamera suggerieren Augen und Nase, und schon findet der Betrachter einen menschlichen Bezug. Es ist nur noch ein kleiner Schritt, aus diesem Fahrzeuggesicht mit seinen strahlenden Augen und seiner Stupsnase bestimmte Charakteristika über die Persönlichkeit dieses Fahrzeugs abzuleiten. Nicht zufällig bezeichnen viele Menschen Robo-Autos als niedlich, putzig, herzig, witzig, lieb, nett, freundlich — lauter Attribute, die man zur Beschreibung eines lieben Freundes verwendet.

Ein anderes Beispiel ist Cambot, ein Robo-Auto von Mercedes-Benz, das gemeinsam mit Konzernchef Dieter Zetsche das autonome Konzeptfahrzeug F015 vorstellte (Abbildung 6.14). Dabei wurde Cambot mit vielen menschlichen Eigenschaften beschrieben; er sei intelligent, süß, schüchtern, aber sehr nett, und habe die schönsten blauen Augen der Welt. Er könne sogar eifersüchtig sein, vor allem auf R2-D2, eine Roboterfigur, die von George Lucas geschaffen wurde und in den Star-Wars-Filmen erscheint. Kunden können nur dann Vertrauen in das autonome Fahren entwickeln, so die Botschaft dieses Auftritts, wenn sie die Technologie mögen, so sehr wie Cambot, den kleinen, lustigen Kerl, den viele Zuschauer sofort in ihr Herz schlossen.

Abbildung 6.14. Der Cambot-Roboter von Mercedes-Benz
Quelle: Daimler AG

Ganz generell sehen Menschen ständig Gesichter in leblosen Objekten, vor allem in Fahrzeugen. Lichter und Grill etwa werden als Augen und Mund interpretiert. Auf der Internetseite www.faceinplaces.blogspot.com sind Gegenstände wie Schlösser, Taschen oder Autos zu sehen, in denen man sofort ein Gesicht zu erkennen glaubt. Diese Neigung hat zu tun mit der menschlichen Evolution. Es war und ist für das Überleben wichtig, den Gesichtsausdruck eines anderen Menschen interpretieren zu können. Auf Basis dieser Einschätzung entscheidet man, ob man sich dem Kampf stellt oder doch lieber flieht. Daher ist die Fähigkeit, andere Gesichter lesen zu können, besonders gut ausgeprägt und kommt auch bei der Bewertung von Objekten zum Einsatz. Diese Anthropomorphisierung spielt überall eine Rolle, wo Unternehmen versuchen, Emotionen durch Produkte zu vermitteln und Menschen mit einer neuen Technologie vertraut zu machen.

Stimme

Nichts sagt mehr aus über eine Person als ihre Stimme, da sie alle Gefühle und Emotionen transportiert. Dabei ist es vor allem die Intonation, also die Sprachmelodie, die uns Rückschlüsse darauf erlaubt, was einen Menschen bewegt. Das Auf und Ab des Tons sowie die Sprechgeschwindigkeit liefern wichtige Signale über die Befindlichkeit des Sprechenden. Stimmen, die keine Varianz aufweisen, gelten als monoton, langweilig oder gar tot.

Man kann aus ihnen keine Erkenntnisse darüber gewinnen, was das Gegenüber wirklich denkt und wie es sich fühlt. Beispiele hierfür sind die vielen Computerstimmen in GPS-Geräten, Bordcomputern oder Call Centers, mit denen bestenfalls Informationen vermittelt werden können.

Bei der Gestaltung der Mensch-Maschine-Interaktion kommt es folglich darauf an, eine Stimme zu entwickeln, die eine Intonation besitzt und damit menschliche Züge suggeriert. Nur eine solche Stimme ist dazu in der Lage, einer seelenlosen Maschine etwas Menschliches zu verleihen. In einem Experiment konnte gezeigt werden, dass ein autonomes Fahrzeug mit einer eigenständigen Stimme in der Lage ist, Vertrauen in die Technologie zu vermitteln. Sofern die Stimme zudem noch mit dem Menschen interagiert, wird die Maschine als intelligent wahrgenommen. Offenbar ist die menschliche Stimme ein besonders wichtiges Merkmal einer anthropomorphisierten Maschine. Gelingt die Vermenschlichung, sind die Menschen sogar bereit, der Maschine ihr Leben anzuvertrauen. Das ist beim autonomen Fahren erforderlich.

Zusammenfassung

- Assistenzsysteme bergen das Risiko, dass sich die Fahrer ablenken lassen, obgleich sie verpflichtet sind, stets die Kontrolle über das Fahrzeug zu besitzen. Daher ist die Interaktion zwischen dem Fahrer und dem Fahrzeug so zu gestalten, dass die wechselseitige Übergabe der Kontrolle schnell und eindeutig erfolgt.
- Ein erstes Prinzip zur Gestaltung der Mensch-Maschine-Interaktion besteht darin, den Fahrer angemessen über den Zustand des Fahrzeugs und den Modus, in dem es sich befindet, zu informieren.
- Inzwischen kommt die Digital Light Processing-Technologie zum Einsatz, um Augmented Reality Head-up-Displays zu entwickeln. Dabei werden Kameraufnahmen der realen Welt mit virtuellen Informationen aus einem Rechner überblendet.
- Ein zweites Prinzip besagt, dass sich Mensch und Maschine nicht nur wechselseitig überwachen, sondern miteinander kommunizieren und schnelle und richtige Rückmeldung geben.
- Für die Sicherheit im Straßenverkehr ist es unerlässlich, dass die Übergabe der Steuerung des Fahrzeugs vom System auf den Fahrer perfekt funktioniert (Aufforderung zur Übernahme).
- Für die Verknüpfung einer neuen Technologie mit der Lebenswelt von Menschen spielen Metaphern eine wichtige Rolle, wobei im Falle von Fahrzeugen die Vermenschlichung zur Vertrauensbildung beiträgt.
- Bei der Gestaltung der Mensch-Maschine-Interaktion sollte die Stimme eine Intonation besitzen und damit menschliche Züge suggerieren. Nur eine solche Stimme ist dazu in der Lage, einer seelenlosen Maschine menschliche Züge zu verleihen.

Kapitel 28
Zeit, Kosten und Sicherheit

Es liegen inzwischen zahlreiche Untersuchungen über die Auswirkungen des autonomen Fahrens auf Wirtschaft und Gesellschaft vor. Allerdings gelten diese Prognosen nur für den Fall, dass alle Fahrzeuge im Straßenverkehr autonom unterwegs sind. Bis dahin dürfte jedoch noch einige Zeit vergehen, und die Phase des Übergangs vom manuellen zum maschinellen Fahren wird noch einige Herausforderungen mit sich bringen. Gerade der Mischverkehr aus Fahrzeugen ohne jede Vernetzung und Autos, die bereits hoch- oder sogar vollautomatisiert unterwegs sind, könnte zu besonderen Schwierigkeiten im Straßenverkehr führen. Im Grunde sind sich alle Experten einig, dass man diese Phase möglichst zügig überwinden muss. Vorstellbar sind separate Spuren, um die unterschiedlichen Fahrzeuge zu trennen. Der Staat könnte finanzielle Anreize geben, damit die Fahrer ihre manuell betriebenen Autos zügig abgeben. Insofern sind die folgenden Ausführungen immer mit Blick auf einen Straßenverkehr zu verstehen, in dem sich nur noch selbstfahrende Fahrzeuge der Stufe 5 befinden.

Durchsatz

Autonome Fahrzeuge sind in der Lage, sehr fein dosierte Brems- und Beschleunigungsmanöver durchzuführen. Zudem lassen sich mittels der V-to-V-Kommunikation die Manöver der anderen Autos viel früher und viel genauer erkennen, als dies bislang der Fall ist. Damit können die Autos ihr Fahrverhalten aufeinander ausrichten, so dass sich der Verkehrsfluss deutlich verbessern lässt. In Städten ist vorstellbar, dass eine Verkehrsleitzentrale diese wechselseitige Abstimmung unterstützt. Untersuchungen des Center for Automotive Research an der University of Michigan zufolge lässt sich die Kapazität der Straße – Fahrzeuge pro Spur in einer bestimmten Zeit – mit autonomen Autos im Vergleich zur heutigen Situation um bis zu 500 Prozent erhöhen.

Darüber hinaus können fahrerlose Autos unnötige Start-und-Stop-Situationen im Verkehr vermeiden, die aus übertriebenen Brems- und Beschleunigungsmanövern entstehen. Sofern sich nur wenige Fahrzeuge auf einer Autobahn befinden, kann mit hoher Geschwindigkeit gefahren werden, allerdings ist der Durchsatz gering. Steigt die Anzahl der Fahrzeuge, sinkt die Geschwindigkeit, jedoch erhöht sich der Durchsatz (Abbildung 6.15). Ab

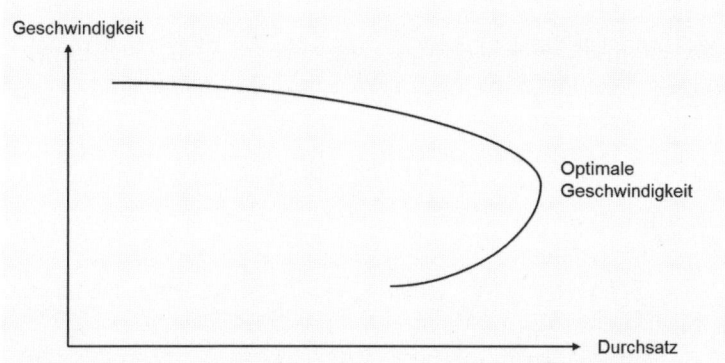

Abbildung 6.15. Zusammenhang zwischen Geschwindigkeit und Durchsatz
Quelle: Anderson et al.

einem bestimmten Punkt führen weitere Autos dazu, dass abrupt gebremst und beschleunigt wird, das heißt, es entstehen Start-und-Stop-Situationen. Ein Phänomen, das im Wesentlichen der menschlichen Ungeduld geschuldet ist. Dies führt dazu, dass die Geschwindigkeit und der Durchsatz deutlich sinken. Genau diese Verminderung von Geschwindigkeit und Durchsatz lässt sich durch autonome Fahrzeuge verhindern.

Nehmen wir als Beispiel die State Route 91 im Süden von Kalifornien, die das Orange County mit dem Riverside County verbindet. Sie besteht in jede Richtung aus vier freien Spuren und zwei Spuren, für deren Benutzung bezahlt werden muss (Expressspuren). Während der Hauptverkehrszeiten rollt der Verkehr auf den Expressspuren mit einer Geschwindigkeit von 95 bis 105 km/h, wogegen die Geschwindigkeit auf den freien Spuren 25 bis 30 km/h beträgt. Allerdings schleust eine Expressspur etwa doppelt so viele Fahrzeuge pro Stunde durch wie eine freie Spur. Offenbar muss sich der Verkehr stets flüssig bewegen, um trotz steigendem Verkehrsaufkommen einen möglichst hohen Durchsatz zu erzielen. Was in diesem Fall eine Maut bewirkt, lässt sich zukünftig durch autonome Autos erreichen. Sie leiten vorausschauend Brems- und Beschleunigungsmanöver ein und tragen damit zu einem flüssigen Verkehr bei.

In einer Simulation der Federal Highway Administration kommunizierten Fahrzeuge und Infrastruktur miteinander, um den Verkehrsfluss auf der Interstate 66 in Virginia zu glätten. Im Rahmen dieser Studie betrachtete man einen Abschnitt dieser Autobahn, auf dem sich immer wieder Staus bildeten. Dabei hatten 20 Prozent der Fahrzeuge eine kooperative und adaptive Geschwindigkeitsregelung im Einsatz, die es der Verkehrsleitzentrale erlaubte, abhängig vom Verkehrsaufkommen eine Richtgeschwindigkeit vorzugeben. Trotz der geringen Anzahl von Fahrzeugen, die mit diesem System ausgerüstet waren, konnte die Gefahr, dass sich ein Stau bildete, verglichen mit einem Kontrollszenario ohne Assistenzsystem erheblich reduziert werden. Ohne kooperative und adaptive Geschwindigkeitsregelung variierten die Geschwindigkeiten der Autos zwischen 0 und 70 km/h, während mit dieser Technologie Werte zwischen 50 und 105 km/h erreicht wurden.

Wirtschaftlichkeit

Bislang liegen noch keine umfassenden empirischen Erkenntnisse über den Kraftstoffverbrauch bei autonomen Fahrzeugen vor. Allerdings sind einige grundsätzliche Zusammenhänge zwischen dem Energieverbrauch, dem Schadstoffausstoß und der Reisegeschwindigkeit bekannt. Fährt ein Fahrzeug mit einer geringen Geschwindigkeit, benötigt es viel Energie und die Emissionen sind hoch, einfach deshalb, weil es lange unterwegs ist, um eine bestimmte Strecke zurückzulegen. Energieverbrauch und Schadstoffausstoß fallen, sofern sich die Geschwindigkeit erhöht, steigen ab einem gewissen Punkt jedoch wieder, wenn das Fahrzeug weiter beschleunigt.

Autonome Fahrzeuge erfassen die Manöver der anderen Autos früher, schneller und genauer, so dass ein besonders harmonisches Fahren möglich ist. Ruckartige Stop-und-Go-Situationen, die besonders viel Energie benötigen, können vermieden werden. Immerhin muss derzeit bei einer Fahrt in der Innenstadt auf über 40 Prozent der gefahrenen Distanz gebremst werden. Daher verbessert schon der Einsatz von Eco-driving, etwa der adaptiven Geschwindigkeitsregelung, die Wirtschaftlichkeit um bis zu 10 Prozent. Insofern ist davon auszugehen, dass der Kraftstoffverbrauch durch den Einsatz autonomer Fahrzeuge deutlich reduziert werden kann.

In den USA liegt die Wirtschaftlichkeit für Autos bei etwa 7,8 Litern auf 100 Kilometern, abhängig davon, wo die Grenze zwischen Personenwagen, Pick-up, Van und Lastwagen gezogen ist. Kürzlich wurde der Corporate Average Fuel Economy Standard angepasst und auf 4,7 Liter pro 100 Kilometer für Neufahrzeuge ab dem Jahr 2025 festgelegt. Dieser Standard bringt den maximal zulässigen und nach Marktanteilen gewichteten Flottenverbrauch der Fahrzeuge eines Herstellers zum Ausdruck. Berechnungen zufolge würde jeder zusätzliche Level in der Fahrzeugautomation zu einer erheblichen Verbesserung der Wirtschaftlichkeit führen.

Das US-Transportministerium untersuchte die Möglichkeit, durch die Bereitstellung von Verkehrsinformationen in Echtzeit die Fahrzeuge vor einer roten Ampel in einen Gleitmodus zu überführen. Hierzu kamen Algorithmen zum Einsatz, die Informationen von allem Ampeln entlang der Fahrtstrecke erhielten, um sogleich eine Geschwindigkeit zu berechnen, die ein Fahren ohne Stop-and go ermöglichte. Ein auf eine rote Ampel zufahrendes Auto wurde aufgrund der Berechnungen rechtzeitig auf eine Eco-glide-Geschwindigkeit heruntergebremst, um die Kreuzung zu passieren, ohne dass es zu einem Stopp kam. In dieser Studie konnten je nach Verkehrsfluss zwischen 2,5 und 18,1 Prozent an Kraftstoff eingespart werden. Eine Simulation des deutschen Straßenverkehrs hat ergeben, dass durch eine Vernetzung aller Ampeln der Kraftstoffverbrauch pro Jahr um € 900 Millionen gesenkt werden könnte. Diese Einsparung an Kraftstoff entspricht etwa zwei Millionen Tonnen Kohlendioxid, die nicht in die Atmosphäre gelangen.

Ein weiterer Vorteil: Autonome Fahrzeuge lassen sich leicht und einfach bauen, da aufgrund der deutlich geringeren Anzahl von Unfällen die technischen Sicherheitsvorschriften gelockert werden können. Schon heute werden viele Fahrerassistenzsysteme mit dem Ziel entwickelt, Unfälle von vornherein zu vermeiden und nicht nur im Falle eines Unfalls die Insassen zu schützen. Für viele Autos gilt, dass bei gleichbleibender Größe eine Gewichtsreduktion aufgrund neuer Materialien und anderer Verarbeitung von 20 Prozent möglich ist. Eine Ingenieursregel besagt, dass eine Gewichtsreduktion um zehn Prozent den Verbrauch um sechs bis sieben Prozent senkt. Ein geringeres Gewicht lässt sich vor allem erreichen, wenn Stahl durch Aluminium, Magnesium, Plastik und Kohlefaser ersetzt wird. Und wird ein Fahrzeug leichter, reicht auch ein leichterer und schwächerer Motor, was wiederum die Wirtschaftlichkeit verbessert.

Die V-to-V-Kommunikation erlaubt zwei oder mehreren selbstfahrenden Fahrzeugen, einander in sehr kurzen Abständen zu folgen, was die aerodynamischen Kräfte erheblich reduziert. Untersuchungen verdeutlichen, dass solche Fahrzeugkonvois den Kraftstoffverbrauch und damit auch die Emissionen deutlich vermindern können. Bei einem Abstand zwischen den Fahrzeugen von etwa vier Metern lassen sich etwa 10 bis 15 Prozent Energie einsparen, wobei auch das erste Fahrzeug einen aerodynamischen Nutzen davon hat. Fahrzeugkonvois können grundsätzlich schnell und leicht mittels einer V-to-V-Kommunikation gebildet werden. Allerdings braucht es herstellerübergreifende Standards für die Kommunikation, damit es jedem Auto in jeder Fahrsituation möglich ist, einem Konvoi beizutreten und ihn wieder zu verlassen.

Ein weiterer Vorzug autonomer Fahrzeuge besteht darin, dass die Fahrtroute unter Berücksichtigung der Verkehrslage ausgewählt werden kann. Autobahnabschnitte mit energieraubendem Stop-and-go-Verkehr können unter Berücksichtigung der Reiserouten der anderen Verkehrsteilnehmer umfahren werden. Untersuchungen zeigen, dass diese Eco-routing-Anwendungen den Kraftstoffverbrauch und die Emissionen um bis zu 20 Prozent reduzieren können. Einige dieser Algorithmen sind inzwischen schon in Navigationssystemen eingebaut und unterstützen die Fahrer bei der Routenwahl. Ähnlich funktionieren auch die intelligenten Parksysteme, die das Fahrzeug ohne aufwendige Suche auf einen freien Parkplatz navigieren. Auch mit diesem Assistenzsystem lassen sich Kraftstoff sparen und Emissionen vermindern.

Intelligente Infrastruktur

Stop-and-go-Situationen sind das entscheidende Hindernis für einen emissionsreduzierten und fließenden Verkehr. Hier vermag eine Zielpunktsteuerung Abhilfe schaffen, mit der es gelingt, den Verkehrsfluss um bis zu 30 Prozent zu verbessern. Dahinter verbirgt sich eine Technologie aus der Aufzugstechnik, bei der jeder Fahrgast sein Ziel bereits vor dem Betreten des Aufzugs bekannt gibt. Somit kennt der Algorithmus die Fahrziele der Wartenden und kann diese zu Gruppen zusammenfassen. Damit lässt sich jeder Fahrgast einem Aufzug zuweisen, der ihn mit einem Minimum an Stopps zu seiner Zieletage befördert. Ganz ohne Halt geht es zumeist nicht, da der Algorithmus bei der Zuweisung von Personen zu Aufzügen gleichzeitig die Zieletagen aller Wartenden berücksichtigt.

Fast alle Ampelschaltungen basieren auf statischen Regeln, was dazu führt, dass Autofahrer an einer roten Ampel warten müssen, obgleich kein anderes Fahrzeug über die Kreuzung fährt. Diese starren Schaltungen kosten nicht nur Zeit, sondern verursachen auch Staus, steigern den Verbrauch und erhöhen damit den Schadstoffausstoß. Anstelle eines zentral gesteuerten Ampelsystems kommen Anlagen in Betracht, die sich selbstständig mit dem Verkehr synchronisieren und abhängig von der Verkehrslage ihr Schaltverhalten ändern. Dazu sind sie mit Chips und Sensoren ausgestattet, die die aktuelle Verkehrslage erfassen, die weitere Entwicklung berechnen und selbstständig auf Basis definierter Regeln über das eigene Schaltverhalten entscheiden. Da alle Ampeln miteinander vernetzt sind, beeinflusst das Schaltverhalten einer Ampel das Verhalten der anderen. Tests zeigen, dass sich dadurch Verzögerungen im Verkehr um bis zu 30 Prozent reduzieren lassen. Allerdings fehlt in Europa ein einheitlicher Datenstandard, die Infrastruktur entwickelt sich lokal und dezentral.

Infrastruktur, die mit moderner Kommunikationstechnologie ausgestattet ist, bietet viele Möglichkeiten, um Staus und Umweltbelastungen zu vermindern. Audi zum Beispiel hat einige seiner Autos, den A4 und den Q7, mit den Ampelsystemen in amerikanischen Metropolen vernetzt. Dabei tauschen die Audi-Fahrzeuge in Echtzeit Daten mit der Verkehrsinfrastruktur aus. Damit kann der Fahrer sein Fahrverhalten anpassen und gelangt flüssiger, energieeffizienter und entspannter durch den Verkehr. In der ersten Phase erhält der Fahrer über das Cockpit eine Information, ob das Auto mit der erlaubten Geschwindigkeit die nächste grüne Ampelphase noch erreichen kann. In einer späteren Phase ließe sich diese Information in die zentrale Steuerungseinheit einspeisen, und das System würde die Geschwindigkeit so anpassen, dass Kreuzungen möglichst ohne Stopps passiert werden können.

Ein anderes Beispiel ist das im San Francisco Park eingesetzte Parksystem, das von der Municipal Transportation Authority in Betrieb genommen wurde. Dort sind Parkplätze mit Sensoren ausgestattet, die mit den Smartphones der Autofahrer verbunden sind. Damit können die Verfügbarkeit und die Preise von Parkplätzen in Echtzeit abgerufen werden. Ein intelligentes System passt die Preise für die Parkplätze abhängig vom Ort, von der Tageszeit und vom Wochentag so an, dass etwa 15 Prozent der Parkflächen an jedem einzelnen Wohn- oder Arbeitsblock freigehalten werden können. Die Preise variieren zwischen 25 Cents und $ 6 pro Stunde, maximale Grenze ist $ 18 bei einem besonderen Ereignis, etwa einem Basketballspiel. Laut einer Studie konnte die durchschnittliche Parkgebühr von $ 2,73 auf $ 2,59 reduziert werden, und der allein durch Parkplatzsuche verursachte Verkehr sank um etwa 50 Prozent.

Betriebskosten

Die Kosten, um ein Fahrzeug zu betreiben, umfassen neben dem Kaufpreis auch die Aufwendungen für Versicherung, Kraftstoff, Parkplatzgebühren sowie Wartung und Reparatur. Autonome Fahrzeuge können helfen, einige dieser Kosten deutlich zu senken. Zunächst erlauben sie den Insassen, während der Fahrt anderen Aktivitäten nachzugehen, z.B. ein Buch zu lesen, E-Mails zu bearbeiten, einen Film zu schauen oder zu schlafen. Damit reduzieren sich die Opportunitätskosten, die mit jeder Autofahrt verbunden sind. Neben einem deutlich verminderten Kraftstoff- oder Stromverbrauch dürften sich auch die Kosten für das Parken senken lassen. Denn autonome Fahrzeuge können jene Parkgelegenheit in einer Stadt oder Region ansteuern, für die die geringste Gebühr zu bezahlen ist. Schließlich sollten auch die Beiträge für die Versicherung eines Fahrzeugs fallen, da es deutlich weniger Unfälle geben wird.

Denkt man zudem an Robo-Taxis, autonome Busse oder Car- und Ridesharing-Dienste, lassen sich die Kosten für die Mobilität noch einmal vermindern. Erstere können den Fahrgast mit dem gleichen Komfort transportieren wie traditionelle Taxis, allerdings zu einer deutlich reduzierten Gebühr, da sich kein Fahrer mehr an Bord befindet. Letztere ermöglichen es, die fixen Kosten zu vermeiden, die der Besitz eines Autos mit sich bringt. Stattdessen fallen zeit- oder streckenbezogene Gebühren an, die in der Summe wohl für die meisten Nutzer günstiger sein werden. Hinzu kommt, dass Robo-Taxis, Busse oder gemeinsam genutzte Autos sehr viel intensiver im Einsatz sind, nur noch Standzeiten für Wartung und Tanken erfordern und daher sehr viel geringere operative Kosten verursachen.

Sicherheit, Zeit und Komfort

Mit der zunehmenden Automatisierung gelangen immer mehr Sicherheitssysteme ins Auto, die sowohl die Fahrzeuginsassen als auch die anderen Verkehrsteilnehmer schützen. Da insbesondere autonome Fahrzeuge ständig in Kontakt mit den anderen Autos stehen und zudem ihr Umfeld mit Sensoren und Kameras erfassen, liegt es auf der Hand, dass sich die Anzahl der Unfälle deutlich reduzieren lässt. Zudem ermöglicht die Vernetzung der Autos, dass Unfälle und Notfälle sowie Beeinträchtigungen des Straßenverkehrs wie Glatteis oder heftiger Regen in Echtzeit gemeldet werden können.

Aufgrund der Vernetzung, die die Automation der Fahrzeuge mit sich bringt, haben Werkstätten und Hersteller Zugang zu vielen im Fahrzeug anfallenden Daten. Daher kennen sie zum Beispiel den Kilometerstand, den Zustand der Reifen, den Ölstand beim Verbrennungsmotor oder die Batterieleistung beim Elektrofahrzeug und sind daher in der Lage, das Auto rechtzeitig zur Inspektion und Wartung einzubestellen. Dadurch sinkt das Risiko, unterwegs eine Panne zu erleiden. Auch dürfte das autonome Fahrzeug die Menschen von vielen Routinetätigkeiten entlasten, etwa dem täglichen Transport der Kinder zur Schule oder zum Sport. Wie schon erläutert, werden alte, kranke oder behinderte Menschen wieder mobil, können Ausflüge unternehmen, sich mit anderen Menschen treffen, was die Lebensqualität deutlich verbessert.

Jedes Jahr kommen in Los Angeles mehr als 200 Personen im Straßenverkehr ums Leben, wobei über die Hälfte davon Fußgänger und Fahrradfahrer sind. Besonders alarmierend ist die dramatisch wachsende Zahl von verletzten und getöteten Kindern. Inzwischen sterben im Straßenverkehr mehr Kinder als durch Gewalt, Krankheiten oder Drogen. Daher hat Eric

Garcetti, Bürgermeister von Los Angeles, die Vision Zero ausgerufen: keine Verkehrstoten mehr im Jahr 2025. Das Verkehrsministerium hat alle gefährlichen Passagen auf den Straßen der Stadt identifiziert und Maßnahmen zur Verbesserung der Sicherheit entwickelt. Gemeinsam mit Stadtplanern, Architekten, der Polizei, Straßenbaufirmen und Behörden sollen alle diese Vorschläge bis 2025 umgesetzt werden. Im Konzept für mehr Sicherheit im Straßenverkehr spielen vor allem autonome Busse und Robo-Taxis eine wichtige Rolle. Inzwischen sind auch einige skandinavische Städte diesem Beispiel gefolgt und haben Maßnahmen auf den Weg gebracht, um schon sehr bald keine Toten mehr im Straßenverkehr beklagen zu müssen. Alle diese Initiativen zeichnen sich dadurch aus, dass selbstfahrende Fahrzeuge schrittweise immer mehr Transportaufgaben übernehmen.

Flächennutzung

Betrachtet man eine Stadt aus der Vogelperspektive, fällt auf, dass sehr viel Fläche für Straßen und Parkplätze benötigt wird. Es sind etwa 40 Prozent, wobei es Unterschiede zwischen Ländern und Regionen gibt. Da Fahrzeuge etwa 95 Prozent der Zeit stehen, gibt es allein in den USA bis zu zwei Milliarden Parkplätze, abhängig der Definition, was ein Parkplatz ist. In Los Angeles zählt man 107.441 Parkplätze, die zusammen eine Fläche von 331 Hektar belegen.

Autonome Fahrzeuge können helfen, solche Flächen für Wohn- und Büroraum, Läden, Sport- und Freizeitstätten oder für Spielplätze freizumachen. Solche Autos setzen die Passagiere in der Innenstadt ab und begeben sich danach auf einen Parkplatz außerhalb der City. Ist der Einkauf beendet, fordert der Besitzer sein Auto an, worauf dieses ihn an einer vereinbarten Stelle abholt. Zudem können intelligente Parkhäuser gebaut werden, in denen sich die Fahrzeuge selbstständig Parkplätze suchen. Da sich im Parkhaus keine Menschen mehr bewegen, können die Autos viel näher nebeneinander abgestellt werden, es braucht auch keine Treppen mehr, was zu einer Einsparung von 30 Prozent der bislang erforderlichen Fläche führt. Ferner dürften neue Car- und Ride-sharing-Services dazu führen, dass die bestehenden Fahrzeuge intensiver genutzt werden. Damit ließe sich der Bestand an Autos reduzieren, was wiederum eine Chance für den Rückbau von Straßen und Parkplätzen bietet.

Schätzungen zufolge könnte man auf etwa 85 Prozent des derzeitigen Fahrzeugbestands verzichten, sofern weltweit nur noch autonome Robo-Taxis im Einsatz wären. Diese Zahl mag illusorisch sein, sie zeigt jedoch das

Potenzial, das in der zunehmenden Fahrzeugautomatisierung verbunden mit neuen Reiseformaten (Car- und Ride-sharing) steckt.

Alternative Antriebe

Benzin und Diesel treiben über 90 Prozent der Autos und Lastwagen in den USA und Europa an. Da die Verbrennung erhebliche Emissionen freisetzt, muss die Transformation vom Verbrennungsmotor zu alternativen Antrieben gelingen. Autonome Fahrzeuge spielen in dem Prozess eine wichtige Rolle, da sie aufgrund ihrer Fahrweise eine viel bessere Wirtschaftlichkeit aufweisen als manuell gesteuerte Autos. Damit steigert sich die Reichweite, was die Attraktivität etwa von Elektroantrieben für die Kunden deutlich erhöht. Auch könnte ein selbstfahrendes Auto die Insassen zum Beispiel in der Stadt absetzen und den Ladevorgang selbstständig durchführen. Dies würde den Komfort von Elektrofahrzeugen deutlich verbessern und die Passagiere von lästigen Tätigkeiten befreien.

Zudem ließen sich an diesen Ladestationen auch gleich andere Serviceleistungen offerieren, etwa die Reinigung des Fahrzeugs, ein Wechsel der Reifen oder sogar eine Umrüstung des Autos, falls andere Verwendungszwecke anstehen. Ride- oder Car-sharing-Services würden Gefährte bereitstellen, die exakt dem Transportbedarf entsprechen, anstelle von Fünfsitzern, die zumeist nur von ein oder zwei Personen gefahren werden. Zudem könnte eine drahtlose Ladeinfrastruktur aufgebaut werden, zunächst an bestimmten Ladestationen beispielsweise auf Parkplätzen, später auch an Ampeln und Kreuzungen. Tabelle 6.1 vermittelt einen Überblick über die Chancen, die das maschinelle Fahren bietet.

Tabelle 6.1. Fakten über das maschinelle Fahren

Verbesserungen des autonomen Fahrens im Vergleich zum manuellen Fahren (Autos)	
Durchsatz an Fahrzeugen	Erhöhung um bis zu 500 Prozent.
Wirtschaftlichkeit und Kraftstoffverbrauch	Reduktion des Kraftstoffverbrauchs um 50 Prozent.
Intelligente Infrastruktur	Reduktion des Kraftstoffverbrauchs um 30 Prozent.
Betriebskosten	Senkung der Parkkosten. Verminderung der Versicherungskosten. Reduktion des Kraftstoffverbrauchs durch neue Materialien.

Flächennutzung	30 bis 40 Prozent weniger Raum für Straßen und Parkplätze.
Sicherheit	Erhebliche Reduktion von Unfällen durch V-to-V und V-to-I-Kommunikation.
Zeit	Schneller am Ziel aufgrund von Reise- und Routenmanagement. Zeit im Fahrzeug nicht für Fahrzeugsteuerung, sondern für alternative Beschäftigungen.
Komfort	Weniger Pannen durch vorausschauende Wartung. Entlastung von Routinefahrten. Kinder sowie alte, kranke und behinderte Menschen werden mobil.
Elektroautos	Technologie des autonomen Fahrens verbessert die Reichweite von Elektrofahrzeugen und trägt damit zu deren Verbreitung bei.

Quelle: Eigene Darstellung

Zusammenfassung

- Untersuchungen zeigen, dass sich der Durchsatz (Fahrzeug pro Spur in einer bestimmten Zeit) mit autonomen Fahrzeugen um bis zu 500 Prozent erhöhen lässt.
- Schätzungen zufolge vermag das autonome Fahren die Wirtschaftlichkeit unter bestimmten Bedingungen um über 50 Prozent zu verbessern.
- Aufgrund der erhöhten Sicherheit lässt sich das Gewicht von selbstfahrenden Fahrzeugen reduzieren. Eine Regel besagt, dass eine Gewichtsreduktion um zehn Prozent den Verbrauch um sechs bis sieben Prozent senkt.
- Bei einem Abstand zwischen den Fahrzeugen von etwa vier Metern, was durch autonomes Fahren möglich wird, lassen sich etwa zehn bis 15 Prozent Energie einsparen, wobei auch das erste Fahrzeug einen aerodynamischen Nutzen erfährt.
- Eco-routing Anwendungen tragen dazu bei, den Energieverbrauch und den Schadstoffausstoß um bis zu 20 Prozent zu vermindern.
- Da sich in Parkhäusern keine Menschen mehr bewegen, können die Fahrzeuge viel näher nebeneinander parken, es braucht auch keine Treppen mehr, was den Bedarf an Fläche um bis zu 30 Prozent reduziert.

Teil 7
Auswirkungen für die Unternehmen

Kapitel 29
Geschäftsmodelle

Erkenntnisse

Die Geschäftslogik von Automobilunternehmen ist bislang vor allem auf ein Ziel ausgerichtet: technologisch herausragende Fahrzeuge auf den Markt zu bringen. Mit dem Fokus auf der Hardware, so die Argumentation, könne man sich gegenüber den Wettbewerbern durchsetzen. Nun allerdings verschwimmen die Grenzen zwischen den Industrien, Markteintrittsbarrieren fallen und Wertschöpfungsketten werden zerschlagen. Zudem setzten sich radikal neue Technologien und Produkte durch, die die Markt- und Wettbewerbsbedingungen ebenso verändern wie die regulatorischen Voraussetzungen. Eine neue Epoche bricht an: Ohne Zweifel sind überzeugende Fahrzeuge nach wie vor wichtig, aber für den Markterfolg der Zukunft braucht es Innovationen im Geschäftsmodell, um sich gegen die in den Automobilmarkt drängenden Technologieunternehmen behaupten zu können. Ansonsten droht den Herstellern die Gefahr, dass sie zu Blechbiegern verkommen, die Wertschöpfung den neuen Spielern überlassen und letztlich nur noch Commodities (austauschbare Standardprodukte) fertigen.

Mittlerweile haben viele Erfolgsgeschichten weniger mit Produkten und Prozessen, sondern vielmehr mit innovativen Geschäftsmodellen zu tun. Amazon ist der bedeutendste Online-Buchhändler der Welt (auch wenn in den letzten Jahren vier stationäre Filialen eröffnet wurden). Netflix hat das Geschäft mit Videos neu erfunden, ohne eine einzige Videothek zu besitzen. Uber und AirBnB bewegen und beherbergen Menschen, ohne eigene Taxis oder eigene Hotels zu betreiben. Unternehmen müssen immer häufiger und immer schneller ihr in der Vergangenheit erfolgreiches Geschäftsmodell auf den Prüfstand stellen. Im Grunde ist die Haltung eines Steve Jobs erforderlich, der stets in Sorge war, ein anderes Unternehmen könne das Geschäft von Apple zerstören. Da es Erfolg nur noch temporär gibt, lautet die Devise: Am besten, man konkurriert mit sich selbst, bevor es ein anderer tut, und ersetzt selbst fortlaufens das Alte durch das Neue.

Das entscheidende Hindernis, um neue Geschäftsmodelle in der Automobilindustrie auf den Weg zu bringen, ist die vorherrschende Industrielogik. Jeder Hersteller arbeitet in einer dominierenden Industriestruktur, die sich aus dem Zusammenspiel mit den Wettbewerbern und der bestehenden Wertschöpfungskette ergibt. Alle Unternehmen in dieser Industrie haben sich damit arrangiert und entwickeln ihre Produkte und Prozesse, wie in den vielen Dekaden zuvor, Hand in Hand mit ihren Zulieferern. Diese Logik ist so dominant, dass viele Führungskräfte trotz Google, Apple, Tesla und der damit verbundenen Disruption die Notwendigkeit zur Veränderung nicht erkennen, sondern am Bekannten festhalten. Eine gefährliche Haltung, wie zwei Beispiele zeigen.

(1) Obwohl Kodak die Digitalkamera entwickelte, verzichtete das Unternehmen auf eine Einführung dieses Produkts, um das Geschäft mit der analogen Fotografie nicht zu gefährden. Man glaubte daran, dass die analogen Kameras nach wie vor ihren Markt besitzen, was sich jedoch als Fehleinschätzung herausstellte. Die Folge: Kodak musste 2012 Insolvenz anmelden.

(2) Durch die MP3-Technologie war plötzlich ein Tauschhandel von Musikdateien im Internet ohne Beachtung der Urheberrechte möglich. Universal, Warner, BMG, Sony und EMI begaben sich in Rechtsstreitigkeiten mit den aufkommenden Tauschbörsen wie Napster, um ihr Geschäft zu sichern. Als Apple jedoch eine legale Alternative zum Download von Musik aus dem Internet auf den Markt brachte, erkannten die Big Five, dass die Industrielogik nicht mehr aufrechterhalten werden konnte.

Optionen

Das Geschäftsmodell der Automobilhersteller besteht bislang darin, mit ihren vielfältigen Marken den Automarkt zu dominieren und zu entscheiden, welcher Zulieferer welche Komponenten und Bauteile beisteuert. Obwohl einige Zulieferer ganze Aggregate liefern und mehr Umsatz machen als viele Hersteller, sind sie den Endkunden häufig unbekannt. Auch die Technologieunternehmen verstehen sich bislang als Zulieferer, deren Produkte von den Herstellern in die Autos eingebaut werden. Für das autonome Fahren wird nun deutlich mehr Software als bislang benötigt, vor allem Software, die in der Lage ist, die Kommunikation des Fahrzeugs mit der Infrastruktur und mit anderen Fahrzeugen zu ermöglichen. Damit verliert die eigentliche Hardware immer mehr an Bedeutung, wogegen Software, Telekommunikation und Infrastruktur zunehmend wichtiger werden.

Folglich stehen die Fahrzeughersteller unter Druck und sind herausgefordert, neue Ertragsmodelle zu entwickeln, um ihren Anteil an der Wertschöpfung sicherzustellen. Im Wesentlichen sind es fünf Quellen, aus denen zukünftige Erträge in der Automobilindustrie kommen könnten.

Die Hardware des Fahrzeugs mit dem Antrieb, dem Chassis, den Rädern, Reifen und Lichtern dürfte es immer geben. Heute kommen vielleicht 90 Prozent des Wertes eines Autos aus der Hardware, doch dieser Beitrag wird zurückgehen. Daneben benötigen autonome Fahrzeuge eine umfassende Software, die weit über das hinausgeht, was derzeit in Fahrzeugen verbaut ist. Die zentrale Steuerungseinheit wird alle Funktionen im Auto vom Antrieb bis zum Infotainment steuern und die gesamte Mensch-Maschine-Interaktion sowie die Kommunikation des Fahrzeugs mit anderen Autos und mit der Infrastruktur übernehmen.

Darüber hinaus entstehen rund um das Fahrzeug immer mehr Mobilitätsservices mit dem Anliegen, den Kunden nicht nur Autos, sondern Mobilität auch unter Berücksichtigung anderer Verkehrsträger bereitzustellen. Dazu zählen auch jene Dienste, die als Connected-car-Services bezeichnet werden und das Fahrzeug mit der Außenwelt, wie etwa dem Internet, dem Hersteller oder der Werkstatt verbinden. In einem vernetzten Fahrzeug mit allen diesen Kanälen nach außen und mit Passagieren, die grundsätzlich Zeit haben, spielt der bereitgestellte Inhalt zukünftig eine ganz zentrale Rolle. Hierzu gehören das gesamte Entertainment mit Audio und Video, aber auch alle Apps und Informationsservices, damit das Fahrzeug zum rollenden Büro, zur Informationsplattform oder sogar zum Kino wird. Eine letzte Quelle bildet die enorme Menge von Fahrzeug-, Navigations- und Passagierdaten (Big Data), die genutzt werden können, um den Reisenden Services anzubieten, die weit über die bislang bekannten Mobilitätsdienste hinausgehen.

Das Geschäftsmodell der Automobilhersteller aber auch vieler ihrer Zulieferer steht vor einem Paradigmenwechsel. Die Unternehmen verlieren einen Teil ihres Kerns, nämlich den klassischen Automobilbau, der sich um Bleche, Motoren und Antriebe dreht. Viel dramatischer noch, sie müssen Expertise aufgeben, die in über hundert Jahren erworben wurde und vielen von ihnen eine komfortable Stellung im Markt gesichert hat. Diese Expertise muss zügig und mit Vehemenz durch neues Wissen und neue Erfahrungen ersetzt werden, was einen für diese Branche noch nie dagewesenen Transformationsprozess erfordert. Dieser Prozess ist eine gewaltige Herausforderung, weil sich das Machtgefüge in diesen Unternehmen verschiebt und die Kultur und die Organisation auf den Kopf gestellt werden müssen. Jene Manager, die bislang den Ton angeben, können an Einfluss verlieren, weil es neue Fähigkeiten, einen anderen Führungsstil und womöglich sogar Anregungen aus anderen Industrien braucht. Die Unternehmen gewinnen aber auch etwas ganz Besonderes: Sie erhalten die Chance, die 400 Milliarden Stunden, die ihre Kunden in ihren Fahrzeugen verbringen, völlig neu zu gestalten. In diesem Lichte sollen im Folgenden fünf grundsätzliche Geschäftsmodelle diskutiert werden, die sich auch als Kombinationen implementieren lassen.

Hardwareproduzent

Die bisherige Industriestruktur und die grundsätzliche Aufteilung der Geschäftsfelder zwischen Herstellern und Zulieferern könnten bestehen bleiben wie bisher. Auch zukünftig muss ein Fahrzeug sicher und komfortabel sein, darf nicht zu viel Treibstoff oder Strom verbrauchen und sollte doch eine gewisse Geschwindigkeit erreichen. Die Automobilproduzenten dominieren auch weiterhin die Wertschöpfungskette, weil sie über das Fahrzeugdesign entscheiden, die Produkte der Zulieferer ins Auto integrieren und das Marketing, den Vertrieb und den Service bestimmen. Die Zulieferer konzentrieren sich auf jene Bauteile und Komponenten, die wertschöpfend sind, eine besondere Expertise erfordern und auch in Zukunft im Automobilbau eine Rolle spielen.

Allerdings steht dieses Modell vor erheblichen Veränderungen, allein schon deshalb, weil autonome Fahrzeuge viele neue Freiheiten für die Gestaltung des Interieurs und Exterieurs eröffnen. Neue Materialien und Verarbeitungstechniken könnten zum Einsatz kommen, und womöglich braucht es zukünftig Fahrzeuge, die permanent genutzt werden, aber dafür mit deutlich reduzierter Lebensdauer. Bislang ungenutzte Flächen wie die Außenhaut der Autos werden für die Kommunikation mit Fußgängern und Radfahrern verwendet. Auch dürften sich die Formen und die Funktionen der Gefährte verändern, insbesondere bei jenen, die auf dem letzten Kilometer und im Stadtverkehr eingesetzt werden.

Sofern sich Marken und Modelle im Automarkt zukünftig vor allem über Software, Services, Inhalt und Daten unterscheiden, ist vorstellbar, dass sich spezialisierte Hardwarehersteller herausbilden. Diese Unternehmen konzentrieren sich nur noch auf die Produktion von Chassis, Antrieben und standardisierten Teilen des Exterieurs und Interieurs und liefern jenen Automobilhersteller zu, die Hard- und Software zusammenbauen. Damit würde sich die Hardware zur Commodity entwickeln, die allein unter dem Gesichtspunkt herstellt wird, Skaleneffekte zu realisieren und die Effizienz der Produktion permanent zu verbessern. Die Automobilhersteller könnten damit einen Teil ihrer Wertschöpfung an die Hardwarehersteller abgeben und müssten in Richtung des Endkunden neue Wertschöpfungspotenziale erschließen.

Softwareproduzent

Ohne Zweifel geht bereits heute ohne Software nichts mehr in einem Fahrzeug, sei es bei der Motorsteuerung, dem Bremssystem, der Navigation oder beim Infotainment. Allerdings agieren viele dieser Systeme unabhängig voneinander, weisen kaum Verknüpfungen auf und tauschen im Grunde keine Daten aus. In einem autonomen Auto braucht es jedoch eine zentrale Steuerungseinheit, die stets alle Fahrzeugfunktionen kennt und die gesamte Kommunikation steuert. Folglich muss jede Funktion und jede Kommunikation nach innen und außen mit Software ausgestattet sein, damit das Gehirn des Autos alle Prozesse im Fahrzeug vollumfänglich kontrollieren kann. Dieses System ist die wichtigste Komponente im gesamten Fahrzeug, zumal auch alle Navigations- und Telematikdaten dort erfasst werden.

Die zentrale Steuerungseinheit dürfte von verschiedenen Akteuren in der Automobilindustrie entwickelt, produziert und angeboten werden. Einerseits könnten die Hersteller in Zusammenarbeit mit ihren wichtigsten Zulieferern solche Systeme vorantreiben. Diese Unternehmen haben in den letzten Jahren tausende von Softwareingenieuren eingestellt und sich beachtliche Expertise auf diesem Gebiet aufgebaut. Bosch, Continental und andere Zulieferer entwickeln sogar eigene selbstfahrende Autos, um das Zusammenspiel zwischen Soft- und Hardware zu verstehen und zu optimieren. Dahinter steckt die Absicht, in der von Software dominierten Welt des autonomen Fahrens weiterhin bedeutende Bauteile und Komponenten liefern zu können.

Andererseits kommen auch Nvidia, Qualcomm, NuTonomy und andere Technologieunternehmen für den Bau der zentralen Steuerungseinheit in Betracht. Auch Google könnte seine Erkenntnisse aus Testfahrzeugen dafür benutzen, ein solches Managing Brain zu entwickeln, um es den Fahrzeugherstellern anzubieten. Die Premiumhersteller wie Audi, BMW, Volvo und Mercedes werden wohl ihre eigenen Systeme auf den Weg bringen, um damit ihre Fahrzeugmodelle differenzieren und die Zahlungsbereitschaft der Kunden mobilisieren zu können. Für die Massenhersteller könnten die zentralen Steuerungseinheiten der neuen Akteure attraktiv sein, um sich den Aufwand für die Forschung und Entwicklung solcher Systeme sparen zu können. In jedem Fall ist ein intensiver Wettbewerb um diese zentrale Steuerungseinheit zu erwarten, weil sie zukünftig die wichtigste Komponente im Fahrzeug bildet.

Serviceproduzent

Nahezu alle Automobilhersteller entwickeln eine kaum mehr überschaubare Vielzahl und Vielfalt von Diensten, indem sie die Fahrzeuge immer mehr mit der Außenwelt verbinden. Diese bislang standardisierten Services lassen sich sogar personalisieren, sobald flächendeckend 5G-Netze aufgebaut sind. Dann ist es möglich, die Autos mit besonders leistungsstarken Rechnern zu verbinden, um in jedes Auto die gerade benötigten Dienste einzuspeisen. Auf individualisierten Displays können unter Beachtung der Verkehrslage und des Fahrverhaltens sowie von in der Vergangenheit gesammelten Daten über die Eigenheiten des Fahrers ganz gezielt personalisierte Informationen bereitgestellt werden. Viele Hersteller sehen in der Entwicklung von Services die Chance, die im klassischen Fahrzeugbau erodierende Wertschöpfung auszugleichen. Folglich sind um die Hersteller bereits zahlreiche Spin-offs und Start-ups entstanden, allesamt mit der Aufgabe, neue Dienste auf Basis eines belastbaren Geschäftsmodells zu entwickeln.

Schon heute gibt es Entwicklungen in diese Richtung. BMW sendet mit Bumper Detect dem Fahrer einen Hinweis auf das Smartphone, falls das Fahrzeug beschädigt wurde. Mercedes bietet die Companion App an, die die Navigation im Fahrzeug mit der Apple Watch verbindet, um den Kunden nahtlos von einem Ort zu einem anderen zu navigieren. Bei Volvo entsteht eine Cloud-Anwendung mit dem Ziel, den Fahrer rechtzeitig über Gefahren wie Glatteis, Wildwechsel oder Straßenschäden zu informieren. Die Chevrolet App von General Motors liefert dem Fahrer Informationen in Echtzeit über den Zustand seines Fahrzeugs und erlaubt zudem eine Überwachung wichtiger Funktionen aus der Ferne. Ford kooperiert mit Spotify, um während der Fahrt ein uneingeschränktes Musikerlebnis bieten zu können. Darüber hinaus ging Ford mit State Farm Insurance eine Partnerschaft ein, um den Kunden nutzungsbasierte Versicherungsleistungen anzubieten. Dabei liefert das Ford-Sync-System Daten über das Verhalten der Fahrer im Verkehr, woraus State Farm nutzungsabhängige Tarife kalkuliert.

Die Möglichkeiten, neue Dienste zu entwickeln, erscheinen derzeit fast grenzenlos, wie das folgende Beispiel zeigt: Ein Hersteller könnte alleine oder in Zusammenarbeit mit einem Technologieunternehmen eine App entwickeln, die für den Fahrer einen freien Parkplatz findet. Es kann sich um einen Stellplatz in einem Parkhaus oder um einen Parkplatz am Straßenrand handeln. Die Suchmaschine identifiziert auf Anfrage freie Stellplätze und leitet mit dem Navigationssystem das Fahrzeug zum nächstgelegenen oder zum günstigsten Parkplatz. Die Parkgebühr und die Kommission an den Service-Provider können zeitpunktgenau online abgerechnet werden.

Damit wäre die häufig ermüdende und zeitintensive Suche nach einem Stellplatz nicht mehr nötig, und auch die Suche nach passendem Kleingeld für das Parkticket entfiele. Diesen Dienst könnte man ergänzen um die Angebote privater Eigentümer von Parkflächen, wie es sie vor Garagen in den Außenbezirken der Städte gibt. Möglicherweise ist der eine oder andere Grundstücksbesitzer daran interessiert, eine Stellfläche für eine bestimmte Zeit zu vermieten. Aus einer Aggregation aller dieser Daten ergibt sich zu jedem Zeitpunkt ein Bild über die Verfügbarkeit von Parkplätzen in einer Region, was wiederum für die Steuerung des Verkehrs von großer Bedeutung ist.

Einige Automobilhersteller versuchen gerade, sich als Mobilitätsdienstleister zu etablieren, indem sie entweder Mobilitätsplattformen entwickeln (wie etwa Moovel) oder Ride- und Car-sharing-Services auf den Weg bringen (Orix, Park24, PPzuche, DriveNow, Car2Go, Autolib). Kürzlich wurde bekannt, dass Car2Go (Mercedes) und DriveNow (BMW) in eine Gemeinschaftsfirma eingebracht werden sollen. Dabei bringt BMW mit ParkNow und ChargeNow Services für die Suche und Vermietung von Parkplätzen und das Aufladen von Elektroautos ein. Von Mercedes kommen die Online-Taxivermietung Mytaxi und die Internetplattform Moovel in die neue Firma.

Volkswagen investierte € 300 Millionen in Gett, eine Firma, die Fahrdienstleistungen vermittelt. Im Unterschied zu Uber arbeitet Gett nur mit lizenzierten Fahrern zusammen und nicht mit freiberuflichen Nebenerwerbsfahrern. Das Taxi kann mit der Gett App bestellt werden, und die Abrechnung erfolgt via Smartphone und Firmenkonto. Die Fahrpreise sind fix, gelegentlich bietet der Taxidienst sogar Pauschaltarife in bestimmten Regionen an. Gett ist bislang in etwa 60 Städten verfügbar, mit laut eigenen Angaben circa 4.000 Unternehmenskunden und 50.000 Fahrzeugen. Geplant ist, das Geschäft mit der Personenbeförderung auch auf den Transport von Waren auszudehnen. Gett-Fahrer könnten auch Blumen, Wein oder Käse liefern, und das alles innerhalb von zehn Minuten.

MOIA, als ein Unternehmen der Volkswagen-Gruppe, will in den nächsten Jahren zu einem weltweit führenden Mobilitätsdienstleister werden. Im Mittelpunkt stehen die App-basierte Fahrtenvermittlung sowie Pooling-Services mit intelligenter Anbindung an den öffentlichen Verkehr. Vorrangiges Ziel ist es, die bestehende Infrastruktur in Großstädten zu nutzen und ihre Leistungsfähigkeit zu verbessern. Dazu sollen für den Reisenden die verschiedenen Transportmittel optimal miteinander kombiniert werden. Da ein solches Projekt nicht im Alleingang, sondern nur mit vereinten Kräften möglich ist, geht das Unternehmen immer wieder Partnerschaften ein, beginnend mit einer Beteiligung am App-basierten Fahrdienstvermittler Gett.

Der VW-Konzern investiert in Quantum Computing, eine neue Generation von Computern, deren Leistungsfähigkeit im Vergleich zu heutigen Rechnern nahezu grenzenlos erscheint. Diese Computer bilden die technologische Basis, um zukünftig individualisierte Mobilitätsdienstleistungen erbringen zu können. In einer Anwendung in China werden bereits Hunderte von Fahrzeugen individuell zu ihren jeweiligen Zielen navigiert. Für jedes Fahrzeug lässt sich vor dem Hintergrund der Verkehrslage eine individuelle Route berechnen. Damit kann ein entscheidendes Problem der heutigen Navigationsgeräte behoben werden: Kommt es zu einem Verkehrsunfall auf einer Autobahn, werden alle Fahrzeuge auf die gleiche Ausweichroute gelenkt. Quantum Computing erlaubt hingegen eine Optimierung des Ausweichverkehrs; die Autos können unter Berücksichtigung ihrer Ziele auf unterschiedliche Routen geschickt werden. Damit lassen sich Staus zügiger als bislang auflösen, oder sie entstehen gar nicht erst.

Mercedes brachte die App Croove auf den Markt, hinter der sich eine private Autovermietung verbirgt. Sie funktioniert folgendermaßen: Man sucht sich mittels der App ein Auto aus und stellt eine Mietanfrage; der Vermieter entscheidet, ob er sein Fahrzeug tatsächlich zur Verfügung stellt. Wenn ja, wird es persönlich oder durch einen kostenpflichtigen Bring- und Holservice übergeben. Dabei wird der Zustand des Fahrzeugs bei Abholung und Rückgabe gemeinsam überprüft und in einer Checkliste dokumentiert. Diese Plattform ist für alle Marken geöffnet und ermöglicht es dem Mieter, schnell und einfach das passende Fahrzeug zu suchen. Die Übergabe kann überall erfolgen und ist nicht an bestimmte Verleihstationen gebunden, die einzige Voraussetzung für den Verleih besteht darin, dass das Auto nicht älter als fünfzehn Jahre sein darf.

Ein ganz anderer Service wurde von Audi in Hongkong, einer Metropole mit dramatischer Parkplatznot, eingerichtet. In der Stadt gibt es viele riesige Wohnanlagen mit jeweils mehreren hundert Appartements. Häufig ist jedoch die Anzahl der im Gebäude verfügbaren Parkplätze sehr limitiert, und jeder Parkplatz kostet mehrere hundert Dollar pro Monat. Daher stellt Audi in einem luxuriösen Wohnkomplex Automobile bereit, die per App kurz- oder langfristig geordert und nach Nutzung bezahlt werden. Audi at home ist mehr als ein Mietservice, da er allen Beteiligten nützt: Die Mieter sparen sich die Mietkosten für einen Parkplatz, haben stets ein sauberes und aufgetanktes Fahrzeug zur Verfügung und können abhängig vom Anlass der Fahrt aus verschiedenen Modellen wählen. Der Vermieter kann die Attraktivität der Wohnanlage steigern, da trotz eines Mangels an Stellplätzen individualisierte Mobilität möglich ist. Audi bekommt die Chance,

Nicht-Kunden ein sehr gut ausgestattetes Fahrzeug nahezubringen mit der Perspektive, dass sie es später vielleicht einmal kaufen.

Darüber hinaus bietet Audi verschiedene V-to-home-Dienste an, bei denen sich das Fahrzeug mit dem Zuhause des Fahrers verbindet. So öffnet sich das Garagentor automatisch und die Beleuchtung im Haus geht an, sobald das Auto vorfährt. Bei V-to-life-Anwendungen geht es darum, die Lebenswelt des Fahrers mit dem Fahrzeug zu verzahnen. Ein Beispiel dafür ist auch der Service Audi-fit-driver: Ein Fitnessarmband oder eine Smartwatch erfasst wichtige Vitalparameter wie etwa die Herzfrequenz. Ergänzend liefert die Fahrzeugsensorik Daten über Fahrstil, das Wetter und die Verkehrslage. Aus der Kombination dieser Daten lässt sich erkennen, ob der Fahrer gestresst oder ermüdet ist. Das System stellt sich dann auf den Fahrer ein, indem es entspannend, vitalisierend oder auch schützend wirkt — etwa durch Sitzmassagen, eine andere Klimatisierung, ein adaptives Infotainment oder eine passende Innenraumbeleuchtung.

Auch die Zulieferindustrie investiert in Mobilitätsplattformen, zum Beispiel ZF. Das Unternehmen bringt in Kooperation mit der UBS und mit IBM das eWallet auf den Weg. Es handelt sich um eine Transaktionsplattform für Mobilitätsdienstleistungen aller Art. So kann man mittels eWallet die Parkgebühren, die Autobahnmaut oder auch das Aufladen des Elektrofahrzeugs bequem und sicher bezahlen. Um die Cybersicherheit zu gewährleisten, kommt die Blockchain-Technologie zum Einsatz.

Das Start-up Luxe hat in den USA einen On-demand-valet-Parkservice eingerichtet, um es den Bewohnern von Megacities zu erleichtern, ihr Auto abzustellen. Über die Luxe App können sich Autofahrer in Innenstädten einen Fahrer kommen lassen, der das Fahrzeug übernimmt und es auf einen von Luxe reservierten Parkplatz stellt. Auf Wunsch kann das Auto auch gewaschen, geputzt und betankt werden. Der Dienst kostet $ 5 pro Stunde, jedoch maximal $ 15 pro Tag, was in Anbetracht der Parkkosten zum Beispiel in Manhattan von bis zu $ 20 für eine halbe Stunde günstig erscheint. Mit Zirx und Valet Anywhere gibt es bereits alternative Services, allerdings nur für Kurzzeitparker in den Innenstädten.

Der Verband der Automobilindustrie in Deutschland hat erkannt, dass neue Mobilitätsdienstleistungen nur dann entwickelt werden können, wenn Hersteller, Zulieferer und Städte zusammenarbeiten. Deshalb wurde die Plattform Urbane Mobilität initiiert, an der neben den Akteuren der Automobilindustrie auch zahlreiche deutsche Städte mitwirken. Das Ziel ist es, die gravierenden Verkehrsprobleme in deutschen Städten gemeinsam zu lösen.

Inhaltsproduzent

Aus empirischen Studien ist bekannt, dass die Insassen die Zeit im selbstfahrenden Auto nutzen wollen, um Musik zu hören, Filme zu schauen, zu arbeiten oder sich in sozialen Netzwerken zu bewegen. Hierfür gibt es bereits eine ganze Reihe von Anbietern wie Facebook, YouTube, Netflix oder Spotify. Genau diese Akteure versuchen bereits, sich über entsprechende Technologien den Weg ins Fahrzeug zu ebnen, mit oder ohne Zustimmung der Hersteller. Viele Entwicklungsprojekte dieser Anbieter kreisen derzeit um die Idee, neue Inhalte zu schaffen, die man Passagieren in automatisierten oder autonomen Fahrzeugen bereitstellen kann.

Die Automobilhersteller könnten auf die Idee kommen, den neuen Konkurrenten den Zugang zu verwehren und stattdessen ihren eigenen Inhalt im Fahrzeug bereitzustellen. Immerhin gibt es bereits Hersteller, die zum Beispiel einen eigenen TV-Kanal betreiben. Allerdings ist kaum vorstellbar, dass sich die Kunden damit abfinden, dass die Hersteller über die Auswahl der Medien entscheiden. Vielmehr verlangen sie aus den Fahrzeugen heraus einen uneingeschränkten Zugang in die Medienwelt. Deshalb werden die Automobilhersteller kaum eine Chance haben, als Produzent von Inhalten in Erscheinung zu treten. Was dagegen möglich ist: dass sich Automobilhersteller von diesen Produzenten den Zugang zu den Kunden bezahlen lassen. Was den Umsatz betrifft, der sich mit Inhalt erreichen lässt, liegen völlig unterschiedliche Zahlen vor. Während eine Untersuchung von Roland Berger & Partners zum Ergebnis kommt, dass im deutschen Markt jährlich etwa € 35 pro Fahrzeug erzielt werden können, errechnet McKinsey in einer Studie ein Vielfaches mehr. Das Fraunhofer Institut kommt auf einen Wert von € 78, wobei weitere Analysen zu Einschätzungen gelangen, die zwischen diesen Szenarien liegen. Diese Resultate variieren deshalb so gravierend, weil es verschiedene Annahmen darüber gibt, wie die Menschen in autonomen Fahrzeugen ihre Zeit nutzen wollen.

Datenproduzent

Fahrzeuge entwickeln sich, völlig unabhängig vom automatisierten Fahren, durch die Anbindung ans Internet immer mehr zu Informations- und Kommunikationsplattformen. Mit den Daten, die ab der Automation der Stufe 2 anfallen, kommen weitere bedeutsame Einsichten über die Fahrzeuge, die Fahrtrouten und die Insassen hinzu. Daher entsteht derzeit eine Industrie, in der Hersteller, Technologiegiganten und Start-ups die in Autos gesammelten Daten zur Gestaltung von Services nutzen. Es geht vor allem um die Analyse von Fahrzeugdaten (Telematik- und Wartungsdaten), Lokationsdaten (Routenwahl und Navigation) und Passagierdaten (persönliche Daten, Suchverhalten im Internet, genutzte Services). BMW und Pivotal haben eine Zusammenarbeit vereinbart, um die für die Analyse solcher Datenmengen erforderlichen Kapazitäten aufzubauen. Es ergeben sich wertvolle Einsichten zum Beispiel in die Leistungsdaten des Fahrzeugs, indem man die Schadenshäufigkeit von Bauteilen mit Daten über den Straßenzustand, die Außentemperatur und andere Fahrbedingungen in Zusammenhang bringt.

Selbst wenn die Industrie nur für einen Bruchteil der gewonnenen Zeit tatsächlich die Aufmerksamkeit der Passagiere gewinnen kann, eröffnen sich gigantische Möglichkeiten beispielsweise für die Platzierung von Produkten. Hierzu zwei Beispiele:

Passagier Tom, der sich in einem autonomen Fahrzeug befindet, interessiert sich für neue Laufschuhe und gibt diesen Begriff in das Informations- und Kommunikationssystem ein (Abbildung 7.1). Das System fordert Tom zunächst auf, eine Reihe von Fragen zu beantworten, um mehr über seine Laufgewohnheiten und die beabsichtigte Nutzung der Schuhe zu erfahren. Dann empfiehlt der Rechner einige Modelle und schlägt auf Wunsch auch noch ein Geschäft in der Nähe vor.

Abbildung 7.1. Passagiere bei der Produktsuche und -auswahl
Quelle: Die Autoren

Passagierin Anne möchte während der Fahrt mehr über die neueste Laufbekleidung von Adidas erfahren. Hierzu ruft Anne die Homepage von Adidas auf und lässt sich die Shirts und Hosen inklusive der Kommentare anderer Läufer auf dem Bildschirm im Fahrzeug zeigen. Ein T-Shirt bestellt sie sofort online, einige Hosen möchte sie gerne im Geschäft anprobieren. Das Fahrzeug bringt sie zum nächstgelegenen Flagship Store von Adidas, die zur Auswahl stehenden Hosen liegen schon bereit.

Beide Beispiele verdeutlichen, dass ganz neue Chancen entstehen, um im Fahrzeug Markenerlebnisse zu vermitteln. Der Kunde hat Zeit, sich in einer kontrollierten Umgebung mit allen Details einer Marke zu befassen und Produktvergleiche durchzuführen. Hält man sich vor Augen, dass die Aufmerksamkeit der Kunden eine besonders knappe Währung ist, so wird das Potenzial dieser freien Zeit im Fahrzeug deutlich. Wer bringt ansonsten 50 Minuten auf, um sich beispielsweise mit Sportmode zu befassen? Wo sonst als im Auto kann man in Ruhe nach neuen Laufschuhen stöbern? Hinzu kommt, dass die Kunden beeindruckt vom Markenerlebnis entweder direkt online bestellen oder unmittelbar zu einem Geschäft gebracht werden können. Man kann sich vorstellen, dass sich diese einzigartige Auseinandersetzung mit einer Marke erheblich auf den Umsatz auswirken dürfte. Zu klären wird sein, welche Akteure — Autohersteller, Sportartikelhersteller und -händler, Datenmanagement — welche Rolle einnehmen und wie das Bezahlmodell und die wechselseitige Vergütung aussieht.

Der strategische Mix

Jeder Fahrzeughersteller muss für sich klären, was er sein möchte: Produzent von Hardware, Software, Service, Inhalt oder Daten oder eine beliebige Kombination davon? Vieles deutet darauf hin, dass die führenden Automobilunternehmen wie Mercedes, BMW, Audi, Volvo, General Motors, Toyota, Volkswagen oder Ford ein umfassendes Produkt anbieten wollen, das zumindest drei der fünf Leistungen umfasst. Der Hersteller baut seine eigenen Fahrzeuge und stattet sie mit der eigenen zentralen Steuerungseinheit aus. Dabei sind Hardware und Software Eigenentwicklungen, stets unter Einbeziehung der Leistungen einzelner Zulieferer. Um das Fahren herum sind eine Fülle von Diensten entwickelt worden, die dem Kunden ein ganzheitliches Mobilitätserlebnis vermitteln. Der Hersteller kontrolliert zudem den Inhalt, der in seinen Fahrzeugen verfügbar ist, entwickelt ihn jedoch nicht selbst, sondern erhält von den Produzenten bestimmte Inhalte gegen eine Gebühr. Darüber hinaus bleiben die Fahrzeug-, Navigations- und Passagierdaten sicher in der Hand des Herstellers, allerdings besteht eine Schnittstelle für den anonymisierten Datenaustausch mit ausgewählten Kooperationspartnern.

Dieses Apple-Modell erscheint verlockend, da man dem Kunden ein einzigartiges, umfassendes, in sich abgestimmtes Paket aus Hardware, Software und Services offerieren könnte. Man hätte die volle Kontrolle über Entwicklung, Produktion sowie Marketing und Vertrieb und könnte sicherlich einen beachtlichen Preis verlangen. Einige Hersteller scheinen bereits diesen Weg einzuschlagen, indem sie die Softwareentwicklung intern betreiben, Computerexperten einstellen und eine Vielzahl von Services entwickeln.

Dieser ohne Zweifel forschungs-, entwicklungs- aber auch kostenintensiven Option steht das andere Extrem gegenüber: Ein Hersteller übernimmt das Design, die Montage und die Vermarktung der Fahrzeuge, wobei alle Komponenten dafür von Zulieferern oder anderen Herstellern kommen, inklusive des Motors beziehungsweise der Batterie. Auch die Software, insbesondere die zentrale Steuerungseinheit und das Entertainment werden von Dritten — etwa Google, Nvidia, YouTube, Bosch — bereitgestellt. Zwischen den beiden Extremen kann man sich noch Hersteller vorstellen, die als Hardware-Spezialisten agieren. Sie konzentrieren sich auf den Bau von Fahrzeugen, die von anderen um Software, Services und Inhalt ergänzt werden. Um dabei erfolgreich zu sein, müssen jedoch, wie zuvor erläutert, Skaleneffekte realisiert werden, da die reine Hardware immer mehr zur Commodity wird.

Ganz ähnliche Veränderungen zeichnen sich auch bei den vielen Zulieferern in der Automobilindustrie ab. Es gibt Unternehmen wie Bosch, die bereits selbstfahrende Autos auf die Straße gebracht haben, sie wollen offenbar ihren Anteil an der Wertschöpfungskette ausdehnen. Solche Unternehmen können sich für die Fahrzeughersteller zu Partnern auf Augenhöhe entwickeln und in sehr enger Beziehung in die Forschungs- und Entwicklungsprozesse eingebunden sein. Diese Strategie erscheint insbesondere dann naheliegend, wenn die Zulieferer ein Konglomerat bilden, das eine ganze Reihe von Fahrzeugkomponenten anbietet. Das andere Extrem sind Zulieferer, die sich auf einzelne Komponenten und Bauteile spezialisieren, um diese zu möglichst niedrigen Kosten produzieren zu können. Es muss sich dabei aber um Teile handeln, die für die Fertigung von autonomen Fahrzeugen bedeutsam sind. Ansonsten droht die Gefahr, dass die Wertschöpfung erodiert, mit fatalen Konsequenzen für den Unternehmenserfolg.

Thyssenkrupp arbeitet an umfassenden Mobilitätskonzepten, die den automobilen Individualverkehr mit ganz neuen Beförderungsmöglichkeiten intelligent verbinden. Dies ist vor allem für Ballungsräume wichtig, wo der Ausbau der Verkehrsinfrastruktur nicht mit dem enormen Anstieg der Bevölkerung und dem Verkehrsaufkommen Schritt halten kann. ACCEL ist ein auf Basis der Transrapid-Technologie entwickeltes Transportsystem, das zur Beförderung von Personen bis zu 1,5 Kilometer zum Einsatz kommt. Damit lässt sich der Einzugsbereich des Metrosystems einer Großstadt um rund 30 Prozent steigern, da die Zugangspunkte deutlich schneller und einfacher erreicht werden können. Systeme dieser Art werden künftig ein wichtiges Bindeglied zwischen dem autonomen Individualverkehr und dem öffentlichen Personentransport in Megacities und wichtigen Verkehrsknoten wie Bahnhöfen und Flughäfen bilden.

> **Zusammenfassung**
>
> - Neben überzeugenden Fahrzeugen braucht es zusätzlich Innovationen im Geschäftsmodell, um sich gegenüber Technologieunternehmen behaupten zu können.
> - Das zentrale Hindernis, um neue Geschäftsmodelle in der Automobilindustrie auf den Weg zu bringen, ist die dominante Industrielogik.
> - Hersteller und Zulieferer müssen Expertise aufgeben und zügig und mit Vehemenz neues Wissen und neue Erfahrungen sammeln, was einen für diese Industrie noch nie dagewesenen Transformationsprozess erfordert.
> - Die Hardwareproduzenten konzentrieren sich nur noch auf die Produktion von Chassis, Antrieben und standardisierten Komponenten des Exteriors und Interieurs und liefern jenen Automobilherstellern zu, die Hard- und Software zusammenbauen.
> - Die Softwareproduzenten kümmern sich darum, dass jede Funktion und jede Kommunikation nach innen und außen mit Software ausgestattet ist, damit die zentrale Steuerungseinheit alle Prozesse im Fahrzeug kontrollieren kann.
> - Die Serviceproduzenten entwickeln eine Vielzahl von Services, indem sie die Fahrzeuge immer mehr mit der Außenwelt verbinden. Hierzu gehören auch zahlreiche Apps und Cloud-Anwendungen.
> - Die Produzenten von Inhalten liefern beispielsweise Musik und Filme, damit die Passagiere ihre Zeit im Auto genießen können. Allerdings gibt es bereits eine Unterhaltungsindustrie, die nur darauf wartet, ihre Leistungen in den Fahrzeugen anbieten zu können.
> - Die Datenproduzenten nutzen die in Fahrzeugen gesammelten Informationen zur Gestaltung von Services. Hierbei geht es vor allem um die Analyse von Sensor-, Navigations- und Passagierdaten.
> - Jeder Automobilhersteller muss die Frage beantworten, was er sein möchte, Produzent von Hardware, Software, Services, Inhalt oder Daten oder eine beliebige Kombination davon.

Kapitel 30
Wertschöpfungsketten

Neugestaltung

Einige der erfolgreichsten Innovationen sind dadurch entstanden, dass eine Firma die völlige Kontrolle über die Produktentwicklung hatte und deshalb ohne Einschränkungen und Kompromisse die Vision der Entwickler umsetzen konnte. Apple ist das beste Beispiel dafür, Steve Jobs und sein Team konnten alle Produkte ganz nach ihren Vorstellungen gestalten. Sobald diese Vision jedoch im Produkt verankert ist und sich Marktstandards herausgebildet haben, kann eine Öffnung zu sinkenden Kosten und zu einer größeren Verbreitung führen. Microsoft hat dies mit Windows unter Beweis gestellt, und Google setzt diese Idee mit dem Android-Betriebssystem um. Obwohl der Apple-Ansatz die Reichweite des Produkts im Markt beschränkt, kann häufig ein höherer Preis verbunden mit einer beachtlichen Profitabilität realisiert werden. Auch ist das Kundenerlebnis, wie das Beispiel Apple zeigt, meist besser, dafür lassen sich jedoch kaum Skaleneffekte erzielen.

Die traditionellen Automobilhersteller sind darauf bedacht, dem geschlossenen Ansatz des Apple-Modells zu folgen, indem sie ihre Fahrzeugtechnologie und ihre Produktions- und Vermarktungsprozesse so gut wie möglich schützen. Es gibt zwar immer wieder Kooperationsprojekte zwischen den Produzenten, aber im Grunde sind sie auf wenige Funktionen limitiert. Es kommt selten vor, dass ein Hersteller einen ganzen Antriebsstrang oder eine Produktplattform von einem anderen bezieht. Sobald sich die Hardware jedoch zur Commodity entwickelt, kann sie womöglich nur noch in einem offenen Ansatz kostendeckend erstellt werden. Dies hätte erhebliche Auswirkungen auf die derzeitige Wertschöpfungskette der Autobauer und könnte dazu führen, dass sich Spezialisten herausbilden.

Weltweit gibt es nur wenige bedeutende Stahlhersteller, sie beliefern vergleichsweise viele Automobilhersteller. Analog dazu könnte es bald wenige Hersteller für Hardware geben, die Chassis und Antriebe für die auf Software und Daten spezialisierten Hersteller bereitstellen. Welcher der derzeitigen Automobilhersteller in welche Gruppe fällt oder ganz vom Markt verschwindet und welche neuen Akteure hinzukommen, das hängt von der strategischen Ausrichtung, den Marktgegebenheiten und den verfügbaren Kompetenzen ab.

Ökonomie

Aus diesen Veränderungen ergeben sich für die Unternehmen der Automobilindustrie ganz neue Chancen, die aber mit erheblichen Risiken verbunden sind. Abbildung 7.2 zeigt, sofern die bisherigen Trends anhalten, wie sich die Struktur der Umsätze und Profite zwischen 2015 und 2030 entwickeln könnten. Ohne Zweifel lassen sich in Anbetracht des enormen technologischen Wandels nicht alle Veränderungen absehen, weshalb dieses Szenario bestenfalls als Annäherung aufzufassen ist.

Insgesamt gesehen ist von einem robusten Wachstum der Umsätze von etwa $ 5,0 Billionen auf etwa $ 7,8 Billionen und der Gewinne von $ 400 Milliarden auf $ 600 Milliarden auszugehen. Die zuvor erwähnten $ 2,1 Billionen Umsatz für die Automobilindustrie beziehen sich nur auf den Verkauf von Fahrzeugen, nicht jedoch auf die zusätzlichen Umsätze aus dem Ersatzteilegeschäft (Aftermarket), aus Mobilitätsdienstleistungen, digitalen Services und den Leistungen der Zulieferer. Ein Blick auf die Details verdeutlicht, dass sich die Struktur von Umsätzen und Gewinnen gravie-

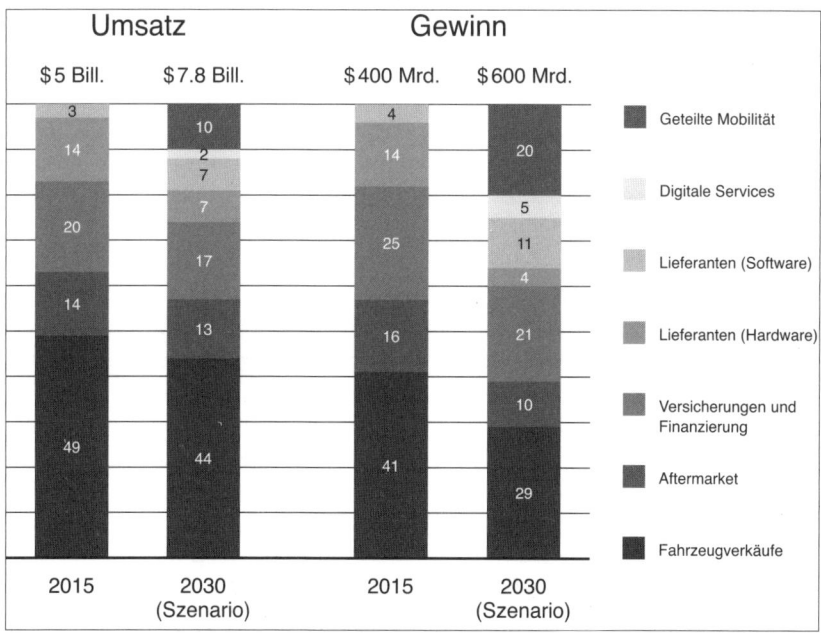

Abbildung 7.2. Veränderung von Umsätzen und Gewinnen
Anmerkung: In Kapitel 4 wurde von $ 2,1 Billionen Umsatz für die Automobilindustrie berichtet. Diese Zahl bezieht sich jedoch nur auf den Verkauf von Fahrzeugen, nicht jedoch auf die zusätzlich aufgeführten Umsätze aus dem Ersatzteilegeschäft, aus den Mobilitäts- und digitalen Services sowie den Leistungen der Zulieferer. Quelle: PricewaterhouseCoopers

rend verändern dürfte. Das Wachstum könnte vor allem aus den Mobilitätsservices — Car- und Ride-sharing, Flotten von Robo-Taxis — und den digitalen Leistungen — Info- und Entertainment sowie allen V-to-X-Anwendungen — kommen. Dagegen dürfte der klassische Verkauf von Fahrzeugen an Bedeutung einbüßen, ebenso wie das Geschäft im Aftermarket und mit Versicherungs- und Finanzierungsleistungen. Auch für die Zulieferer ergibt sich ein erheblicher Wandel, weg von Motoren und Chassis, hin zu Cloud-Services, Software und Sensoren.

Voraussetzungen

Die Automobilhersteller und ihre Zulieferer stehen vor einem gravierenden Wandel, der ihr gesamtes Geschäftsmodell bedroht. Können die etablierten Unternehmen diesen Wandel überhaupt bewältigen? Haben sie eine Chance, den aufstrebenden Technologieunternehmen Paroli zu bieten?

Traditionelle Automobilhersteller haben häufig nur begrenzte finanzielle Spielräume, das liegt an den geringen operativen Margen, der niedrigen Verzinsung des eingesetzten Kapitals und der bestenfalls moderaten Marktkapitalisierung. Technologieunternehmen hingegen verfügen über eine erhebliche finanzielle Agilität mit robusten operativen Margen, einer hohen Verzinsung des eingesetzten Kapitals und einer beachtlichen Marktkapitalisierung (Abbildung 7.3, S. 261). Einige Technologieunternehmen weisen eine zehnmal höhere Bewertung auf als führende Autobauer, was auch daran liegt, dass viele Investoren die Tech-Akteure in den letzten Jahren mit Geld überhäuft haben. Für viele Fahrzeugproduzenten besteht dagegen die Priorität darin, die Maschinen und Anlagen aufgrund der hohen Fixkosten optimal auszulasten, was die Möglichkeiten für alternative Investitionen erheblich einschränkt. Technologieunternehmen geben deutlich mehr für Forschung und Entwicklung aus und verwenden sehr viel mehr Ressourcen für disruptive Technologien. Das zeigt ein Blick auf die Investitionen von Alphabet, ein Unternehmen, das in Projekte zur Erforschung von Krankheiten und in Smart-Home-Produkte investiert. Zudem stellt es Risikokapital für Start-ups und Spin-offs bereit, die neueste Technologien aufgreifen, um daraus Produkte und Dienste zu entwickeln.

Die Kultur der Automobilhersteller verlangt Beständigkeit, Qualität, Zuverlässigkeit und eine Minimierung aller möglichen Risiken, was in der Regel zu schrittweisen (inkrementalen) Innovationen führt. Dagegen bevorzugen Tech-Akteure eine experimentelle, sich rasch verändernde Kultur, die disruptive Innovationen und Bereitschaft, Risiken einzugehen, forciert. Autobauer bringen etwa alle sieben Jahre ein neues Modell auf den Markt,

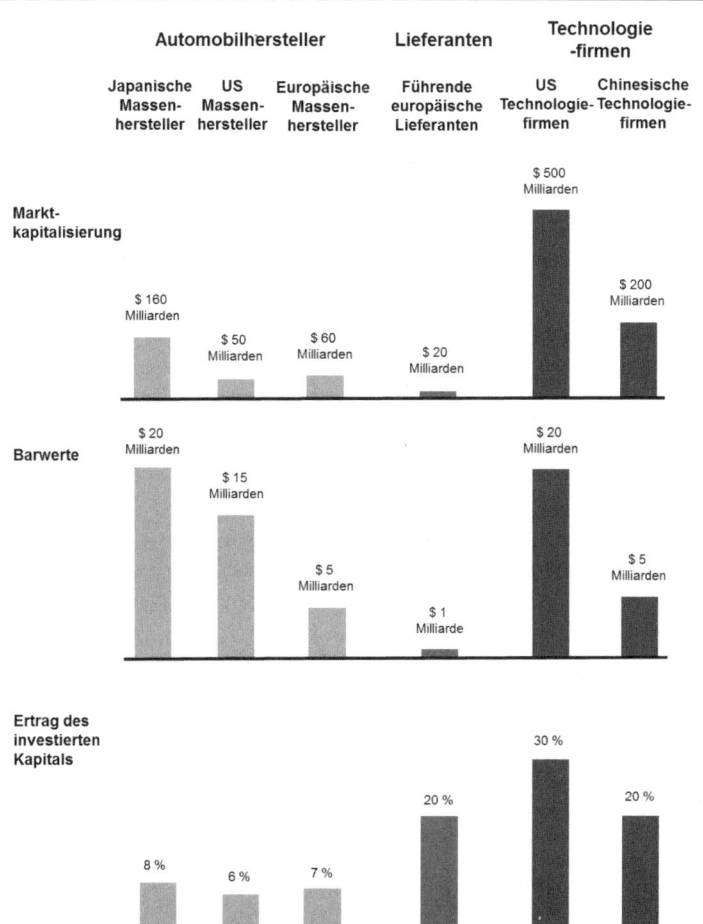

Abbildung 7.3. Vergleich der Autohersteller mit den Technologieunternehmen
Quelle: McKinsey & Company

das bei der Präsentation bereits ausgereift ist. Dagegen überarbeiten die Technologiefirmen ihre Produkte permanent und kommen immer wieder mit substanziellen Aktualisierungen, die nicht immer ausgereift sind, auf den Markt.

Technologiefusion

Die Entwicklung der dem autonomen Fahren zugrunde liegenden Technologie vollzieht sich mit einer enormen Geschwindigkeit. In kürzester Zeit kommen immer wieder neue und in ihrer Leistungsfähigkeit deutlich verbesserte Kameras, Radar- und Lidar-Systeme oder auch Algorithmen zur Identifizierung von Objekten auf den Markt. Hinzu kommt, dass die Entwicklung dieser Produkte inzwischen die Grenzen der Automobilindustrie überschritten hat. Neben den Automobilherstellern sind Software- und Hardwareunternehmen ebenso im Spiel wie eine Vielzahl von Start-ups, die zum Teil nur einzelne Komponenten entwerfen. In diesem Umfeld hängt der Erfolg einer technologischen Entwicklung weniger vom verfügbaren Budget ab, sondern vielmehr von der Art und Weise, wie man Entwicklungsprojekte organisiert, Partner einbezieht und Erkenntnisse umsetzt.

Der klassische Breakthrough-Ansatz besteht darin, eine Technologiegeneration durch eine andere zu ersetzen. Diese schrittweise Strategie der Substitution einer Technologie ist überall dort verbreitet, wo eine überschaubare Anzahl von Herstellern nach der Maxime agiert: eine Technologie in einer Industrie. Man kennt sich, hat sich auf bestimmte technologische Standards geeinigt und veranstaltet im Grunde ein Rennen um die nächstbeste Technologiegeneration. Viele Unternehmen verlassen sich auf diesen Ansatz, mitunter auch deshalb, weil es ein Misstrauen gegenüber Innovationspartnern gibt. Zudem pflegen die Ingenieure eine gewisse Not invented-here-Arroganz — was wir nicht erfunden haben, kann nicht gut sein —, und sind auch nicht gewillt, Erkenntnisse zu teilen. Im Kern gilt dieser Ansatz in der Automobilindustrie bis zum heutigen Tag.

In einer Zeit der Disruption im Automobilmarkt mit neuen Spielern und neuen Technologien erscheint es riskant, allein auf den nach innen gerichteten Breakthrough-Ansatz zu vertrauen. Die Hersteller könnten wichtige technologische Entwicklungen, die von außen kommen, etwa bei der Software, bei der Infrastruktur oder der V-to-V- und der V-to-I-Kommunikation, übersehen. Deshalb braucht es in der Automobilindustrie den Technologyfusion-Ansatz, bei dem es um die Kombination bereits existierender Technologien in neue hybride Technologien geht. Man verknüpft inkrementelle technologische Fortschritte aus verschiedenen Gebieten (Elektronik, Robotik, maschinelles Lernen, Mensch-Maschine-Interaktion), um Produkte zu schaffen, die Märkte völlig verändern. Allerdings braucht es dazu einen organisatorischen und kulturellen Wandel bis hin zu Innovationsplattformen, auf denen Unternehmen mit unterschiedlichsten Fähigkeiten und Traditionen gemeinsam nach Problemlösungen suchen.

Ansätze in diese Richtung finden sich inzwischen auch in der Automobilindustrie, wobei einige Hersteller ganze Abteilungen und Bereiche in eigene Gesellschaften mit neuen Standorten auslagern. Es handelt sich um Teams für Big Data, Künstliche Intelligenz oder maschinelles Lernen, alles Komponenten, die für das autonome Fahren eine wichtige Rolle spielen. Volkswagen, Mercedes, BMW, Ford, General Motors, Toyota und andere bauen Industrieparks auf, wo Mitarbeiter verschiedener Unternehmen gemeinsam an einem Thema arbeiten. Nicht die Zugehörigkeit zu einer Firma ist in diesen Strukturen entscheidend, meist weiß man gar nicht, wer von welcher Firma kommt, sondern der Beitrag, den die Teams leisten. Häufig ist es nicht nur das alte Denken im Management, sondern es sind arbeitsrechtliche Vorschriften, die dem Fortschritt im Wege stehen. In einigen Ländern ist es nicht erlaubt, die Gehälter, Arbeitszeiten und Urlaubstage zu flexibilisieren und gemeinsame Teams aus mehreren Unternehmen zu bilden. Hinzu kommen häufig Bedenken des Betriebsrates, der durch die Auflösung der Unternehmensgrenzen um seine Gestaltungsmöglichkeit fürchtet. Bei einem Autohersteller sollten die klassischen Büros abgerissen und zu einem Loft umgebaut werden, was bei Technologieunternehmen längst üblich ist. Geplant waren Sitzecken, Entspannungszonen, Treffpunkte und Cafés, und jeder Mitarbeitende sollte sich aufhalten, wo es am besten passt. Der Betriebsrat lehnte dieses Einrichtungskonzept jedoch mit der Begründung ab, jeder Beschäftigte brauche einen definierten Arbeitsplatz und eine gewisse Bürofläche. Offenbar ist noch nicht überall verstanden worden, wie dringlich der kulturelle und organisatorische Wandel ist, um in dieser Industrie zu überleben.

Google

Ein neuer Spieler, der die Wertschöpfungskette in der Automobilindustrie substanziell verändern könnte, ist Google. Nach allem, was man weiß, arbeitet das Unternehmen bereits seit 2005 an selbstfahrenden Autos. Das Programm umfasst etwa einige Dutzend Fahrzeuge, die schon mehrere Millionen Kilometer vor allem in und um San Francisco und Austin absolviert haben, nahezu unfallfrei. Bislang haben sich zwölf geringfügige Unfälle ereignet, allerdings ohne dass Personen zu Schaden gekommen wären. Als Basis dienen vor allem Hybridmodelle von Toyota, die mit Computern, Software, Algorithmen und Sensoren inklusive einem Lidar ausgerüstet sind. Mittlerweile kommen auch eigens konzipierte Kleinfahrzeuge zum Einsatz, die zukünftig mit einer Geschwindigkeit von maximal 40 km/h autonom in Stadtgebieten verkehren sollen. Schon früh machte Google seinen Einfluss geltend, als in Kalifornien, Nevada und Florida der Prozess zur Gestaltung eines rechtlichen Rahmens für das autonome Fahren begann.

Aus einer strategischen Perspektive ist interessant, dass Google sich zügig dafür entschied, Fahrtests mit automatisierten Fahrzeugen (Levels 3 und 4) einzustellen und stattdessen auf das autonome Fahren zu setzen. Im Unterschied zu den Automobilherstellern muss Google keinerlei Rücksicht auf bisherige Kunden nehmen und kann die disruptive Logik konsequent umsetzen. In Kombination mit dem öffentlichen Verkehr, vor allem dem Zugverkehr, könnten die Robo-Autos von Google die Beförderung auf der letzten Meile übernehmen. Zahlreiche Städte haben bereits Interesse bekundet, schon allein deshalb, weil der Betrieb einer Flotte von selbstfahrenden Autos keine besonderen Investitionen in die Infrastruktur erfordert und sehr viel Aufmerksamkeit bringt.

Den Kern eines Robo-Autos von Google bildet der vom Unternehmen entwickelte Autopilot, also die zentrale Steuerungseinheit des Fahrzeugs, die die Sensordaten zusammenführt, auswertet und daraus die entsprechenden Manöver ableitet. Alle anderen klassischen Fahrzeugkomponenten kommen von bekannten Zulieferern der Automobilindustrie, etwa Bosch und Continental. Die für die Fahrzeugsteuerung erforderlichen Daten stammen, wie bei anderen Automobilherstellern auch, aus Radar- und Kamerasystemen sowie aus GPS-Signalen für die globale Ortung. Die Besonderheit ist ein 64-Strahlen-Laserscanner, mit dem ein exaktes dreidimensionales Bild der Fahrzeugumgebung erstellt werden kann. Zudem liefern Kartierungsfahrzeuge von Google tagesaktuelle Karten mit einer Auflösungsgenauigkeit von zehn Zentimetern. Diese Karten werden von den Fahrzeugen während der Nutzung ständig aktualisiert und mit Echtzeitinformationen über Hindernisse, Baustellen oder Staus ergänzt. Google entwickelt auch Algorithmen für das maschinelle Lernen, mit denen sich die Objekte im Straßenverkehr und in der Fahrzeugumgebung identifizieren lassen. Auf Basis dieser Informationen ist eine Planung der Trajektorie möglich, das heißt, die Verkehrssituation kann interpretiert und die Fahrzeugmanöver können geplant werden.

Wir erkennen: Google treibt mit großer Entschlossenheit die Entwicklung von selbstfahrenden Fahrzeugen voran und arbeitet zugleich an Geschäftsmodellen für deren Einsatz. Allein die Liste der Kooperationspartner und Komponentenzulieferer verdeutlicht, dass es sich um ein gemeinschaftliches Entwicklungsprojekt handelt, an dem bedeutende Akteure der Automobilindustrie beteiligt sind. Daher wird derzeit zurecht intensiv über die zukünftige Rolle von Google in der Automobilindustrie spekuliert. Hierzu zwei Szenarien, die verdeutlichen, dass sich die Wertschöpfungskette dieser Branche durch Google erheblich verändern dürfte.

(1) Google könnte eine Software für die Steuerung von fahrerlosen Autos entwickeln und diese Software etablierten Automobilunternehmen verkaufen oder als Lizenz anbieten. Google hat mit der Entwicklung von Android und Chrome OS gezeigt, dass das Unternehmen in der Lage ist, erfolgreich Software für Hersteller, in diesem Fall für die Elektronikindustrie, anzubieten. Zusätzlich würde Google eine beachtliche Menge von Daten über

die Fahrzeuge und das Fahrverhalten der Fahrer sammeln, die man zusätzlich mit den Suchanfragen der Insassen in der Suchmaschine von Google verknüpfen könnte. Damit entsteht ein Datensatz, der über nahezu alle Lebensbereiche der Menschen Auskunft gibt, zu Kundenprofilen verdichtet werden kann und eine wichtige Quelle für die personalisierte Ansprache bildet.

Diese Entwicklung könnte sogar dazu führen, dass Google die Anforderungen an die Entwickler der Autoindustrie vorgibt, damit die zentrale Steuerungseinheit als Plug-and-play-System in die Fahrzeuge eingebaut werden kann. Damit sich das System möglichst zügig im Markt verbreitet und sich als Standard verwenden lässt, könnte es den Herstellern sogar kostenfrei bereitgestellt werden. Als Gegenleistung erhielte Google Zugang zu allen Daten, die im Fahrzeug entstehen (Navigation und Telematik) und bei Nutzung der vernetzten Services (Internet) auflaufen. Abgesehen von datenrechtlichen Aspekten erscheint dieses Modell durchaus attraktiv, da es vielen, vor allem kleineren Automobilherstellern, Milliarden an Entwicklungskosten und viele Jahre Entwicklungszeit für ein eigenes selbstfahrendes System ersparen würde. Obwohl die großen Hersteller eine solche Zusammenarbeit mit Google ablehnen, wäre das für die mittleren und kleineren vielleicht eine Möglichkeit, um die technologische Disruption zu überstehen.

(2) Immer wieder betonen Führungskräfte von Google, dass ihr Unternehmen dazu beitragen möchte, Verkehrsprobleme vor allem in den Megacities zu lösen, die Sicherheit auf den Straßen zu verbessern und dabei die natürlichen Ressourcen zu schonen. Ersetzt man den fehlbaren Fahrer durch eine Maschine mit Algorithmen und Software, erscheint es durchaus möglich, diesen Zielen näherzukommen. Ein Unternehmen, das durch autonome Mobilität die sozialen Kosten vermindert, die aus Staus, Unfällen und Umweltverschmutzung resultieren, dürfte in der Gunst der Menschen erheblich steigen. Dabei könnte Google entgegen ursprünglichen Ankündigungen doch noch zu der Einschätzung gelangen, dass dieses Potenzial nur dann ausgeschöpft werden kann, wenn Hard- und Software aus einer Hand kommen.

Die selbstfahrenden Autos von Google könnten vor allem klassische Taxis im Nahverkehr ersetzen. Der derzeitige Betrieb von Taxis ist nicht effizient, da sie häufig stehen, um auf Fahrgäste zu warten, und viele Leerfahrten absolvieren. Ein in der Stadt oder Region zentral gesteuertes System von fahrerlosen Taxis, bei dem die Kunden per App die Fahrzeuge anfordern und vor Antritt der Fahrt das Ziel bekanntgeben, könnte die Effizienz deutlich verbessern. Wenn die Fahrziele aufeinander abgestimmt und die Wahl der Routen optimiert wird, lassen sich die Anzahl der Fahrten, der Benzin- oder Stromverbrauch und auch die Wartezeit erheblich vermindern. Man könnte sich sogar vorstellen, dass Google nicht nur solche Fahrzeuge entwickelt und produziert, sondern ganze Flotten davon in Städten und Ballungsräumen betreibt.

Ende Oktober 2016 kündigte Google an, die Entwicklung autonomer Fahrzeuge als eigenständige Firma unter dem Dach von Alphabet zu führen. Bislang gehörte dieses Projekt zum Forschungslabor X, in dem Google seine sogenannten Moonshots austüftelt. Dort fasst das Unternehmen alle neuen Technologieprojekte mit hohen und ungewissen Risiken zusammen. Vieles deutet darauf hin, dass man die Idee, ohne Partner marktfähige Fahrzeuge zu entwickeln, verworfen hat. Möglicherweise gelten die Schwierigkeiten von Tesla als mahnendes Beispiel, sich nicht auf die Produktion von Fahrzeugen einzulassen. Naheliegend erscheint der Weg von Uber, in Zusammenarbeit mit einem etablierten Autohersteller – in diesem Fall Volvo – das autonome Fahren zu forcieren. Weiteren Mitteilungen zufolge will Google die Entwicklung der eigenen fahrerlosen Autos vorerst sogar einstellen und dafür mit Fahrzeugproduzenten kooperieren. So besteht die Möglichkeit, zügig einen kommerziellen Fahrdienst mit selbstfahrenden Autos auf den Weg zu bringen. Dazu sollen hundert Minivans von Chrysler Pacifica umgebaut und mit der Technologie von Google ausgerüstet werden.

Baidu

Der chinesische Internet-Gigant Baidu will in etwa fünf Jahren fahrerlose Elektrofahrzeuge auf den Markt bringen. Analog zu LeEco soll auch bei Baidu die Produktion an einen chinesischen Autohersteller ausgelagert werden. Derzeit testet das Unternehmen die für das autonome Fahren erforderliche Technologie mit einer Flotte von Fahrzeugen auf öffentlichen Straßen in Peking und Wuhu. Zudem hat Baidu einen fahrerlosen Bus angekündigt, der ähnlich dem CityMobil2 auf einer festen Route verkehren soll. Baidu verfügt im Unterschied zu vielen anderen Akteuren über eines der zentralen Elemente für das autonome Fahren, die Landkarte. Sie ist vergleichbar mit Google Maps, aber zumindest in China sehr viel genauer und sehr viel aktueller. Inzwischen enthält sie sogar dreidimensionale Fotografien von jeder Straße in jeder chinesischen Stadt. Wie auch bei Google Maps fügen Millionen von Menschen ständig Informationen und Bilder hinzu, indem sie die mobile Baidu-App nutzen.

Zudem ist Baidu eine Kooperation mit Ford eingegangen, um $ 150 Millionen in Velodyne Lidar zu investieren. Diese Firma entwickelt und produziert Lidar-Systeme, die Baidu wiederum einsetzt, um seine dreidimensionalen Straßenaufnahmen zu erzeugen. Mittlerweile entwickelt das Unternehmen auch die zentrale Steuerungseinheit für selbstfahrende Autos (Baidu-AutoBrain). Folglich besitzt Baidu alle technologischen Bausteine — Software, Algorithmen, zentrale Steuerungseinheit —, um die für das autonome Fahren erforderliche Intelligenz in die Fahrzeuge zu bringen. Ein weiterer Gigant der Internetindustrie macht sich also daran, die Automobilindustrie grundlegend zu verändern. Obwohl Baidu und BMW ihre Zusammenarbeit beendet haben, ist absehbar, dass Baidu zu einem entscheidenden Akteur im Automobilmarkt aufsteigen wird.

Zusammenfassung

- Die traditionellen Automobilhersteller verfolgen in der Zusammenarbeit mit ihren Zulieferern einen geschlossenen Ansatz, indem sie ihre Fahrzeugtechnologie und ihre Produktions- und Vermarktungsprozesse so gut wie möglich schützen.
- Sofern die Hardware zur Commodity (austauschbares Standardprodukt) wird, könnte ein offener Ansatz viel günstiger sein. Dies hätte erhebliche Auswirkungen auf die derzeitige Wertschöpfungskette der Autohersteller und könnte dazu führen, dass sich Spezialisten herausbilden.
- In der Automobilindustrie dominiert der Breakthrough-Ansatz, das heißt, eine Technologiegeneration wird durch eine andere ersetzt. Die Wettbewerber kennen sich und haben sich im Grunde darauf geeinigt, um die nächstbeste Technologiegeneration zu konkurrieren.
- Mit neuen Spielern und neuen Technologien im Markt ist es riskant, allein auf den Breakthrough-Ansatz zu vertrauen. Es besteht die Gefahr, wichtige technologische Entwicklungen etwa bei der Software, bei der Infrastruktur oder der V-to-V- und der V-to-I-Kommunikation zu übersehen.
- Deshalb braucht es in der Automobilindustrie den Technology-fusion-Ansatz, bei dem es um die Kombination bereits existierender Technologien in neue hybride Ansätze geht. Hierbei verknüpft man inkrementelle technologische Verbesserungen aus verschiedenen Gebieten.
- Den Kern eines Robo-Autos von Google bildet der vom Unternehmen entwickelte Autopilot, also die zentrale Steuerungseinheit des Fahrzeugs. Alle anderen klassischen Fahrzeugkomponenten kommen von bekannten Zulieferern der Automobilindustrie.
- Obwohl Google die Entwicklung der autonomen Autos einstellen will, könnte die bereits erstellte Software für die Steuerung dieser Fahrzeuge an traditionelle Autohersteller verkauft oder als Lizenz angeboten werden.
- Baidu beabsichtigt, in etwa fünf Jahren fahrerlose Elektrofahrzeuge auf den Markt zu bringen, wobei die Produktion an einen chinesischen Autohersteller ausgelagert werden soll.

Kapitel 31
Ökonomie des Teilens

Trend

Aus einer finanzwirtschaftlichen Perspektive lassen sich die Autos der privaten Nutzer und auch viele geschäftlich genutzte Fahrzeuge als brachliegende Vermögensgegenstände beschreiben. Wie schon erwähnt, werden die meisten privaten Fahrzeuge nicht einmal eine Stunde am Tag eingesetzt. Hinzu kommt, dass sich auf vielen Fahrten nur eine Person im Fahrzeug befindet, das heißt, auch die Kapazität von zumeist fünf Sitzplätzen wird nicht ausgeschöpft. Hier kommt die Sharing-Ökonomie ins Spiel, die ein hybrides Marktmodell zwischen besitzen und verschenken darstellt. Sharing bietet die Möglichkeit, brachliegende Vermögensgegenstände, also in unserem Fall Autos, besser zu nutzen, indem man sie anderen Personen zugänglich macht.

Das Konzept ist nicht neu, doch ermöglichen es mittlerweile soziale Netzwerke, elektronische Märkte und mobile Kommunikationsgeräte, Produkte und Dienste schnell und einfach zu teilen. Zudem verlieren viele Produkte, auch das Auto, ihre Rolle als Statussymbole, zugleich ist das Umweltbewusstsein vieler Menschen gestiegen. Die fortschreitende Urbanisierung verknappt die Parkflächen und überfüllt die Straßen — was andererseits bedeutet, dass immer mehr Fahrzeuge in einem bestimmten Raum verfügbar sind, auch um sie möglicherweise zu teilen.

In Anbetracht der genannten Trends und der gesellschaftlichen und wirtschaftlichen Entwicklung vor allem in den aufstrebenden BRIC-Staaten dürfte auch das Bedürfnis nach Mobilität weiter wachsen. Morgan Stanley erwartet, dass sich die Anzahl der von allen Fahrzeugen weltweit gefahrenen Kilometer von 16 Billionen im Jahr 2015 auf 31 Billionen im Jahre 2030 erhöhen könnte. Das wäre nahezu eine Verdoppelung. Da der Anstieg bei Weitem die erwartete Ausdehnung der Produktion von Autos in diesem Zeitraum übertreffen dürfte, sollte das Car- und Ride-sharing in den nächsten Jahren weiter an Bedeutung gewinnen. Während im Jahr 2015 etwa vier Prozent der weltweit gefahrenen Kilometer mit Car- und Ride-sharing absolviert wurden, dürfte diese Zahl bis 2030 auf 26 Prozent steigen. In China erwartet man, dass die Anzahl der mit dem Taxi absolvierten Kilometer von heute 85 Milliarden auf 257 Milliarden im Jahr 2030 steigt.

Dieser Trend zum Teilen dürfte auch deswegen anhalten, weil die Fahrtkosten pro Kilometer aufgrund des Elektroantriebs und des autonomen

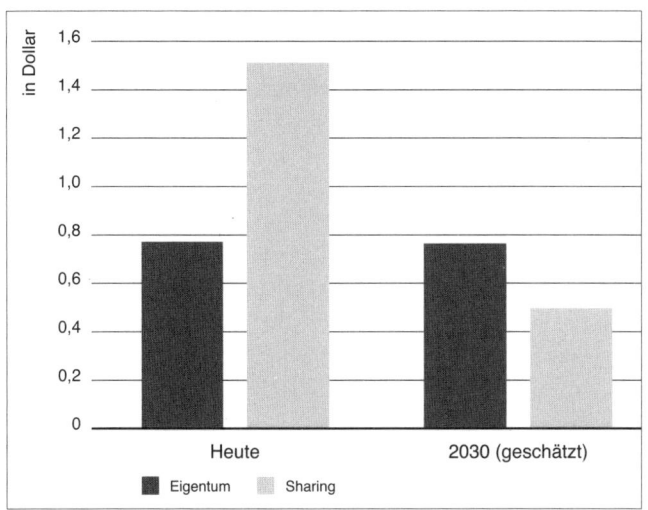

Abbildung 7.4. Kosten pro gefahrenem Kilometer
Quelle: Morgan Stanley Research

Fahrens weiter sinken werden (Abbildung 7.4). Einer Studie von McKinsey zufolge wächst der Markt für App-basierte Taxi- und Fahrdienste jährlich um etwa 30 Prozent. Da die Menschen bereits heute $ 53 Milliarden dafür ausgeben, könnte dieser Markt bis 2030 also auf $ 2 Billionen wachsen. Entscheidend dafür ist jedoch, dass Robo-Taxis vor allem in den Megacities zügig eingeführt werden.

Erscheinungsformen

Tabelle 7.1 (S. 270) zeigt, dass man in der Diskussion um Car- und Ridesharing häufig zwischen selber fahren und gefahren werden unterscheidet, woraus sich verschiedene Sharing-Konzepte ergeben. Obgleich die Begriffe nicht einheitlich verwendet werden, lässt sich die folgende Kategorisierung ausmachen: Beim privaten Car-sharing (DriveNow, car2go, Flinkster, Mobility, ReachNow, ZipCar) und beim Peer-to-Peer-Car-sharing (Drivy, Tamyca, Croove, CarUnity, Sharoo, Turo, Getaround) muss der Nutzer das Fahrzeug selbst fahren. Dagegen wird er beim Ride-sharing (Uber, Lyft, myTaxi) oder beim Car-pooling (BlaBlaCar) von einem Chauffeur gefahren. Bislang sind die meisten Sharing-Modelle stationsbasiert (A-to-A), das heißt, der Kunde muss das Fahrzeug dort abgeben, wo er es abgeholt hat. Allerdings ermöglichen immer mehr Sharing-Unternehmen ihren Kunden ein Free-floating-Angebot (A-to-B), neueste Beispiele hierfür sind Car2Go und DriveNow.

Um Car-sharing für die Menschen attraktiv zu machen, sind zahlreiche Mobilitäts-Apps lanciert worden, von denen Moovel oder auch Qixxit inzwischen sehr bekannt sind. Mit einer solchen App können Kunden verschiedene Transportmittel wie Car-sharing, Taxi, Mietfahrrad, Ride-sharing oder den öffentlichen Nahverkehr im Hinblick auf Fahrtdauer und Kosten miteinander vergleichen und häufig auch buchen und bezahlen. In Deutschland ist dies bei Fahrten mit car2go, Flinkster, mytaxi, der Deutschen Bahn sowie ausgewählten Nahverkehrsanbietern möglich. In den USA bietet GlobeSherpa ein mobiles System an, mit dem Tickets für den Nahverkehr über das Smartphone gebucht und bezahlt werden können.

Tabelle 7.1. Überblick über verschiedenen Sharing-Konzepte

	Besitz	Zugang und Sharing
Selbst fahren	Nutzung des eigenen Autos	Rental Car-sharing, Business-to-consumer (DriveNow, Car2Go) und Peer-to-Peer (Croove, Getaround)
Gefahren werden	Nutzung eines Taxis	Ride-sharing (Uber, Lyft) und Carpooling (BlaBlaCar)
Mit Mobility-Apps lassen sich die verschiedenen Transportmittel verknüpfen, so dass der Nutzer den besten, schnellsten, bequemsten Weg finden kann, um von einem Ort zu einem anderen zu gelangen.		

Quelle: Eigene Darstellung

Auch im Automobilmarkt scheinen sich die Vorzüge eines Sharing-Modells im Vergleich zum Fahrzeugbesitz durchzusetzen. Der Kunde muss keine Anfangsinvestition tätigen, die Unterhaltskosten nicht tragen und zahlt für den Service nur dann, wenn er ihn tatsächlich nutzt. Sofern eine große Flotte von Fahrzeugen bereitsteht, ist der Zugang jederzeit und an jedem Ort möglich. Selbst während der Hauptverkehrszeiten und an entlegenen Stellen im Einzugsbereich des Sharing-Services ist ohne langes Warten ein Fahrzeug verfügbar. Inzwischen gibt es weltweit Hunderte von Car-sharing-Anbietern: Zipcar ist bestens etabliert in den USA und Kanada, wohingegen Orix, Park24, PPzuche und EVCard vor allem in Japan und China bekannt sind. In Europa umfasst die Liste der Akteure etwa DriveNow, Car2Go, Autolib und einige Peer-to-Peer-Services wie CarUnity und Tamyca.

Der Besitz eines Fahrzeugs bringt zahlreiche fixe Kosten mit sich, vor allem für Versicherung, für Wartung und Reparatur sowie für Steuern. Daher ist Car-sharing dann ökonomisch sinnvoll, wenn ein Fahrer nur sehr wenig Kilometer pro Jahr fährt, wie das bei vielen Einwohnern in den Innenstädten der Fall ist. Bei Kompaktfahrzeugen lohnt sich Car-sharing bei weniger als 12.000 gefahrenen Kilometern pro Jahr, bei Mittelklasse- und Luxusautos liegen die entsprechenden Schwellen bei 16.000 und 24.000 Kilometern. Immerhin böte es sich diesen Berechnungen zufolge für 17 Prozent der Bewohner von Innenstädten und 46 Prozent der Besitzer von Kompaktwagen aus ökonomischer Sicht an, auf Car-sharing umzusteigen. Dieser Umstieg dürfte zukünftig noch erleichtert werden, da ständig neue Angebote, die zwischen Car-sharing und Kauf beziehungsweise Leasing angesiedelt sind, auf den Markt kommen.

Bislang benötigen alle diese Dienste einen Fahrer, es ist jedoch absehbar, dass die selbstfahrenden Fahrzeuge den Markt nachhaltig verändern werden. Google hat bereits signalisiert, dass man ein beachtliches Potenzial für eine Flotte von fahrerlosen Autos sieht. Seit Mitte 2016 testet Uber autonome Fahrzeuge im Straßenverkehr in Pittsburgh und San Francisco für Ride-sharing. Auch sind, wie schon erwähnt, seit kurzem selbstfahrende Taxis im Universitätsviertel von Singapur im Einsatz.

Im Folgenden soll über zwei Simulationen berichtet werden, um zu zeigen, welche Chancen das Car- und Ride-sharing für Menschen, Gesellschaft und Umwelt bietet. Die Untersuchungen machen vor allem deutlich, dass sich die Anzahl der benötigten Fahrzeuge reduzieren lässt, was wiederum die Möglichkeit bietet, Straßen und Parkhäuser zurückzubauen, um mehr Fläche für Parks, Wohnungen und Büros sowie Sport- und Freizeitstätten zu schaffen.

Autonome Fahrzeugflotten

Eine Studie der OECD zeigt die Wirkung einer Flotte selbstfahrender Fahrzeuge auf den Autobestand in einer mittelgroßen europäischen Stadt. Es geht um Lissabon mit 565.000 Einwohnern im Stadtzentrum und 2,8 Millionen in der Metropolregion. Jeden Tag werden fünf Millionen Fahrten absolviert, allein 1,2 Millionen davon in der Innenstadt. In Lissabon gibt es nur 217 Autos pro 1.000 Einwohner, was am demografischen Profil der Stadt (mehr als 50 Prozent sind 65 Jahre und älter) und an den alten und engen Gassen in der Innenstadt liegt. Die Metro von Lissabon besteht aus vier Linien, die pro Jahr etwa 177 Millionen Passagiere transportieren. Während der Hauptverkehrszeiten sind mehr als 60.000 Autos, 400 Busse und 2.000 Taxis gleichzeitig auf den Straßen, was eine mittlere Dichte von 60 Fahrzeugen pro Straßenkilometer ergibt.

In einer Simulation sollte eine Flotte von selbstfahrenden Fahrzeugen die bisherigen Verkehrsträger je nach Szenario ganz oder teilweise ersetzen. Dabei wurden zwei verschiedene Konzepte von fahrerlosen Autos untersucht, TaxiBots und AutoVots. Erstere sind selbstfahrende Autos, die von mehreren Passagieren geteilt werden, letztere können nur einzelne Reisende transportieren. Die Fahrzeuge parken in 60 über die Stadt verteilte Stationen; ist ein Fahrzeug frei und noch keiner neuen Fahrt zugeordnet, sucht es sich den nächstgelegen Parkplatz. Fahrzeuge im Einsatz sind so programmiert, dass sie die Reisedauer minimieren, also in der Regel die kürzeste Distanz nehmen, jedoch stets mit Blick auf die Verkehrslage. Eine Leitzentrale ordnet die Fahrzeuge den Nutzern zu, wobei alle Informationen über die Standorte der Passagiere, ihre Reiseziele, die Verkehrssituation, die Positionen der anderen selbstfahrenden Fahrzeuge und deren Ziele berücksichtigt werden.

Die Simulation erbrachte beeindruckende Resultate: Den Berechnungen zufolge könnte eine Flotte von TaxiBots und AutoVots etwa 90 Prozent der Fahrzeuge, die derzeit im Betrieb sind, bei gleicher Transportleistung ersetzen. Bemerkenswert ist die Erkenntnis, dass 5.000 TaxiBots ausreichen würden, um den gesamten Verkehr in der Metropolregion zu bewältigen. Selbst zu den Hauptverkehrszeiten ist es möglich, durch den kombinierten Einsatz von TaxiBots, AutoVots und öffentlichem Verkehr auf Autos zu verzichten. Im Szenario mit TaxiBots ergänzt um öffentlichen Verkehr wären 65 Prozent weniger Fahrzeuge unterwegs und im Szenario AutoVots ohne öffentlichen Transport immerhin noch 23 Prozent weniger.

Bislang werden die Fahrzeuge in Lissabon etwa 50 Minuten pro Tag genutzt, das heißt, 95 Prozent der Zeit stehen sie auf Parkplätzen abgestellt. Abhängig vom Szenario kann diese unproduktive Zeit um bis zu 95 Prozent reduziert werden. Hinzu kommt, dass nahezu alle Parkplätze aufgegeben werden können, was einer Fläche von 1,5 Millionen Quadratmetern oder 210 Fußballfeldern entspricht. Diese Fläche kann als öffentlicher Raum für viele andere Zwecke – für Parks, Sportstätten, Cafés, Shops – genutzt werden. Egal ob TaxiBots oder AutoVots zum Einsatz kommen, die Warte- und Reisezeit lässt sich erheblich vermindern, weil der Tür-zu-Tür-Service besser gesteuert werden kann, vor allem für Fahrten, die bislang mit dem Bus absolviert wurden. Außerdem wird der Verkehr flüssiger, so dass die Anzahl und die Länge der Staus erheblich abnehmen.

Peer-to-Peer-Service

Copenhagen Economics hat in einer Studie den Einfluss eines Peer-to-Peer-Services (Fahrer-zu-Fahrer) auf das Mobilitätsverhalten der Bevölkerung von Stockholm untersucht. Dabei konnten die Einwohner ihr bevorzugtes Transportmittel aus einem Mix aus öffentlichen (Zug, Bus, U- und S-Bahn), privaten (Auto, Taxi, Fahrrad) Verkehrsträgern und eben Peer-to-Peer auswählen. Das Ergebnis dieser Simulation zeigt, dass von einem gut funktionierenden Peer-to-Peer-Transportservice erhebliche ökonomische, soziale und verkehrspolitische Effekte ausgehen. Aufgrund der geringen Kosten und des einfachen Zugangs würde sich der Peer-to-Peer-Transportservice durchsetzen und könnte sogar einige Autobesitzer dazu bewegen, zukünftig auf ihre Fahrzeuge zu verzichten. Den Berechnungen zufolge dürfte sich in Stockholm die Anzahl der täglichen Fahrten um bis zu 37.000, also drei Prozent aller Fahrten, und die Anzahl der Autos um bis zu 15.000, das sind fünf Prozent des gesamten Bestands, reduzieren. Vor allem die Verminderung der Fahrten würde die Anzahl und Länge von Staus verringern, was wiederum die Zeit im Verkehr verkürzt.

Ein gut organisiertes Peer-to-Peer-System könnte zudem neue Arbeitsplätze schaffen, im Beispiel Stockholm bis zu 3.000. Zunächst würden einige Bürger mit ihren eigenen Fahrzeugen das Peer-to-Peer-Geschäft kommerziell betreiben. Ferner würde der flüssigere Verkehr dazu führen, dass Pendler weniger Zeit in Staus verbringen oder weitere Anfahrtswege zur Arbeit in Kauf nehmen. Beides bringt mehr Menschen in Arbeit, was sich wiederum in einer verbesserten Wirtschaftskraft niederschlägt. Die bessere Auslastung der Fahrzeuge erlaubt es zudem, die Anzahl der Parkplätze in der Innenstadt zu verringern. Es entsteht freier Raum, der für Fahrradspuren und öffentliche Plätze genutzt werden kann, im Beispiel von Stockholm sind es bis zu 63 Kilometer.

Zahlreiche Studien zum Car- und Ride-sharing zeigen, dass sich die Anzahl der durchgeführten Fahrten und damit auch die Menge der dafür benötigten Fahrzeuge vermindern lassen. Die Möglichkeit, durch Car- oder Ride-sharing den Verkehr zu entlasten, erhält mit dem autonomen Fahren einen zusätzlichen Schub. Ein Blick auf die Preisstruktur von UberX am Beispiel von Chicago verdeutlicht, dass mit autonomen Fahrzeugen die Transportkosten deutlich sinken. Von den $ 0,90 pro Meile und einem Basispreis von $ 1,70 bleiben dem Fahrer etwa 50 Prozent, während Uber 20 Prozent erhält und 30 Prozent für den Fahrzeugunterhalt anfallen. Genau diese 50 Prozent stehen zur Disposition und bilden den Spielraum, um die Kosten pro Taxifahrt zu senken und Investitionen in selbstfahrende Autos vorzunehmen.

Mit der den fahrerlosen Fahrzeugen zugrunde liegenden Technologie lassen sich zudem die Fahrwege optimieren, was die Anzahl der erforderlichen Autos nochmals reduzieren sollte. Zudem können die Fahrmanöver der Fahrzeuge aufeinander abgestimmt oder durch eine Verkehrsleitzentrale gesteuert werden, so dass sich der Verkehrsfluss verbessern lässt. Auch ist zu erwarten, dass Städte, Automobilhersteller, Bahn- und Busunternehmen oder neu in den Markt eintretende Dritte ganze Flotten von fahrerlosen Autos auf dem letzten Kilometer betreiben. Ein professionell geführter Flottenbetrieb sollte die Kosten für die Bereitstellung, Wartung und Pflege dieser Fahrzeuge deutlich vermindern, so dass auch der Preis für die Mobilität sinken dürfte.

Mobilität als Service

Seit 2016 haben die Einwohner von Helsinki die Möglichkeit, alle Reisen innerhalb der City mit privatem und öffentlichem Verkehr über eine App zu planen und zu bezahlen (Whim App). Hierbei gibt man das Reiseziel ein und wählt das bevorzugte Transportmittel (Bus) oder die gewünschte Kombination (Zug, Bus und Fahrrad) aus. Die Nutzer bezahlen vorab im Rahmen eines monatlichen Abonnements oder während der Reise über ein für den Transport angelegtes Konto. Sampo Hietanen, der Architekt dieser App, möchte einen Service anbieten, der das Reisen einfach und für alle Menschen möglich macht. Dabei verweist er auf den Streaming-Dienst Netflix, der es geschafft hat, dass Menschen die Medien völlig anders konsumieren und bezahlen als noch vor einigen Jahren. Genau diese Revolution erhofft sich Hietanen auch für die Nutzung und Bezahlung von Mobilitätsdiensten.

Grundlage dieser Idee, Mobilität als Service zu verstehen, bildet eine Plattform, die alle Facetten einer Reise – Auswahl des Ziels, Buchung, Ticketausgabe und Bezahlung – für möglichst viele öffentliche und private Transportmittel integriert. Dabei steht nicht mehr das Verkehrsmittel (Bus, Zug, Taxi etc.) im Mittelpunkt, sondern die beste Verbindung zwischen zwei Orten. Neben Helsinki finden sich solche Plattformen inzwischen auch in Paris, Denver, Barcelona, Eindhoven, Göteborg und Wien. Jeden Tag kommen neue Konzepte dieser Art hinzu (Tabelle 7.2, S. 275), weil sich immer mehr die Erkenntnis bei den Nutzern durchsetzt, dass es die intelligente Kombination der Verkehrsmittel ist, die die Mobilität der Zukunft ausmacht. Allein für das Car-sharing ist ein Anstieg der Teilnehmenden innerhalb von zehn Jahren von etwa 5 Millionen in 2014 auf 25 Millionen in 2024 zu erwarten.

Gerade die Verknüpfung dieses Servicegedankens mit dem autonomen Fahren birgt erhebliche Chancen, den Verkehr flüssiger, umweltschonender und effizienter zu gestalten. Eine zentrale Steuerung dieser Fahrzeuge erlaubt es einerseits, die Kunden zügig abzuholen, auf schnellstem Wege zu transportieren und reibungslose Anschlüsse an Züge und Bahnen zu ermöglichen. Andererseits können im Vergleich zu heute die Anzahl der

Fahrzeuge und Fahrten sowie die damit verbundenen Kosten deutlich reduziert werden, was zudem die Umwelt schont. Die mehrmals erwähnten Beispiele aus Singapur, Pittsburgh oder auch Phoenix zeigen bereits, dass Robo-Taxis und selbstfahrende Busse dazu beitragen, Mobilität neu zu denken. Schätzungen verschiedener Agenturen gehen allesamt davon aus, dass bis 2040 etwa 80 Prozent der absolvierten Fahrten und Kilometer mit autonomen Robo-Taxis absolviert werden dürften. Die Regierung von Tokio hat vor Kurzem angekündigt, fahrerlose Busse während der olympischen Spiele 2020 einsetzen zu wollen: die perfekte Bühne für das autonome Fahren.

Tabelle 7.2. Konzepte für Mobilität als Service

Projekt	Inhalt	Partner	Region
Whim App	App bietet Zugang zu zahlreichen Transportmitteln (Taxi, Zug, Bus, Mietwagen, Fahrrad etc.). Dabei lernt die App die Gewohnheiten des Nutzers und verknüpft sich mit dessen Kalender.	MaaS Global	Helsinki
UbiGo	Integrierter Mobilitätsservice, der alle Transportmittel (Taxi, Zug, Bus, Mietwagen, Fahrrad etc.) auf einer Plattform zeigt. Es gibt ein einheitliches Rechnungs- und Bonussystem.	Lindholmen Science Park und Partner	etwa 200 Nutzer in Göteborg
Qixxit	App plant für den Nutzer die Reise mit Blick auf die Angebote von 21 Mobilitätsdienstleistern. Mögliche Reiseoptionen werden präsentiert und miteinander verglichen.	Deutsche Bahn	Deutschland
Moovel	Diese App erlaubt die Suche, die Buchung und Bezahlung einer Reise über verschiedene Transportmittel hinweg. In Stuttgart und Hamburg ist auch das mobile Bezahlen im öffentlichen Verkehr möglich.	Daimler	Deutschland sowie Boston, Portland und Helsinki
Beeline	Marktplatz für einen Busservice mit der Option, Sitze zu buchen. Zudem können neue Routen vorgeschlagen werden. Abhängig von der Zustimmung anderer wird die Route angeboten oder auch nicht.	Infocomm Development Authority; Land Transport Authority	Pendler in Singapur

Smile App	Die standardisierte Schnittstelle zu verschiedenen Mobilitätsservices erlaubt, sich über eine Reise zu informieren, sie zu buchen und zu bezahlen. Zudem läuft die Ausgabe der Reisetickets über dieses System.	Wiener Stadtwerke; Wiener Linien	1.000 Pilotkunden in Wien
Bridj	Hierbei handelt es sich um einen Vermittlungsdienst für Pendler. Zudem steht eine Flotte von unterschiedlichen Fahrzeugen bereit, die abhängig von der Anzahl der Insassen und der Reiseziele ausgewählt werden können.	Bridj Inc.	Pendler in Boston, Kansas City und Washington DC
Bixi	Mobilitätspaket der öffentlichen Transportunternehmen, das alle möglichen Transportmittel umfasst. Zudem sind Anreize gesetzt, um verschiedene Transportmittel zu nutzen.	Communauto	Städte in Quebec, Kanada

Quelle: Eigene Darstellung

Zusammenfassung

- Die Fahrzeuge der privaten Nutzer, aber auch viele geschäftlich genutzte Autos sind brachliegende Vermögensgüter.
- Beim privaten Car-sharing und beim Peer-to-Peer Car-sharing muss der Nutzer das Fahrzeug selber fahren. Dagegen wird er beim Ride-sharing oder dem Car-pooling von einem Chauffeur gefahren.
- Inzwischen gibt es weltweit Hunderte von Car-sharing-Anbietern.
- Mit dem Besitz eines Fahrzeugs sind zahlreiche fixe Kosten verbunden, wie etwa Wartungs- und Reparaturkosten sowie Versicherungsprämien. Car-sharing ist ökonomisch sinnvoll, sofern ein Fahrer nur sehr wenige Kilometer pro Jahr fährt.
- Studien zeigen, dass sich der Bestand an Fahrzeugen durch Sharing-Services erheblich reduzieren lässt.

Kapitel 32
Versicherungswirtschaft

Geschäftsmodell

Für die Versicherungsunternehmen bedeutet das Aufkommen von autonomen Fahrzeugen, dass sich ihr Geschäft radikal verändert. Schon jetzt sorgen Fahrerassistenzsysteme dafür, dass es weniger Unfälle verbunden mit Personen- und Sachschäden gibt. Die Zukunft des autonomen Fahrers verheißt: deutlich weniger Blechschäden beim Ein- und Ausparken, keine Zusammenstöße mehr bei unkontrollierten oder überraschenden Spurwechseln und auch lange nicht mehr so viele Auffahrunfälle. Zwar könnte bei Unfällen die Schadenssumme steigen, weil in den Autos jede Menge Sensorik, Unterhaltungs- und Kommunikationselektronik verbaut ist, allerdings fällt dies nicht so sehr ins Gewicht wie die sinkende Schadenshäufigkeit.

Die mit den Unfällen verbundenen Leistungen der Versicherungen betreffen nicht nur die Reparatur der am Unfall beteiligten Autos. Hinzu kommen die Krankenhaus- und Arztkosten für die verletzten Personen, die Ausfälle am Arbeitsplatz bis hin zu lebenslangen Renten und Ausgleichszahlungen bei Todesfällen. Da die Ausgaben der Versicherungen für die Regulierung der Schäden sinken, fällt auch das Prämienvolumen, das derzeit allein in den USA $ 200 Milliarden beträgt. Schätzungen zufolge könnte dieses Volumen bis 2025 um etwa 30 Prozent sinken, abhängig von der Intensität, mit der die Automation der Fahrzeuge voranschreitet. Zudem wird sich durch selbstfahrende Autos das Mobilitätsverhalten der Menschen verändern; man stößt die Zweit- und Drittwagen ab und nutzt stattdessen Car- oder Ride-sharing-Optionen.

Wie mehrmals schon erwähnt, dürfte die Technologie des autonomen Fahrens die Verkehrssicherheit verbessern, die Umwelt schonen und Staus reduzieren. Daher ist zu erwarten, dass Regierungen, Behörden und Forschungsinstitutionen die Entwicklung dieser Technologie vorantreiben. Die drei Prozent des Sozialprodukts, die Unfälle im Straßenverkehr jedes Jahr kosten, könnte man sehr gut anderweitig verwenden. Daher hat das US Department of Transportation bereits 2016 nationale Vorgaben für die Gestaltung von fahrerlosen Autos erlassen. Diese umfassen den Prozess zur Genehmigung solcher Fahrzeuge, den Umgang mit den anfallenden Daten und Details zur Regelung der Cybersicherheit.

Inzwischen erlauben immer mehr Länder und amerikanische Bundesstaaten selbstfahrende Autos auf öffentlichen Straßen. Einheitliche Rechtsprechung bislang ist, dass sich in jedem Fahrzeug ein Fahrer befinden muss, der zu jedem Zeitpunkt die Kontrolle übernehmen kann. Allerdings überarbeiten derzeit zahlreiche Länder ihre Gesetze so, dass auch Genehmigungen für fahrerlose Autos auf öffentlichen Straßen erteilt werden können. Sobald diese Fahrzeuge die Testgelände verlassen und in den Straßenverkehr gelangen, ist die Frage nach dem Versicherungsschutz zu beantworten. Der von der Versicherung gewährte Schutz hängt entscheidend davon ab, wer bei einem Unfall die Verantwortung trägt, der Mensch oder die Maschine.

Obgleich die Frage nach der Haftung bei Unfällen von selbstfahrenden Fahrzeugen noch nicht geklärt ist, hat Volvo sich klar positioniert. Der schwedische Autobauer will bei Unfällen mit seinen autonomen Fahrzeugen die volle Haftung übernehmen. Nach den bisherigen Regelungen in nahezu allen Ländern sind die Fahrer am Steuer bei Unfällen haftbar. Allerdings ist absehbar, dass die Klärung dieser Regulierungsfragen noch Zeit beansprucht und zu unterschiedlichen Lösungen in verschiedenen Ländern führen könnte. Schon deshalb signalisiert der Vorstoß von Volvo, dass die Verzögerungen bei den gesetzlichen Anpassungen die führende Rolle einiger Automobilhersteller gefährden könnten.

Volvo

Die Bereitschaft von Volvo, die volle Haftung zu übernehmen, lässt sich auch als Versprechen in die Leistungsfähigkeit der Fahrzeuge und ihrer Sensoren, Algorithmen und der zentralen Steuerungseinheit verstehen. Gleichwohl werden auch künftig Unfälle passieren, so dass Volvo das mit dem autonomen Fahren verbundene Risiko auf den Kaufpreis aufschlagen muss. Die Alternative wäre, dass das Unternehmen von den Kunden verlangt, eine zusätzliche Versicherung abzuschließen. Dies scheint jedoch nicht beabsichtigt zu sein, weshalb die Frage zu beantworten ist, was das Versprechen von Volvo wohl kostet.

In den USA belaufen sich die Ausgaben für die Versicherung eines durchschnittlichen Fahrzeugs auf etwa $ 900 pro Jahr. Sofern man diese Zahl als Preis für das Risiko des manuellen Fahrens akzeptiert, würde sich der Kaufpreis für ein Fahrzeug mit zwölfjähriger Lebensdauer um etwa $ 10.800, also 12 mal $ 900 ohne Berücksichtigung von Zinsen, erhöhen. Da jedoch 94 Prozent der Unfälle in den USA auf menschliches Versagen zurückzuführen sind, sollte sich die Anzahl der Unfälle mindestens um den Faktor

16 reduzieren lassen (= 1/(1 − 0.94)). Bei diesem Faktor und der angenommenen Lebensdauer von zwölf Jahren betragen die zusätzlichen Kosten pro Fahrzeug gerade einmal $ 675. Somit lässt sich das Versprechen von Volvo ohne Weiteres auf den Kaufpreis schlagen.

Neue Produkte, neue Services

Zahlreiche Unfälle, vor allem in Asien und Afrika, geschehen, weil Fahrzeuge nicht regelmäßig gewartet werden und sich nicht in einem fahrtüchtigen Zustand befinden. Folglich werden vor allem jene Automobilhersteller, die volle Haftung versprechen, die Wartungsintervalle verkürzen. Zudem dürfte es die Auflage geben, dass man diese Fahrzeuge nur noch in zertifizierten Werkstätten wartet. Beide Maßnahmen verbessern die Sicherheit im Straßenverkehr und sichern die Erträge für Händler, Werkstätten und Automobilhersteller. Deshalb könnte es sogar gelingen, die zuvor ermittelten Kosten für die Übernahme der vollen Haftung durch die zusätzlichen Umsätze aus der regelmäßigen Wartung der Fahrzeuge auszugleichen.

Es ist offensichtlich, dass der Markt für Fahrzeugversicherungen vor einer radikalen Veränderung steht. Zwar sind die Fragen zur Haftung, zum Datenschutz oder zur Cyberkriminalität noch nicht beantwortet, eines ist jedoch klar: Die bisherigen Versicherungsprodukte werden untauglich. Deshalb braucht es völlig neue Lösungen, die aus einer Kombination verschiedener Services bestehen. Wenn sie nicht zu Zulieferern für Versicherungsschutz werden wollen, müssen die Versicherungsunternehmen selbst Pakete schnüren aus verschiedenen Services rund um das Fahrzeug, inklusive der eigentlichen Versicherungsleistung. Im Mittelpunkt möglicher neuer Produkte stehen die Daten über die zu versichernden Fahrzeuge und deren Zustand sowie über das Fahrverhalten der Nutzer. Diese Telematikdaten sind der Rohstoff, aus dem neue Versicherungsprodukte entstehen können.

Hierzu zwei Beispiele:
(1) Versicherungsunternehmen können auf Basis der Telematikdaten das Fahrzeug einer Partnerwerkstatt zuweisen. Der Kunde muss sich um nichts kümmern, da das Versicherungsunternehmen die Schadensbehebung mit der Werkstatt regelt. Gegebenenfalls bekommt der Kunde ein Ersatzfahrzeug, aber in jedem Fall kann er sich darauf verlassen, dass sein Auto schnell und zuverlässig repariert wird. Das Versicherungsunternehmen hat mit seinen Partnerwerkstätten besondere Rahmenverträge und kann so bei den Reparaturkosten sparen.

(2) Ein anderer Service könnte darin bestehen, Kunden auf mögliche Fahrzeugpannen hinzuweisen. Hierzu braucht es jedoch umfassende Daten über die erbrachte Fahrleistung des Autos sowie laufende Informationen über den Zustand wichtiger Komponenten wie Batterie, Keilriemen, Zündung, Luftdruck. Allerdings ist zu erwarten, dass die Schadensprophylaxe die Domäne der Autohersteller bleibt. Sie haben unmittelbar vollen Zugang zu allen Fahrzeuginformationen und sind am besten in der Lage, Diagnosen zu erstellen. Bereits heute schon ist zumindest in einigen Fahrzeugsegmenten die Fernüberwachung wichtiger Fahrzeugkomponenten gängige Praxis.

Seit es Telematiksysteme in den Autos gibt, wird über eine nutzungsbasierte Versicherung diskutiert. Diese auf Telematikdaten basierenden Tarife erscheinen in zwei grundlegenden Ausprägungen: Bei Pay-as-you-drive werden üblicherweise die gefahrenen Kilometer abgerechnet, wogegen bei Pay-how-you-drive das Fahrverhalten bei der Bestimmung der Versicherungsprämie berücksichtigt wird. Die erste Variante lässt sich auch bei autonomen Fahrzeugen umsetzen, letztere kommt für Autos mit Fahrerassistenz- und Telematiksystemen und bei teilautonomem Verkehr in Betracht. Dabei könnte man die Preise für die Versicherungspolicen so festlegen, dass ein zurückhaltendes, vorausschauendes und sicheres Fahren unterstützt wird, was sich auf die Häufigkeit und das Ausmaß von Unfällen und Schäden auswirken sollte.

Eine Chance könnte auch darin bestehen, den automobilen Aftermarket zu betrachten und Service- und Mobilitätsgarantien anzubieten. Für die Servicegarantie kauft das Versicherungsunternehmen bei den Partnerwerkstätten eine Menge von Serviceleistungen ein — Öl- und Reifenwechsel, Aktualisierung des Navigationssystems — und gibt diese an die Kunden weiter. Aufgrund der Einkaufsmacht des Versicherungsunternehmens erhält der Fahrer ein besonders günstiges Servicepaket. Ähnliches kann man sich für die Bereitstellung von Ersatzfahrzeugen oder für die regelmäßige Fahrzeugwartung vorstellen. Vielleicht gibt es sogar Versicherungsunternehmen, die eine eigene Flotte betreiben, um ihren Kunden abhängig von der beabsichtigten Nutzung das passende Fahrzeug bereitzustellen.

Zugang zu den Telematikdaten zu haben, ist ganz entscheidend für die Versicherungsunternehmen. Mit Hilfe der Datenplattform HERE hat die Versicherungsgesellschaft vhv eine erste datenbasierte Police für ihre Kunden konzipiert, die unter anderem vom Fahrstil abhängt. Da grundsätzlich der Autohersteller den Zugriff auf die Fahrzeugdaten hat, sind zwei Aspekte von Bedeutung:

(1) Zunächst ist zu klären, ob und wann die Automobilhersteller zumindest einen Teil der Fahrzeugdaten den Versicherungsunternehmen bereitstellen. Wenigstens jene Daten, die das Fahrverhalten abbilden, sind für die Versicherungsunternehmen unerlässlich, um neue Produkte zu entwickeln. Es ist jedoch abzusehen, dass alle die Sicherheit und die Fahrtechnik betreffenden Daten wohl nicht herausgegeben werden.

(2) Ferner sollten sich die Versicherungsunternehmen auf eine vielfältige Datenlandschaft unterschiedlicher Datentypen und Datenformate einstellen, die zudem fortlaufend aktualisiert werden müssen. Es ist nicht zu erwarten, dass sich in absehbarer Zeit Standards beim Datenhandling und beim Datentransfer durchsetzen werden.

Es kommt wenig überraschend, dass die Versicherungen derzeit fordern, die Fahrzeugdaten auf neutralen Speichern abzulegen und Treuhänder für die Verwaltung dieser Daten einzusetzen. Damit soll allen Akteuren (Herstellern, Zulieferern, Werkstätten, Versicherungen) ein gleichberechtigter Zugang ermöglicht werden. Einige Versicherungsunternehmen versuchen, die Daten über das Fahrverhalten selbst zu erfassen, etwa mit einer App für die Smartphones oder einer Box, die in das Fahrzeug eingebaut werden kann. In Italien gibt es seit 2003 eine Telematik-Box, ursprünglich eingeführt, um gestohlene Autos wiederzufinden. Mittlerweile muss jedes Versicherungsunternehmen zumindest einen Telematiktarif offerieren. Die ersten Tarife dieser Art wurden bereits in den 1990er Jahren in England eingeführt. Dort war schon immer der automatische Notruf bei Unfällen integriert. In den USA wird mittlerweile jede zehnte Kfz-Versicherung mit einem Pay-how-you-drive-Tarif verkauft.

Schon heute verändern viele Firmen den Markt grundsätzlich. Dazu zwei Beispiele:

(1) Cuvva bietet eine App an, mit der man Versicherungsschutz für sein Auto auf Stundenbasis erwerben kann. Man braucht dafür nur das Kennzeichen, den gewünschten Zeitraum für den Versicherungsschutz sowie ein Bild des Fahrzeugs.

(2) Metromile bietet eine Pay-as-you-drive-Versicherung an, wobei die Kunden eine monatliche Gebühr und zusätzlich pro gefahrenem Kilometer bezahlen. Dazu ist die Metromile App mit einem Gerät im Fahrzeug verbunden, um die notwendigen Daten zu erfassen.

Auch Uber hat das Potenzial, die Wertschöpfungskette im Versicherungsmarkt grundlegend zu verändern. Das Unternehmen verfügt über einen enormen Bestand an Daten über Fahrzeugbewegungen und hat noch gar nicht begonnen, diese Informationen umfassend auszuwerten. Außerdem führt Uber gerade in zahlreichen Städten ganze Flotten von Robo-Taxis ein, für die es bislang noch gar kein Versicherungsmodell gibt. Uber könnte die Flotten selbst versichern, was dazu führen würde, dass den Versicherungsunternehmen alle Bewegungsdaten der Fahrzeuge verloren gehen.

Wer die notwendigen Daten beschaffen und die zuvor skizzierten Produkte entwickeln will, braucht Partnerschaften. Nicht mehr allein, sondern nur im Verbund mit anderen lassen sich attraktive Pakete erstellen, in die Versicherungsleistungen integriert sind. Mobilitäts- oder Serviceversprechen können nur dann abgegeben werden, wenn Werkstätten, Concierce Services, Ersatzteilebeschaffung abgestimmt aufeinander agieren. Zudem muss bei den Versicherungsunternehmen die Erkenntnis reifen, dass die Informationstechnologie nicht nur zur Abwicklung von Schadensfällen dient, sondern auch für die Produktgestaltung eingesetzt werden kann.

Ein Beispiel dafür ist BlaBlaCar, eine Ride-sharing-Plattform, die es den Kunden erlaubt, sich den geplanten Fahrten anderer Personen anzuschließen. Jeder Fahrer besitzt ein Profil, aus dem sein soziales Netzwerk und seine Blabla-Bewertung hervorgehen. Letztere bringt zum Ausdruck, ob eine Person geneigt ist, während einer Fahrt mit den anderen Insassen zu kommunizieren. Das Unternehmen stellt zudem einen umfassenden Versicherungsschutz für die Fahrt bereit.

Die größten Verwerfungen im Markt könnten die Internetgiganten verursachen, die ohne weiteres Versicherungsleistungen entwickeln und mit einer gewaltigen Macht vermarkten könnten. Google hat bereits die Plattform Google-compare für Autoversicherungen eingerichtet, auf der die Kunden die Angebote verschiedener Versicherungsunternehmen vergleichen können. Diese Seite ist mit der Suchmaschine von Google verbunden und erscheint, sobald der Nutzer entsprechende Schlüsselwörter eingibt. Die Versicherungsunternehmen stehen also von zwei Seiten unter Druck: einerseits von den Automobilherstellern mit ihren automatisierten und autonomen Fahrzeugen und andererseits von Technologieunternehmen wie Baidu und Google, die sich gerade den Versicherungsmarkt erschließen.

Zusammenfassung

- Schon heute sorgen Fahrerassistenzsysteme dafür, dass die Anzahl von Unfällen verbunden mit Personen- und Sachschäden sinkt.
- Künftig wird es deutlich weniger Unfälle geben, so dass das Geschäftsmodell der Versicherungsunternehmen unter Druck gerät.
- Ein neuer Service der Versicherungsunternehmen könnte darin bestehen, auf Basis der Telematikdaten das Fahrzeug einer Partnerwerkstatt zuzuweisen. Der Kunde muss sich um nichts kümmern, da das Versicherungsunternehmen die Schadensregelung mit der Werkstatt übernimmt.
- Ein anderer Service könnte sein, die Kunden rechtzeitig auf mögliche Fahrzeugpannen hinzuweisen. Allerdings braucht es dafür Daten über die Fahrleistung des Autos sowie laufende Informationen über den Zustand wichtiger Komponenten.
- Nutzungsbasierte Versicherungen erscheinen in zwei grundlegenden Ausgestaltungen. Bei Pay-as-you-drive werden üblicherweise die gefahrenen Kilometer abgerechnet, wogegen bei Pay-how-you-drive das Fahrverhalten bei der Bestimmung der Versicherungsprämie berücksichtigt wird.
- Versicherungsunternehmen könnten auch Service- und Mobilitätsgarantien anbieten. Dafür werden bei den Partnerwerkstätten bestimmte Serviceleistungen eingekauft, der Ölwechsel, zum Beispiel, und an die Kunden weitergegeben.
- Die größte Gefahr für das Geschäft der Versicherungsunternehmen sind die Internetgiganten, die immer wieder Versicherungsleistungen entwickeln und auf den Markt bringen können.

Teil 8
Auswirkungen auf die Gesellschaft

Kapitel 33
Arbeit und Wohlstand

Immer mehr Untersuchungen zeigen, wie sehr der Wohlstand der Menschen von ihrer Mobilität abhängt. Eine verbesserte Mobilität führt vor allem in Städten dazu, dass Menschen bessere Jobs bekommen, höheres Einkommen erwirtschaften und weniger Gefahr laufen, arbeitslos zu werden. Einer Studie der Harvard University zufolge besteht für Menschen in den USA überall dort eine gute Chance, der Armut zu entkommen, wo es zuverlässige, leistungsfähige und sichere Transportmöglichkeiten gibt. Kein anderer Faktor beeinflusst die Chance, zu Wohlstand zu gelangen, so deutlich wie der verfügbare private und öffentliche Verkehr. Gerade in Städten wie Atlanta, Dallas, Denver, Los Angeles, Orlando oder Birmingham besteht die Herausforderung darin, einen funktionierenden Verkehr durch den Bau von Straßen sowie Zug-, Bus- und U-Bahnverbindungen zu schaffen.

Je mehr Arbeitsplätze der Einzelne von seinem Wohnort aus erreichen kann, desto mehr Möglichkeiten hat er, persönlich, beruflich und sozial voranzukommen. Dieser Zusammenhang zwischen der Chance, mobil zu sein, und den beruflichen Perspektiven geht aus einer Untersuchung der New York University hervor. Menschen mit Zugang zum öffentlichen Verkehrsnetz von New York City sind demnach beruflich ähnlich erfolgreich wie Menschen, die sehr weit außerhalb der City wohnen, jedoch ein Fahrzeug besitzen und morgens und abends ohne viele und lange Staus pendeln können. Am schlechtesten sind hingegen jene Menschen gestellt, die weder ein eigenes Fahrzeug besitzen noch Zugang zum öffentlichen Verkehrsnetz haben. In der Studie wurden die verschiedenen Stadtteile von New York City in eine Rangfolge gebracht im Hinblick darauf, wie viele Jobs ihre Einwohner an einem Montagmorgen innerhalb einer Stunde Fahrzeit mit dem Fahrzeug oder dem öffentlichen Verkehr erreichen können. Zudem wurden das Einkommen der Einwohner und die Arbeitslosigkeit in diesen Stadtteilen erfasst.

Es zeigte sich, dass die Stadtteile am Ende dieser Reihung tatsächlich eine sehr hohe Arbeitslosigkeit und ein sehr geringes Durchschnittseinkommen aufweisen. Viele Einwohner können sich kein Fahrzeug leisten und müssen stattdessen ein langes und mühsames Pendeln zum Arbeitsplatz in Kauf nehmen. Diese Leute befinden sich im Niemandsland zwischen den Arbeitsplätzen und den Transportmöglichkeiten und gehören daher zu den Verlierern in den expandierenden Städten. Nicht nur in New York City fallen jene Stadtteile in der sozialen Entwicklung zurück, die nur unzureichend an das Straßennetz oder an den öffentlichen Verkehr angebunden sind. Es kommt vor allem darauf an, dass möglichst viele und schnelle Verkehrsverbindungen in die aufstrebenden Stadtteile geschaffen werden. Nehmen wir als Beispiel Santa Fe, ein boomendes Geschäftsviertel im Westen von Mexico City mit 35.000 Einwohnern. Es besteht hauptsächlich aus Bürogebäuden, Einkaufsläden und Supermärkten sowie drei Hochschulen und vielen Appartements. Da jedoch Santa Fe nicht an das öffentliche Bus- und Bahnnetz angeschlossen ist, können die 250.000 Pendler nur mit dem Auto in diesen Stadtteil gelangen. Die Folgen sind Stillstand auf den Straßen während der Hauptverkehrszeiten morgens und abends, eine enorme Luftverschmutzung und viele Unfälle. Hinzu kommen gestresste Mitarbeiter, die bis zu sechs Stunden täglich für den Weg zum Arbeitsplatz und wieder nach Hause benötigen.

Daher machten sich Architekten, Städteplaner und Verkehrsbetriebe Gedanken, wie man die Staus in und um Santa Fe auflösen könnte. Das Ergebnis: Car-sharing-Angebote, das Fördern von Fahrgemeinschaften oder die Bereitstellung von Fahrzeugflotten. Darüber hinaus haben zahlreiche Firmen die Arbeitszeiten flexibilisiert, so dass einige Mitarbeitende früher und andere später beginnen, was den Verkehr entzerrt. Da intelligente Parkhäuser den eintreffenden Pendlern rechtzeitig freie Parkplätze signalisieren, ist eine geordnete Zufahrt für die vielen Autos möglich. Sobald die meisten Fahrzeuge mit Parkassistenten ausgestattet sind, können Kontrollpunkte gebaut werden, an denen man die Fahrzeuge morgens abgibt und abends wieder abholt. Dies würde den Verkehrsfluss nochmals verbessern, die benötigte Parkfläche verringern und den Pendlern den Stress rund um die Parkplatzsuche nehmen. Die beste Lösung für das Verkehrsproblem in Santa Fe sind jedoch selbstfahrende Autos, die zentral gesteuert werden können. In diesem Szenario könnten ohne Schwierigkeit 250.000 Menschen unfall-, stau- und stressfrei zwischen Arbeitsplatz und Wohnort pendeln.

Schätzungen zufolge belaufen sich die täglichen Verkehrsstaus in Sao Paulo auf eine Gesamtlänge von etwa 600 Kilometer. Die Einwohner planen ihren Tag stets mit Blick auf die Verkehrslage. Während der Hauptverkehrszeiten morgens und abends herrscht auf den Straßen der völlige Stillstand. Dies ist auch ein Problem für die Landbevölkerung, die in der Stadt nach Arbeit sucht. Busse verkehren unregelmäßig und stehen aufgrund fehlender Spuren ebenso im Stau wie die Autos, so dass kein verlässlicher Pendelverkehr zwischen der Innenstadt und den Außenbezirken möglich ist. Da die Wohnungen in der Innenstadt für diese Menschen unerschwinglich sind, entstehen behelfsmäßige und provisorische Unterkünfte an den großen Busbahnhöfen, die sich zu Verkehrsknotenpunkten wandeln. Diese Arbeitssuchenden sind Gefangene der Stadt, sie kommen hinein, aber nicht mehr hinaus und finden keinen für sie bezahlbaren Wohnraum. Ein stets fließender Verkehr würde ein Pendeln zwischen dem Arbeitsplatz in der Innenstadt und den Wohnungen in den Außenbezirken ermöglichen. Damit hätten die Zuwanderer die Chance, gering bezahlte Arbeit in der City anzunehmen und sich gleichzeitig bezahlbare Unterkünfte außerhalb der Innenstadt zu nehmen. Das Beispiel verdeutlicht: Eine funktionierende Mobilität ist Voraussetzung dafür, dass die fortschreitende Urbanisierung nicht für viele Zuwanderer im sozialen Elend endet.

Zusammenfassung

- Eine verbesserte Mobilität vor allem in großen Städten trägt entscheidend dazu bei, dass Menschen bessere Jobs bekommen, höhere Einkommen erwirtschaften und weniger Gefahr laufen, arbeitslos zu werden.
- Zuverlässige, leistungsfähige und sichere Transportmöglichkeiten sind der entscheidende Faktor, um von Armut in Wohlstand zu gelangen oder seinen einmal erarbeiteten Lebensstandard zu halten.
- Schätzungen zufolge belaufen sich die täglichen Verkehrsstaus in Sao Paulo und anderen Metropolen auf mehrere hundert Kilometer pro Tag. Die Einwohner planen ihren Tag immer mit Blick auf die Verkehrslage.
- Für viele Menschen sind die Wohnungen in den Innenstädten dieser Metropolen unerschwinglich. Daher entstehen behelfsmäßige und provisorische Unterkünfte an den Verkehrsknoten.
- Diese Arbeitssuchenden sind Gefangene der Stadt, sie kommen hinein, aber nicht mehr hinaus und finden keinen für sie bezahlbaren Wohnraum.

Kapitel 34
Wettbewerbsfähigkeit

Die Automobilindustrie ist von zentraler Bedeutung für den Wohlstand vieler Volkswirtschaften. Deshalb findet bei der Entwicklung von automatisierten Fahrzeugen auch ein Wettbewerb der Nationen statt. Es stehen Arbeitsplätze, Steuergelder, Einkommen und Investitionen auf dem Spiel. Deshalb haben Regierungen und Organisationen zahlreiche Forschungsprojekte zum autonomen Fahren auf den Weg gebracht. Beispielsweise wurde in Deutschland die Autobahn zwischen München und Nürnberg mit der erforderlichen Infrastruktur ausgerüstet, so dass autonome Autos getestet werden können. Zudem wollen einige deutsche Städten die technischen Voraussetzungen dafür schaffen, dass selbstfahrende Fahrzeuge in wenigen Jahren sogar in den Innenstädten fahren können.

Einem Index von Roland Berger & Partner sowie der Technischen Universität Aachen zufolge sind die deutschen Automobilhersteller bereits sehr weit beim automatisierten Fahren, gefolgt von den amerikanischen und schwedischen Automobilherstellern. Der Grund dafür ist die breite Verfügbarkeit von Fahrerassistenzsystemen in vielen Modellen. Daraus entsteht Expertise, um diese Funktionen zu autonomen Systemen ausbauen zu können.

Was Vorschriften und Prozesse zur Zulassung von selbstfahrenden Fahrzeugen im Straßenverkehr betrifft, gelten die USA als führend, da sich in keinem anderen Land bereits so viele fahrerlose Autos im Straßenverkehr bewegen. Allerdings gibt es auch in der Europäischen Union Bestrebungen, die Rechtslage zügig anzupassen und Teststrecken mit der notwendigen Infrastruktur auszurüsten. Ganz konkret verständigten sich die Verkehrsminister auf ein Paket von Maßnahmen, damit autonomes Fahren in allen 28 Mitgliedsstaaten sehr bald möglich sein wird. Es geht darum, einen konsistenten Rechtsrahmen für hoch- und vollautomatisierte Autos zu erarbeiten und Regeln für die Kommunikation zwischen den Fahrzeugen untereinander und mit der Infrastruktur zu erlassen. Zudem muss die Sicherheit dieser Cybersysteme gewährleistet und der Umgang mit vernetzten Daten geklärt werden. Darüber hinaus hat die Europäische Union bereits Projekte angestoßen mit dem Ziel, die technischen und rechtlichen Grundlagen des autonomen Fahrens zu erarbeiten, aber auch die möglichen Hindernisse bei der Umsetzung in den europäischen Märkten zu verstehen.

Projekte in Europa und den USA

Im Rahmen der beschriebenen Projekte sind bereits einige selbstfahrende Busse in verschiedenen europäischen Städten auf die Straße gebracht worden. Dabei sollen Erfahrungen mit automatisierten Fahrzeugen gesammelt und die ökonomischen Wirkungen untersucht werden. AdaptIVe verfolgt das Ziel, die Verkehrssicherheit und den Verkehrsfluss durch eine Vernetzung und Automatisierung der Fahrzeuge zu verbessern. Dazu ist jedoch eine Standardisierung der V-to-V- und der V-to-I-Kommunikation unerlässlich, was unter anderem mit dem iGame-Projekt realisiert werden soll. Beim AutoNet2030-Projekt geht es um die Entwicklung kooperativer Technologien für das autonome Fahren, die den Informationsaustausch zwischen Fahrzeugen ermöglichen sollen. Mit dem Companion-Projekt entsteht ein System zur Koordination von Lastwagen in Echtzeit, um abhängig von den Verkehrsbedingungen, dem Wetter und anderen Faktoren geeignete Platoons bilden zu können. Diese Konvois sollen nicht mehr abhängig von den Zielorten der Lastwagen gebildet werden, also statisch, sondern vielmehr dynamisch. Dies bedeutet, dass immer wieder Lastwagen dem Konvoi beitreten, während andere Fahrzeuge das Platoon verlassen. Daher herrscht in einem solchen Konvoi ein permanentes Kommen und Gehen von Lastwagen.

Im November 2016 hat die Europäische Kommission beschlossen, ein kooperatives, intelligentes Transportsystem (C-ITS) entwickeln zu lassen. Durch die verbesserte V-to-X-Kommunikation soll der Weg für eine kooperative, vernetzte und automatisierte Mobilität bereitet werden. Konkret ist geplant, die Fahrzeuge mit wichtigen Informationen über die Verkehrslage zu versorgen, etwa über die Wetterbedingungen, Straßenbauarbeiten und herannahende Einsatzfahrzeuge von Polizei, Feuerwehr und Rettungsdienst. Darüber hinaus sollen die Autos Hinweise zur optimalen Geschwindigkeit erhalten, damit ein Verkehrsfluss mit maximalem Durchsatz an Fahrzeugen möglich ist. Um diese Ziele zu erreichen, dürfen keine fragmentierten, länderspezifischen Lösungen mehr entstehen. Es muss sich zügig ein einheitlicher europaweiter Standard für die V-to-X-Kommunikation durchsetzen.

Im Jahr 2011 war Nevada der erste amerikanische Bundesstaat, der autonomes Fahren zuließ; Kalifornien, Florida, Louisiana, Michigan, North Dakota, Tennessee, Utah und Washington D.C. folgten. Gerade schaffen auch Arizona, Massachusetts und Virginia die rechtlichen Voraussetzungen für den Test von fahrerlosen Autos auf öffentlichen Straßen. Fast monatlich folgen weitere Bundesstaaten, um bei der Entwicklung der Technologie für das autonome Fahren nicht ins Hintertreffen zu gelangen. Die National

Highway Traffic Safety Administration hat $ 4 Milliarden für die nächsten Jahre bereitgestellt, um die Sicherheit automatisierter und autonomer Fahrzeuge zu verbessern. Es ist mit weiteren finanziellen Anreizen zu rechnen, da viele Repräsentanten der Bundesstaaten die herausragende Bedeutung von selbstfahrenden Autos immer wieder betonen. Die Regierungen der traditionellen Autostaaten wie Michigan, Indiana und Ohio betrachten jedoch mit Sorge die Bestrebungen der kalifornischen IT-Giganten, ins Autogeschäft vorzudringen.

Volvo stellt derzeit etwa 100 hochautomatisierte Fahrzeuge (Level 4) bereit, die auf einem 50 Kilometer langen Autobahnring rund um Göteborg unterwegs sind. Es handelt sich um eine öffentliche Straße, auf der neben den selbstfahrenden Fahrzeugen auch Lastwagen, Motorräder und andere Autos unterwegs sind. In diesem Projekt namens DriveMe arbeitet Volvo mit dem schwedischen Verkehrsministerium, der schwedischen Transportagentur, dem Wissenschaftspark Lindholmen und der Stadt Göteborg zusammen. Die mit 360-Grad Kameras, GPS und zahlreichen Sensoren ausgestatteten Fahrzeuge erreichen eine maximale Geschwindigkeit von 70 km/h. Das Pilotprojekt auf öffentlichen Straßen ist ein Meilenstein auf dem Weg zur flächendeckenden Einführung von selbstfahrenden Autos. Neben den Einblicken in die technologischen Herausforderungen liefert dieser Versuch auch Informationen über das Verhalten der Insassen. Aus diesem Projekt gewinnen die Behörden wichtige Hinweise für die Weiterentwicklung der Infrastruktur in Schweden und unterstützen damit die Anstrengungen von Volvo bei der Entwicklung von autonomen Fahrzeugen.

In Finnland wurde eine multimodale App vorgestellt, damit sich vor allem Pendler schnell und einfach über die vielfältigen Transportmöglichkeiten informieren können. Diese Whim-App zeigt multimodale Verkehrsverbindungen, indem sie alle finnischen Städte mit ihren Mobilitätsdienstleistungen vernetzt. Da sich die App mit dem Kalender des Reisenden synchronisiert, lässt sich der Reiseverlauf im Voraus bestimmen. Es können nicht nur alle möglichen Bus-, Zug-, Fahrrad- und Taxi-Tickets gekauft werden, vielmehr ist auch die Reservierung von Mietwagen oder ein Zugriff auf Car- und Ride-sharing-Angebote möglich.

Projekte in Asien

Unbestritten findet der technologische Fortschritt rund um das autonome Fahren derzeit noch in Europa und den USA statt, allerdings hängt die Entwicklung an nationalen Gesetzen und regionalen Standards. Nicht einmal die V-to-V- und die V-to-I-Kommunikation konnten bislang vereinheitlicht werden, da jedes Land eine andere Vorstellung über die geeignete Technologie besitzt. Dagegen entstehen derzeit in China zahlreiche Projekte mit dem Ziel, die technischen Standards für das automatisierte und autonome Fahren zu definieren, die Infrastruktur einheitlich zu gestalten und die Kommunikation zwischen den Autos untereinander und mit der Infrastruktur zu regeln. Bis sich in den USA und Europa bestimmte Industriestandards herausgebildet haben, könnte China längst über bessere Rahmenbedingungen verfügen, um selbstfahrende Fahrzeuge in den Straßenverkehr zu bringen. Li Yusheng, Direktor des Chongqing Changan Autoprogramms, ist davon überzeugt, dass China wegen dieser Standards den Rest der Welt beim autonomen Fahren schlagen kann.

Aus dem chinesischen Zehnjahresplan Made in China 2025 geht hervor, dass die Regierung das Land zu einem Innovationszentrum vor allem für die Automobilindustrie machen will. Das gilt nicht nur für die Elektromobilität, sondern auch für das automatisierte Fahren und die dafür erforderliche Infrastruktur. Das Ministerium für Industrie- und Informationstechnologie hat das Ziel vorgegeben, durch intelligente und vernetzte Autos bis 2025 die Unfälle im Straßenverkehr um 30 Prozent, den Treibstoffverbrauch um zehn Prozent und die Emissionen um 20 Prozent zu verringern.

Es sind bereits erhebliche Anstrengungen unternommen worden, um die erforderliche Infrastruktur aufzubauen. Beispielsweise wurde eine Zusammenarbeit zwischen dem Massachusetts Institute of Technology in Boston (MIT) und Peking vereinbart, in der es um die intelligente Steuerung des Verkehrs geht. Zudem ging das MIT mit Chongqing eine Partnerschaft ein, um den Warentransport zu optimieren. In Shanghai wurde ein Netzwerk für die Entwicklung selbstfahrender Autos gegründet, an dem sich zahlreiche Technologieunternehmen beteiligen. Zudem kooperieren Wuhu und Baidu, um den Aufbau eines Testgeländes für fahrerlose Fahrzeuge in Shanghai zu ermöglichen. Auch die örtliche Regierung unterstützt dieses Projekt mit $ 7,5 Millionen, um den Anspruch von Shanghai als Zentrum für die moderne Mobilität zu betonen. Dieses Testareal umfasst zwei Quadratkilometer, ist mit einem 5G-Netz ausgerüstet und soll bis 2020 zu einem Innovationspark entwickelt werden.

BMW, Mercedes-Benz, Ford, Hyundai und der chinesische Autohersteller BYD verwenden die Vernetzungsplattform CarLife, um das Infotainment-System im Fahrzeug mit dem Smartphone zu verbinden. Auch Volkswagen, Audi und General Motors haben signalisiert, diese Software für ihre Autos zu nutzen. Daneben entwickelt Baidu ein innovatives Telematiksystem (MyCar), mit dem sich fahrzeug- und verkehrsrelevante Daten erfassen und auswerten lassen. Alibaba hat in Zusammenarbeit mit dem chinesischen Autohersteller SAIC den RX5 entwickelt und vorgestellt. Das Fahrzeug besitzt ein Alipay-System, das es den Fahrern erlaubt, für Parkplätze, Benzin oder Kaffee zu bezahlen. Zudem ist der RX5 mit drei LED-Bildschirmen und vier 360-Grad Kameras ausgerüstet, um Videos und Bilder aufzunehmen. Jian Wang, Vorsitzender der Forschungs- und Entwicklungsabteilung von Alibaba, spricht davon, man wolle nicht das Internet ins Fahrzeug bringen, sondern das Fahrzeug ins Internet. Aus seiner Sicht bildet die zentrale Steuerungseinheit künftig den Kern der Fahrzeugtechnologie, und die erfassten Daten sind der Treibstoff, um immer wieder neue Dienstleistungen anbieten zu können.

Die zahlreichen Kooperationen, die chinesische Firmen eingehen, unterstreichen den Anspruch der Regierung, China beim autonomen Fahren zu einer der führenden Nationen zu machen. Hierzu einige Beispiele: Peugeot und Citroën beabsichtigen, einige ihrer Fahrzeuge in Zusammenarbeit mit Alibaba mit einem Wifi-Hotspot auszustatten, und bieten eine App an, um aus der Ferne den noch verbleibenden Treibstoff im Tank zu erfassen. Airbiquity, ein führendes Unternehmen für Vernetzungstechnologien im Fahrzeug, und Baidu arbeiten zusammen, um Internetdienste im Auto für den chinesischen Markt gestalten zu können. Die beiden chinesischen Autohersteller Dongfeng und Changan sind eine Kooperation mit Huawei Technologies eingegangen, um ebenfalls Daten im Fahrzeug zu verknüpfen, damit daraus neue Services entwickelt werden können.

In Singapur besteht eine Partnerschaft zwischen staatlichen Institutionen und Unternehmen mit dem Anliegen, die Forschung und Entwicklung von autonomen Fahrzeugen zu unterstützen. Prototypen aus diesem Projekt befinden sich bereits auf Teststrecken, vor allem mit dem Ziel, den privaten und öffentlichen Verkehr zu verzahnen. Hierzu gehören auch die mit einer Software von NuTonomy ausgerüsteten selbstfahrenden Taxis im städtischen Nahverkehr. Dieser weltweit erste Taxidienst hat seinen Betrieb in Singapurs Stadtteil One-North aufgenommen. Die Regierung lädt Firmen aus der ganzen Welt ein, ihre Technologien im realen Straßenverkehr zu testen. Hierzu werden auch finanzielle Mittel bereitgestellt, und man bemüht sich, die Genehmigungen zügig zu erteilen.

Diese Rahmenbedingungen haben zahlreiche Technologieunternehmen überzeugt, sich in Singapur niederzulassen. Derzeit ist das fahrerlose Taxi noch auf wenige Kunden begrenzt; einige Anwohner wurden eingeladen, das System zu testen. Sie können per Smartphone-App innerhalb von One-North einen umgerüsteten, selbstfahrenden Mitsubishi i-MiEV vor die Haustür bestellen. Die Taxis verkehren auf einem sechs Kilometer langen Straßennetz in diesem Stadtteil. Es bestehen bereits Pläne, das Netz auszubauen, und es sollen weitere Fahrzeuge hinzukommen, damit dieser Taxi-Service immer mehr Einwohnern angeboten werden kann.

Auch Taiwan investiert in die Gestaltung zukünftiger Verkehrssysteme, in deren Mittelpunkt autonome Fahrzeuge stehen. Hierzu wurde ein Programm aufgelegt, um Autohersteller für die Forschung und Entwicklung ins Land zu locken. In vielen anderen Ländern, zum Beispiel den Niederlanden, Neuseeland und Japan, sind die Regierungen dabei, Lizenzen für den Test fahrerloser Fahrzeuge zu vergeben und den rechtlichen Rahmen anzupassen. Zudem bringt man Projekte zur Erarbeitung der zentralen Steuerungseinheit für selbstfahrende Autos auf den Weg, baut immer mehr Strecken für den autonomen Verkehr aus, entwickelt die dafür erforderliche Infrastruktur und holt immer mehr IT-Firmen ins Land.

Um bei der Entwicklung von fahrerlosen Autos ganz vorn dabei zu sein, baut Südkorea in der Nähe von Hwaseong das weltweit größte Testgelände. Die K-City ist so groß wie eine Kleinstadt und erlaubt, eine Vielzahl von Situationen im Straßenverkehr zu simulieren. Es gibt enge Straßen, viele Kurven, Ampeln, Kreisverkehre, Parkplätze, Busspuren, eine Schnellstraße und falls gewünscht Fußgänger und Radfahrer, die die Straße überqueren. Mit diesem 360.000 Quadratmeter großen Testgelände will die südkoreanische Regierung die eigene Industrie auf dem Weg zur autonomen Mobilität unterstützen. Die künstliche City soll von südkoreanischen Autobauern wie Kia und Hyundai sowie von Technologiefirmen wie Samsung, SK Telecom oder Naver genutzt werden. Zudem sind auch Versicherungen und Städtebauer eingeladen, auf diesem Areal Daten über das Mobilitätsverhalten zu erfassen. K-City ist jedoch nicht der einzige Ort, an dem südkoreanische Firmen ihre Technologien für selbstfahrende Fahrzeuge testen können. Die Regierung erteilte Samsung die Erlaubnis, seine autonomen Experimentalfahrzeuge auf öffentlichen Straßen fahren zu lassen. Mit dieser Freigabe und dem Bau von K-City wollen die Südkoreaner ihr Ziel erreichen, ab 2020 eine große Anzahl von autonomen Autos der Stufe 3 auf öffentlichen Straßen rollen zu lassen.

Projekte in Israel

Auch Israel hat sich in den letzten Jahren zu einem wichtigen Standort für das automatisierte und autonome Fahren entwickelt. Mobileye, inzwischen von Intel übernommen, ist ein weltweit führender Hersteller von Sensoren und bildet den Mittelpunkt der israelischen Technologieszene. Daneben finden sich zahlreiche Firmen, die erfolgreich Produkte und Dienste rund um die Cybersicherheit anbieten, wie etwa Argus (gehört inzwischen zu Continental) und GuardKnox. Google hat die von einer israelischen Firma entwickelte App Waze erworben, mit der sich in Echtzeit die Verkehrslage auf einer Karte darstellen lässt. Otonomo bietet einen Cloud-basierten Service an, um Fahrzeugdaten zu erfassen und auszuwerten, aus denen sich wiederum Leistungen für die Fahrer und Insassen gestalten lassen. Cortica setzt komplexe Algorithmen ein, um selbst aus unscharfen und unpräzisen Bildern der Kameras Informationen über das Umfeld des Fahrzeugs zu gewinnen. Diese Technologie kann dazu eingesetzt werden, der zentralen Steuerungseinheit ein Mapping und Localizing – also Kartenmaterial und Standortbestimmung – selbst bei schwierigen Bedingungen wie Regen und Schnee zu ermöglichen. Autotalks stellt Software für die V-to-V-Kommunikation, aber auch für ganz neue Anwendungen wie die V-to-X-Kommunikation bereit. Diese Technologie lässt sich in die bestehende zentrale Steuerungseinheit eines Fahrzeugs integrieren und erweitert die kommunikative Reichweite für die Passagiere.

Nationen im Wettbewerb

Will man den Stand des autonomen Fahrens in verschiedenen Ländern miteinander vergleichen, bietet sich ein Blick auf den von KPMG entwickelten Readiness-Index an. Diese Kennzahl bringt die Bereitschaft von Ländern zum Ausdruck, automatisierte und selbstfahrende Autos im Straßenverkehr einzusetzen. Der Index umfasst vier Dimensionen: den Stand der Rechtsprechung und Regulierung, die Entwicklung der Infrastruktur, die Verfügbarkeit von Technologien und die Bereitschaft der Menschen auf hoch- und vollautomatisierte Fahrzeuge (Levels 4 und 5) zu wechseln.

Hiernach gehören die Niederlande und Singapur zu den führenden Ländern, während Japan, Südkorea und Österreich die Nachzügler bilden. Die USA, Schweden, England, Deutschland und Kanada zählen hingegen zum Mittelfeld. Die beiden führenden Länder besitzen eine Rechtssprechung, die bereits heute autonome Fahrzeuge im Straßenverkehr zulässt. Hinzu kommen politische Rahmenbedingungen, die Unternehmen aus aller Welt dazu einladen, fahrerlose Autos zu testen. Auch weisen die Einwohner in beiden Ländern eine sehr hohe Bereitschaft auf, neue und radikale Technologien aufzunehmen. Die Infrastruktur und die Beschaffenheit der Straßen sind hervorragend oder werden gerade auf den neuesten Stand gebracht. Auch besitzen die Mobilitätsfirmen in beiden Ländern stets Zugang zu neuesten Technologien, wie etwa Sensoren, Algorithmen oder Steuerungseinheiten.

China erscheint zwar erst auf Platz 16, holt jedoch beim autonomen Fahren mächtig auf. Insbesondere bei Rechtsprechung und Regulierung sowie der Verfügbarkeit von Technologien unternimmt der Staat derzeit erhebliche Anstrengungen. Taiwan, Malaysia und andere asiatische Länder tauchen gar nicht auf, jedoch sind auch dort Bestrebungen im Gange, zukünftig eine bedeutende Rolle zu spielen. Dieser Index gleicht einem Schnappschuss, der den aktuellen Stand in den einzelnen Ländern vermittelt. Für das Gesamtbild ist jedoch die Dynamik, mit der die Nationen ihre Projekte rund um fahrerlose Autos vorantreiben, entscheidend. Hierbei dürften die asiatischen Länder, insbesondere China, die klassischen Autonationen, wie Deutschland, England oder Frankreich, dominieren.

Zusammenfassung

- Aufgrund der Bedeutung der Automobilindustrie für den Wohlstand vieler Volkswirtschaften findet bei der Entwicklung von automatisierten und autonomen Fahrzeugen auch ein Wettbewerb der Nationen statt.
- In Europa und den USA gibt es ein Stückwerk von nationalen Regelungen und regionalen Standards. Nicht einmal die V-to-V- und die V-to-I-Kommunikation konnte bislang vereinheitlicht werden.
- Die Europäische Union schafft derzeit einen konsistenten Rechtsrahmen für selbstfahrende Fahrzeuge und formuliert Regeln für die Kommunikation der Fahrzeuge untereinander und mit der Infrastruktur.
- Nevada war 2011 der erste amerikanische Bundesstaat, der autonomes Fahren zuließ; inzwischen sind zahlreiche weitere Staaten gefolgt.
- Die Regierungen der traditionellen Autostaaten wie Michigan, Indiana und Ohio betrachten mit Sorge die Bestrebungen der kalifornischen IT-Giganten, ins Autogeschäft vorzudringen.
- China verfolgt das Ziel, die technischen Standards für automatisierte und autonome Fahrzeuge zu definieren, die Infrastruktur einheitlich zu gestalten und die Kommunikation zwischen den Fahrzeugen und mit der Infrastruktur zu regeln.
- Darüber hinaus profiliert sich Singapur als Testfeld für das autonome Fahren. In Israel sind zahlreiche Start-ups und Spin-offs rund um die Informations- und Kommunikationstechnologie sowie die Cybersicherheit gegründet worden.
- Dem KPMG-Index bezüglich des Standes des autonomen Fahrens zufolge führen derzeit die Niederlande und Singapur.

Kapitel 35
Aufstrebende Nationen

Die Prototypen aus den 50er und 60er Jahren konnten nur deshalb autonom fahren, weil auf den Teststrecken eine entsprechende Infrastruktur aufgebaut wurde. Die heutigen selbstfahrenden Fahrzeuge verfügen über Kameras, Radar, Lidar und Ultraschall und sind daher in der Lage, sich ein eigenes Bild von der Umgebung zu machen. Folglich können fahrerlose Autos auch dort eingesetzt werden, wo die Infrastruktur nicht umfassend entwickelt ist. Allerdings hängen selbst sehr gut ausgerüstete selbstfahrende Autos von Fahrbahnmarkierungen, GPS, Real-life-Karten und intelligenten Ampeln und Verkehrszeichen ab. Zudem braucht es ein stabiles, sicheres und leistungsfähiges Netz — zumindest 4G, besser noch 5G — für eine zuverlässige V-to-V- und V-to-I-Kommunikation.

Es erscheint also naheliegend, dass sich das autonome Fahren vor allem in entwickelten Ländern verbreitet, also überall dort, wo ausgebaute Straßen und funktionierende Funknetze existieren oder zügig aufgebaut werden können. Zudem sollten die Menschen dort eine gewisse Bereitschaft mitbringen, diese Technologie anzunehmen und dafür zu bezahlen. Vor allem aus technischen Gründen werden autonome Fahrzeuge bislang in entwickelten Ländern schrittweise vom Testgelände in den Straßenverkehr gebracht. Es sind jedoch die aufstrebenden Länder in Südostasien und Lateinamerika, die diese Technologie am dringendsten bräuchten. Die Bevölkerung wächst, die Wirtschaft boomt, der Wohlstand steigt, auf den Straßen sind deshalb immer mehr Fahrzeuge unterwegs — und die Verkehrsinfrastruktur ist völlig überfordert.

Beispielsweise hat sich in China das jährlich frei verfügbare Einkommen der städtischen Bevölkerung zwischen 2000 und 2017 von $ 1.500 auf etwa $ 27.000 erhöht, und der jährliche Absatz von Fahrzeugen stieg von 5,8 auf 19,5 Millionen. Ein ähnlicher Zusammenhang zwischen der Wohlstandsentwicklung und der Nachfrage nach Autos lässt sich auch in Brasilien, Indien und weiteren Ländern beobachten, die sich auf dem Weg der Industrialisierung befinden. Obgleich auch immer wieder Rückschläge im Wirtschaftswachstum zu verzeichnen sind, zeigt der Trend eindeutig nach oben. In den Megacities Südostasiens und Lateinamerikas kommt es deshalb zu dramatischen Verkehrsverhältnissen mit kilometerlangen Staus und einer katastrophalen Luftqualität. Die zügige Einführung des autonomen Fahrens in den aufstrebenden Ländern könnte aus den folgenden Gründen die Sicherheit im Verkehr erhöhen und die Umwelt schonen:

(1) Obwohl in den aufstrebenden Ländern viel weniger Fahrzeuge auf den Straßen sind als in den entwickelten Ländern, ist die Anzahl der Verkehrstoten bezogen auf die Menge der Autos sehr viel höher. Daten von Eurometer zufolge sterben in Indien pro Jahr über 1.000 Menschen pro 100.000 Autos bei Verkehrsunfällen, in China 370. In den entwickelten Ländern sind es 10 bis 15. Im Jahr 2020 wird China die gleiche Anzahl von Fahrzeugen aufweisen wie die USA, jedoch 30-mal mehr Verkehrstote zu beklagen haben. Das bedeutet, es werden dann nahezu eine Million Menschen auf Chinas Straßen umkommen.

(2) Der Ausstoß von Abgasen ist vor allem in den Megacities so hoch, dass fast jeden Tag alle Grenzwerte der Weltgesundheitsorganisation WHO überschritten werden. So darf in Peking bei bestimmten Wetterlagen nur ein Teil der Fahrzeuge genutzt werden, gleichwohl müssen die Menschen Masken tragen, um die Atemwege und die Lunge zu schützen. Ein ähnliches Bild zeigt sich auch in Mexico City, einer Stadt mit täglich 24 Millionen Autofahrten. An 241 Tagen pro Jahr ist die Luftqualität so schlecht, dass alle Grenzwerte weit überschritten werden.

Die Voraussetzungen sind recht gut, um autonomes Fahren zumindest in bestimmten Regionen und auf einzelnen Straßen in den aufstrebenden Ländern auf den Weg zu bringen. In der Regel sind die Menschen in diesen Ländern neuen Technologien gegenüber sehr aufgeschlossen. So weisen China und Indien inzwischen eine höhere Durchdringung mit Smartphones auf als Westeuropa. Zwar hinken diese Länder bei Sicherheits- und Emissionsstandards derzeit noch hinterher, sie holen jedoch zügig auf. In entwickelten Ländern arbeiten Parlamente seit Jahren daran, einen Rechtsrahmen für das autonome Fahren zu schaffen. In einigen aufstrebenden Ländern liegen dagegen bereits Gesetzentwürfe vor, die es den Autoherstellern leicht machen sollen, schnell selbstfahrende Autos in den Verkehr zu bringen.

Vor allem rund um die Megacities, nicht so sehr in den ländlichen Gebieten, bestehen bessere Straßen und Kommunikationsverbindungen als in vielen entwickelten Ländern. Zudem haben diese Länder eine ganze Reihe von Infrastrukturprojekten auf den Weg gebracht, die in den nächsten Jahren das autonome Fahren enorm befördern sollten. Hierzu gehört der Ausbau von 4G- und 5G-Netzen ebenso wie die Verbreitung von intelligenten Ampeln und Verkehrszeichen. Während der Markt für Autos in entwickelten Ländern gesättigt ist und nur noch Ersatzbedarf besteht, weisen die aufstrebenden Märkte erhebliche Wachstumsraten auf. In etablierten Märkten braucht es viel mehr Zeit und Anstrengung als in den entwickelten Ländern, um disruptive Technologien durchzusetzen. Die Kunden hängen dort an ihren Gewohnheiten, und die Geschäftsroutinen in den Vertriebskanälen sind kaum zu durchbrechen.

Die Diskussion über mögliche Märkte und Zeitpunkte für die Einführung von autonomen Fahrzeugen ist deshalb wichtig, weil es in der Automobilindustrie immer um standardisierte Architekturen und Plattformen und damit letztlich um Skaleneffekte geht. Um diese möglichst zügig realisieren zu können, müssten die aufstrebenden Märkte von Anfang an mit in Betracht gezogen werden. Zudem ist es entscheidend, dass sich rasch Standards bezüglich der Hard- und Software sowie der Kommunikation zwischen Fahrzeugen und mit der Infrastruktur herausbilden. Nur so kann es gelingen, in nahezu allen Märkten identische Fahrzeuge anbieten zu können, um Skaleneffekte zu erzielen.

Allerdings erfordert das autonome Fahren eine Vielzahl von technischen Diensten, die in aufstrebenden Märkten bestenfalls in einigen Megacities verfügbar sind. Man denke an die Wartung und Reparatur der automatisierten Fahrzeuge, wofür bestens ausgerüstete Werkstätten und sehr gut geschultes Personal unerlässlich sind. Obgleich künftig viele drahtlose Software-Updates vorgenommen werden können, sind immer noch Inspektionsarbeiten vor Ort notwendig, um die Funktionsfähigkeit der Fahrzeuge zu gewährleisten. Der Automechaniker muss zum Softwareingenieur werden — diesen Wandel in den Werkstätten weltweit zu bewältigen, dürfte für die Autohersteller und ihr Händlernetz eine zentrale Herausforderung darstellen.

Zusammenfassung

- Autonome Fahrzeuge sind bislang in entwickelten Ländern schrittweise vom Testgelände in den Straßenverkehr gebracht worden. Allerdings sind es die aufstrebenden Länder, die diese Technologie in Anbetracht der Unfallzahlen und Luftverschmutzung dringend bräuchten.
- Vor allem in den Megacities Südostasiens und Lateinamerikas herrschen dramatische Verkehrsverhältnisse mit kilometerlangen Staus und hoher Luftverschmutzung.
- Die zügige Einführung des autonomen Fahrens in aufstrebenden Ländern könnte die Sicherheit im Verkehr erhöhen und die Umwelt schützen.
- Die Menschen sind den neuen Technologien gegenüber sehr aufgeschlossen. China und Indien weisen inzwischen eine höhere Durchdringung mit Smartphones auf als Westeuropa.
- Auch bestehen rund um die Megacities neuere und bessere Straßen und Kommunikationsnetze als in vielen entwickelteren Ländern.
- Allerdings muss für autonome Fahrzeuge auch ein Servicenetz entwickelt werden, was in aufstrebenden Ländern eine besondere Herausforderung darstellt.

Kapitel 36
Stadt- und Raumentwicklung

Megacities

Das Jahr 2007 markierte einen historischen Einschnitt im Siedlungsverhalten, da seither mehr Menschen in Städten als auf dem Land leben. Dieser Wandel setzt sich unvermindert fort. Lebten 1950 noch 70 Prozent der Menschen auf dem Land und 30 Prozent in der Stadt, wird sich das Verhältnis im Jahr 2050 umdrehen: 70 Prozent Stadtbewohner, 30 Prozent Landbewohner. Über viele Jahrhunderte verharrten selbst Metropolen an der Grenze zu einer Million Einwohnern. Erst Mitte des letzten Jahrhunderts durchbrach New York die 10-Millionen-Grenze, gefolgt von Tokio und Mexico City. Inzwischen sind 27 weitere Städte dazugekommen, bis 2025 wird mit etwa 40 Megacities gerechnet. Zu den besonders stark wachsenden Metropolen zählen Mexico City (von 16,4 Millionen im Jahr 1995 auf 24,6 Millionen im Jahr 2025), Mumbai (von 14,3 auf 26,6 Millionen) und Peking (von 8,3 auf 22,6 Millionen). Für 2020 rechnet man weltweit betrachtet mit Investitionen in Immobilien im Wert von etwa $ 1 Billion, davon die Hälfte in den 30 größten Städten der Welt.

Derzeit existieren etwa 600 urbane Zentren, die etwa ein Fünftel der Weltbevölkerung beheimaten und 60 Prozent des globalen Sozialprodukts erwirtschaften. Bis 2025 werden 136 neue Städte dazukommen, 100 davon in China und 13 in Indien. Das zeigt, dass sich die weitere Urbanisierung der Welt vor allem in Südostasien vollzieht. In diesen Zentren ist das Bevölkerungswachstum 1,6-mal größer als in der gesamten Welt. Daher lässt sich schon heute absehen, dass 2025 bereits 25 Prozent der Weltbevölkerung in diesen 600 Zentren leben wird. Bis dahin kommen in diesen Städten über 300 Millionen Menschen im arbeitsfähigen Alter hinzu — mit gewaltigen Herausforderungen für die Verkehrsinfrastruktur. Da in den aufstrebenden Städten die soziale Mittel- und Oberklasse enorm wächst, steigen das Einkommen, die Anzahl der Fahrzeuge und die Ansprüche an die Mobilität (Erläuterung 8.1, Abbildung 8.1, S. 301).

Erläuterung 8.1. Die Rolle von Städten bei der autonomen Mobilität

Städte als neue Machtzentren

Noch nie waren Städte reicher, größer, fortschrittlicher und besonders bemerkenswert: Ihre links- und grünliberale Bevölkerung koppelte sich in vielen Ländern vom konservativen Umfeld ab. Inzwischen übernehmen die Bürgermeister zahlreicher Metropolen viele Aufgaben, die früher Sache von nationalen Regierungen waren. Diese Verschiebung der Kräfte hat Bruce Katz, Stadtforscher am Brookings Institut, zufolge etwas zu tun mit der bereits mehrmals angesprochenen Urbanisierung der Weltbevölkerung. Städte entwickeln sich zu Zentren des Vermögens, der modernen Ideen, der liberalen Gedanken und der Offenheit für alternative Lebensentwürfe – und damit auch neuer Mobilitätskonzepte.

Als die USA aus dem Pariser Klimaabkommen austraten, verkündete der Präsident, dass er gewählt wurde, um die Bürger von Pittsburgh zu repräsentieren, nicht die von Paris. Prompt kam die Stellungnahme von Bill Peduto, dem Bürgermeister von Pittsburgh. Er könne versichern, dass seine Stadt die Vereinbarungen des Pariser Abkommens einhalten werde, für die Menschen, für die Wirtschaft und für die Zukunft. Zudem kündigte er an, Pittsburgh bis zum Jahr 2035 ganz mit erneuerbaren Energien zu versorgen. Inzwischen arbeiten Wissenschaft und Wirtschaft an einer sauberen Zukunft – mit einer stadteigenen Flotte an Elektrofahrzeugen. Diese neue (grüne) Lebensqualität zieht Talente und Firmen in dieses Silicon Valley des Ostens. Google konnte die Mitarbeiter auf seinem Pittsburgh Campus verdoppeln, und Uber testet seine selbstfahrenden Autos.

Bereits 2005 schlossen sich die fortschrittlichsten Städte der Welt zu einem Netzwerk zusammen. Dabei verfolgen sie drei Ziele: Emissionen senken, die Erwärmung der Erde aufhalten und den Druck auf die Nationalstaaten beim Klimaschutz erhöhen. Heute gehören mehr als 90 Städte der Welt zu diesem Netzwerk, von Pittsburgh über Moskau bis nach Shanghai. Sie vertreten rund 650 Millionen Menschen, tragen ein Viertel zum weltweiten Sozialprodukt bei und dürften jene Orte sein, in denen das autonome Fahren den Durchbruch erzielt.

Quelle: Eigene Darstellung

Abbildung 8.1. Straßenverläufe in chinesischen Megacities
Quelle: Sean Pavone/ 123RF.com (links), chuyu/123RF.com (rechts).

Wie bereits ausgeführt, ist die zunehmende Urbanisierung Ausdruck eines globalen Bevölkerungswachstums verbunden mit erheblichen Wanderungsbewegungen. Eine funktionierende Mobilität bildet die Voraussetzung dafür, dass die Bevölkerung in Sicherheit und Wohlstand wachsen kann und Migration möglich ist. Obgleich die Bedeutung der Verkehrsinfrastruktur unbestritten ist, dürften etwa 75 Prozent der bis 2050 benötigten Bauten bisher weder geplant noch in der Entstehung sein. Vor allem jene Metropolen, die bis 2030 einen deutlichen Anstieg der Bevölkerung verzeichnen, leiden bereits heute unter einer sehr hohen Bebauungsdichte. Man denke nur an Shanghai oder Kairo.

Asiatische und afrikanische Metropolen sind 1,3-mal dichter bebaut als die Städte in Lateinamerika, 2,5-mal dichter als europäische Städte und fast 10-mal dichter als die Zentren in den USA. Deshalb kann die zusätzlich benötigte Infrastruktur aus Straßen sowie Trassen für Züge und Stadtbahnen gar nicht erstellt werden. Es gibt schlicht keinen Platz dafür. Hinzu kommt, dass viele dieser Städte auch nicht über die finanziellen Möglichkeiten verfügen, um die Verkehrsprobleme zu lösen. Was es offenbar braucht, ist ein intelligentes Zusammenspiel der verschiedenen Transportmittel, inklusive aller möglichen Car- und Ride-sharing-Konzepte. Aber auch die zügige Einführung autonomer Fahrzeuge kann die Verkehrslage entspannen, da der Durchsatz an Fahrzeugen mit dieser Technologie deutlich erhöht werden kann. Mit anderen Worten: Auf den bestehenden Straßen könnten viel mehr Autos fahren als bisher – idealerweise Elektrofahrzeuge.

Kann es gelingen, die derzeitigen Transportmittel zukunftsfähig zu machen, um dem Verkehrsinfarkt zu entgehen? Viele Autohersteller entwickeln bereits umfassende Dienste für den Stadtverkehr. Beispielsweise betreibt BMW ein Institut für Mobilitätsforschung, fördert Firmen und Projekte, die sich mit der Lösung von städtischen Verkehrsproblemen befassen. Zudem besitzt das Unternehmen mit DriveNow einen eigenen Car-sharing-Service und unterstützt mit ParkNow die oft mühevolle und langwierige Suche nach Parkplätzen in den Innenstädten. Auch Ford kann inzwischen auf eine ganze Reihe von Mobilitätsservices für die Stadt verweisen, zu denen eine Parking-App (GoPark), ein Car-sharing-Service (GoDrive), ein Shuttle-Service (GoRide) und eine Mobilitäts-App (FordPass) gehören.

Smart-City-Projekte

Es gibt weltweit bereits zahlreiche Projekte, um die Idee einer Smart City umzusetzen. Das Ziel: den Verkehrsfluss verbessern, den Ausstoß von Schadstoffen vermindern, die Lebensqualität in den rasant wachsenden

Megacities erhöhen. Bis zum Jahr 2030 werden etwa 50 Prozent der indischen Bevölkerung in Städten leben. Deshalb hat das Ministerium für Stadtentwicklung einen Wettbewerb ausgerufen, in dem es darum geht, mit neuester Technologie die gravierenden Verkehrsprobleme zu lösen. Dabei sollen Verkehrsmodelle entwickelt werden, die, sofern sie sich bewähren, auch in anderen Städten eingesetzt werden können. Ein zentrales Element in allen bislang vorgestellten Entwürfen sind autonome Fahrzeuge, die mit Unterstützung der Hersteller zügig in die Verkehrskonzepte für die Metropolen integriert werden sollen.

Das US-Transportministerium hat Fördergelder bereitgestellt, um im Rahmen eines Wettbewerbs herauszufinden, was eine Smart City ausmacht. Es geht darum, eine Stadt zu entwickeln, in der innovative Technologien wie selbstfahrende und vernetzte Autos in den Lebensalltag der Menschen integriert sind. Fast 80 Städte nahmen zuletzt an diesem Wettbewerb teil; Portland, Pittsburgh, Austin, Kansas City, Columbus, Denver und San Francisco erreichten das Finale. In Columbus, Gewinner des Wettbewerbs 2016, sollen das verfügbare Budget sowie private Mittel dazu eingesetzt werden, um das Verkehrssystem mit neuester Infrastruktur, modernstem Datenmanagement und selbstfahrenden Fahrzeugen auszurüsten. Auch dieser Wettbewerb verfolgt das Ziel, aus den Pilotprojekten zu lernen, um die Verkehrssituation in vielen anderen amerikanischen Städten zu verbessern.

Die Audi Urban Future Initiative

Die bislang diskutierten Optionen, um einen Verkehrsinfarkt vor allem in den Megacities zu vermeiden, lassen sich von keiner Organisation, Institution oder Disziplin alleine umsetzen. Es braucht interdisziplinäre Ansätze, um aus unterschiedlichen Perspektiven neue Wege zu finden. Die Audi Urban Future Initiative verfolgt das Ziel, Ideen für innovative Verkehrskonzepte in Städten aus verschiedenen Blickwinkeln zu entwickeln. Im Mittelpunkt steht der Dialog mit Stadtplanern, Architekten, Datenexperten und Designern, um Ansätze für die bauliche und soziale Entwicklung von Städten zu erarbeiten. Im Rahmen dieser Initiative kooperiert Audi bei Bau- und Verkehrsprojekten mit Metropolen, um das vernetzte und automatisierte Auto in die Gestaltung einer Stadt zu integrieren. Im Folgenden sind vier Beispiele skizziert, die aus dieser Initiative entstanden sind.

(1) Boswash ist ein Ballungsgebiet, das sich von Boston bis Washington erstreckt und etwa 53 Millionen Menschen beheimatet. Diese Metropolregion ist geprägt von Innenstadtgebieten, Stadtrandlagen und Außenbezirken, die von Straßen und Bahnlinien durchkreuzt sind. Obgleich das Ver-

kehrsnetz im Vergleich zu anderen Metropolen sehr dicht ist, gibt es keinen dominierenden Verkehrsträger, von dem aus die anderen sich verzweigen. Auch besteht keine Koordination zwischen den verschiedenen Transportmitteln, weshalb Bahnen und Autos quasi nebeneinander herfahren. Mit der Mobilitätsplattform Shareway soll das Mobilitätssystem neu gestaltet werden; das Ziel ist ein multimodales Verkehrskonzept, das nahtlose Übergänge ermöglicht. Die verschiedenen Transportmittel könnten einmal zu einem Gesamtsystem verknüpft werden inklusive aller möglichen Car- and Ride-sharing-Services (Abbildung 8.2).

Abbildung 8.2. Mobilitätszentren für Boston und Washington
Quelle: Audi AG

(2) Das Verkehrssystem in und um Sao Paulo ist aufgrund der fortschreitenden Urbanisierung total überlastet. Die wenigen Bahnen sind völlig überfüllt und können die Zeitpläne nicht einhalten, während Busse und Autos in Staus stecken. Daher leben viele Menschen in einer Situation der sozialen und räumlichen Unbeweglichkeit, sie sind gefangen im Verkehrschaos. Folglich muss zukünftig eine Balance zwischen Raum und Geschwindigkeit gefunden werden, die den Menschen neue Möglichkeiten eröffnen. Mit dem Projekt Urban Parangolé sollen Transitknoten geschaffen werden. Zwischen diesen Knoten sorgen Bahnen und (selbstfahrende) Busse und Autos entlang von Korridoren für Mobilität. Man erhofft sich damit, Flächen zu gewinnen, die für Parks, Wohnungen und Sportplätze genutzt werden können.

(3) Die Hügellandschaft von Istanbul ist eine Herausforderung für den Schienenverkehr, und die Bosporusbrücken sind ein Nadelöhr im Berufsverkehr. Um dem wachsenden Mobilitätsbedarf zu begegnen, werden Autobahn- und Eisenbahntunnels gegraben und Brücken über die Meerenge gebaut. Neben allen diesen baulichen Maßnahmen ist das Bonusprogramm PARK auf den Weg gebracht worden, um Menschen zu ermuntern, fahrerlose Sammeltaxis zu benutzen. Studien zufolge ersetzt jedes dieser Taxis etwa 20 Fahrzeuge auf Istanbuls Straßen. Für jede Fahrt bekommt der Nutzer Punkte gutgeschrieben, die eingetauscht werden können, um Parkplätze vor dem eigenen Haus zu mieten. Zudem hat sich PARK zu einer sozialen Platzform entwickelt, auf der sich die Menschen über politische und soziale Themen austauschen.

(4) Das Pearl River Delta mit dem Zentrum Shenzhen ist Sitz zahlreicher Produktionsstätten, umgeben von einem Netz aus Schienen, Kanälen und Straßen. Innerhalb von 30 Jahren hat sich diese Stadt mit damals 30.000 Einwohnern zu einer 15-Millionen-Metropole entwickelt, wobei der gesamte Ballungsraum sogar 42 Millionen Menschen umfasst. Das enorme Wachstum hat jedoch dazu geführt, dass die Verkehrsinfrastruktur sehr viel Raum einnimmt und die verbliebenen Flächen einseitig genutzt wurden. Der urbane Raum als Treffpunkt für Menschen mit Restaurants und Läden ist im wirtschaftlichen Aufschwung nahezu untergegangen. Der Plan ist, die Waren- und die Menschenströme voneinander zu trennen und ein unterirdisches Logistiksystem zu entwickeln. Die damit gewonnene Kapazität würde den Verkehr entlasten und die Möglichkeit bieten, Flächen neu zu gestalten.

Somerville

Jeden Tag quälen sich Millionen von Autos und Lastwagen durch den Großraum Boston, eine Region mit enormem Verkehrsaufkommen und daher vielen und langen Staus. Darunter leiden nicht nur die Autofahrer, sondern natürlich nicht zuletzt auch die Anwohner. Deshalb hat sich Somerville, ein Stadtteil von Boston, unter Beteiligung seiner Bürger eine Vision gegeben, genannt Somervision. Das Ziel: mehr Lebensqualität durch eine Neuordnung des Verkehrs. Eine intelligente Infrastruktur mit Parkhäusern für selbstparkende Fahrzeuge und neue Verkehrsrouten für autonome Autos sollen den Verkehr flüssiger machen und den Schadstoffausstoß verringern.

Im Mittelpunkt des Konzepts steht das ehemalige Industriegebiet Assembly Row, auf dem sich inzwischen Wohnungen, Büros, Einkaufsmöglichkeiten, Freizeitangebote und ein Hotel befinden. Diese Vielfalt zeugt vom Wunsch der Bevölkerung, in einer Stadt mit kurzen Wegen, guter Verkehrsanbindung und hohem Freizeitwert zu leben. Zunächst blieben 40 Prozent der Fläche in Assembly Row Parkplätzen vorbehalten, mit Kosten von durchschnittlich $ 25.000 pro Parkplatz. Laut dem Immobilienentwickler ließen sich die Kosten selbst auf sehr lange Sicht nicht amortisieren, das war die größte Hürde, die der Wirtschaftlichkeit des Projekts entgegenstand.

Die Lösung dieses Problems besteht nun darin, das neue Geschäftsviertel mit erheblich kleineren Parkhäusern auszustatten, die von der Technologie des autonomen Parkens profitieren. Wenn ein Fahrzeug völlig selbstständig parkt, schrumpft die Parkfläche um über zwei Quadratmeter pro Auto, die Fahrspuren werden viel schmaler, Treppenhäuser und Aufzüge entfallen, und die Fahrzeuge können auch in mehreren Reihen hinter- und nebeneinander geparkt werden. Damit lassen sich 62 Prozent der Fläche einsparen, was im Projekt Assembly Row einer Summe von etwa $ 100 Millionen entspricht. Dank des autonomen Fahrens können Parkhäuser später einmal auch in entfernte, unattraktive Lagen verlegt werden. Denn das Fahrzeug steuert eigenständig auf ausgewiesenen Fahrspuren ins Parkhaus und kommt auf Anfrage (via App) wieder zurück.

In einem weiteren Projekt soll der Union Square in Somerville durch Nachverdichtung zu einem florierenden Stadtzentrum entwickelt werden. Allerdings bedeutet das Konzept von mehr Menschen auf gleichem Raum, dass die Infrastruktur an ihre Grenzen stößt. Schon jetzt sind in amerikanischen Städten etwa 40 Prozent des Stadtraums für Straßen und Parkplätze verplant. In Stoßzeiten entfallen 30 Prozent des Verkehrsaufkommens auf die Suche von Parkplätzen. Dieses lästige Kreiseln kann entfallen, sofern Autos automatisiert einparken und mit V-to-I-Kommunikation ausgerüstet sind. Durch eine optimierte Geschwindigkeit zwischen den Grünphasen von Ampeln lässt sich zudem die Fließgeschwindigkeit des Verkehrs deutlich verbessern. Sofern alle Fahrzeuge in Somerville eine solche Technologie besäßen, könnten bis zu 20 Prozent der Straßen um den Union Square herum zurückgebaut oder für Fußgänger, Fahrradfahrer und den öffentlichen Verkehr genutzt werden.

Die Stadt Somerville ist inzwischen das bedeutendste Aushängeschild für den Einsatz grüner Technologie und sieht sich selbst als Labor für alle Innovationen rund um die neue Mobilität. Es zeigt sich, dass der schnelle, einfache und preiswerte Zugang zu Mobilität Menschen und Firmen anzieht, Einkommen steigert, den Wohlstand fördert und am Ende das Steueraufkommen der Kommune erhöht. In diesem Sinne möchte Somerville ein Ort sein, an dem immer wieder Neues ausprobiert und damit die Zukunft gestaltet werden kann.

Shenzen

Qianhai Water City gilt mit 650.000 Beschäftigten und 150.000 Einwohnern als die Wall Street des Pearl River Deltas. Diese Region hat sich in den letzten Jahren zum Zentrum für die Umsetzung innovativer Wohn- und Verkehrskonzepte entwickelt. Hier entstehen derzeit Luxusappartements in bester Lage mit vielen Geschäften, Cafés, Bars sowie Park-, Freizeit- und Sportanlagen. Da das Verkehrskonzept in die Stadtplanung integriert ist, bieten sich ganz neue Möglichkeiten für die Gestaltung der multimodalen Mobilität. Die Haltestellen des öffentlichen Verkehrs befinden sich an allen Verkehrsknoten und vor allem dort, wo ein Übergang zum Individualverkehr möglich ist. Darüber hinaus gibt es bereits zahlreiche Services für die Mobilität auf der letzten Meile, unter anderem mit einer Flotte von Elektrofahrzeugen.

Verkehr und Kunst

Der Fotokünstler Eric Fischer (https://flowingdata.com/tag/eric-fischer/) hat in den letzten Jahren aus den Bewegungsdaten von Menschen eindrückliche Landkarten erstellt. In einer seiner Arbeiten erfasste er die von Einwohnern und Touristen in London aufgenommenen und auf Flickr und Picasa präsentierten Fotos. Auf Basis dieser Fotos können die Wege dieser beiden Personengruppen durch die Stadt rekonstruiert werden. Neben der Erkenntnis, dass Touristen und Einwohner die Stadt auf unterschiedlichen Wegen erkunden, lassen sich auch Rückschlüsse auf das Verkehrsaufkommen und den Verkehrsfluss ableiten. In London besuchen die Touristen den Buckingham Palace, das Parlament, die St. Paul's-Kathedrale oder die Oxford Street, nicht jedoch Hendon oder Dagenham. Dagegen bewegen sich Londoner viele Jahre lang in ihrer Stadt, ohne auch nur einmal bei einer dieser Touristenattraktionen vorbeizukommen.

Das Verkehrsaufkommen in und um London wird bewältigt durch 23 Hauptverkehrswege, die man auch als Korridore bezeichnet. Jeder Korridor ist wiederum eingebettet in ein Netz von Zufahrtsstraßen, die Verkehr zuführen, aber auch aufnehmen. Um diese Cluster zu identifizieren, kommen Algorithmen zum Einsatz, die es ermöglichen, die Bewegungsmuster zu verstehen. Abbildung 8.3 zeigt die verschiedenen Cluster von Verkehrs-

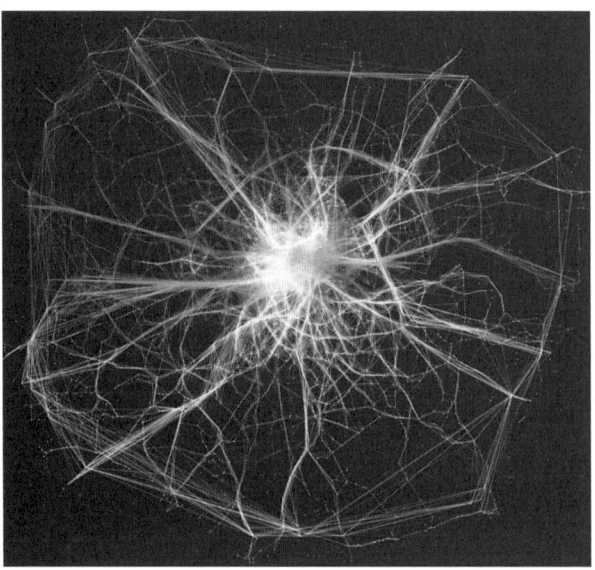

Abbildung 8.3. Bewegungsmuster von Fahrzeugen in London
Quelle: Ed Manley – urbanmovements.co.uk

wegen, die auf Basis eines Datensatzes von 1,5 Millionen Taxifahrten durch London ermittelt wurden. Dabei lassen sich die Hauptverkehrsachsen (M3, M4 und A2) als eigenständige Cluster ausmachen, die durch die Ringstraße um London herum miteinander verbunden sind. Darüber hinaus bilden einzelne Stadtteile wie Knightsbridge, Soho, Shoreditch und Hyde Park eigene Cluster. Hier gibt es offenbar sehr viel Verkehr innerhalb der Stadtteile, aber weniger Bewegungen zwischen den Vierteln. In anderen Clustern verhält es sich genau umgekehrt, was wichtige Hinweise für die Bereitstellung von Verkehrsmitteln liefert.

Zusammenfassung

- Lebten 1950 noch 70 Prozent der Menschen auf dem Land und 30 Prozent in der Stadt, wird sich das Verhältnis im Jahr 2050 umdrehen: 70 Prozent in der Stadt, 30 Prozent auf dem Land.
- Bis 2025 entstehen etwa 40 Megacities; zu den besonders stark wachsenden Metropolen zählen Mexico City, Mumbai und Peking.
- Eine funktionierende Mobilität bildet die Grundlage dafür, dass die Bevölkerung in Sicherheit und Wohlstand wachsen kann.
- Obgleich die Bedeutung einer funktionierenden Mobilität unbestritten ist, muss etwa 75 Prozent der bis 2050 benötigten Infrastruktur noch geplant und gebaut werden.
- Inzwischen gibt es zahlreiche Wettbewerbe rund um Smart Cities, allesamt mit dem Anliegen, den Verkehrsfluss zu verbessern, den Ausstoß von Schadstoffen zu reduzieren und die Lebensqualität zu erhöhen.
- Die Audi Urban Future Initiative verfolgt das Ziel, Ideen für innovative Verkehrskonzepte in Städten aus einer multidisziplinären Perspektive zu entwickeln. Im Mittelpunkt steht der Dialog mit Städteplanern, Architekten, Datenexperten und Designern, um Ideen für die bauliche und soziale Entwicklung von Städten zu erarbeiten.
- In Somerville, Boston, entstehen neue Geschäftsviertel mit erheblich kleineren Parkhäusern, die von der Technologie des automatisierten Fahrens profitieren. Damit kann man 62 Prozent der Fläche einsparen. Parkhäuser können auch in entfernte, unattraktive Lagen verlegt werden.

Teil 9
Was muss getan werden?

Kapitel 37
Agenda für die Automobilindustrie

Die Automobilindustrie muss sich auf einen radikalen, historisch einzigartigen Wandel einstellen: Die klassischen Unternehmen, zumindest einige von ihnen, dürften sich zu digitalen Fahrzeugherstellern entwickeln. Allerdings entstehen selbstfahrende Autos und die dafür erforderliche Informations- und Kommunikationstechnologie nicht aus einer kontinuierlichen Weiterentwicklung der bisherigen Fahrzeugtechnik. Vielmehr braucht es einen kulturellen und organisatorischen Neuanfang, neue Geschäftsmodelle und auch ein neues Produktverständnis. Wie lässt sich dieser alle Facetten eines Unternehmens betreffende Perspektivenwechsel umsetzen? Im Folgenden soll ein Plan vorgestellt werden, der aus Sicht der Autoren acht wichtige Aktionen umfasst.

(1) Entwicklung eines digitalen Unternehmens

Viele Automobilunternehmen haben in letzter Zeit Chief Digital Officers (CDOs) ernannt. Die meisten von ihnen wurden von Technologieunternehmen abgeworben, um den Prozess der Transformation zu beschleunigen. Solche Maßnahmen mögen dazu beitragen, das Bewusstsein im Unternehmen für den Aufbruch in das digitale Zeitalter zu schärfen. Allerdings können die CDOs, insbesondere dann, wenn sie von außen kommen, die Bereitschaft der Mitarbeitenden nicht ersetzen, die Transformation tatsächlich zu leben. Häufig sind sie nur unzureichend in die Organisation eingebunden, und in der Routine des Tagesgeschäfts verlaufen oft alle Anstrengungen im Sande. Was es braucht, ist eine Transformation der Haltung, des Umgangs miteinander, der Arbeitsweise, des Führungsstils auf allen Führungsebenen, vom Teamleiter bis zum Vorstand und Aufsichtsrat, und zwar von innen heraus. Der neue Geist muss von allen Führungskräften vorgelebt werden mit dem Ziel, die Kultur zu verändern, die Struktur zu erneuern und das Produkt zu überdenken.

(2) Veränderung der Kultur

Aufgrund des über Jahrzehnte hinweg anhaltenden Erfolgs vieler Automobilunternehmen bestand nie die Notwendigkeit, die in einer völlig anderen Zeit entstandene Unternehmenskultur zu erneuern. Ganz im Gegenteil, das stetige Wachstum von Absatz und Gewinn rechtfertigt eine Kultur, die aus heutiger Perspektive völlig aus der Zeit zu fallen scheint. Es ist unbestritten, dass einzelne Symbole — wie der legere Freitag, an dem alle Mitarbeitenden ohne Krawatte erscheinen dürfen — die Kultur eines Unternehmens nicht verändern können. Kritisches Denken auch gegenüber Vorgesetzten ist gefordert und der Mut, Querdenker zu fördern und damit das Unternehmen für neue Ideen zu öffnen. Fehler zu begehen, muss erlaubt sein und darf nicht das Ende der Karriere bedeuten, so wie es derzeit der Fall ist. Digitale Unternehmen leben vom Mut ihrer Mitarbeitenden, von Versuch und Irrtum sowie vom Antrieb, es immer wieder auf ein Neues zu versuchen, selbst wenn man zuvor gescheitert ist. Statt eine Kultur der Angst vor Fehlern zu pflegen, muss die Bereitschaft zum Risiko gefördert werden, damit sich die Mitarbeitenden mit Mut und Engagement der Digitalisierung zuwenden.

(3) Erneuerung der Struktur

Auch die Struktur der Organisation spielt eine wichtige Rolle beim Versuch, den Prozess der Transformation zu meistern. Automobilunternehmen verfügen über eine Vielzahl von Hierarchien, die zudem mit allerlei Postcodes beschrieben sind; sie gleichen eher bürokratischen Einrichtungen als Start-ups und Spin-offs. Unwichtige Hierarchiestufen müssen deshalb gestrichen werden mit dem Ziel, das Unternehmen durchlässiger zu machen für neue Ideen. Die Digitalisierung kommt nicht durch das etablierte Management ins Unternehmen, sondern durch die jungen Menschen auf den unteren Hierarchieebenen. Es braucht einen organisatorischen Wandel, das bislang dominierende hierarchie- und abteilungsbezogene Denken muss überwunden werden.

Es müssen buchstäblich Mauern eingerissen werden, um dem Geist der digitalen Welt eine Chance zu geben. Statt der üblichen Büroatmosphäre sind offene Arbeitswelten mit vielfältigen Möglichkeiten für Gespräche und Diskussionen zu schaffen, aber zugleich auch Räumlichkeiten für Rückzug. Überschaubare organisatorische Einheiten sollten aufgebaut werden, um den Teamgeist zu stärken und das unternehmerische Tun zu fördern. Die Führungskräfte solcher Einheiten müssen viel mehr Kompetenz und Verantwortung bekommen, damit sie sich zu Unternehmern im Unternehmen entwickeln können.

(4) Definition des Produkts

Die Frage, was eigentlich das Produkt der Automobilindustrie ist, lässt sich scheinbar problemlos beantworten: das Auto natürlich. Tatsächlich aber ist es das Versprechen für Mobilität, ergänzt um eine Vielzahl von Diensten. Im Zentrum mag immer noch das Fahrzeug stehen, allerdings resultieren Wachstum und Differenzierung zunehmend aus Diensten entlang der gesamten Mobilitätskette. Technologieunternehmen gehen sogar noch weiter, indem sie das Auto der Zukunft als Laptop auf vier Rädern bezeichnen. Die zentrale Steuerungseinheit, die Vernetzung, die V-to-V- und V-to-I-Kommunikation bilden die eigentliche Intelligenz im Fahrzeug. Dagegen dürften sich mit Chassis, Räder oder Reifen kein Geld mehr verdienen lassen. Autohersteller müssen diesen Wandel im Wesen des Produkts verstehen und sich zu Service-, Technologie- und Datenunternehmen entwickeln. Ansonsten droht die Gefahr, als Hardwarehersteller dem Diktat der Softwareunternehmen unterworfen zu sein und die Firma allein mit Blick auf die Kosten führen zu müssen.

(5) Zerstörung des Geschäfts

Es gehört zum Grundverständnis von Automobilunternehmen, ihre Technologien, Produkte und Märkte so gut wie möglich zu schützen. Immerhin sind erhebliche Investitionen erforderlich, um Produkte zu entwickeln, Märkte zu bearbeiten und Kunden zufriedenzustellen. In der digitalen Welt kann jedoch eine App, die irgendwo auf der Welt programmiert wurde, von heute auf morgen eine ganze Industrie bedrohen. Beispielsweise gibt es mittlerweile Apps, mit denen sich das Ess- und Trinkverhalten von Menschen, die an Diabetes leiden, deutlich verändern lässt. Damit stehen diese Apps in Konkurrenz zu den Medikamenten, die von Pharmaunternehmen seit vielen Jahren für Diabetiker angeboten werden. Statt gegen diese jungen Firmen anzukämpfen, entwickeln einige Pharmaunternehmen inzwischen eigene Geräte mit der entsprechenden Software und kannibalisieren damit ihr klassisches Medikamentengeschäft. Damit bereiten sie jedoch den Weg zu einem neuen, serviceorientierten Geschäftsmodell, das rasch das medikamentenbezogene Modell ersetzen könnte. Genau in dieser Situation befinden sich auch die Automobilunternehmen, wenn Robo-Taxis und die vielfältigen Car- und Ride-sharing-Angebote das klassische Fahrzeuggeschäft bedrohen. Es nutzt nichts, auf dem etablierten Geschäftsmodell um jeden Preis zu beharren. Die Unternehmen müssen diese Entwicklungen aufgreifen und möglicherweise eigene Sharing- und Taxi-Services aufbauen.

(6) Verdoppelung der Geschwindigkeit

Die Entwicklung eines neuen Autos dauert etwa vier bis fünf Jahre, und daran schließen sich nochmals sechs bis acht Jahre an, in denen das Fahrzeug verkauft wird. Zwischendurch, nach etwa drei Jahren, gibt es eine Runderneuerung (Facelift) mit neuen Scheinwerfern, neuen Assistenzsystemen oder vielleicht einem zusätzlichen Motor. Als Apple im September 2016 das iPhone 7 auf den Markt brachte, interessierte sich niemand mehr für die Vorgängermodelle. Was das Siebener mehr als das Sechser kann, ob und wie der Nutzer davon profitiert, ist egal, das Sechser ist aus der Mode, und nur mit dem neuesten Gerät geht man mit der Zeit. Kaum ist das iPhone 7 auf dem Markt, beschäftigt sich die Welt auch schon mit dem Nachfolgemodell. Ist das iPhone 8 komplett aus Glas? Funktioniert es mit Gesichtserkennung? Ist ein Aufladen ohne Kabel möglich? Offenbar ist der Entwicklungs- und Verwertungszyklus bei digitalen Produkten im Vergleich zum Automobil viel kürzer. Hinzu kommt, dass man technische Neuerungen nicht bis zum nächsten Facelift aufspart, sondern die Geräte permanent aktualisiert.

(7) Investitionen in Partnerschaften

Denkt man in Mobilitätsdiensten und nicht in Fahrzeugen, sind traditionelle Automobilunternehmen gar nicht mehr in der Lage, die gesamte Wertschöpfungskette ihrer Industrie abzudecken. Daher braucht es Partnerschaften vor allem mit Technologieunternehmen, um den Zugang zu neuen Fähigkeiten zu ermöglichen. Aber auch mit Dienstleistern, Datenanalysten und den Medienunternehmen, die Inhalte liefern, sind Kooperationen einzugehen. Aus diesem Grund haben zum Beispiel Audi, BMW und Mercedes gemeinsam den Kartendienst HERE gekauft, General Motors hat Cruise Automation übernommen, Volvo hat in Peleton investiert. General Motors und Volkswagen kooperieren mit Mobileye, Hyundai hat eine Zusammenarbeit mit Cisco auf den Weg gebracht. Auch die Zulieferer versuchen, durch Akquisitionen, Partnerschaften und andere Investitionen ihre Stellung in der Automobilindustrie zu sichern. Hierzu gehört das Engagement von Bosch bei AdasWorks, das von Delphi bei Quanergy und die Zusammenarbeit von Valeo mit Safran, Pelker und Capgemini.

(8) Nutzung der Daten

In der Luftfahrt-, Banken- oder Telekommunikationsindustrie ist es seit vielen Jahren üblich, die von den Kunden erzeugten Daten umfassend auszuwerten. Aus diesen Erkenntnissen lassen sich permanent neue Produkte und Dienste gestalten, die auf die Bedürfnisse jedes einzelnen Kunden zugeschnitten sind. Das vernetzte Fahrzeug liefert ebenfalls eine Fülle von Daten über das Fahrverhalten, den Zustand des Fahrzeugs, die Nutzung von Diensten, den Kontakt zur Werkstatt, von denen einige sogar in Echtzeit analysiert werden können. Diese Daten lassen sich verwenden, um zum Beispiel V-to-home- und V-to-business-Anwendungen, präventive und prädiktive Instandhaltung sowie Concierge- und Entertainment-Services zu entwickeln. Die aus der V-to-V- und V-to-I-Kommunikation resultierenden Daten erlauben es, die Verkehrsströme in den Städten zu optimieren. Daraus ergeben sich Anhaltspunkte für die Planung der Verkehrsinfrastruktur, für die Verzahnung des öffentlichen und privaten Verkehrs und die Neugestaltung der Innenstädte.

Kapitel 38
Zehn-Punkte-Plan für Regierungen

Autonomes Fahren betrifft nicht nur die Automobilunternehmen, ihre Zulieferer und die Technologieunternehmen. Vielmehr wirkt sich diese Technologie auch auf Wirtschaft und Gesellschaft aus. Allein der Blick auf die ökonomische Bedeutung der Automobilindustrie verdeutlicht, was bei dieser technologischen Revolution auf dem Spiel steht. Deshalb müssen sich die Regierungen fragen: Was ist zu tun, damit das autonome Fahren sich zum Wohle eines Landes entwickelt? Im Wettbewerb der Nationen stehen Arbeitsplätze und Steuereinnahmen auf dem Spiel.

(1) Die rechtlichen Rahmenbedingungen festlegen

Die erste und wichtigste Aufgabe des Staates besteht darin, die rechtlichen Rahmenbedingungen für das hoch- und vollautomatisierte Fahren (Levels 4 und 5) festzulegen. Ziel muss es sein, eine Rechtsgrundlage zu schaffen, die allen am autonomen Fahren Beteiligten die notwendige Klarheit und Sicherheit gibt. Zwar sind bereits heute die Zulassung und der Betrieb solcher Fahrzeuge möglich, allerdings nur auf Basis von Ausnahmegenehmigungen. Dies hilft, um selbstfahrende Autos zu entwickeln und zu erproben, reicht aber nicht aus, um sie im Markt einzuführen. Bei entsprechenden Gesetzesnovellen sind völker-, straf- und zivilrechtliche Auswirkungen zu beachten.

Dabei dürfte sich mit zunehmender Automatisierung der Fahrzeuge die strafrechtliche Verantwortlichkeit und die zivilrechtliche Haftung sukzessive von den Fahrern auf die Hersteller verlagern. Im Sinne der Rechts- und Beweisklarheit könnte auch die gesetzlich verpflichtende Einführung von speziellen Unfalldatenspeichern für hoch- und vollautomatisierte Autos erwogen werden. Wie auch immer entschieden wird, die rechtlichen Rahmenbedingungen bilden den entscheidenden Schlüssel, damit sich die Technologie der Automation der Stufe 4 und 5 durchsetzen kann. Um Autohersteller anzulocken, haben einige amerikanische Bundesstaaten wie Nevada und Kalifornien schnell und konsequent den rechtlichen Rahmen verändert.

(2) Den gesellschaftlichen Diskurs anstoßen

Bereits jetzt ist es notwendig, den gesellschaftlichen Dialog über die Chancen und Risiken des autonomen Fahrens zu beginnen. Die in den Medien geführte Diskussion um mögliche Dilemmasituationen zeigt, dass in der Öffentlichkeit ein hohes Bewusstsein für eventuelle Gefahren besteht. Andere disruptive Technologien, etwa die Atomenergie und die Gentechnologie, sind mitunter deshalb in Verruf geraten, weil sie von einer Elite in Politik, Wissenschaft und Wirtschaft durchgesetzt wurden, ohne den gesellschaftlichen Konsens zu suchen. Die gesellschaftliche Akzeptanz ist nur dann zu erreichen, wenn man offen und ehrlich über die Risiken der neuen Technologie aufklärt und Rückschläge, etwa die Unfälle mit autonomen Fahrzeugen, nicht verschweigt.

Niemand erwartet, dass eine disruptive Technologie von Anfang an reibungslos funktioniert, jedoch muss deutlich werden, dass die Industrie aus jedem Rückschlag lernt. Zudem müssen die Chancen der neuen Technologie herausgearbeitet werden, jedoch nicht nur auf einer abstrakten gesellschaftlichen Ebene, sondern auf einer konkreten persönlichen. Erst wenn der Mensch den Nutzen für sich selbst erkennen kann, ist er bereit, die Chancen gegen die Risiken abzuwägen und sich auf die neue Technologie einzulassen. Obwohl viele Fragen rund um den Datenschutz bei der Nutzung von Smartphones noch nicht beantwortet sind, ist die Nachfrage nach diesen Geräten ungebrochen – ganz einfach, weil sie den Nutzern vielfältige Annehmlichkeiten bieten.

(3) In Verkehrsinfrastruktur investieren

Der Aufbau und die Pflege der Verkehrsinfrastruktur gehört in vielen Ländern zu den Kernaufgaben des Staates, von der Zentralregierung bis hin zu den Kommunen. Automatisiertes und autonomes Fahren benötigen eine ganz neue Infrastruktur, etwa Ampeln, die mit den Fahrzeugen kommunizieren können. Zudem braucht es Markierungen entlang der Fahrbahnen, damit die Sensoren Positionsdaten an die zentrale Steuerungseinheit übermitteln können. Derzeit testen zahlreiche Regierungen auf bestimmten Strecken, wie Straßen aussehen könnten, die autonome Mobilität ermöglichen. Auch Städte und Gemeinden verfolgen moderne Verkehrskonzepte, etwa die Idee, eigene Spuren für den autonomen Verkehr bereitzustellen. Bahnhöfe werden zu Mobilitätszentren umgebaut, damit die Menschen möglichst einfach und schnell vom Zug auf das autonome Fahrzeug umsteigen können.

Für das autonome Fahren ist eine umfassende Netzabdeckung (zunächst 4G, später 5G) unerlässlich, damit die Fahrzeuge die für ihre Navigation erforderlichen Positionsdaten möglichst exakt und in Echtzeit erhalten. Dies verlangt weitere erhebliche Investitionen, die von der öffentlichen Hand initiiert und zum Teil auch von ihr getragen werden müssen. Es braucht das Zusammenspiel vieler Partner, damit mögliche private Investoren Vertrauen in die autonome Mobilität gewinnen und entsprechende Gelder zum Beispiel für den Bau von intelligenten Parkhäusern bereitstellen. Selbstfahrende Autos entlasten den Staat und die Versicherungen erheblich, weil sie die Zahl der Unfälle und die damit verbundenen Folgekosten verringern. Deshalb sollte eine Diskussion über die Umverteilung staatlicher Budgets möglich sein.

(4) In Kommunikationsinfrastruktur investieren

Hoch- und vollautomatisierte Fahrzeuge sind untereinander und mit der Infrastruktur sowie mit Cloud-Services vernetzt. Hierfür braucht es eine flächendeckende, lückenlose, leistungsstarke und vor allem auch stabile Mobilfunkverbindung. Daher muss der Staat bei der Ausschreibung von Mobilfunklizenzen für 5G dafür sorgen, dass entlang aller wichtigen Straßen, insbesondere Autobahnen, entsprechende Verbindungsmöglichkeiten geschaffen werden. Im Sinne eines zügigen Ausbaus der autonomen Mobilität könnte man die Vernetzung der wichtigsten Verkehrswege als mobilfunktechnische Grundversorgung definieren.

Die konsequente Vernetzung ist Voraussetzung dafür, dass Informationen über die Verkehrs- oder Wetterlage in bestimmten Regionen allen Verkehrsteilnehmern zur Verfügung gestellt werden können. Plattformen, wie sie etwa von HERE betrieben werden, lassen sich mit den von den Sensoren der Fahrzeuge erfassten Daten kontinuierlich aktualisieren. Nach einer Validierung und Konsolidierung können diese Daten in Echtzeit den zentralen Steuerungseinheiten in den Autos bereitgestellt werden. Dabei ist noch zu diskutieren, ob und inwieweit es einen standardisierten Datenaustausch zwischen den verschiedenen Plattformen, die mitunter im Wettbewerb zueinander stehen, geben muss. Die Geschichte der Informations- und Kommunikationstechnologie hat gezeigt, dass de-facto-Standards das beste Instrument sind, um Datenaustausch zu ermöglichen. Dadurch sollten sich die beste Idee und die neueste Technologie durchsetzen, das heißt, die Branche selbst gibt sich die notwendigen Normen.

(5) Öffentlichen und privaten Verkehr verknüpfen

Betrachtet man den Stand der Entwicklung autonomer Fahrzeuge, so deutet vieles darauf hin, dass in den Ballungszentren zukünftig Flotten von selbstfahrenden Autos im Einsatz sein werden. Als Betreiber kommen nicht nur Automobilhersteller, Car-and-Ride-sharing-Anbieter oder Technologieunternehmen in Betracht. Vielmehr dürften auch städtische und regionale Verkehrsbetriebe sowie private und öffentliche Bahn- und Busunternehmen an den Flotten Interesse haben, um so Lücken in ihrem Netz zu schließen. Damit lösen sich die Grenzen zwischen öffentlichem und privatem Verkehr auf, da diese Flottenfahrzeuge zwar privat genutzt werden können, jedoch möglicherweise von einem öffentlichen Betreiber bereitgestellt werden.

Damit ergeben sich auch ganz neue Möglichkeiten für die Verkehrssteuerung: Autonome Flottenfahrzeuge lassen sich in ein Verkehrskonzept bestehend aus regionalen und lokalen Zügen, U- und S-Bahnen sowie Bussen integrieren. Beispielsweise könnten Züge und Busse eingesetzt werden, um die Zentren der Ballungsräume mit den Außenbezirken zu verbinden. Dagegen kann man sich für Innenstädte zentral gesteuerte selbstfahrende Autos vorstellen, die den Transport von Menschen und Fracht übernehmen. Statt den fast überall herrschenden Wettbewerb zwischen privatem und öffentlichem Verkehr weiter zu verschärfen, könnten aufeinander abgestimmte Routen- und Zeitpläne die Verkehrslage deutlich verbessern. Dafür bräuchte es jedoch die bereits skizzierten Mobilitätszentren, die den Menschen ein schnelles und einfaches Umsteigen ermöglichen und als Verladestationen für Fracht dienen.

(6) Autonome Mobilität als Zukunftsindustrie verankern

Die Herstellung und Instandhaltung autonomer Fahrzeuge verlangt von den Autofirmen, den Zulieferern und den Reparaturbetrieben ganz neue Kenntnisse mit völlig neuen Berufsbildern. Wo bislang Automechaniker und Werkzeugmacher am Werk sind, braucht es künftig Software- und Systemtechniker. Statt dem Stanzen von Blechen und dem Montieren von Türen geht es zukünftig um das Aufspielen von Software, das Installieren von Sensoren und das Programmieren von Algorithmen. Um diesen Wandel zu bewältigen und die autonome Mobilität als Zukunftsindustrie zu verankern, braucht es neue Ausbildungs- und Studiengänge, eine Neugestaltung von Arbeitsplätzen, neue Modelle für Arbeitszeiten und neue Berufsbilder. Hier sind Regierungen, aber auch private Institutionen gefordert, schnell und nachhaltig die entsprechenden bildungspolitischen Initiativen gemeinsam mit der Industrie zu entwickeln.

Die Förderung von Start-ups und Spin-offs vor allem zur Informations- und Kommunikationstechnologie ist eine wichtige industriepolitische Maßnahme. Einige Länder und Städte setzen bereits umfangreiche Programme auf, um Gründer von Technologieunternehmen in ihre Region zu locken. Insbesondere die etablierten Automobilstandorte wie Detroit, Wolfsburg, Changchun, Solihull, Poissy oder Martorell sind gefordert, ein Umfeld zu schaffen, das die Gründung von Firmen begünstigt. Unbelastet von der großen und langen Geschichte der Automobilindustrie könnten diese Gründungen digitale Themen schnell und konsequent forcieren, ohne dabei auf die Tradition Rücksicht nehmen zu müssen.

(7) Industriecluster entwickeln

Die autonome Mobilität führt zu einer Annäherung von zwei Industrien, die bislang bestenfalls lose miteinander verbunden waren. Da ist zum einen die Autoindustrie, die zum Beispiel in den USA seit ihrer Gründung in Michigan und Ohio angesiedelt ist. Und zum anderen die IT-Industrie, die sich von Anfang an im Silicon Valley niedergelassen hat. Die Konvergenz dieser Industrien führt nun dazu, dass die Staaten mit produzierender Industrie um ihre Zukunft bangen, während Kalifornien sich zum Standort für autonome Mobilität entwickelt. Es ist nicht so, dass die alte Industrie die neue anzieht – vielmehr bildet die Informationstechnologie das neue Zentrum, und die klassische Fahrzeugproduktion folgt ihr.

Dieser Wandel ist aus einer industriepolitischen Perspektive von Bedeutung, da die bislang aus Herstellern und Zulieferern bestehenden Cluster um Technologieunternehmen zu ergänzen sind. Das Beispiel der USA zeigt, dass es auf die Ansiedlung von Unternehmen ankommt, die sich mit Steuerungssystemen, Software und Algorithmen befassen, um das zukünftige Automobilcluster zu bilden. Wo werden diese Cluster entstehen? Dringend gesucht und umworben werden künftig Mitarbeitende, die über die notwendigen informationstechnischen Kenntnisse verfügen. Deshalb kommen Städte und Regionen mit sehr hoher Lebensqualität, einem besonderen Freizeitwert und exzellenten Bildungsinstitutionen als Zentren für diese Cluster in Betracht – Silicon Valley, München, Shanghai, Stockholm zum Beispiel. Es braucht industriepolitische Konzepte für die Clusterbildung, damit Städte, Regionen, aber auch Länder im Wettstreit um Arbeitsplätze, Einkommen und Wohlstand bestehen können.

(8) Autonome Fahrzeuge in die Städte integrieren

Viele Metropolen befinden sich derzeit auf dem Weg zu einer Smart City, begleitet von zahlreichen Wettbewerben und Vergleichsstudien. Gefragt sind ressourcenschonende Technologien, um sich von fossilen Energieträgern unabhängig zu machen. Hierzu sollten die Infrastruktur, die Gebäude und die Mobilität intelligent vernetzt werden, um die Ressourcen — Energie, Wasser, Land — effizient zu nutzen. Eine Smart City zeichnet sich auch durch ein intelligentes Verkehrssystem aus. Die Audi Urban Future Initiative ist ein Beispiel dafür, wie sich die autonome Mobilität in die völlig neue Gestaltung einer Stadt einbetten lässt. Klassische Kreuzungen ohne Ampeln, die Auflösung starrer richtungsgebundener Fahrspuren, ein vollvernetztes Miteinander aller Verkehrsteilnehmer, auch der mit Sensoren zur Lokalisierung im Internet der Dinge ausgestattete Fußgänger — alle diese Entwicklungen verändern das Bild des städtischen Verkehrs in den kommenden Jahren. Ein beachtlicher Teil der Verkehrsfläche könnte damit zu wertvollem Raum in der Stadt werden.

Deshalb erscheint es ratsam, dass Städte und Gemeinden das autonome Fahren sofort in ihre Planungen integrieren, um Spielräume für die Verbesserung der Lebensqualität zu gewinnen. Man kann mit selbstfahrenden Bussen beginnen, die auf einer bestimmten Strecke verkehren, um im nächsten Schritt eine eigene Spur für Robo-Taxis einzurichten. Ein weiterer Schritt könnte darin bestehen, dass bestimmte Stadtteile nur noch mit autonomen Fahrzeugen befahren werden dürfen. Für die Belieferung der Geschäfte könnte man fahrerlose Lieferwagen einsetzen, die auf vorgegebenen Routen zwischen den Innenstädten und den Verladestationen verkehren. In diesen Logistikzentren laden die Lastwagen ihre Fracht auf die selbstfahrenden Fahrzeuge um, so dass der Lastwagenverkehr in den Innenstädten deutlich verringert werden kann.

(9) Forschung, Entwicklung und Ausbildung fördern

Es werden künftig nicht mehr Hammer, Schraubenzieher und Werkbank, sondern Laptops, Smartphones und Netzwerkverbindungen das Bild in den Reparaturbetrieben und Produktionshallen prägen. Die Transformation des Autos zu einem digitalisierten Produkt verändert zahlreiche Berufsbilder in der Entwicklung, in der Produktion und in den Werkstätten. Dabei reicht es nicht aus, den Automechanikern einige Programmierkurse zu ermöglichen. Die Aus- und Weiterbildung muss völlig neu gestaltet werden. Technologiesprünge in anderen Industrien haben gezeigt, dass der Wandel nur dann bewältigt werden kann, wenn auch die Aus- und Weiterbildung radikal verändert wird. Dem Staat als Träger von Universitäten und anderen Bildungseinrichtungen kommt die Aufgabe zu, Ausbildungs- und Studiengänge zur automatisierten und autonomen Mobilität zu schaffen und der Informatik bereits in der Schule einen besonderen Stellenwert einzuräumen. Die Europäische Union fördert Forschungsprogramme zur Mobilität der Zukunft, allerdings reicht diese Initiative noch nicht aus. Das Spektrum der Themen ist beachtlich; es reicht von der Softwareentwicklung über Künstliche Intelligenz bis zur Cybersicherheit. Darüber hinaus sind auch die Rechts-, Verhaltens- und Verkehrswissenschaften von der autonomen Mobilität betroffen. Insofern braucht es interdisziplinäre Einrichtungen, um auch den sozialen und wirtschaftlichen Facetten dieses Themas gerecht zu werden.

(10) Tests mit autonomen Fahrzeugen fördern

Die Politik ist nicht in der Lage, das unternehmerische Handeln zu ersetzen, sie kann bestenfalls Rahmenbedingungen für die privaten Initiativen schaffen. Daher sollten sie Testfelder definieren, auf denen die Autohersteller, ihre Zulieferer, die Technologieunternehmen und andere Akteure ihre autonomen Prototypen überprüfen können. Auf der deutschen Autobahn A 9 zum Beispiel können selbstfahrende Autos im realen Straßenverkehr getestet werden. Diese Tests dürften wichtige Hinweise für die weitere Entwicklung der V-to-V- und V-to-I-Kommunikation und der Gestaltung der Infrastruktur liefern. China, Südkorea und Singapur sind exzellente Beispiele dafür, dass die Bereitstellung von Testfeldern ein wichtiger Schritt ist, damit der Wettbewerb um die Zukunft der Automobilindustrie bestanden werden kann.

Nachwort
Schöne neue Welt – Versuch einer Annäherung

Wir befinden uns im Jahr 2040. Drei Typen von autonomen Fahrzeugen prägen das Straßenbild: Robo-Taxis, Busse und Mehrzweckautos. Daneben haben sich fahrerlose Lastkraftwagen durchgesetzt, die zu Platoons verbunden auf den Autobahnen unterwegs sind. Auf den Feldern sind autonome Landmaschinen im Einsatz, die vom Kontrollzentrum des jeweiligen Bauernhofs aus koordiniert werden.

Werfen wir einen Blick auf zwei Typen dieser Fahrzeuge, die Mehrzweckfahrzeuge und die Robo-Taxis. Erstere sind selbstverständlich ausgestattet mit der modernsten Informations- und Kommunikationstechnologie und bieten viele andere Annehmlichkeiten. Etwa ein Interieur, das man im Handumdrehen zu einem Büro- und Konferenzraum, einem Kino- und Konzertsaal oder einem Schlafraum umbauen kann. Auf der Fahrt ins Büro können an den Scheiben, die sich auch als Touchscreens nutzen lassen, Präsentationen vorbereitet oder Informationen aus dem Internet dargestellt werden. Die Interaktion zwischen den Passagieren und der Maschine erfolgt durch Sprache und Gesten; regelmäßig informiert die zentrale Steuereinheit über den Verlauf der Fahrt und erkundigt sich nach Bedürfnissen der Passagiere. Besteht der Wunsch nach einer Pause, sucht das System ein Café, reserviert schon einmal einen Tisch, und das Fahrzeug steuert zügig diesen Ort an.

Nach einem anstrengenden Arbeitstag können sich die Passagiere im Fahrzeug zurücklehnen und in einer Kinoatmosphäre einen Film genießen, der auf allen Scheiben spielt. So wird den Insassen der Eindruck vermittelt, sie seien mittendrin oder sogar Teil der Handlung, mit Hilfe von Avataren, die den wirklichen Personen täuschend ähnlich sehen. Bemerkenswert sind zudem die Möglichkeiten zur Animation, die sich aus den neuesten Realitäten ergeben, durch Virtual und Augmented Reality. Auf die Scheiben können virtuelle Informationen projiziert werden, die die Passagiere in eine ganz andere Welt eintauchen lassen. Beispielsweise kann man sich auf einer Fahrt durch London ins Jahr 1918 versetzen lassen und die Stadt in einer völlig anderen Zeit erleben. Das autonome Fahrzeug ermöglicht einen völlig neuen Zugang in andere Welten und vermittelt Geschichte auf eine bislang nicht vorstellbare Art und Weise. Will man hingegen erfahren, was die Zukunft bringen könnte, wählt man das Jahr 2118 aus und kann sich von den Vorstellungen der Designer, Städteplaner und Architekten inspirieren lassen.

Oder will man lieber nach der Mode für den kommenden Sommer Ausschau halten? Kein Problem! Man geht ins Internet und lässt sich von den Modelabels ihre neueste Kleidung, Schuhe und Accessoires auf den Scheiben im Fahrzeug präsentieren. Gefällt beispielsweise ein Anzug ganz besonders, kann dieser natürlich online bestellt werden, oder man fordert das System auf, die nächstgelegene Boutique anzusteuern. Dort liegt der Anzug bereits in der gewünschten Farbe und Größe bereit, und die Anprobe kann sofort beginnen. Zudem wurden passende Hemden und Schuhe bereitgestellt, so dass der Kunde das Bekleidungsgeschäft im neuesten Outfit verlässt.

Inzwischen sind in den Städten auch zahlreichen Robo-Taxis zu sehen, die den Transport auf der ersten und letzten Meile zwischen Wohngebiete und Bahnhof übernehmen, in Abstimmung mit dem öffentlichen Verkehr. Diese Taxis lassen sich via Apps reservieren, die Mobilitätsplattformen kennen die Gewohnheiten der Menschen so genau, dass immer das passende Verkehrsmittel bereitsteht. Während der Fahrt kann individualisierte Unterhaltung abgerufen werden, das heißt, die Insassen können ihre bevorzugte Musik hören oder ihre gewünschten TV-Serien schauen. Ein zentrales Verkehrsmanagement sorgt dafür, dass die Warte- und Fahrtzeiten minimiert und die Auslastung der Fahrzeuge maximiert werden kann. Auch der Datenschutz hat sich beachtlich entwickelt. Blockchain-Technologie erlaubt es, dass jeder Passagier über seine Daten verfügen kann und selbst entscheidet, wem er welche Daten bereitstellt. Die Abrechnung der Fahrten erfolgt durch Verbindung zwischen den Rechnern, ohne dass Intermediäre in den Zahlungsvorgang eingebunden wären.

Metropolen, die sich als Smart Cities begreifen, bieten Robo-Taxis kostenfrei an, wobei Unternehmen als Sponsoren agieren, um ihre Produkte und Dienstleistungen in diesen Fahrzeugen zu bewerben. Die Verkehrssituation hat sich in vielen Ballungszentren entspannt, da sich trotz steigendem Bedürfnis nach Mobilität weniger Fahrzeuge auf den Straßen befinden und die zentrale Steuerung zu einem besseren Verkehrsfluss führt. Für Familien sind Robo-Taxis ideal, weil sie aufgrund des kostenfreien Zugangs das Budget entlasten, außerdem Vätern und Müttern Zeit schenken; sie müssen nicht mehr ständig ihre Kinder von der Schule abholen, zum Sport und wieder nach Hause bringen. Unfälle sind eine Seltenheit. Zudem werden viele ältere, kranke oder behinderte Menschen mobil, können somit soziale Kontakte pflegen und trotz Alter, Behinderung oder Krankheit ihr Leben wieder eigenständiger meistern.

Man könnte diese und weitere Geschichten beliebig ergänzen und vertiefen, der Fantasie sind kaum Grenzen gesetzt. Ob das alles genau so kommt, wissen wir nicht. Allerdings sind wir zutiefst davon überzeugt, dass die autonome Mobilität neue Chancen für ein besseres Leben bietet — daran wollen wir mit Engagement und Begeisterung arbeiten.

Andreas Herrmann
Walter Brenner

Literatur

Teil 1: Revolutionen in der Mobilität

Kapitel 1: Autonomes Fahren ist Realität
Anderson, J. M., Kalra, N., Stanley, K. D., Sorensen, P., Samaras, C., Oluwatola, O. A., 2014: Autonomous Vehicle Technology: A Guide for Policymakers, Rand Corporation, Santa Monica.
Barclays, 2015: Disruptive Mobility.
Burns, L. D., Jordon, W. C., Scarborough, B. A., 2013: Transforming Personal Mobility, Earth Island Institute, Columbia University, New York.
City GPS, 2016: Car of the Future v3.0, New York.
Gerdes, C. J., Thornton, S. M., 2016: Implementable Ethics for Autonomous Vehicles, in: Maurer, M., Gerdes, C. J., Lenz, B., Winner, H., Autonomous Driving, Berlin, 87-102.
KPMG, 2012: Self-driving Cars: The Next Revolution.
Lenz, B., Fraedrich, E., 2016: New Mobility Concepts and Autonomous Driving: The Potential for Change, in: Maurer, M., Gerdes, C. J., Lenz, B., Winner, H., Autonomous Driving, Berlin, 173-192.
Maurer, M., Gerdes, J., Lenz, B., Winner, H., 2016: Autonomous Driving – Technical, Legal and Social Aspects, Berlin.
Reilhac, P., Millett, N., Hottelart, K., 2016: Shifting Paradigms and Conceptual Frameworks for Automated Driving, in: Meyer, G., Beiker, S., Road Vehicles Automation 3, Berlin, 73-90.
Roland Berger Consultants, 2014: Autonomous Driving.
Roland Berger Consultants, 2016: A CEO Agenda for the ®Evolution of the Automotive Ecosystem.
Rosenzweig, J., Bartl, M., 2015: A Review and Analysis of Literature on Autonomous Driving, in: The Making of Innovation – E-Journal, 1-57.
Ross, P. E., 2014: Robot, You Can Drive My Car – Autonomous Driving will Push Humans into the Passenger Seat, in: IEEE Spectrum, 60-90.
Spieser, K., Ballantyne, K., Treleaven, K., Zhang, R., Frazzoli, E., Morton, D., Pavone, M., 2014: Toward a Systematic Approach to the Design and Evaluation of Automated Mobility-on-Demand Systems – A Case Study in Singapore, Springer Lecture Notes in Mobility Series.
World Economic Forum, 2014: Connected World, Hyperconnected Travel and Transportation in Action.
World Health Organization, 2015: Global Status Report on Road Safety, Geneva.

Kapitel 2: Fakten zum manuellen Fahren
Morgan Stanley Research, 2012: Global Auto Scenarios 2022.
Morgan Stanley Research, 2013: Autonomous Cars, Self-Driving the new Industry Paradigm.
Morgan Stanley Research, 2016: Global Investment Implications of Auto 2.0.

Reilhac, P., Millett, N., Hottelart, K., 2016: Shifting Paradigms and Conceptual Frameworks for Automated Driving, in: Meyer, G., Beiker, S., Road Vehicles Automation 3, Berlin, 73-90.
Reschka, A., 2016: Safety Concept for Autonomous Vehicles, in: Maurer, M., Gerdes, C. J., Lenz, B., Winner, H., Autonomous Driving, Berlin, 473-496.
Reuben, S., Ward, J., 2016: Smart Mobility: Systems and Modeling for Accelerated Research in Transportation, in: Meyer, G., Beiker, S., Road Vehicles Automation 3, Berlin, 39-53.
Siulagi, A., Antin, J. F., Molnar, L. J., Bai, S., Reynolds, S., Carsten, O., Greene-Roesel, R., 2016: Vulnerable Road Users: How can Automated Vehicle Systems Help to Keep them Safe and Mobile?, in: Meyer, G., Beiker, S., Road Vehicles Automation 3, Berlin, 277-286.
Treat, J. R., 1979: Tri-Level Study of the Causes of Traffic Accidents: Final Report, Executive Summary.

Kapitel 3: Megatrends
Arbib, J., Seba, T., 2017: Rethinking Transportation 2020-2030, Rethink Disruption Report.
McKinsey & Company, 2011: Urban World: Mapping the Economic Power of Cities.
Roland Berger Consultants, Automotive Competence Center at the Technical University of Aachen, 2015: Automated Vehicle Index, Munich, Aachen.
The Boston Consulting Group, 2016: What's Ahead for Car Sharing?
World Economic Forum, 2014: Connected World, Hyperconnected Travel and Transportation in Action.

Kapitel 4: Disruptionen
Christensen, C., 2000: The Innovator's Dilemma, New York.
McKinsey & Company, 2016: Automotive Revolution − Perspective Towards 2030.
Morgan Stanley Research, 2012: Global Auto Scenarios 2022.

Kapitel 5: Robo-Taxis
City GPS, 2016: Car of the Future v3.0, New York.
McKinsey & Company, 2017: Gauging the disruptive Power of Robo-Taxis in Autonomous Driving.
McKinsey & Company, 2016: Automotive Revolution − Perspective Towards 2030.

Teil 2: Perspektiven des autonomen Fahrens

Kapitel 6: Geschichte
Kroeger, F., 2016: Automated Driving in its Social, Historical, and Cultural Contexts, in: Maurer, M., Gerdes, C. J., Lenz, B., Winner, H., Autonomous Driving, Berlin, 41-68.
Lipson, H., Kurman, M., 2016: Driverless: Intelligent Cars and the Road Ahead, MIT Press, Cambridge.
Liu, R., Fragant, D. J., Zhang, W. B., 2016: Beyond Single Occupancy Vehicles: Automated Transit and Shared Mobility, in: Meyer, G., Beiker, S., Road Vehicles Automation 3, Berlin, 259-276.

Kapitel 7: Levels

Anderson, J. M., Kalra, N., Stanley, K. D., Sorensen, P., Samaras, C., Oluwatola, O. A., 2014: Autonomous Vehicle Technology: A Guide for Policymakers, Rand Corporation, Santa Monica.

Bainbridge, L., 1983: Ironies of Automation, in: Automatica, 775-779.

Beiker, S., 2016: Deployment Scenarios for Vehicles with Higher-Order Automation, in: Maurer, M., Gerdes, C. J., Lenz, B., Winner, H., Autonomous Driving, Berlin, 193-212.

Fraunhofer Institut, 2015: Hochautomatisiertes Fahren auf Autobahnen – Industriepolitische Schlussfolgerungen.

Fraunhofer Institut, Horvath & Partners, 2016: The Value of Time.

McKinsey & Company, 2016: Automotive Revolution – Perspective Towards 2030.

McKinsey & Company, 2016: Delivering Change.

Morgan Stanley Research, 2012: Global Auto Scenarios 2022.

Reilhac, P., Millett, N., Hottelart, K., 2016: Shifting Paradigms and Conceptual Frameworks for Automated Driving, in: Meyer, G., Beiker, S., Road Vehicles Automation 3, Berlin, 73-90.

Ross, P. E., 2014: Robot, You Can Drive My Car – Autonomous Driving will Push Humans into the Passenger Seat, in: IEEE Spectrum, 60-90.

The Boston Consulting Group, 2015: Revolution in the Driver's Seat: The Road to Autonomous Vehicles.

Kapitel 8: Visionen

Anderson, J. M., Kalra, N., Stanley, K. D., Sorensen, P., Samaras, C., Oluwatola, O. A., 2014: Autonomous Vehicle Technology: A Guide for Policymakers, Rand Corporation, Santa Monica.

Arbib, J., Seba, T., 2017: Rethinking Transportation 2020-2030, Rethink Disruption Report.

Fernandez, P., Nunes, U., 2012: Platooning with IVC-enabled Autonomous Vehicles – Strategies to Mitigate Communication Delays, Improve Safety and Traffic Flow, in: IEEE Transactions on Intelligent Transportation Systems, 91-106.

US Department of Transportation, National Highway Traffic Safety Administration, 2016: Accelerating the Next Revolution in Roadway Safety.

Kapitel 9: Spielfelder

European Automobile Manufacturers' Association, 2015: The Truck of the Future – Innovative, Fuel-Efficient, Safe, Brussels.

Fernandez, P., Nunes, U., 2012: Platooning with IVC-enabled Autonomous Vehicles – Strategies to Mitigate Communication Delays, Improve Safety and Traffic Flow, in: IEEE Transactions on Intelligent Transportation Systems, 91-106.

Flaemig, H., 2016: Autonomous Vehicles and Autonomous Driving in Freight Transport, in: Maurer, M., Gerdes, C. J., Lenz, B., Winner, H., Autonomous Driving, Berlin, 365-386.

Folsom, T. C., 2012: Energy and Autonomous Urban Land Vehicles, in: Technology and Society Magazine, 28-38.

Friedrich, B., 2016: The Effect of Autonomoues Vehicles on Traffic, in: Maurer, M., Gerdes, C. J., Lenz, B., Winner, H., Autonomous Driving, Berlin, 317-334.

McKinsey & Company, 2016: Delivering Change.

Ministry of Infrastructure and Environment, 2015: European Truck Platooning Challenge, The Hague.
Switkes, J. P., Boyd, S., 2016: Connected Truck Automation, in: Meyer, G., Beiker, S., Road Vehicles Automation 3, Berlin, 195-200.
Transport and Mobility Leuven, 2015: GHG Reduction Measures for the Road Freight Transport Sector up to 2020, Brussels.
Underwood, S., Bartz, D., Kade, A., Crawford, M., 2016: Truck Automation: Testing and Trusting the Virtual Driver, in: Meyer, G., Beiker, S., Road Vehicles Automation 3, Berlin, 91-110.
Von Arem, B., Abbas, M. M., Li, X., Head, L., Zhou, X., Chen, D., Bertini, R., Mattingly, S. P., Wang, H., Orsz, G., 2016: Integrated Traffic Flow Models and Analysis for Automated Vehicles, in: Meyer, G., Beiker, S., Road Vehicles Automation 3, Berlin, 249-258.
Wagner, P., 2016: Traffic Control and Traffic Management in a Transportation System with Autonomous Vehicles, in: Maurer, M., Gerdes, C. J., Lenz, B., Winner, H., Autonomous Driving, Berlin, 301-316.

Kapitel 10: Ökonomie
Morgan Stanley Research, 2012: Global Auto Scenarios 2022.
Morgan Stanley Research, 2013: Autonomous Cars, Self-Driving the new Industry Paradigm.
Morgan Stanley Research, 2016: Global Investment Implications of Auto 2.0.
Texas A&M Transportation Institute, 2015: Urban Mobility Scorecard.
Wadud, Z., MacKenzie, D., Leiby, P., 2016: Help or Hindrance? The Travel, Energy, and Carbon Impacts of Highly Automated Vehicles, in: Transportation Research Part A, 1-18.

Kapitel 11: Zeitplan
Anderson, J. M., Kalra, N., Stanley, K. D., Sorensen, P., Samaras, C., Oluwatola, O. A., 2014: Autonomous Vehicle Technology: A Guide for Policymakers, Rand Corporation, Santa Monica.
Barclays, 2015: Disruptive Mobility.
Bengler, K., Dietmayer, K., Faerber, B., Maurer, M., Stiller, C., Winner, H., 2014: Three Decades of Driver Assistance Systems Review and Future Perspectives, in: IEEE Intelligent Transportation Systems Magazine, 6-22.
Cyganski, R., 2016: Automated Vehicles and Automated Driving from a Demand Modeling Perspective, in: Maurer, M., Gerdes, C. J., Lenz, B., Winner, H., Autonomous Driving, Berlin, 233-254.
Fraunhofer Institut, 2015: Hochautomatisiertes Fahren auf Autobahnen – Industriepolitische Schlussfolgerungen.
Frost and Sullivan, 2016: Strategic Outlook of Global Autonomous Driving Market.
Great Britain Department of Transport, 2015: The Pathway to Driverless Cars.
IHS Automotive, 2014: Emerging Technologies.
IHS Markit, 2016: Autonomous Industry Analysis.
Institute for Mobility Research, 2016: Autonomous Driving – The Impact of Vehicle Automation on Mobility Behaviour.
King, J. D., Rupp, A. G., 2010: Autonomous Driving – A Practical Roadmap, SAE International Working Paper.
KPMG, 2012: Self-driving Cars: The Next Revolution.

McKinsey & Company, 2016: Automotive Revolution — Perspective Towards 2030.

Naujoks, F., Purucker, C., Neukum, A., 2016: Secondary Task Engagement and Vehicle Automation — Comparing the Effects of Different Assistance Levels in an On-Road Field Experiment, in: Transportation Research, Part F, Traffic Psychology and Behaviour, 67-82.

Peters, J. I., 2014: Accelerating Road Vehicle Automation, in: Meyer, G., Beiker, S., Road Vehicle Automation, Berlin, 25-35.

PricewaterhouseCoopers, 2015: Connected Car Study.

PricewaterhouseCoopers, 2016: Connected Car Report 2016 — Opportunities, Risk, and Turmoil on the Road to Autonomous Vehicles.

Roland Berger Consultants, 2014: Autonomous Driving.

Starnes, M., 2014: Estimating Lives Saved by Electronic Stability Control, 2008–2012, US Department of Transportation.

The Boston Consulting Group, 2016: Perspectives.

The Boston Consulting Group, 2016: What's Ahead for Car Sharing?

The Boston Consulting Group, 2016: Self-Driving Vehicles, Robo-Taxis, and the Urban Mobility Revolution.

Teil 3: Technologie des autonomen Fahrens

Kapitel 12: Umgebungsmodell

Campbell, M., Egerstedt, M., How, J. P., Murray, R. M., 2010: Autonomous Driving in Urban Environments: Approaches, Lessons and Challenges, in: Philosophical Transactions of the Royal Society A, 4649-4672.

Fraunhofer Institut, 2015: Hochautomatisiertes Fahren auf Autobahnen — Industriepolitische Schlussfolgerungen.

Hong, T., Abrams, M., Chang, T., Shneier, M., 2008: An Intelligent World Model for Autonomous Off-Road Driving, in: Computer Vision and Image Understanding, 1-16.

Luettel, T., Himmelsbach, M., Wuensche, H. J., 2012: Autonomous Ground Vehicles — Concepts and a Path to the Future, in: Proceedings of the IEEE, 1831-1839.

Manley, E., 2012: Identifying Communities in Traffic Flow.

Redzic, O., Rabel, D., 2015: A Location Cloud for Highly Automated Driving, in: Meyer, G., Beiker, S., Road Vehicles Automation 2, Berlin, 49-60.

Rosenzweig, J., Bartl, M., 2015: A Review and Analysis of Literature on Autonomous Driving, in: The Making of Innovation — E-Journal, 1-57.

Urmson, C., 2008: Autonomous Driving in Urban Environments: Boss and the Urban Challenge, in: Journal of Field Robotics, 425-466.

Kapitel 13: Digitalisiertes Fahrzeug

Bengler, K., Dietmayer, K., Faerber, B., Maurer, M., Stiller, C., Winner, H., 2014: Three Decades of Driver Assistance Systems Review and Future Perspectives, in: IEEE Intelligent Transportation Systems Magazine, 6-22.

Huang, P., Pruckner, A., 2016: Steer by Wire, in: Harrer, M., Pfeffer, P., Steering Handbook, Cham, 513-526.

Khurram, M., Kumar, H., Chandak, A., Sarwade, V., Arora, N., Quach, T., 2016: Enhancing Connected Car Adoption: Security and Over the Air Update Framework, IEEE World Forum on Internet of Things.

King, J. D., Rupp, A. G., 2010: Autonomous Driving – A Practical Roadmap, SAE International Working Paper.
Levinson, J., 2011: Towards Fully Autonomous Driving: Systems and Algorithms, IEEE Intelligent Vehicles Symposium.
Ross, P. E., 2014: Robot, You Can Drive My Car – Autonomous Driving will Push Humans into the Passenger Seat, in: IEEE Spectrum, 60-90.

Kapitel 14: Vernetztes Fahrzeug
Alessandrini, A., Campagna, A., Delle Site, P., Filippi, F., Persia, L., 2015: Automated Vehicles and the Rethinking of Mobility and Cities, in: Transportation Research Procedia, 145-160.
Coppola, R., Morisio, M., 2016: Connected car: Technologies, Issues, Future Trend, ACM Computing Surveys, Article 46.
Haberle, T., Charissis, L., Fehling, C., Nahm, J., Leymann, F., 2015: The Connected Car in the Cloud: A Platform for Prototyping Telematics Services, in: IEEE Software, 11-17.
Lu, N., Cheng, N., Zhang, N., Shen, X., Mark, J. W., 2014: Connected Vehicles: Solutions and Challenges, in: IEEE Internet of Things Journal, 289-299.
Meeker, M., 2017: Internet Trends 2017 – Code Conference.

Kapitel 15: Datensicherheit
Bécsi, T., Aradi, S., Gáspár, P., 2015: Security Issues and Vulnerabilities in Connected Car Systems, in: IEEE Models and Technologies for Intelligent Transportation Systems, 477-482.
Beiker, S., 2012: Legal Aspects of Autonomous Driving, in: Santa Clara Law Review, Article 1.
Maurer, M., Gerdes, J., Lenz, B., Winner, H., 2016: Autonomous Driving – Technical, Legal and Social Aspects, Berlin.
PricewaterhouseCoopers, 2015: Connected Car Study.
PricewaterhouseCoopers, 2016: Connected Car Report 2016 – Opportunities, Risk, and Turmoil on the Road to Autonomous Vehicles.
Wyglinski, A. M., Huang, X., Padir, T., Lai, L., Eisenbarth, T. R., Venkatasubramanian, K., 2013: Security of Autonomous Systems Employing Embedded Computing and Sensors, in: IEEE Micro, 80-86.

Teil 4: Der Kunde und sein Mobilitätsverhalten

Kapitel 16: Das Dilemma mit der Mobilität
Anderson, J. M., Kalra, N., Stanley, K. D., Sorensen, P., Samaras, C., Oluwatola, O. A., 2014: Autonomous Vehicle Technology: A Guide for Policymakers, Rand Corporation, Santa Monica.
Barth, M., Boriboonsomsin, K., Wu, G., 2014: Vehicle Automation and its Potential Impacts on Energy and Emissions, in: Meyer, G., Beiker, S., Road Vehicles Automation, Berlin, 103-112.
Bécsi, T., Aradi, S., Gáspár, P., 2015: Security Issues and Vulnerabilities in Connected Car Systems, in: IEEE Models and Technologies for Intelligent Transportation Systems, 477-482.
Centre for Economic and Business Research, 2014: The Future Economic and Environmental Costs of Gridlock in 2030, An Assessment of the Direct and Indirect

Economic and Environmental Costs of Idling in Road Traffic Congestion to Households in the UK, France, Germany, and the USA, London.
IBM, 2011: Global Parking Survey — Drivers Share Worldwide Parking Woes.
INRIX Research, 2016: Europe's Traffic Hotspots.
National Highway Traffic Safety Administration, 2015: Human Factors Evaluation of Level 2 and Level 3 Automated Driving Concepts.
Randelhoff, M., 2016: Vergleich unterschiedlicher Flächeninanspruchnahmen nach Verkehrsarten, in: Zukunft Mobilität Net.
Rubin, J., 2016: Connected Autonomous Vehicles — Travel Behavior and Energy Use, in: Meyer, G., Beiker, S., Road Vehicles Automation 3, Berlin, 151-162.
Texas A&M Transportation Institute, 2015: Urban Mobility Scorecard.
US Department of Transportation, National Highway Traffic Safety Administration, 2016: Accelerating the Next Revolution in Roadway Safety.

Kapitel 17: Mobilität als soziale Interaktion
Friedrich, B., 2016: The Effect of Autonomous Vehicles on Traffic, in: Maurer, M., Gerdes, C. J., Lenz, B., Winner, H., Autonomous Driving, Berlin, 317-334.
Lenz, B., Fraedrich, E., 2016: New Mobility Concepts and Autonomous Driving: The Potential for Change, in: Maurer, M., Gerdes, C. J., Lenz, B., Winner, H., Autonomous Driving, Berlin, 173-192.
Norman, D. A., 2015: The Human Side of Automation, in: Meyer, G., Beiker, S., Road Vehicles Automation 2, Berlin, 73-81.
Seppelt, B. D., Victor, T. W., 2016: Potential Solutions to Human Factors Challenges in Road Vehicle Automation, in: Meyer, G., Beiker, S., Road Vehicles Automation 3, Berlin, 131-150.

Kapitel 18: Erwartungen der Kunden
Cyganski, R., 2016: Automated Vehicles and Automated Driving from a Demand Modeling Perspective, in: Maurer, M., Gerdes, C. J., Lenz, B., Winner, H., Autonomous Driving, Berlin, 233-254.
Ernst & Young, 2015: Who's in the Driving Seat?
Haertl, F., Taylor, K., 2015: Connected Car — Creating a seamless Life through the Connected Car, GfK, Nuernberg.
Institute for Mobility Research, 2016: Autonomous Driving — The Impact of Vehicle Automation on Mobility Behaviour.
Kyriakidis. M., Happee, R., de Winter, J., 2014: Public Opinion on Automated Driving: Results of an International Questionnaire among 5,000 Respondents, Delft University of Technology, Delft.
Schoettle, B., Sivak, M., 2014: Public Opinion about Self-Driving Vehicles in China, India, Japan, the US, the UK, and Australia, University of Michigan, Transportation Research Institute, Ann Arbor.

Kapitel 19: Anwendungen und Beispiele
Fragnant, D. J., Kockelman, K. M., 2014: The Travel and Environmental Implications of Shared Autonomous Vehicles, using Agent-based Model Scenarios, in: Transportation Research Part C, Emerging Technologies, 1-14.
Fraunhofer Institut, Horvath & Partners, 2016: The Value of Time.
Hyve Science Lab, 2015: Autonomous Driving — The User Perspective, München.

Institute for Mobility Research, 2016: Autonomous Driving − The Impact of Vehicle Automation on Mobility Behaviour.

Wachenfeld, W., Winner, H., Gerdes, C. J., Lenz, B., Maurer, M., Beiker, S., Fraedrich, E., Winkle, T., 2016, Use Cases for Autonomous Driving in: Maurer, M., Gerdes, C. J., Lenz, B., Winner, H., Autonomous Driving, Berlin, 9-40.

Kapitel 20: Kann das autonome Fahren scheitern?

Fraedrich, E., Lenz, B., 2016: Societal and Individual Acceptance of Autonomous Driving, in: Maurer, M., Gerdes, C. J., Lenz, B., Winner, H., Autonomous Driving, Berlin, 621-640.

Kyriakidis. M., Happee, R., de Winter, J., 2014: Public Opinion on Automated Driving: Results of an International Questionnaire among 5,000 Respondents, Delft University of Technology, Delft.

Seppelt, B. D., Victor, T. W., 2016: Potential Solutions to Human Factors Challenges in Road Vehicle Automation, in: Meyer, G., Beiker, S., Road Vehicles Automation 3, Berlin, 131-150.

Kapitel 21: Neue Typen, neue Segmente

Cyganski, R., 2016: Automated Vehicles and Automated Driving from a Demand Modeling Perspective, in: Maurer, M., Gerdes, C. J., Lenz, B., Winner, H., Autonomous Driving, Berlin, 233-254.

Institute for Mobility Research, 2016: Autonomous Driving − The Impact of Vehicle Automation on Mobility Behaviour.

Schoettle, B., Sivak, M., 2014: Public Opinion about Self-Driving Vehicles in China, India, Japan, the US, the UK, and Australia, University of Michigan, Transportation Research Institute, Ann Arbor.

Teil 5: Rahmenbedingungen des autonomen Fahrens

Kapitel 22: Recht und Haftung

Beiker, S., 2012: Legal Aspects of Autonomous Driving, in: Santa Clara Law Review, Article 1.

Campbell, M., Egerstedt, M., How, J. P., Murray, R. M., 2010: Autonomous Driving in Urban Environments: Approaches, Lessons and Challenges, in: Philosophical Transactions of the Royal Society A, 4649-4672.

Maurer, M., Gerdes, J., Lenz, B., Winner, H., 2016: Autonomous Driving − Technical, Legal and Social Aspects, Berlin.

Schreurs, M. A., Steuwer, S. D., 2016: Autonomous Driving − Political, Legal, Social, and Sustainability Dimensions, in: Maurer, M., Gerdes, C. J., Lenz, B., Winner, H., Autonomous Driving, Berlin, 149-172.

World Economic Forum, 2017: Why we have the Ethics of self-driving Cars all wrong.

Kapitel 23: Normen und Standards

Blind, K., 2013: The Impact of Standardization and Standards on Innovation − Compendium of Evidence on the Effectiveness of Innovation Policy Intervention, Manchester Institute of Innovation Research, Manchester Business School.

Cassingham, R. C., 1996: Dvorak Keyboard: The Ergonomically Designed Keyboard, Now an American Standard, Freelance Communications, New York.

OECD, International Transport Forum, 2015: Automated and Autonomous Driving: Regulation under Uncertainty, Paris.
Schreurs, M. A., Steuwer, S. D., 2016: Autonomous Driving – Political, Legal, Social, and Sustainability Dimensions, in: Maurer, M., Gerdes, C. J., Lenz, B., Winner, H., Autonomous Driving, Berlin, 149-172.
The Boston Consulting Group, 2015: Revolution versus Regulation: The Make-or-Break Questions about Autonomous Vehicles.

Kapitel 24: Ethik und Moral
Bonnefon, J. F., Shariff, A., Rahwan, I., 2016: The Social Dilemma of Autonomous Vehicles, in: Science, 1573-1576.
Bundesministerium für Verkehr und digitale Infrastruktur der Bundesrepublik Deutschland, 2017: Ethik-Kommission: Automatisiertes und vernetztes Fahren, Berlin.
Foot, P., 1978: Virtues and Vices, Basil Blackwell, Oxford.
Gerdes, C. J., Thornton, S. M., 2016: Implementable Ethics for Autonomous Vehicles, in: Maurer, M., Gerdes, C. J., Lenz, B., Winner, H., Autonomous Driving, Berlin, 87-102.
Goodall, N. J., 2014: Machine Ethics and Automated Vehicles, in: Meyer, G., Beiker, S., Road Vehicles Automation, Berlin, 93-102.
Grundwald, A., 2016: Societal Risk Constellations for Autonomous Driving, Analysis, Historical Context and Assessment, in: Maurer, M., Gerdes, C. J., Lenz, B., Winner, H., Autonomous Driving, Berlin, 641-664.
Kolmar, M., Booms, M., 2016: Kein Algorithmus für ethische Fragen, in: Neue Zürcher Zeitung, Januar.
Lin, P., 2016: Why Ethics Matters for Autonomous Cars, in: Maurer, M., Gerdes, C. J., Lenz, B., Winner, H., Autonomous Driving, Berlin, 69-86.

Teil 6: Auswirkungen für die Fahrzeuge

Kapitel 25: Das Fahrzeug als Ökosystem
Beiker, S., 2016: Deployment Scenarios for Vehicles with Higher-Order Automation, in: Maurer, M., Gerdes, C. J., Lenz, B., Winner, H., Autonomous Driving, Berlin, 193-212.
Coppola, R., Morisio, M., 2016: Connected car: Technologies, Issues, Future Trend, ACM Computing Surveys, Article 46.
McKinsey & Company, 2016: How the Convergence of Automotive and Tech Industry will Create a New Ecosystem.
PricewaterhouseCoopers, 2015: Connected Car Study.
Roland Berger Consultants, 2016: A CEO Agenda for the ®Evolution of the Automotive Ecosystem.
The Boston Consulting Group, 2015: Revolution in the Driver's Seat: The Road to Autonomous Vehicles.
Von Arem, B., Abbas, M. M., Li, X., Head, L., Zhou, X., Chen, D., Bertini, R., Mattingly, S. P., Wang, H., Orsz, G., 2016: Integrated Traffic Flow Models and Analysis for Automated Vehicles, in: Meyer, G., Beiker, S., Road Vehicles Automation 3, Berlin, 249-258.

Kapitel 26: Design der Fahrzeuge
McKinsey & Company, 2016: An Integrated Perspective on the Future of Mobility.
MIT Technology Review, 2017: How do you design an Autonomous Car from Scratch?
Winner, H., Wachenfeld, W., 2016: Effects of Autonomous Driving on the Vehicle Concept, in: Maurer, M., Gerdes, C. J., Lenz, B., Winner, H., Autonomous Driving, Berlin, 255-276.

Kapitel 27: Mensch-Maschine-Interaktion
Blanco, M., Atwood, J., Vasquez, H. M., Trimble, T. E., Fitchett, V. L., Radlbeck, J., Fitch G. M., Russell, S. M., 2016: Automated Vehicles: Take-over Request und System Prompt Evaluation, in: Meyer, G., Beiker, S., Road Vehicles Automation 3, Berlin, 111-120.
City GPS, 2016: Car of the Future v3.0, New York.
Creaser, J. I., Fitch, G. M., 2015: Human Factors Considerations for the Design of Level 2 and Level 3 Automated Vehicles, in: Meyer, G., Beiker, S., Road Vehicles Automation 2, Berlin, 81-92.
Diels, C., Bos, J. E., Hottelart, K., Reilhac, P., 2016: Motion Sickness in Automated Vehicles: The Elephant in the Room, in: Meyer, G., Beiker, S., Road Vehicles Automation 3, Springer, 121-130.
Dietmayer, K., 2016: Predicting of Machine Perception for Automated Driving, in: Maurer, M., Gerdes, C. J., Lenz, B., Winner, H., Autonomous Driving, Berlin, 407-424.
Faerber, B., 2016: Communication and Communication Problems between Autonomous Vehicles and Human Drivers, in: Maurer, M., Gerdes, C. J., Lenz, B., Winner, H., Autonomous Driving, Berlin, 125-148.
Fitch, G. M., 2015: The HMI for the Automated Vehicle, Virginia Tech Transportation Institute.
Fraszczyk, A., Brown, P., Duan, S., 2015: Public Perception of driverless Trains, in: Urban Rail Transit, 78-86.
Gold, C., Dambroeck, D., Lorenz, L., Bengler, K., 2013: Take Over! How Long does it Take to Get the Driver back into the Loop?, in: Proceedings of the Human Factors and Ergonomics Society, 1938-1942.
Gold, C., Koerber, M., Hohenberger, C., Lechner, D., Bengler, K., 2015: Trust in Automation – before and after the Experience of Take-over Scenarios in a Highly Automated Vehicle, in: Procedia Manufacturing, 3025-3032.
Hoff, K. A., Bashir, M., 2015: Trust in Automation: Integrating Empirical Evidence on Factors that Influence Trust, in: Human Factors, 407-434.
National Highway Traffic Safety Administration, 2015: Human Factors Evaluation of Level 2 and Level 3 Automated Driving Concepts.
Naujoks, F., Purucker, C., Neukum, A., 2016: Secondary Task Engagement and Vehicle Automation – Comparing the Effects of Different Assistance Levels in an On-Road Field Experiment, in: Transportation Research, Part F, Traffic Psychology and Behaviour, 67-82.
Norman, D. A., 2015: The Human Side of Automation, in: Meyer, G., Beiker, S., Road Vehicles Automation 2, Berlin, 73-81.
Radlmayr, J., Gold, C., Lorenz, L., Farid, M., Bengler, K., 2014: How Traffic Situations and Non-Driving Related Tasks Affect the Take-Over Quality in Highly Automated Driving, in: Proceedings of the Human Factors and Ergonomics Society, 2063-2067.

Seppelt, B. D., Victor, T. W., 2016: Potential Solutions to Human Factors Challenges in Road Vehicle Automation, in: Meyer, G., Beiker, S., Road Vehicles Automation 3, Berlin, 131-150.

Waytz, A., Heafner, J., Epley, N., 2014: The Mind in the Machine: Anthropomorphism increases Trust in autonomous Vehicles, in: Journal of Experimental Social Psychology, 113-117.

Wolf, I., 2016: The Interaction between Humans and Autonomous Agents, in: Maurer, M., Gerdes, C. J., Lenz, B., Winner, H., Autonomous Driving, Berlin, 103-124.

Kapitel 28: Zeit, Kosten und Sicherheit

Anderson, J. M., Kalra, N., Stanley, K. D., Sorensen, P., Samaras, C., Oluwatola, O. A., 2014: Autonomous Vehicle Technology: A Guide for Policymakers, Rand Corporation, Santa Monica.

Barth, M., Boriboonsomsin, K., Wu, G., 2014: Vehicle Automation and its Potential Impacts on Energy and Emissions, in: Meyer, G., Beiker, S., Road Vehicles Automation, Berlin, 103-112.

Bécsi, T., Aradi, S., Gáspár, P., 2015: Security Issues and Vulnerabilities in Connected Car Systems, in: IEEE Models and Technologies for Intelligent Transportation Systems, 477-482.

Chambers, M., Mindy L, Chip M., 2012: Drunk Driving by the Numbers, New York.

Fernandez, P., Nunes, U., 2012: Platooning with IVC-enabled Autonomous Vehicles — Strategies to Mitigate Communication Delays, Improve Safety and Traffic Flow, in: IEEE Transactions on Intelligent Transportation Systems, 91-106.

Folsom, T. C., 2012: Energy and Autonomous Urban Land Vehicles, in: Technology and Society Magazine, 28-38.

Heinrichs, D., 2016: Autonomous Driving and Urban Land Use, in: Maurer, M., Gerdes, C. J., Lenz, B., Winner, H., Autonomous Driving, Berlin, 213-232.

Najm, W., 2010: Frequency of Target Crashes for Intelligent Safety Systems.

Peters, J. I., 2014: Accelerating Road Vehicle Automation, in: Meyer, G., Beiker, S., Road Vehicle Automation, Berlin, 25-35.

Reschka, A., 2016: Safety Concept for Autonomous Vehicles, in: Maurer, M., Gerdes, C. J., Lenz, B., Winner, H., Autonomous Driving, Berlin, 473-496.

Rubin, J., 2016: Connected Autonomous Vehicles — Travel Behavior and Energy Use, in: Meyer, G., Beiker, S., Road Vehicles Automation 3, Berlin, 151-162.

Wadud, Z., MacKenzie, D., Leiby, P., 2016: Help or Hindrance? The Travel, Energy, and Carbon Impacts of Highly Automated Vehicles, in: Transportation Research Part A, 1-18.

Winkle, T., 2016: Safety Benefits of Automated Vehicles: Extended Findings from Accident Research for Development, Validation and Testing, in: Maurer, M., Gerdes, C. J., Lenz, B., Winner, H., Autonomous Driving, Berlin, 335-364.

World Health Organization, 2015: Global Status Report on Road Safety, Geneva.

Teil 7: Auswirkungen für die Unternehmen

Kapitel 29: Geschäftsmodelle

Ernst & Young, 2015: Who's in the Driving Seat?

Fraunhofer Institut, 2015: Hochautomatisiertes Fahren auf Autobahnen — Industriepolitische Schlussfolgerungen.

Fraunhofer Institut, Horvath & Partners, 2016: The Value of Time.

Goldman Sachs, 2015: Monetizing the Rise of Autonomous Vehicles.
KPMG, 2012: Self-driving Cars: The Next Revolution.
McKinsey & Company, 2016: Car Data: Paving the Way to Value-Creating Mobility.
McKinsey & Company, 2016: Automotive Revolution — Perspective Towards 2030.
Morgan Stanley Research, 2012: Global Auto Scenarios 2022.
Morgan Stanley Research, 2013: Autonomous Cars, Self-Driving the new Industry Paradigm.
Rannenberg, K., 2016: Opportunities and Risks Associated with Collecting and Making Usable Additional Data, in: Maurer, M., Gerdes, C. J., Lenz, B., Winner, H., Autonomous Driving, Berlin, 497-522.
Roland Berger Consultants, 2014: Autonomous Driving.
Roland Berger Consultants, Automotive Competence Center at the Technical University of Aachen, 2015: Automated Vehicle Index, München, Aachen.
Roland Berger Consultants, 2016: A CEO Agenda for the ®Evolution of the Automotive Ecosystem.
The Boston Consulting Group, 2015: Revolution versus Regulation: The Make-or-Break Questions about Autonomous Vehicles.

Kapitel 30: Wertschöpfungsketten
IHS Automotive, 2014: Emerging Technologies.
IHS Markit, 2016: Autonomous Industry Analysis.
KPMG, 2015: Global Automotive Executive Survey.
McKinsey & Company, 2016: How the Convergence of Automotive and Tech Industry will Create a New Ecosystem.
Morgan Stanley Research, 2012: Global Auto Scenarios 2022.
Morgan Stanley Research, 2013: Autonomous Cars, Self-Driving the new Industry Paradigm.
PricewaterhouseCoopers, 2016: Connected Car Report 2016 — Opportunities, Risk, and Turmoil on the Road to Autonomous Vehicles.
The Boston Consulting Group, 2016: Perspectives.

Kapitel 31: Ökonomie des Teilens
ACEA Scientific Advisory Group Report, 2014: Carsharing: Evolution, Challenges, and Opportunities, Centre for Transport Studies, Imperial College London.
Arbib, J., Seba, T., 2017: Rethinking Transportation 2020-2030, Rethink Disruption Report.
Beiker, S., 2016: Implementation of an Automated Mobility-on-Demand System, in: Maurer, M., Gerdes, C. J., Lenz, B., Winner, H., Autonomous Driving, Berlin, 277-300.
Burns, L. D., Jordon, W. C., Scarborough, B. A., 2013: Transforming Personal Mobility, Earth Island Institute, Columbia University, New York.
Copenhagen Economics, 2015: Economic Benefits of Peer-to-Peer Transport Services, Stockholm.
Deloitte Review, 2017: The Rise of Mobility as a Service.
Eckhardt, G. M., Bardhi, F., 2015: The Sharing Economy isn't about Sharing, in: Harvard Business Review.
Fragnant, D. J., Kockelman, K. M., 2014: The Travel and Environmental Implications of Shared Autonomous Vehicles, using Agent-based Model Scenarios, in: Transportation Research Part C, Emerging Technologies, 1-14.

Frost and Sullivan, 2016: Strategic Outlook of Global Autonomous Driving Market.
Liu, R., Fragant, D. J., Zhang, W. B., 2016: Beyond Single Occupancy Vehicles: Automated Transit and Shared Mobility, in: Meyer, G., Beiker, S., Road Vehicles Automation 3, Berlin, 259-276.
McKinsey & Company, 2016: Car Data: Paving the Way to Value-Creating Mobility.
McKinsey & Company, 2017: How shared Mobility will Change the Automotive Industry.
Morgan Stanley Research, 2013: Autonomous Cars, Self-Driving the new Industry Paradigm.
Morgan Stanley Research, 2016: Global Investment Implications of Auto 2.0.
Morgan Stanley Research, The Boston Consulting Group, 2016: Motor Insurance 2.0.
OECD, International Transport Forum, 2015: Urban Mobility Systems Upgrade: How Shared Self-Driving Cars could Change City Traffic, Paris.
OECD, International Transport Forum, 2015: Automated and Autonomous Driving: Regulation under Uncertainty, Paris.
Pavone, M., 2016: Autonomous Mobility-on-Demand Systems for Future Urban Mobility, in: Maurer, M., Gerdes, C. J., Lenz, B., Winner, H., Autonomous Driving, Berlin, 387-406.
Santi, P., Resta, G., Szell, M, Sobolevsky, S., Striogatz, S., Ratt, C., 2014: Quantifying the Benefits of Vehicle Pooling with Shareability Networks, in: Proceeding of the National Academy of Science.
Spieser, K., Ballantyne, K., Treleaven, K., Zhang, R., Frazzoli, E., Morton, D., Pavone, M., 2014: Toward a Systematic Approach to the Design and Evaluation of Automated Mobility-on-Demand Systems — A Case Study in Singapore, Springer Lecture Notes in Mobility Series.
The Boston Consulting Group, 2016: What's Ahead for Car Sharing?
The Boston Consulting Group, 2016: Self-Driving Vehicles, Robo-Taxis, and the Urban Mobility Revolution.
Zachariah, J., Gao, J., Kornhauser, A., Mufti, T., 2013: Uncongested Mobility for All: A Proposal for an Areawide Autonomous Taxi System in New Jersey, in: Proceedings of Transportation Research Board Annual Meeting, 1-14.

Kapitel 32: Versicherungswirtschaft
KPMG, 2015: Automobile Insurance in the Era of Autonomous Vehicles.
KPMG, 2015: Global Automotive Executive Survey.
Morgan Stanley Research, 2016: Global Investment Implications of Auto 2.0.
Morgan Stanley Research, The Boston Consulting Group, 2016: Motor Insurance 2.0.

Teil 8: Auswirkungen für die Gesellschaft

Kapitel 33: Arbeit und Wohlstand
Burns, L. D., Jordon, W. C., Scarborough, B. A., 2013: Transforming Personal Mobility, Earth Island Institute, Columbia University, New York.
Kaufmann, S., Moss, M. L., Tyndale, J., Hernandez, J., 2015: Mobility, Economic Opportunity and New York City Neighborhoods, New York University.
US Department of Transportation, 2016: Beyond Traffic, Trends and Choices 2045.

Kapitel 34: Wettbewerbsfähigkeit
Isaac, L., 2016: How Local Governments Can Plan for Autonomous Vehicles, in: Meyer, G., Beiker, S., Road Vehicles Automation 3, Berlin, 59-71.
KPMG, 2018: Which are the top Autonomous Vehicles ready Countries?
Roland Berger Consultants, Automotive Competence Center at the Technical University of Aachen, 2015: Automated Vehicle Index, Munich, Aachen.

Kapitel 35: Aufstrebende Nationen
Bloomberg View, 2018: China could steer self-driving Cars.
The Swedish Trade & Investment Council, 2016: Autonomous Driving & the next Generation of Transport in China.
Wadsworth, W., 2017: Singapore takes the Wheel in self-driving Car Technology, Technical Report.

Kapitel 36: Stadt- und Raumentwicklung
Alessandrini, A., Campagna, A., Delle Site, P., Filippi, F., Persia, L., 2015: Automated Vehicles and the Rethinking of Mobility and Cities, in: Transportation Research Procedia, 145-160.
McKinsey & Company, 2011: Urban World: Mapping the Economic Power of Cities.
Texas A&M Transportation Institute, 2015: Urban Mobility Scorecard.

Index

4G 81, 87, 297, 298, 319
5G 81, 87, 135, 136, 137, 139, 249, 292, 297, 298, 319
 Automotive Association 136
 Netze 87, 135, 136, 137, 249, 298
 Technologie 136, 137

A

Abschreibung 49
ACCEL 256
Adaptive Geschwindigkeitsregelung 14, 22, 95, 98, 105, 124, 228, 233
Ad-hoc-Netzwerke 137, 139, 141
Agenda für die Automobilindustrie 312
 Service-orientierte Geschäftsmodelle 313, 314, 315
 Veränderung der Kultur 312
 V-to-home and V-to-business Anwendugnen 316
AirBnB 244
Aisin 23
Albert, Head of Design bei Yahoo 179
Alexandra, Gründerin und Inhaberin von Powerful Minds 179
Alibaba 28, 225, 292, 293
 Alipay Bezahlsystem von Alibaba 293
Alternative Antriebe 240
Altruistischer (A-drive) Modus 198
Amazon 140, 142, 244
American Trucking Association 90
Android Betriebssystem von Google 126, 223, 258, 264
Anthropomorphisierung 229, 230, 231
Anwendungssoftware 126, 129
Appel Logistics 84
Apple 15, 22, 28, 45, 116, 126, 134, 140, 174, 179, 193, 209, 228, 244, 245, 249, 255, 258, 315
 iOS 126
 iPhone 7 315
 iPhone 8 315
 Mac OS 193
Applikationsschicht 126
Architekturschichten
 Applikationsschicht 126
 Ausgabeschicht 126
 Basisschicht 126
 Fusionsschicht 126
 Wahrnehmungsschicht 126
Asien 21, 33, 38, 54, 94, 154, 156, 279
 Projekte in Asien 291
Assembly Row 306
Assessment of Safety Standards for Automotive Electronic Control System 143
Assistenzsysteme 94, 95, 96, 97, 103, 128, 155, 215, 217, 227, 231
Audi 8, 16, 20, 28, 33, 55, 56, 58, 96, 99, 111, 113, 116, 119, 127, 131, 132, 136, 137, 138, 140, 162, 166, 168, 169, 170, 177, 178, 179, 210, 211, 212, 216, 220, 222, 225, 237, 248, 251, 252, 255, 292, 303, 304, 309, 315, 322
 A7 56, 220
 A8 99, 111
 Piloted Driving 178, 179, 225
 Piloted Driving Lab 178, 179
 RS7 56, 99
 Service Audi-fit-driver 252
 TTS 56
 Urban Future Initiative 303, 309, 322
 zFAS (zentrales Fahrerassistenzsteuergerät) 131, 132
Audi Q7 96
 Assistenzsysteme im 97
Aufzugstechnik 236
Augmented Reality 217, 219, 227, 231, 324
Ausfall 130, 133
 Rückfallebene 61, 67, 133, 185
Ausgabeschicht 126
Autobahn A9 in Deutschland 137, 138
Autobahnassistent 60
Autobahnpilot 99
Autolib 250, 270
Autoliv 223
Automation 21, 22, 23, 37, 59, 60, 61, 62, 65, 67, 70, 93, 96, 104, 108, 130, 133, 163, 166, 185, 186, 187, 208, 217, 221, 238, 253, 277, 315, 317

341

Automatisierte Fahrzeuge 22, 86, 93, 206, 263, 289, 290
Automobil 14, 22, 31, 33, 58, 315
  Hersteller 9, 15, 16, 21, 23, 28, 29, 31, 39, 44, 45, 56, 65, 71, 93, 111, 121, 127, 128, 134, 143, 144, 145, 165, 186, 191, 198, 245, 247, 249, 250, 253, 255, 256, 257, 258, 260, 267, 273, 278, 279, 281, 289, 320
  Industrie 9, 10, 11, 19, 23, 28, 29, 44, 45, 46, 121, 126, 131, 134, 137, 141, 143, 144, 145, 217, 223, 244, 245, 248, 252, 256, 257, 259, 262, 263, 264, 267, 289, 292, 296, 299, 312, 313, 315, 317, 321, 323
  Standorte 23, 321
  Zulieferer 259
AutoNet2030-Projekt 290
Autonome Autos 7, 14, 19, 34, 40, 52, 72, 87, 88, 92, 119, 145, 158, 162, 174, 182, 198, 232, 233, 278, 289, 295, 296, 297, 306
  Erwartete Einsparungen durch den Einsatz von autonomen Autos 88
  Erwarteter Absatz 104
Autonome Fahrzeuge 15, 20, 25, 26, 34, 54, 82, 86, 89, 92, 101, 122, 125, 128, 156, 158, 159, 182, 183, 189, 196, 200, 201, 233, 237, 238, 246, 247, 271, 294, 295, 296, 297, 299, 303
  Alternative Antriebe 240
  Integration in Städte 322
  Tests fördern 323
Autonome Mobilität 26, 41, 190, 200, 265, 318, 319, 320, 321, 322, 326
  als Zukunftsindustrie verankern 320
Autonomer Fahrmodus
  Autonom sharp-Modus 215
  Autonom soft-Modus 215
  Drive boost-Modus 215
  Drive relax-Modus 215
Autonomer Lastwagen 81, 82
  Einsparungen durch 88
  von Daimler 81
  von Uber 82
Autonomer Mercedes F015 16
  Lebensraum im 57

Autonomes Auto 50, 186
Autonomes Fahren 5, 6, 7, 8, 9, 10, 14, 16, 17, 20, 21, 22, 23, 26, 28, 31, 32, 34, 36, 37, 39, 41, 44, 48, 52, 53, 54, 55, 57, 58, 61, 64, 66, 67, 69, 70, 71, 72, 74, 77, 80, 82, 87, 89, 90, 91, 93, 99, 100, 101, 103, 105, 107, 109, 110, 113, 121, 123, 124, 130, 132, 133, 155, 161, 162, 163, 164, 165, 166, 169, 173, 174, 175, 178, 181, 182, 189, 191, 192, 193, 194, 196, 198, 199, 208, 210, 214, 227, 228, 231, 232, 240, 241, 248, 261, 269, 273, 274, 277, 278, 289, 290, 292, 293, 295, 296, 297, 298, 299, 306, 317, 318, 328, 331, 334
  Anwendung 25
  Anwendungen und Beispiele 166
  Arbeitsteilung zwischen Mensch und Maschine 59
  autonomer Audi TTS auf dem Weg zum Pikes Peak 56
  Definition 21
  die Entwicklung des automatisierten Fahrens 61
  Ecosystem 30, 31, 32, 204, 205, 206, 207
  Fahrzeuge 26
  Fakten über 240
  Faszination 14
  Industrie 28
  NuTonomy 19, 23, 248, 293
  Strategien 64, 65
  Stufen der Automatisierung 22, 59, 65
  System 24
  Szenarien zur Nutzung der Reisezeit 63
  Technologien 22, 23, 26, 39, 41, 44, 52, 57, 91, 107, 109, 162, 163, 192, 198, 199, 241, 277
  Umgebungsmodell 108
  Umsetzung 15
  Vorstellung von 55
AutoVots 272

B
Back-up Levels 133
BAIC 39

Baidu 28, 127, 266, 267, 282, 292, 293
  App 266
  AutoBrain 267
Beschleunigung 96, 171
Big Data 246, 262
BlaBlaCar 269, 270, 282
Blackfriars Bridge
  Lidar Print Cloud der 117
Bloggers 176, 179
Bluetooth 75, 135
BMW 16, 28, 33, 38, 116, 136, 140, 248, 249, 250, 254, 255, 262, 267, 292, 302, 315
  Holoactive Touch 223
Boeing 15, 68, 191, 204
  Boeing 747 15
  Boeing 777 68, 191
  Boeing 787 204
Bosch 20, 23, 50, 116, 131, 248, 256, 264, 315
Boston 70, 275, 276, 292, 303, 304, 306, 309
BYD 39, 292

C

Cadillac 138
Cambot 230
Car2Go 250, 269, 270
Car-pooling 269, 270, 276
Car-sharing 9, 11, 34, 48, 52, 216, 238, 239, 240, 250, 260, 268, 269, 270, 271, 273, 274, 276, 287, 291, 302, 314
Car- und Ride-sharing 48, 52, 216, 238, 239, 240, 260, 268, 269, 271, 273, 291, 302, 314
Chevrolet 55, 249
  App von General Motors 249
China 183, 184, 192, 251, 266, 268, 270, 292, 293, 295, 296, 297, 298, 299, 300, 323
  Made in China 2025 292
  Shenzhen 154, 156, 305
Cisco 56, 315
CityMobil2 77, 266
Companion App 249
Connected car services 246
Container Terminal 79

Continental (Automobilzulieferer) 23, 116, 222, 248, 264, 294
Croove App 251, 269, 270
Cyberphysisches System 23
Cybersicherheit 142, 143, 145, 252, 277, 294, 296, 323
Cyberangriffe 142, 143, 145, 192
Cyberkriminalität 227, 279

D

Daimler 16, 50, 51, 55, 57, 81, 83, 159, 230, 275
Daten
  Datenbank 25, 114, 115
  Daten der Passagiere 109, 110, 130
  Datenproduzent 253
  Datensicherheit 142, 144
  Datenverarbeitung 108, 109, 131, 136
  Kategorien von Daten in Fahrzeugen 144
  Recordern 132
Deere, John 74, 206, 207
Defense Advanced Research Project Agency (DARPA) 56, 58
Deklaration von Amsterdam 192, 194
Delphi Automotive Systems 19, 23, 315
Denso 23
Design
  Skizzen und Enwürfe 210
Design der Fahrzeuge
  Digitalisierung und Design 208
Digitale Karten 115, 136
Digitale Ökosysteme 140
Digitalisiertes Fahrzeug 123
Disruptionen
  Geschichte 42
Disruptive Technologien 46, 173, 298, 318
Drive-by-wire 121, 130, 134
DriveNow 250, 269, 270, 302
Drive Recorder 132, 134

E

Elektronische Märkte 268
Emergency Call (eCall) 139, 141
Emissionen 34, 36, 49, 151, 152, 234, 235, 236, 240, 292, 301
Erholung 34, 38, 69, 83, 166, 171

Erwartete Einsparungen durch den Einsatz
  von autonomen Autos 88
  von autonomen Lastwagen 88
Europa 21, 38, 54, 83, 84, 85, 86, 94, 105, 116, 137, 151, 158, 161, 236, 240, 270, 290, 291, 296
Europäische Kommission 143, 188, 192, 290
Europäischen Parlaments 188
Europäische Union 68, 83, 139, 289, 296, 323

F

Facebook 37, 126, 145, 177, 178, 253
Fahrbahngeometrie 116
Fahrerassistenzsysteme 14, 21, 25, 64, 72, 80, 93, 94, 96, 105, 144, 162, 164, 165, 173, 175, 235, 277, 283, 289
Fahrerlos 16, 21, 61, 75, 182
  Audi RS7 16, 178
  Autos 7, 14, 17, 40, 87, 92, 115, 145, 158, 162, 164, 182, 232, 278, 289, 295, 296, 297
  Busse 73, 275
  Citymobile 21
  Fahrzeuge 20, 23, 292
  Traktor 75, 76
Fahrmanöver 24, 108, 110, 115, 120, 199, 228, 273
Fahrmodus 108, 110, 198, 215, 217
Fahrzeugdesign 14, 208, 247
Fahrzeugtechnologie 65, 258, 267, 293
FAW Jiefang Automotive 85
Federal Automated Vehicle Policy 183
Federal Motor Vehicle Safety Standards 183
Fendt 75
  GuideConnect-System 75
Ferragni, Chiara (italienishe Bloggerin und Modedesignerin) 177
Finnland 291
Flugzeug 15, 54, 79, 100, 143, 164, 171, 191, 198
  Elektronik 143
  Industrie 143
Ford 16, 50, 82, 178, 179, 249, 255, 262, 266, 292, 302
  Fiesta 178, 179

Fiesta Movement 178, 179
Fraunhofer Institut 94, 167, 169, 253

G

Geisi (Weinbauroboter) 77
General Motors 16, 20, 52, 55, 138, 139, 255, 262, 292, 315
  Firebird II 55
  Firebird III 55
Generation Y 40, 214, 227
Geschäftsmodelle 10, 29, 49, 102, 244, 245, 246, 257, 260, 277, 283, 312, 314
  Automobilhersteller 245, 246
  Datenproduzent 253
  Erkenntnisse 244
  Hardwareproduzent 247
  Optionen 245
  Serviceproduzent 249
  strategische Mix 255
Geschichte
  Projekte 55
  Science-Fiction 54
Gesetz von Moore 131
Gett 250, 251
  App 250
Global positioning system (GPS) 74, 75, 77, 98, 117, 118, 142, 188, 205, 231, 264, 291, 297
Google 15, 16, 18, 20, 22, 26, 28, 29, 31, 43, 45, 50, 52, 64, 71, 74, 103, 115, 116, 126, 140, 145, 200, 229, 245, 248, 256, 258, 263, 264, 265, 266, 267, 271, 282, 294, 301
  Android 126, 223, 258, 264
  Android-Auto 223
  Waymo 18, 52
  Waze App 294
GuideConnect-System von Fendt 75

H

HD Map 116, 122
Head-up display 217, 218, 221, 231
Herbie (Rennkäfer) 55, 58
HERE 115, 116, 117, 118, 122, 140, 280, 315, 319
Hockenheim 178, 179
Hockenheimring (Rennstrecke) 56
Hongqi HQ3 17

Huang, Jen-Hsun (CEO von Nvidia) 17, 19
Huawei 136, 137, 293
Hügellandschaft von Istanbul 305
Hyundai 292, 294, 315

I

IBM 42, 133, 153, 179, 193, 252
   IBM Global Parking Survey 153
   IBM OS/2 193
IEEE 191
Infotainment 102, 126, 222, 246, 248, 252, 292
Infotainment-System 126, 292
Intel 45, 131, 136, 173, 294
Intelligent 20, 26, 230, 231, 256, 322
   Ampeln und Verkehrszeichen 87, 100
   Infrastruktur 306
   Logistiksysteme 85
   Parkhäuser 239, 287
   Parksysteme 236
   Produkt 204
   Produkt 207
   Schwarm an Autos 116
   Vernetztes Auto 204
Internationale Normierungsgremien 191
   IEEE 191
   ISO 143, 191
   Society of Automotive Engineers (SAE) 59, 191
Internet 10, 18, 23, 41, 102, 123, 141, 142, 166, 167, 171, 209, 212, 213, 218, 228, 245, 246, 250, 253, 265, 266, 293, 322, 324, 325
Internet der Dinge 23, 322
Internetdienste 10, 30, 37, 102, 222, 293
Internetgiganten 9, 140, 145, 282, 283
IPhone 7 315
IPhone 8 315
ISO/IEC 27000-Richtlinie 143

K

Kameras 16, 22, 24, 32, 42, 45, 50, 74, 76, 77, 78, 81, 82, 84, 98, 99, 111, 112, 113, 117, 122, 128, 131, 140, 163, 194, 219, 227, 238, 245, 262, 291, 293, 295, 297
K-City 294
Keecker (Roboter) 229
Kia 16, 38, 294
Kinze (Traktorenhersteller) 75
Klassischer Breakthrough-Ansatz 262
Klout (elektronischer Dienst) 177
Knight Rider (Fernsehserie) 55
Kodak 245
Kognitive Ablenkung 226
Komfort 140, 213, 221, 238, 240, 241
Kommunikation
   Investion in Infrastruktur 319
   Technologie 23, 40, 123, 133, 134, 204, 236, 296, 312, 319, 321, 324
   Vehicle-to-Cloud-Kommunikation 135
   Vehicle-to-Infrastruktur-Kommunikation 23, 37, 135, 137, 138, 141, 163, 190, 191, 192, 193, 194, 241, 262, 267, 290, 291, 296, 297, 306, 314, 316, 323
   V-to-X-Kommunikation 89, 139, 141, 163, 190, 191, 290
Konzeptauto Budii 213
Kooperatives, intelligentes Transportsystem (C-ITS) 290
Kultur 23, 31, 246, 260, 312
   Automobilhersteller 260
   Technologieunternehmen 23
Künstliche Intelligenz 24, 200, 229, 262, 323

L

Landwirtschaft 21, 74, 75, 86, 207
LeEco 266
Levels
   Beispiele 61
   Definition 59
   Strategien 64
Life Magazine 55
Light Detection and Ranging (Lidar Technologie) 22, 32, 77, 99, 111, 112, 117, 118, 122, 262, 263, 266, 297
Lokalisierung 115, 116, 322
London 148, 149, 150, 151, 152, 153, 157, 158, 307, 308, 324

Centre for Economic and Business Research in 148
Lidar Print Cloud der Blackfriars Bridge London 117
Pendler und andere Verkehrsteilnehmer in 149
Long-term evolution (LTE) 136, 137
   LTE Adv 136
   LTE-V 137
Luftfahrtindustrie 74, 121, 315
Luftverschmutzung 21, 33, 34, 39, 152, 153, 156, 287, 299
Luxe (Start-up) 252
   Luxe App 252
Lyft 45, 269, 270

M

Machine-Learning-Algorithmen 25, 189
Magna 23
Manuelles Fahren 33, 34, 240, 278
   Kennzahlen über das weltweite Fahren 35
Mapping 110, 115, 121, 122, 295
Mars 74
Maschinelles Lernen 7, 25, 85, 113, 122, 124, 189, 262
McKinsey & Company 93, 261
Megacities 31, 33, 34, 36, 39, 41, 48, 69, 85, 105, 157, 162, 225, 252, 257, 265, 269, 297, 298, 299, 300, 301, 303, 309
Megatrends 37
   Elektrifizierung 38
   Nachhaltigkeit 39
   Sharing (Teilen) 40
   Urbanisierung 38
Mehrzweckfahrzeuge 27, 32, 93, 101, 324
Menschenähnlich
   Design 229
   Intelligenz 229
Mensch-Maschine-Interaktion 9, 65, 100, 182, 217, 219, 220, 221, 222, 223, 226, 228, 231, 246, 262
   Aufforderung zur Übernahme 225
   Benutzerschnittstelle 221
   Mechanik 217
   Stimme 230
   Vertrauen 227

Mercedes-Benz 16, 28, 33, 51, 52, 56, 57, 58, 85, 116, 121, 136, 140, 179, 204, 220, 230, 248, 249, 250, 251, 255, 262, 292, 315
Cambot 230
Companion App 249
F015 16, 57, 58, 121, 220, 230
S-Klasse 51, 204
Metropole 15, 33, 38, 85, 89, 100, 148, 149, 150, 153, 154, 237, 251, 288, 300, 301, 302, 303, 304, 305, 309, 322, 325
Microsoft 23, 45, 179, 193, 258
   Windows 193, 258
Mobileye 15, 22, 131, 294, 315
Moovel (Mobilitätsplattform) 30, 50, 250, 270, 275
Morgan Stanley Research 87, 88, 89, 90, 269
MP3-Technologie 245

N

National Highway Traffic Safety Administration 20, 66, 68, 72, 132, 143, 153, 218, 291
National University for Defense Technology 17
Nauto 56
Navya 56, 77
Neistat, Casey 176
Netflix 142, 179, 244, 253, 274
Netzabdeckung 319
Neuronale Netzwerke 124
New York 20, 35, 38, 43, 48, 93, 94, 124, 219, 286, 300
NHTSA (Bundesbehörde) 183
NIO EP9 17
Nissan 16, 20, 38, 52, 159, 214
Nokia 116, 136
Normen 120, 184, 190, 191, 192, 194, 319
Notbremsassistent 96
NuTonomy 19, 23, 248, 293
Nvidia 15, 17, 22, 125, 131, 248, 256

O

Objekterkennung 66
OECD 271

Öffentlicher Verkehr 21, 65, 78, 86, 164, 250, 264, 270, 272, 274, 275, 286, 287, 293, 307, 320, 325
Ökonomie
  Autos 87
  Lastwagen 90
Ökonomie des Teilens
  Autonome Fahrzeugflotten 271
  Erscheinungsformen 269
  Mobilität als Service 274
  Peer-to-Peer Service 272
  Trend 268
Online-Dienste 135, 138, 140, 141
OnStar 139
Open-Source 127
Orix 250, 270

P

Paolo (Netflix Design Director) 179
Paris 18, 19, 149, 150, 151, 153, 154, 156, 274, 301
Park24 250, 270
Peugeot 214, 293
  Instinct Concept Car 214
Pikes Peak 56
Pivotal 254
Platooning 82, 83, 86
Platoons 21, 60, 83, 84, 86, 91, 290, 324
Politik 8, 26, 45, 137, 141, 195, 318, 323
Politiker 93
Power, J. D. 227
PPzuche 250, 270
Premiumhersteller 28, 248
Prominente und Blogger 176
Prozessoren 126, 131, 132, 133, 204

Q

Qualcomm Technologies 15, 23, 131, 136, 137, 248
Qualitätsstandard für die Luft (PM-Standard) 152

R

Rand Corporation 19, 153
Real World Model 109, 110, 113, 119, 120, 122, 138, 141, 143
Recht
  Verhaltensrecht 183, 189

Zulassungsrecht 183, 189
Rechtsprechung 26, 103, 155, 195, 208, 278, 295
  gesetzlichen Rahmenbedingungen 26
  rechtlichen Rahmenbedingungen 64, 317
  regulatorischen Rahmenbedingungen 31
Redundante technische Systeme 133
Ride-sharing 48, 52, 164, 165, 216, 238, 239, 240, 260, 268, 269, 270, 271, 273, 276, 277, 282, 291, 302, 304, 314, 320
Roadster 38
Robo-Fahrzeug 52, 125, 215, 230, 264, 267
Robo-Cop 50
Robo-Taxi 26, 27, 32, 47, 48, 49, 50, 51, 52, 64, 93, 101, 102, 185, 229, 238, 239, 260, 269, 275, 282, 314, 322, 324, 325
Robo-Taxis
  Diffusion 49
  Idee 47
  Kosten 48
  Projekte 50
Roboter 22, 25, 26, 68, 186, 188, 229, 230
Roland Berger 253, 289
Roller von Segway 173, 175

S

Samsung 28, 127, 294
Scania 83, 84, 204
Science-Fiction 14, 54, 55, 56
  The Living Machine (Science-Fiction-Roman) 54
Selbstlernendes System 66, 187, 189
Sharing Economy 40, 215
Shenzhen 154, 156, 305
Simulation 20, 108, 112, 119, 129, 206, 225, 233, 235, 271, 272, 273
Singapur 19, 32, 78, 184, 271, 275, 293, 296, 323
Smart City 302, 303, 322
Smartphone 19, 63, 64, 77, 78, 99, 103, 133, 135, 139, 164, 170, 173, 217, 249, 250, 270, 292, 293

347

Society of Automotive Engineers (SAE) 59, 191
Software 9, 10, 11, 16, 22, 23, 25, 28, 37, 45, 48, 64, 65, 66, 72, 85, 121, 123, 125, 126, 127, 128, 131, 132, 133, 134, 163, 187, 195, 198, 199, 204, 206, 218, 229, 245, 246, 247, 248, 255, 256, 257, 258, 260, 262, 263, 264, 265, 267, 292, 293, 295, 299, 314, 320, 321
Softwaregesteuertes Fahren 121
Somerville 70, 306, 307, 309
Spielfelder
    Landwirtschaft 74
    Logistikzentren 79
    Militärtechnik und Luftfahrt 74
    Öffentlicher Transport 77
    Speditionsgeschäft 79
    Versand auf der letzten Maile 86
    Warenumschlag 78
Spotify 142, 249, 253
Spurhalteassistent 64, 94
Spurverlassenswarnung 14, 95, 98
Stadt- und Raumentwicklung
    Audi Urban Future Initiative 303
    Megacities 300
    Shenzen 307
    Smart-City-Projekte 302
    Somerville 306
    Verkehr und Kunst 307
Steer-by-wire 130
Stop-and-go-Verkehr 25, 63, 69, 163, 171

T

TaxiBots 272
Teheran 157, 158, 159
Telekommunikation 245
    Industrie 315
    Unternehmen 190
Telematikdaten 65, 248, 254, 279, 280, 281, 283
Tencent 28
Terror (Film) 198
Tesla 16, 38, 64, 103, 132, 133, 161, 245, 266
    Model S 64, 161
Texas A & M University 91, 148
Texas Institute for Urban Mobility 89

The Blonde Salad 177
The Living Machine 54
Thyssenkrupp 256
Toter-Winkel-Überwachung 14, 95, 98
Touareg 56
Toyota 16, 19, 38, 138, 223, 255, 262, 263
Traktor 21, 74, 75, 76, 84, 205, 206, 207
Trendsetter 176
Trolley-Problem 196, 201
TRW 23
Twitter 37, 142, 177, 178

U

Uber 20, 45, 48, 81, 82, 103, 244, 250, 266, 269, 270, 271, 273, 281, 301
Überwachung von Fahrzeugen 204
Umgebungsmodell
    Daten der Passagiere 110
    Informationen für die Passagiere und die Umwelt 121
    Mapping und Localizing 115
    Planning und Monitoring 120
    Real World Model 119
    Sensing und Detecting 111
    Simulation 108
    Softwaregesteuertes Fahren 121
Union Square in Somerville 306
Untergang von Kodak 123
Unterhaltung 49, 69, 214, 325
    Elektronik 123, 127
    Industrie 257
    System 66, 142
    Technologie 26
    Unternehmen aus der Unterhaltungsindustrie 223
Urbanisierung 37, 38, 41, 268, 288, 300, 301, 302, 305
Urban Parangolé (Projekt) 305
USA 23, 35, 36, 38, 48, 52, 54, 58, 69, 70, 72, 73, 81, 82, 83, 85, 87, 88, 89, 90, 92, 93, 94, 105, 115, 143, 148, 149, 151, 153, 154, 155, 156, 157, 158, 161, 166, 167, 182, 183, 188, 189, 192, 234, 239, 240, 252, 270, 277, 278, 281, 286, 289, 290, 291, 296, 298, 301, 302, 321
US Tech Choice Studie 227

Utilitarismus 196, 197, 201

V

Valeo 315
Vehicle 135, 138, 139
Vehicle-to-Cloud-Kommunikation 135
Vehicle-to-Infrastruktur-Kommunikation 23, 32, 135, 137, 138, 141, 163, 190, 191, 192, 193, 194, 241, 262, 267, 290, 291, 296, 297, 306, 314, 316, 323
Vehicle-to-Vehicle-Kommunikation 23, 32, 37, 60, 83, 135, 137, 138, 141, 163, 190, 191, 192, 193, 194, 232, 235, 241, 262, 267, 290, 291, 295, 296, 297, 314, 316, 323
Vernetzte Mobilität 135, 141
Vernetztes Fahrzeug 18, 135
  Connected car services 246
Vernetzung der Fahrzeuge 9, 144, 145
Versicherung 163, 237, 270, 278, 280, 281
  Versicherungen 44, 141, 277, 281, 283, 294, 319
  Versicherungspolicen 280
  Versicherungsprämie 280, 283
  Versicherungsschutz 49, 278, 279, 281, 282
  Versicherungsunternehmen 103, 277, 279, 280, 281, 282, 283
  Versicherungswirtschaft 277
Versicherungswirtschaft
  Geschäftsmodell 277
  Neue Produkte, neue Services 279
  Volvo 278
Vertrauen 40, 72, 164, 179, 190, 213, 227, 228, 229, 230, 231, 319
Virginia 148, 218, 233, 290
Visionen
  Einspruch 72
  Energie 70
  Fläche 69
  Leben 68
  Menschen 71
  Voraussetzungen 71
  Zeit 69
Visteon 222
Visuelle Signale 98, 220

Volkswagen 16, 33, 38, 56, 123, 136, 141, 215, 216, 250, 251, 255, 262, 292, 315
  MOIA 250
  Sedric 215, 216
  Touareg 56
Volvo Car Corporation 16, 28, 56, 57, 58, 83, 99, 124, 248, 249, 255, 266, 278, 279, 291, 315
Vorwärtskollisionswarnung 14, 95, 98
V-to-home-Anwendungen 252
V-to-life-Anwendungen 252
V-to-X-Anwendungen 115, 144, 260

W

Washington 148, 276, 290, 303, 304
Waze App 294
Wertschöpfungsketten
  Baidu 266
  Google 263
  Neugestaltung 258
  Ökonomie 259
  Technologiefusion 261
  Voraussetzungen 260
Wettbewerbsfähigkeit
  Projekte in Asien 291
  Projekte in Europa und den USA 290
  Projekte in Israel 294
Wiener Übereinkommen 26, 183
Winter Logistics 84
WLAN 75

Y

Youtube 64, 178
Youtuber 179

Z

Zeit, Kosten und Sicherheit
  Durchsatz 232
  Wirtschaftlichkeit 234
Zeit, Kosten und Wirtschaftlichkeit
  Alternative Antriebe 240
  Betriebskosten 237
  Flächennutzung 239
  Intelligente Infrastruktur 236
  Sicherheit, Zeit und Komfort 238
Zeitplan
  Absatzprognosen 103

Assistenzsystem 94
Entwicklungsphasen 98
Fahrzeugtypen 101
Zentrale Steuerungseinheit 17, 23, 24, 25, 32, 37, 43, 66, 67, 75, 85, 108, 109, 113, 114, 115, 120, 121, 124, 127, 130, 131, 142, 143, 166, 193, 194, 196, 200, 204, 225, 237, 246, 248, 255, 256, 257, 264, 265, 267, 278, 293, 294, 295, 314, 318, 319

Zentrale Steuerungseinheit für Computer 193
Zetsche, Dieter 230
zFAS (zentrales Fahrerassistenzsteuergerät) 131, 132
zForce-Lenkrad 223
Zipcar 270
Zürich 27, 65

Die Autoren

Andreas Herrmann, Prof. Dr., lehrt seit 2002 an der Universität St. Gallen und leitet seit 2009 als Co-Direktor das Zentrum für Customer Insight. Von 1991 bis 1993 war er für die AUDI AG tätig. Herrmann hat bislang 15 Bücher und mehr als 250 Zeitschriftenartikel veröffentlicht.

Walter Brenner, Prof. Dr., ist Professor für Wirtschaftsinformatik an der Universität St. Gallen und geschäftsführender Direktor des Instituts für Wirtschaftsinformatik. Seine Forschungsschwerpunkte sind unter anderem der Einsatz neuer Technologien und Design Thinking.